실용 이산수학

실용 이산수학

오세영 · 강명민 지음

KM 경문사

머리말

이산수학은 서로 다르거나 연결되어 있지 않은 원소들의 집합이나 시스템, 즉 이산구조를 가진 대상에 대한 수학적 성질을 연구하는 수학의 한 영역으로서 수학의 기본적인 개념, 원리, 법칙을 활용하여 실생활에서 일어나는 유한이나 불연속의 이산 상황의 문제를 수학적으로 분류하고, 논리적으로 사고하여 합리적으로 문제를 해결하는 능력을 길러준다. 과학과 기술의 기초가 된 미적분과 고전해석학이 무한극한과 연속함수의 개념을 가장 중요하게 다룬다면, 이산수학은 그 연속의 개념을 제외한 이산적인 대상과 유한과정의 개념을 다루면서 컴퓨터시대의 과학과 기술의 근간이 되고 있다.

1980년대 이후 정보화 사회를 유발한 컴퓨터 과학과 기술 공학의 발전과 더불어 산업과 경영에서 파급되는 정보가 폭발적으로 증가하고, 급격한 소프트웨어와 데이터 기반의 지능 디지털 기술변환에 의해 산업·경제의 혁명적 변화를 이끄는 것은 물론, 인류 미래와 삶을 근본적으로 뒤바꿔놓을 4차 산업혁명이 도래함으로써 이산적인 상황을 표현 처리하는 수학적 방법론과 컴퓨팅적 사고력을 강화하기 위한 교육 전략 및 실행 방안이 급격히 요구되어 이산수학의 발전은 더욱 가속화되고 있다.

이산수학에서는 방정식 또는 정형화된 공식과 같은 직접적인 접근 방식으로 해결되지 않는 유일한 상황에 관련된 문제의 해결에 주안점을 둔다. 이산수학의 문제들은 해결 방법이 존재하는가를 다루는 해의 존재성에 관한 문제(existing problem), 존재하면 얼마나 많은 해결 방법이 있는가를 조사하는 수 세기의 문제(counting problem), 또한 여러 가지의 해결 방법이 있다면 어떤 해가 가장 적합한가, 즉 최적해를 결정하는 최적화문제(optimization problem) 등 세 가지로 분류된다. 이러한 문제를 해결하기 위해 이미 알고 있는 사실에서 새로운 결과를 도출할 수 있는 직접, 간접적인 논리와 특수한 경우와 더 단순한 문제를 분석, 가정하여 전체를 해결하는 귀납적인 방법 그리고 알고리즘, 그래프 등과 같은 독특한 방법들이 동원된다.

제1장에서는 함수를 통하여 알고리즘이란 도구로 이산수학 문제를 해결하는 방법을 알아보고 알고리즘의 수행시간 및 사용 용량을 계산하는 조합적 방법에 관해 공부한다. 또 논리적이고 정확한 증명을 하는 방법을 정리하여 논리적 오류를 범하지 않는 추상적인 사고 능력을 갖추도록 한다. 제2장에서는 이산수학의 중요한 대상이 되는 정수의 몇 가지 주요 성질을 알아보고 특히 소수의 여러 가지 성질을 탐구하여 지극히 복잡다단한 정보사회에 필수적인 기술인 암호이론에 응용되고 있는 새로운 수학의 응용 세계를 접해본다. 제3장에서는 경제, 경영, 컴퓨터과학, 공학 등 많은 분야에서 제기되는 문제의 해결 수단으로 이용되는 조합이론을 공부하여 문제의 해결방법에 대한 다양성을 강조한다. 제4장에서는 이산구조를 가진 대상물의 수학적 성질을 탐구하기 위해 대상 원소간의 관계를 시각화하여 문제를 단순화함으로써 난이한 문제의 해결 도구로 이용되는 그래프의 성질, 관계, 검색 알고리즘을 조사하고 응용 방법을 알아본다.

이 책에서는 이산수학에서 필요한 수학적 이론을 자세히 그리고 쉽게 소개함으로써 독자가 이산수학이론의 개념을 정립할 수 있도록 하고, 그 기법을 실용 분야에 적용하는 능력을 함양할 수 있도록 가급적 이론적 배경과 적용 방법을 빠짐없이 전개하고, 이론의 유도과정을 쉽게 설명하려고 노력하였으며 부분적으로 파이썬(Python) 프로그램 언어를 활용하여 실제 현장의 체험학습을 도모할 수 있도록 하였다. 중복된 예제들은 피하여 연습문제로 추가하고 이해와 학습을 돕기 위해 가능한 많은 선택된 문제의 해답을 제공하였다.

이산수학을 전공하는 학생에게는 이산수학이론을 섭렵하여 구체적인 이론에 관한 연구를 준비하게 하고, 학생을 지도하는 교사는 교과과정 이상의 이론과 응용을 터득하여 확실한 이산수학의 개념을 전달할 수 있는 자질을 갖도록 하며, 공학, 자연과학, 사회과학을 전공하는 독자들에게는 이산수학 기초의 전반을 학습하여 수학적이고 합리적인 예리함과 탐구적인 생각으로 복잡한 응용문제를 해결하는 능력을 갖추는데 많은 도움이 될 수 있기를 간절히 바란다.

저자는 보다 나은 책을 위해 독자의 오류에 대한 지적과 개선방향의 제시와 충고를 겸허하게 받을 것을 약속하며, 이 책을 출간하기까지 많은 협조와 관심을 보여주신 도서출판 경문사 여러분께 감사를 드린다.

2022년 3월　저자 일동

차례

제4장 그래프

부록 선형대수 기본

제 1 장
함수, 알고리즘, 논리

1.1 함수

1.2 알고리즘

1.3 명제와 논리

1.4 증명 방법

함수는 수학에서 가장 중요하고 기본이 되는 개념이다. 이 장에서는 함수의 간략한 개념들과 응용이 되는 알고리즘, 알고리즘의 복잡도, 알고리즘에 사용되는 논리적 표현과 명제 등을 배우고, 이를 활용하여 수학의 참 명제를 증명하는 여러 가지의 방법을 알아본다.

1.1 함수

1.1.1 함수의 정의

한 집합 A의 각 원소를 다른 집합 B의 하나의 원소에 대응하는 관계의 모임을 A에서 B로 대응하는 **함수**(function)라고 하며,

$$f : A \to B$$

로 표현한다. 집합 A를 함수의 **정의역**(domain)이라 하고, 각 원소 $a \in A$에 함수 f가 대응하는 집합 B의 원소를 $f(a)$로 표시한다. 함수 f는 각 원소 $a \in A$에 대해 단 하나의 B의 원소 $f(a) \in B$를 어떻게 찾는가를 알려주는 규칙을 말한다. 이때 $f(a)$를 함수 f에 대한 a의 **사영**(image)이라고 하고, 이러한 사영들의 집합 $f(A) = \{f(a) | a \in A\}$를 함수 f의 **치역**(range 또는 codomain)이라고 하며, $f(A) \subseteq B$의 포함관계를 만족한다.

따라서 함수를 정확히 정의하려면 함수의 정의역, 치역, 규칙(함수의 내용)을 제시해야 한다. 때로는 함수를 $f(x) = 2x^2 - 1$ 또는 $y = 2x^2 - 1$과 같이 수학적인 식으로 표현하는데, 이러한 표현은 특별한 언급이 없으면 실수의 집합 $\mathbb{R}$의 원소 x를 $(2x^2 - 1) \in \mathbb{R}$에 대응하는 함수를 뜻하며, 정의역은 $\mathbb{R}$이 되고 치역은 집합 $\{2x^2 - 1 | x \in \mathbb{R}\}$을 의미한다. 이때 x를 **독립변수**(independent variable)라 하고, y를 **종속변수**(dependent variable)라 한다.

또한 집합 $A \times B = \{(x, y) | x \in A, y \in B\}$를 두 집합 A, B의 **곱집합**(Cartesian product)이라 할 때, 함수 $f : A \to B$를 집합 A, B의 원소들의 관계쌍의 집합

$$\{(a, f(a)) | a \in A, f(a) \in B\} \subseteq A \times B$$

으로 표현하기도 한다. 이때 함수의 정의로부터 집합 A의 각 원소는 집합 B의 하나의 원소에 대응되어야 하므로

$$\text{임의의 두 원소 } a,\ b \in A \text{ 에 대하여 } a = b \text{ 이면 } f(a) = f(b)$$

가 됨을 함수는 항상 만족해야 한다.

예제 1.1.1

함수 $f: A \to B$를 관계쌍의 집합

$$f = \{(a_i,\ f(a_i)) \mid a_i \in A,\ \ f(a_i) \in B\}$$

으로 표현하면, $f(a_1)$은 B의 모든 원소가 될 수 있으므로 관계쌍 $(a_1, f(a_1))$이 되는 경우의 수는 $|B|$개다. 이와 같이 집합 A의 모든 원소 a_i에 대해 $(a_i, f(a_i))$의 관계를 만들 수 있는 경우도 $|B|$개다. 따라서 $|A|$개의 각 원소에 대응할 수 있는 원소의 개수가 각각 $|B|$개이므로 두 집합 A, B로 만들 수 있는 함수 $f: A \to B$의 개수는 모두 $|B|^{|A|}$가 된다. ■

원소 $a \in A$를 자기 자신 $a \in A$에 대응하는 함수를 **단위함수**(identity function)라 하고

$$I_A : A \to A$$

로 표시한다. 함수 $f: A \to B$와 함수 $g: B \to C$에 대하여 집합 A의 원소 $a \in A$를 원소 $g(f(a)) \in C$로 대응하는 함수를 정의할 때 이 새로운 대응함수를 두 함수 $f,\ g$의 **합성함수**(composite function)라 하고

$$g \circ f : A \to C$$

로 표시한다. 특히 모든 함수에 대하여 단위함수와의 합성함수는 함수 자신이 된다. 즉,

$$I_B \circ f = f = f \circ I_A$$

가 된다.

함수 $f: A \to B$이고, A의 부분집합 $D \subseteq A$가 주어졌을 때, $f(D)$는

$$f(D) = \{f(x) \in B \mid x \in D\}$$

로 표현된다. 이때 $f(A) = B$가 되는, 즉

$$\text{모든 원소 } b \in B \text{에 대해 } b = f(a)\text{가 되는 } a \in A \text{가 존재}$$

하는 함수 f를 **전사함수**(onto function, surjective function)라 한다.

대응되는 두 원소가 같으면 정의역의 대응한 원소가 같은 함수, 즉

$$f(a) = f(b)\text{이면 } a = b$$

인 함수 f를 **단사함수**(one-to-one function, injective function)라고 한다.

또, 전사함수이면서 단사함수인 함수를 **일대일 대응함수** 또는 **전단사함수**(one-to-one correspondence function, bijective function)라고 한다.

함수 $f: A \to B$에 대한 $a \in A$의 사영인 $f(a) \in B$를 다시 원소 $a \in A$에 대응하는 함수로 정의할 수 있는데 이 함수를 함수 $f: A \to B$의 **역함수**(inverse function)라고 하며,

$$f^{-1}: B \to A$$

로 표시한다. 일반적으로 역함수가 존재할 필요충분조건은 함수 $f: A \to B$가 전단사함수가 되는 것이다. 함수와 역함수와의 관계는

$$f \circ f^{-1} = I_B, \quad f^{-1} \circ f = I_A$$

와 같다. 역함수 f^{-1}는 $1/f$과 전혀 다른 함수이다. 예를 들어 실수를 정의역으로 하는 함수 $f(x) = x^3 + 1$에 대하여 $1/f = 1/(x^3 + 1)$이고 $f^{-1}(x) = (x-1)^{1/3}$인 함수이다.

예제 1.1.2

(1) 관계쌍의 집합으로 표시된 함수 $f = \{(1, 3), (2, 1), (3, 4), (4, 6)\}$, 와 함수 $g = \{(1, 5), (2, 3), (3, 4), (4, 1), (5, 3), (6, 2)\}$의 합성함수는 $g \circ f = \{(1, 4), (2, 5), (3, 1), (4, 2)\}$이다.

또한 아래의 함수 $f: X \to Y$와 함수 $g: Y \to Z$의 합성함수 $g \circ f: X \to Z$에서 $g \circ f(c) = g(f(c)) = g(3) = \#$이다.

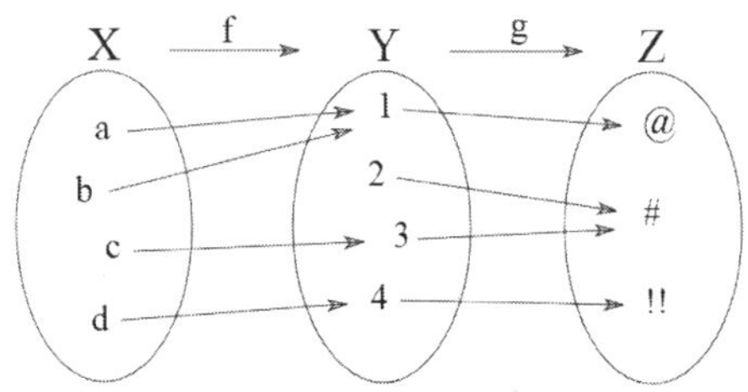

(2) 실수 집합 $\mathbb{R}$ 과 정수 집합 $\mathbb{Z}$ 에 대해, $x \in \mathbb{R}$ 를 x 를 넘지 않는 최대의 정수에 대응하는 함수를 **내림함수**(floor function)라고 하며,

$$\lfloor\quad\rfloor : \mathbb{R} \to \mathbb{Z}$$

로 표시한다. 예를 들어 $\lfloor 4.64 \rfloor = 4$이며 $\lfloor -2.14 \rfloor = -3$이다.

또한 실수 $x \in \mathbb{R}$ 를 x 보다 작지 않는 최소의 정수에 대응하는 함수를 **올림함수**(ceiling function)라고 하며,

$$\lceil\quad\rceil : \mathbb{R} \to \mathbb{Z}$$

로 표시한다. 예를 들어 $\lceil \sqrt{5} \rceil = 3$, $\lceil -8.5 \rceil = -8$이다.

모든 실수 x를 넘지 않는 최대의 정수와 x보다 작지 않는 최소의 정수는 항상 존재하므로 위는 올바르게 정의된 함수가 된다. 따라서 정의역은 실수 $\mathbb{R}$ 이 된다. 한편 모든 정수에 대응되는 실수는 또한 항상 존재하므로(예를 들어 모든 정수 $n \in \mathbb{Z}$ 에 대해 $\lfloor n+0.1 \rfloor = n$, $\lceil n-0.1 \rceil = n$ 이 되는 실수 $n+0.1$, $n-0.1$이 각각 존재하므로) 두 함수의 치역은 정수 집합 $\mathbb{Z}$ 이다. 따라서 두 함수 $\lfloor\quad\rfloor : \mathbb{R} \to \mathbb{Z}$ 와 $\lceil\quad\rceil : \mathbb{R} \to \mathbb{Z}$ 는 전사함수이다. 하지만 하나의 사영에 대해 유일한 정의역의 원소가 대응되지 않으므로(예를 들어 $\lfloor n+0.1 \rfloor = \lfloor n+0.2 \rfloor = n$가 되는 $n+0.1$, $n+0.2$ 등과 같이 정수 n에 함수가 대응하는 실수가 두 개 이상 존재하므로) 단사함수는 아니다. 따라서 전단사함수가 아니며 역함수도 존재하지 않는다.

(3) 함수 $f(x) = x^3$는 치역의 원소 실수 x^3에 대하여 정의역의 원소 $\sqrt[3]{(x^3)} = x$가 유일하게 존재하므로 전사함수가 되며, 단사함수의 정의에 의하여 치역의 두 원소가 $x^3 = y^3$이면 두 실수 x, y는 $x = y$ 이므로 단사함수가 된다. 따라서 함수는 전단사함수이며 역함수 $f^{-1}(x) = \sqrt[3]{x}$ 가 존재한다. ■

자연수의 집합 $\mathbb{N} = \{1, 2, 3, \cdots\}$ 또는 음이 아닌 정수의 집합 $\{0\} \cup \mathbb{N} = \{0, 1, 2, 3, \cdots\}$을 정의역으로 하고, 이 정의역의 각 수를 어떤 집합 A의 원소에 대응하는 함수를 **배열** 또는 **수열**(sequence)이라고 한다. 수열 함수의 치역을 $a_1, a_2, a_3, \ldots$ 또는 $\{a_n\}$로 표시한다. 치역 $a_1, a_2, a_3, \cdots$가 수의 개념을 가질 때, 기호

$$\sum_{j=1}^{n} a_j = a_1 + a_2 + \cdots + a_n,$$

$$\sum_{j=1}^{\infty} a_j = a_1 + a_2 + \cdots$$

는 수열의 합을 의미하고, 정의역이 무한개(유한개)인 수열함수를 **무한수열(유한수열)**이라 하고 위의 식과 같이 무한수열의 합 $\sum_{j=1}^{\infty} a_j$를 **무한급수**(infinite series)라 한다.

치역 a_1, a_2, a_3, $\cdots$가 모두 집합으로 정의될 때, 기호

$$\cup_n a_n = a_1 \cup a_2 \cup \cdots,$$

$$\cap_n a_n = a_1 \cap a_2 \cap \cdots$$

은 배열의 합집합과 교집합을 의미한다.

예제 1.1.3

(1) $\sum_{j=1}^{\infty} a_j = \sum_{j=1}^{\infty} (-1)^j = -1+1-1+1-1+ \cdots$ 은 -1 또는 0이므로 수열 $\{a_n\} = \{(-1)^n\}$의 합은 존재하지 않는다.

(2) 정수의 집합 $\mathbb{Z}$ 의 원소인 각 정수 n을 실수 집합 $\mathbb{R}$ 의 부분집합

$$A_n = \{x \mid x \le n\} = (-\infty,\ n]$$

에 대응하는 함수의 치역이 되는 배열 $\{A_n\}$의 합집합은

$$\bigcup_n A_n = \mathbb{R}$$

이고 교집합은

$$\bigcap_n A_n = \varnothing$$

이 된다. 왜냐하면 모든 실수 $a \in \mathbb{R}$ 에 대하여 $n_1 < a < n_2$가 되는 정수 n_1, n_2가 존재하므로 $a \in A_{n_2}$, $a \notin A_{n_1}$이 된다. 즉 $a \in \bigcup_n A_n$, $a \notin \bigcap_n A_n$이다. 따라서 $\mathbb{R} \subseteq \bigcup_n A_n$ 이고, $\mathbb{R} \cap (\bigcap_n A_n) = \varnothing$ 이 된다. 또한 모든 $\{A_n\}$은 실수 집합 $\mathbb{R}$ 의 부분집합이므로 $\bigcup_n A_n \subseteq \mathbb{R}$ 이다. 두 집합 $\bigcup_n A_n$와 $\mathbb{R}$ 이 서로의 부분집합이므로 $\bigcup_n A_n = \mathbb{R}$ 이다. 한편 만약 $\bigcap_n A_n = K \ne \varnothing$ 이면 $K \subseteq A_n \subseteq \mathbb{R}$ 이므로 위의 $\mathbb{R} \cap (\bigcap_n A_n) = \varnothing$ 에 모순이다. 따라서 $\bigcap_n A_n = \varnothing$ 이다. ■

1.1.2 재귀 함수

다음 두 가지의 조건을 만족하도록 정의한 함수를 재귀적으로 정의한 함수 또는 **재귀 함수**(recursively defined function)라고 한다.

(1) 정의역의 몇 개 원소(기초 원소)에 대한 함수의 값이 주어진다.
(2) 기초 원소에 가까운 원소에 대하여 자신의 함수 값을 이용하여 함수를 정의한다.

위의 조건 (1)을 초기조건이라고 하는데, 이는 함수의 값을 구할 때 계속 맴돌며 순환되지 않도록 하거나 무한히 진행되지 않도록 하기 위한 것이다. 재귀 함수는 이 두 가지의 성질을 반드시 갖도록 해야 잘 정의되었다고 한다. 조건 (2)가 함수에 관한 방정식으로 표현될 때, 그 재귀 함수의 식을 **점화식** 또는 **재귀식**(recurrence relation)이라고 한다.

조건 (2)는 n에서의 함숫값 a_n이 n보다 작은 원소들(주로 정수)에 대한 함수 값들로 정의됨을 의미한다. 예를 들어 자연수 n에 대한 수열함수 $a_n = 2^n$를 재귀함수로 정의하면 다음과 같다.

(1) 초기조건 : $a_0 = 1$
(2) 재귀식 : $a_n = 2 \cdot a_{n-1}, \quad n \geq 1$

따라서 처음 몇 개의 함숫값은 위의 정의에 의해

$$2^1 = 2^{0+1} = 2^0 \cdot 2 = 2$$
$$2^2 = 2^{1+1} = 2^1 \cdot 2 = 2 \cdot 2 = 4$$
$$2^3 = 2^{2+1} = 2^2 \cdot 2 = 4 \cdot 2 = 8$$

와 같이 계산한다.

이 절에서는 재귀적으로 정의되는 독특한 정수와 그 성질을 알아보고, 재귀식에서 함숫값 a_n이 n보다 작은 정수에 대한 자신의 함숫값 a_{n-i}, $i = 0, 1, ..., k$, $(k \leq n)$들의 일차식 즉, **선형 재귀식**(linear recurrence relation)으로 정의되는 재귀함수에 대하여 그와 동치인 n에 관한 일반함수(수열)를 구하는 방법을 알아본다.

우선 선형 재귀식을 그 모양에 따라 아래와 같이 분류하여 정의한다.

정의 1.1.1

(1) k개의 상수 $c_1, c_2, c_3, \ldots, c_k$에 대하여 식

$$a_n = c_1 a_{n-1} + c_2 a_{n-2} + \cdots + c_k a_{n-k} + f(n),\ n \ge k \qquad (1.1.1)$$

와 같이 선행하는 k개의 자신의 함수(또는 수열)에 관한 1차식으로 함수 $\{a_n\}$을 정의하는 재귀식을 **k계의 선형 재귀식**(k th-order linear recurrence relation)이라고 한다.

(2) $f(n) = 0$인 k계의 선형 재귀식

$$a_n = c_1 a_{n-1} + c_2 a_{n-2} + \cdots + c_k a_{n-k},\ n \ge k \qquad (1.1.2)$$

을 **k계의 선형 동차 재귀식**(k th-order linear homogeneous recurrence relation)이라고 한다.

이를테면, 상수 A, B에 대하여 식

$$a_n = A a_{n-1} + B a_{n-2},\ n \ge 2$$

와 같이 선행하는 두 개의 자신의 수열 a_{n-1}, a_{n-2}에 관한 1차식으로 수열 a_n을 정의할 때의 관계식, 즉 재귀식을 2계의 선형 동차 재귀식(second-order linear homogeneous recurrence relation)이라고 한다.

예제 1.1.4

세로×가로가 1×1인 노란색의 사각형, 1×2인 파란색 사각형, 1×2인 빨간색 사각형이 각각 n개씩 있다. 이 사각형들로 $1\times n$크기의 사각형을 만드는 방법의 수 a_n을 재귀함수로 나타내어라.

풀이 $n=1$이면 노란색 사각형 1개로 만들 수 있으므로 $a_1 = 1$이다. $n=2$이면 노란색 2개, 파란색 1개 또는 빨간색 1개로 만들 수 있으므로 $a_2 = 3$이다. $n \ge 3$일 때의 a_n은 처음 사각형이 노란색으로 시작하거나, 파란색 또는 빨간색으로 시작하는 두 가지의 방법이 있다. 즉,

(i) 처음 사각형이 노란색으로 시작하면 나머지는 $1\times(n-1)$의 크기의 사각형을 만들어야 하는 데 그 방법의 수는 a_{n-1}이다.

(ii) 처음 사각형이 파란색 또는 빨간색으로 시작하면 나머지는 각각 $1\times(n-2)$의 크기를 만들어야 하는 데 그 방법의 수는 각각 a_{n-2}이다. 즉, 합하여 $2a_{n-2}$가지의 방법이 있다.

따라서 (i)과 (ii)의 방법의 수를 모두 합하면 a_n이 되어야 하므로

$$a_n = a_{n-1} + 2a_{n-2},\ a_1 = 1,\ a_2 = 3,\ n \geq 3$$

과 같은 2계의 선형 동차 재귀식으로 표현된 재귀 함수(점화수열)를 얻는다. ■

정의 1.1.2

양의 정수 n에 대하여 다음의 초기조건과 재귀식

(1) $0! = 1$

(2) $n! = n \cdot (n-1)!,\ n \geq 1$

을 만족하는 재귀 함수를 **n 팩토리얼**(factorial)이라고 하고 $n!$로 쓴다.

정의에 의하면 $n! = 1\cdot 2\cdot 3\cdot \cdots \cdot(n-2)\cdot(n-1)\cdot n$이며 $0!=1$이 된다. 또 $0!=1$의 정의에서 $n=0$은 기초 원소가 되고 $n!$을 정의할 때 기초원소 0으로부터 n보다 가까운 $n-1$에서 정의된 $(n-1)!$을 이용하여 정의하며, 재귀 함수의 두 번째 조건을 만족하므로 바로 정의된 재귀 함수이다. 재귀식

$$n! = n \cdot (n-1)!,\ n \geq 1$$

는 $(n-1)!$의 계수가 상수가 아닌 n이므로 1계 선형 재귀식이 아니고 1계 재귀식 또는 1계 점화식이 된다.

이제 $n!$의 크기를 알아보자. 먼저 $n!$의 정의에 의해 $n \geq 4$인 경우에는

$$2^n < n! < n^n$$

임을 쉽게 알 수 있다(연습문제 8 참조). 이 부등식을 이용하여 계산한

$$30.1 \approx \log_{10} 2^{100} \le \log_{10} 100! \le 100 \log_{10} 100 = 200$$

으로부터 100!의 자릿수가 31자리에서 201자리의 수라고 추정할 수 있지만 너무 상하한의 차이가 크다. 더 나은 측정을 위해 부등식

$$e\left(\frac{n}{e}\right)^n < n! < \frac{n+1}{4} e^2 \left(\frac{n}{e}\right)^n$$

을 이용할 수 있다(연습문제 9 참조). 이 부등식에 $n = 100$을 대입하여 계산하면

$$157 \approx 100(\log 100 - \log e) + \log e \le \log 100!$$

$$\log 100! \le \log\left(\frac{101}{4}\right) + 2\log e + 100\log\left(\frac{100}{e}\right) \approx 158.8$$

로부터 100!의 자리수가 약 158 또는 159자리의 수라고 추정할 수 있다. 이 보다 더욱 정확하게 추정할 수 있는 다음의 스털링의 공식(Stirling's formula)

$$n! \sim \left(\frac{n}{e}\right)^n \sqrt{2\pi n} \tag{1.1.3}$$

(연습문제 10 참조)을 이용하면 $100! \sim \left(\frac{100}{e}\right)^{100} \sqrt{200\pi}$와 같은 근사값을 구할 수 있고,

$$\log 100! \approx 100\log\left(\frac{100}{e}\right) + 1 + \log\sqrt{2\pi} \approx 157.97$$

로부터 100!는 158자리의 수에 가까움을 알 수 있다.

재귀식의 해를 구하는 방법 : 반복

일반적으로 재귀식과 초기조건이 주어지면 초기조건을 이용하여 모든 재귀 함수의 값 또는 수열의 항을 순차적으로 구할 수 있다. 하지만 매우 큰 항의 수열의 값, 즉 초기조건에서 멀리 떨어진 원소의 함수 값을 구하기는 순차적 계산이 필요하므로 많은 시간이 요할 수 있다. 따라서 재귀 함수의 조건을 만족하는 수열의 일반항이나 재귀 함수의 일반식을 구할 수 있으면 매우 유용하게 사용될 수가 있다. 이때의 일반항 또는 일반식을 **재귀식의 해**(solution of recurrence relations)라고 한다. 그 해를 구하는 기법에 대해 알아보자.

먼저 다음의 예제에서와 같이 반복에 의해 수열의 패턴을 추정하는 방법이 있다.

예제 1.1.5

양의 정수 k에 대하여 재귀적으로 정의된 수열

(1) $m_k = 2m_{k-1} + 1,\ k \geq 2,\ m_1 = 1$

(2) $a_n = na_{n-1} + 1,\ n \geq 1,\ a_0 = 0$

의 일반항을 구하여라.

풀이 (1) $m_1 = 1$

$$
\begin{aligned}
m_2 &= 2m_1 + 1 = 2 \cdot 1 + 1, \\
m_3 &= 2m_2 + 1 = 2(2+1) + 1 = 2^2 + 2^1 + 1, \\
m_4 &= 2m_3 + 1 = 2(2^2 + 2^1 + 1) + 1 = 2^3 + 2^2 + 2^1 + 1, \\
&\ \vdots \\
m_k &= 2^{k-1} + 2^{k-2} + \cdots + 2^2 + 2^1 + 1 \\
&= \frac{2^k - 1}{2 - 1} = 2^k - 1,\ k \geq 1
\end{aligned}
$$

따라서 일반항은 $m_k = 2^k - 1,\ k \geq 1$이다.

(2)

$$
\begin{aligned}
a_n &= n \cdot a_{n-1} + 1 \\
&= n((n-1) \cdot a_{n-2} + 1) + 1 \\
&= n(n-1) \cdot a_{n-2} + n + 1 \\
&= n(n-1) \cdot ((n-2) \cdot a_{n-3} + 1) + (n+1) \\
&= n(n-1)(n-2) \cdot a_{n-3} + (n(n-1) + n + 1) \\
&\ \vdots \\
&= \frac{n!}{(n-k)!} \cdot a_{n-k} + \left(\frac{n!}{(n-(k-1))!} + \cdots + \frac{n!}{n!}\right) \\
&\ \vdots \\
&= \frac{n!}{0!} \cdot a_0 + \left(\frac{n!}{1!} + \frac{n!}{2!} + \cdots + \frac{n!}{(n-1)!} + \frac{n!}{n!}\right) \\
&= \sum_{k=1}^{n} \frac{n!}{k!}
\end{aligned}
$$

■

예제 1.1.6

양의 정수 n에 대하여 함수 L을 다음과 같이 재귀적으로 정의할 때 재귀식 L은 무엇을 하는 함수인지 설명하여라.

$$L(n) = \begin{cases} 0 & : n = 1 \\ L\left(\left\lfloor \frac{n}{2} \right\rfloor\right) + 1 & : n > 1 \end{cases}$$

풀이 예를 들어,

$$\begin{aligned} L(25) &= L\left(\left\lfloor \frac{25}{2} \right\rfloor\right) + 1 = L(12) + 1 = \left(L\left(\left\lfloor \frac{12}{2} \right\rfloor\right) + 1\right) + 1 = L(6) + 2 \\ &= \left(L\left(\left\lfloor \frac{6}{2} \right\rfloor\right) + 1\right) + 2 = L(3) + 3 = \left(L\left(\left\lfloor \frac{3}{2} \right\rfloor\right) + 1\right) + 3 \\ &= L(1) + 4 = 0 + 4 = 4 \end{aligned}$$

가 된다. 즉 $L(n)$의 값은 n을 2로 나눈 몫의 L값에 1 더하기를 $L(1)$이 나타날 때까지 재귀적으로 반복한다. 따라서 $L(n)$은

$$2^{L(n)} \le n$$

이 되는 가장 큰 정수가 되므로 $L(n) = \lfloor \log_2 n \rfloor$ 이 된다. ■

반복에 의해 재귀식의 해를 구하는 방법은 복잡한 계산을 요구하고 잘못된 공식을 유도하기 쉽다. 그러므로 추정한 공식의 정확성을 검증해야만 한다. 정확성의 검증을 위해서 수학적 귀납법을 널리 사용하며 이는 1.4절에서 다루고자 한다.

k계 선형 동차 재귀식의 해

앞의 예제 1.1.5와 1.1.6과 같이 재귀적으로 정의된 수열의 일반항을 반복에 의해 패턴을 추정하여 구할 수 있지만 위의 예제 1.1.4과 같은 2계 이상의 재귀식 같은 경우에는 대부분 패턴을 구하기 쉽지 않아 재귀식의 해를 구하는 별도의 기법이 필요하다.

공비가 $t\,(\neq 0)$인 등비수열 $\{t^n : n = 0, 1, \ldots\}$이 k계의 선형 동차 재귀식

$$a_n = c_1 a_{n-1} + c_2 a_{n-2} + \cdots + c_k a_{n-k},\ n \ge k$$

을 만족하면, 이 재귀식에 $a_i = t^i \ (i = n, \ \cdots, \ n-k)$을 대입하여

$$t^n = c_1 t^{n-1} + c_2 t^{n-2} + \cdots + c_k t^{n-k},\ n \ge k$$

이 됨을 알 수 있다. 위 식의 양변을 t^{n-k}로 나누어 간단히 하면

$$t^k = c_1 t^{k-1} + c_2 t^{k-2} + \cdots + c_k,$$

즉

$$t^k - c_1 t^{k-1} - c_2 t^{k-2} - \cdots - c_k = 0, \quad c_k \neq 0 \tag{1.1.4}$$

이 되어 공비 $t\,(\neq 0)$는 k차방정식의 해가 된다. 또 역으로 공비 $t\,(\neq 0)$가 k차방정식 (1.1.4)를 만족하면

$$t^k = c_1 t^{k-1} + c_2 t^{k-2} + \cdots + c_k$$

이 되고, 양변에 t^{n-k}를 곱하면

$$t^n = c_1 t^{n-1} + c_2 t^{n-2} + \cdots + c_k t^{n-k}, \quad n \geq k$$

이 되므로 등비수열 $\{t^n : n = 0,\ 1,\ \cdots\}$은 k계의 선형 동차 재귀식을 만족하는 수열이다. 초기조건만 만족되면 재귀수열 a_n과 같은 수열이 됨을 뜻한다. 이러한 k차방정식 (1.1.4)를 k계의 선형 동차 재귀식의 **특성방정식**(characteristic polynomial)이라고 한다. 따라서 이 특성방정식의 해 $t\,(\neq 0)$가 공비인 등비수열 $\{t^n : n = 0,\ 1,\ \ldots\}$은 k계의 선형 동차 재귀식을 만족하는 필요충분조건이 된다.

2계의 선형 동차 재귀식

$$a_n = A a_{n-1} + B a_{n-2}, \quad n \geq 2 \ (A,\ B\text{는 상수}) \tag{1.1.5}$$

의 특성방정식

$$t^2 - At - B = 0$$

의 서로 다른 해를 $u,\ w$라고 하면 두 수열 $\{u^n\}$, $\{w^n\}$이 선형 동차 재귀식을 만족할 뿐 아니라 두 수열의 일차결합으로 표현된 수열 $\{Cu^n + Dw^n\}$도 같은 선형 동차 재귀식을 만족함을 다음에서 알 수 있다. 즉, $a_n = Cu^n + Dw^n$을 위의 식 (1.1.5)에 대입하면

$$\begin{aligned} &A\,(Cu^{n-1} + Dw^{n-1}) + B\,(Cu^{n-2} + Dw^{n-2}) \\ &= C(Au^{n-1} + Bu^{n-2}) + D\,(Aw^{n-1} + Bw^{n-2}) \\ &= Cu^n + Dw^n \quad (n \geq 2) \end{aligned}$$

이므로 $\{Cu^n + Dw^n\}$도 초기조건만 만족되면 재귀수열 a_n과 같은 수열이 된다. 일반적

으로 2계의 선형 동차 재귀식을 포함하는 재귀수열은 2개의 초기조건이 주어지므로 미지 계수 C와 D를 결정할 수 있다.

한편, 2계의 선형 동차 재귀식 (1.1.5)의 특성방정식 $t^2 - At - B = 0$이 중근 u를 갖는다면, 즉

$$t^2 - At - B = (t-u)^2 = t^2 - 2ut + u^2$$

에서 $A = 2u$, $B = -u^2$ 라면 수열 $\{u^n\}$이 선형 동차 재귀식을 만족할 뿐 아니라 수열 $\{nu^n\}$도 같은 선형 동차 재귀식을 만족함을 다음에서 알 수 있다. 즉, $a_n = nu^n$을 식 (1.1.5)에 대입하면

$$\begin{aligned} &A(n-1)u^{n-1} + B(n-2)u^{n-2} \\ &= 2u(n-1)u^{n-1} - u^2(n-2)u^{n-2} \\ &= 2(n-1)u^n - (n-2)u^n = nu^n \quad (n \geq 2) \end{aligned}$$

이므로 $\{nu^n\}$도 초기조건만 만족되면 재귀수열 a_n과 같은 수열이 된다. 또한 위의 서로 다른 해의 경우에서 보인 방법과 유사하게 증명하면 수열 $\{Cu^n + Dnu^n\}$도 재귀식을 만족하고, 초기조건을 만족하는 상수 C, D를 찾으면 재귀수열을 만족하는 수열의 일반항은 $a_n = Cu^n + Dnu^n$과 같다.

위에서 언급한 내용에 의해 재귀적으로 정의된 수열의 일반항에 관한 정리를 다음과 같이 얻을 수 있다.

정리 1.1.1

2계의 선형 동차 재귀식 $a_n = Aa_{n-1} + Ba_{n-2}$, $n \geq 2$로 정의 된 수열의 일반항 a_n은 다음과 같다.

(1) 재귀식의 특성방정식 $t^2 - At - B = 0$이 서로 다른 해 u, w를 갖는다면 수열의 일반항은

$$a_n = Cu^n + Dw^n$$

이고 상수 C, D는 초기조건에 의해 결정된다.

(2) 재귀식의 특성방정식 $t^2 - At - B = 0$이 중근 u를 갖는다면

$$a_n = Cu^n + Dnu^n$$

이고 상수 C, D는 초기조건에 의해 결정된다.

예제 1.1.7

(1) 예제 1.1.4에서 구한 재귀수열의 일반항 a_n을 n으로 나타내어라.

(2) 재귀식과 초기조건이

$$b_k = 4b_{k-1} - 4b_{k-2},\ k \geq 2,\ b_0 = 1,\ b_1 = 3$$

인 수열 $\{b_n\}$의 일반항을 구하여라.

풀이 (1) 예제 1.1.4의 풀이에서 구한 2계의 선형 동차 재귀식이

$$a_n = a_{n-1} + 2a_{n-2},\ n \geq 3$$

이고, 이 재귀식의 특성방정식

$$t^2 - t - 2 = 0$$

의 해가 $t = 2,\ -1$이므로 정리 1.1.1로부터 일반항은

$$a_n = C2^n + D(-1)^n$$

의 형태이다. 또, 초기조건 $a_1 = 1,\ a_2 = 3$으로부터 구한 연립방정식

$$1 = 2C - D,$$
$$3 = 4C + D$$

에서 $C = \frac{2}{3},\ D = \frac{1}{3}$를 얻는다. 따라서 일반항은

$$a_n = \frac{2}{3} \cdot 2^n + \frac{1}{3}(-1)^n,\ n \geq 1$$

이다.

(2) 재귀식 $b_k = 4b_{k-1} - 4b_{k-2},\ k \geq 2$의 특성방정식 $t^2 - 4t + 4 = 0$의 해가 $t = 2$로 중근이므로 정리 1.1.1로부터 일반항은

$$b_n = C2^n + Dn2^n$$

의 형태이다. 또, 초기조건 $b_0 = 1,\ b_1 = 3$으로부터 구한 연립방정식

$$1 = C,$$
$$3 = 2C + 2D$$

에서 $C=1$, $D=\dfrac{1}{2}$를 얻는다. 따라서 일반항은

$$b_n = 2^n + \frac{1}{2}n2^n = 2^n\left(1+\frac{n}{2}\right),\ n \ge 0$$

이 된다. ■

2계의 선형 동차 재귀식의 특성방정식을 이용하여 재귀식을 만족하는 수열의 일반항을 구한 방법과 유사하게 k계의 선형 동차 재귀식의 특성방정식을 통해 일반항을 구할 수 있다. 먼저 정리 1.1.1을 확장한 결과를 정리에 요약하면 다음과 같다.

정리 1.1.2

$a_n = c_1 a_{n-1} + c_2 a_{n-2} + \cdots + c_k a_{n-k}$, $n \ge k$로 정의된 k계의 선형 동차 재귀식 수열의 일반항 a_n은 다음과 같다.

(1) 재귀식의 특성방정식 $t^k - c_1 t^{k-1} - c_2 t^{k-2} - \cdots - c_k = 0$, $c_k \ne 0$이 서로 다른 해 α_1, α_2, $\cdots$, α_k를 갖는다면 수열의 일반항은 일차결합

$$a_n = \lambda_1 \alpha_1^n + \lambda_2 \alpha_2^n + \cdots + \lambda_k \alpha_k^n \tag{1.1.6}$$

로 표현되고 상수 λ_1, λ_2, ... , λ_k는 초기조건에 의해 결정된다.

(2) 재귀식의 특성방정식 $t^k - c_1 t^{k-1} - c_2 t^{k-2} - \cdots - c_k = 0$, $c_k \ne 0$이 각 $i = 1, 2, \cdots, l\ (l \le k)$에 대하여 α_i가 p_i중근을 갖는다면 k계의 선형 동차 재귀식 수열의 일반항 a_n은

$$\left\{\alpha_i^n,\ n\alpha_i^n,\ n^2\alpha_i^n,\ \cdots,\ n^{p_i-1}\alpha_i^n \,\middle|\, i=1,\ 2,\ \cdots,\ l\right\} \tag{1.1.7}$$

의 일차결합으로 아래와 같이 나타낼 수 있다.

$$\begin{aligned} a_n = {} & \lambda_{11}\alpha_1^n + \lambda_{12}n\alpha_1^n + \cdots + \lambda_{1p_1}n^{p_1-1}\alpha_1^n \\ & + \lambda_{21}\alpha_2^n + \lambda_{22}n\alpha_2^n + \cdots + \lambda_{2p_2}n^{p_2-1}\alpha_2^n \\ & \vdots \\ & + \lambda_{l1}\alpha_l^n + \lambda_{l2}n\alpha_l^n + \cdots + \lambda_{lp_l}n^{p_l-1}\alpha_l^n \end{aligned}$$

증명 (2)의 증명은 (1)과 유사하게 증명하면 되므로 (1)만 증명한다.

α_1^n, α_2^n, $\cdots$, α_k^n의 일차결합을

$$\lambda_1 \alpha_1^n + \lambda_2 \alpha_2^n + \cdots + \lambda_k \alpha_k^n = \sum_{i=1}^{k} \lambda_i \alpha_i^n \equiv F_n$$

와 같이 F_n이라 하고, 식의 재배열과 α_i, $i = 1, 2, \cdots, k$가 재귀식의 특성방정식의 해, 즉 $\alpha_i^n = c_1\alpha_i^{n-1} + c_2\alpha_i^{n-2} + \cdots + c_k\alpha_i^{n-k}$, $i = 1, 2, \cdots, k$임을 이용하면

$$\begin{aligned}
& c_1 F_{n-1} + c_2 F_{n-2} + \cdots + c_k F_{n-k} \\
&= c_1 \sum_{i=1}^{k} \lambda_i \alpha_i^{n-1} + c_2 \sum_{i=1}^{k} \lambda_i \alpha_i^{n-2} + \cdots + c_k \sum_{i=1}^{k} \lambda_i \alpha_i^{n-k} \\
&= \lambda_1 \sum_{i=1}^{k} c_i \alpha_1^{n-i} + \lambda_2 \sum_{i=1}^{k} c_i \alpha_2^{n-i} + \cdots + \lambda_k \sum_{i=1}^{k} c_i \alpha_k^{n-i} \\
&= \lambda_1 \alpha_1^n + \lambda_2 \alpha_2^n + \cdots + \lambda_k \alpha_k^n \\
&= F_n \quad (n \geq k)
\end{aligned}$$

이므로 F_n은 선형 동차 재귀식 $a_n = c_1 a_{n-1} + c_2 a_{n-2} + \cdots + c_k a_{n-k}$, $n \geq k$을 만족한다. 이제 k개의 초기조건 a_0, a_1, $\ldots$, a_{k-1}이 주어지면 k개의 미지수를 결정하는 연립방정식

$$\begin{aligned}
\lambda_1 + \lambda_2 + \cdots + \lambda_k &= \sum_{i=1}^{k} \lambda_i \alpha_i^0 = a_0 \\
\lambda_1 \alpha_1^1 + \lambda_2 \alpha_2^1 + \cdots + \lambda_k \alpha_k^1 &= \sum_{i=1}^{k} \lambda_i \alpha_i^1 = a_1 \\
&\vdots \\
\lambda_1 \alpha_1^{k-1} + \lambda_2 \alpha_2^{k-1} + \cdots + \lambda_k \alpha_k^{k-1} &= \sum_{i=1}^{k} \lambda_i \alpha_i^{k-1} = a_{k-1}
\end{aligned}$$

으로부터, k개의 계수 백터 $(\alpha_1^i, \alpha_2^i, \cdots, \alpha_k^i)$, $i = 0, 1, \cdots, k-1$들이 서로 일차 독립이므로 상수 λ_1, λ_2, $\cdots$, λ_k는 유일하게 결정된다(연습문제 12 참조). ■

예제 1.1.8

재귀 함수

$$\begin{cases} x_0 = 0, x_1 = 2, x_2 = 6, \\ x_n = 4x_{n-1} - x_{n-2} - 6x_{n-3}, \ (n \geq 3) \end{cases}$$

을 만족하는 수열 $\{x_n\}$의 일반항을 구하여라.

풀이 재귀식의 특성방정식

$$t^3 - 4t^2 + t + 6 = 0$$

의 해가 $t = 2, 3, \ -1$이므로 정리 1.1.2로부터 일반항은

$$x_n = C2^n + D3^n + E(-1)^n$$

의 형태이다. 또, 초기조건 $x_0 = 0, x_1 = 2, x_2 = 6$으로부터 구한 연립방정식

$$\begin{aligned} 0 &= C + D + E, \\ 2 &= 2C + 3D - E, \\ 6 &= 4C + 9D + E \end{aligned}$$

에서 $C = -\dfrac{2}{3}, \ D = 1, E = -\dfrac{1}{3}$를 얻는다. 따라서 일반항은

$$x_n = -\frac{2}{3} \cdot 2^n + 3^n - \frac{1}{3}(-1)^n, \ n \geq 0$$

이다. ■

k계 선형 재귀식의 해

마지막으로 k개의 상수 $c_1, \ c_2, \ c_3, \ \cdots, \ c_k$에 대하여 식

$$a_n = c_1 a_{n-1} + c_2 a_{n-2} + \ \cdots \ + c_k a_{n-k} + f(n), \ n \geq k \tag{1.1.8}$$

와 같이 재귀적으로 정의된 일반적인 k계의 선형 재귀식의 해를 구해보자.

$f(n) = 0$인 경우에 정리 1.1.2에 의해 구한 선형 동차 재귀식 부분

$$a_n = c_1 a_{n-1} + c_2 a_{n-2} + \cdots \ + c_k a_{n-k}, \ n \geq k$$

의 해를 p_n이라 하고, 재귀식 (1.1.8)을 만족하는 특수한 해 하나를 q_n이라 하자. 그러면 p_n과 q_n은

$$p_n = c_1 p_{n-1} + c_2 p_{n-2} + \cdots + c_k p_{n-k}, \ n \geq k$$
$$q_n = c_1 q_{n-1} + c_2 q_{n-2} + \cdots + c_k q_{n-k} + f(n), \ n \geq k$$

을 만족하고, 두 식을 더하여

$$p_n + q_n = c_1(p_{n-1} + q_{n-1}) + c_2(q_{n-2} + p_{n-2}) + \cdots + c_k(p_{n-k} + q_{n-k}) + f(n)$$

이므로 $a_n = p_n + q_n$은 k계의 선형 재귀식 (1.1.8)을 만족하는 일반적인 해가 된다.

예제 1.1.9

재귀 함수 $\begin{cases} x_0 = 1, \\ x_n = 2x_{n-1} + n, \ (n \geq 1) \end{cases}$을 만족하는 수열 $\{x_n\}$의 일반항을 구하여라.

풀이 정리 1.1.2에 의해 주어진 재귀식에 포함된 1계 선형 동차식 $x_n = 2x_{n-1}$의 일반해는 $p_n = \lambda 2^n$이고, $x_n = 2x_{n-1} + n$으로부터 식 (1.1.8)에서 $f(n) = n$, 즉 n에 관한 1차식이므로 재귀식을 만족하는 특수해를 $q_n = cn + d$라고 하면, 특수해 q_n도 주어진 재귀식을 만족하여야 하므로

$$cn + d = q_n = 2q_{n-1} + n = 2(c(n-1) + d) + n = (2c+1)n - 2c + 2d$$

로부터 $c = -1$, $d = -2$이다. 따라서

$$x_n = p_n + q_n = \lambda 2^n - n - 2$$

가 주어진 재귀식을 만족하고, 초기조건 $x_0 = 1$로부터 위의 식에 $n = 0$을 대입하여 λ를 구하면 $\lambda = 3$이 되므로 일반항은

$$x_n = 3 \cdot 2^n - n - 2, \ n \geq 0$$

이 된다. ■

1.1.3 생성함수

앞 절에서 다룬 무한수열 $\{a_0,\ a_1,\ a_2,\ \cdots\}$을 z에 관한 멱급수(power series) $a_0 + a_1 z + a_2 z^2 + \ \cdots\ = \sum_{k=0}^{\infty} a_k z^k$에 대응시켜 여러 가지의 수학적 연산(4칙계산, 미분, 적분)으로 수열함수의 성질들을 찾아낸다. 이때 멱급수의 수렴성은 고려하지 않고, z를 값을 대입하는 변수로 다루지 않으며 단지 멱급수 연산과 무한수열과의 대응관계로써 재귀 함수로 정의된 수열의 일반항을 구하는 데 생성함수를 이용한다.

정의 1.1.3

무한수열 $\{a_0,\ a_1,\ a_2,\ \cdots\}$에 대하여 다음의 멱급수 $G(z)$

$$G(z) = a_0 + a_1 z + a_2 z^2 + \ \cdots\ = \sum_{k=0}^{\infty} a_k z^k \tag{1.1.9}$$

를 이 수열의 **생성함수**(Generating Function)라고 한다.

유한수열 $\{a_0,\ a_1,\ a_2,\ \cdots,\ a_n\}$의 생성함수는 z에 관한 n차다항식

$$G(z) = a_0 + a_1 z + a_2 z^2 + \ \cdots\ + a_n z^n$$

이 된다.

예제 1.1.10

수열 $\{1,\ 1,\ 1,\ \cdots\}$의 생성함수는

$$G(z) = 1 + z + z^2 + \ \cdots\ = \sum_{k=0}^{\infty} z^k = \frac{1}{1-z} \tag{1.1.10}$$

이다. 위의 식에서 등식은

$$(1-z)(1+z+z^2+\ \cdots) = 1 + (z+z^2+z^3+\ \cdots) + (-z-z^2-z^3-\ \cdots)$$

을 증명하여 보일 수 있다. ■

위의 예제에서와 같이 수열을 계수로 하여 멱급수를 만들어 생성함수를 찾을 뿐 아니라 z에 관한 식으로 주어진 생성함수를 멱급수로 변환하여 수열을 구함으로써 여러 문제를 해결하기도 한다.

보조정리 1.1.3

수열 $\{a_0, a_1, a_2, \cdots\}$의 생성함수가 $G(z) = \sum_{k=0}^{\infty} a_k z^k$이면 다음의 관계식이 성립한다.

$$\sum_{k=m}^{\infty} a_{k-m} z^k = z^m G(z) \tag{1.1.11}$$

증명

$$\begin{aligned}\sum_{k=m}^{\infty} a_{k-m} z^k &= a_0 z^m + a_1 z^{m+1} + a_2 z^{m+2} + \cdots \\ &= z^m (a_0 + a_1 z + a_2 z^2 + \cdots) \\ &= z^m \sum_{j=0}^{\infty} a_j z^j \\ &= z^m G(z)\end{aligned}$$

■

위의 보조정리에 의하면 함수 $z^m G(z)$는

$$z^m G(z) = a_0 z^m + a_1 z^{m+1} + a_2 z^{m+2} + \cdots$$

이므로 m개의 0으로 시작되는 수열 $\{0, 0, 0, \cdots, 0, a_0, a_1, a_2, \cdots\}$의 생성함수이다. 예를 들어 $zG(z)$는 수열 $\{0, a_0, a_1, a_2, \cdots\}$의 생성함수이다.

다음 표는 주로 많이 이용되는 생성함수로서 예제 1.1.10과 같이 증명할 수 있다. 마지막 생성함수에서 사용되는 기호 $\binom{n}{k} = \frac{n!}{k!(n-k)!}$는 이항계수로서 제2장 정의 2.1.1에서 다룬다.

$G(z)$	멱급수표현
$\frac{1}{1-z}$	$\sum_{k=0}^{\infty} z^k = 1+z+z^2+z^3+\cdots$
$\frac{1}{1+z}$	$\sum_{k=0}^{\infty}(-1)^k z^k = 1-z+z^2-z^3+\cdots$
$\frac{1}{1-z^m}$	$\sum_{k=0}^{\infty} z^{mk} = 1+z^m+z^{2m}+z^{3m}+\cdots$
$\frac{1}{1-cz}$	$\sum_{k=0}^{\infty} c^k z^k = 1+cz+c^2z^2+c^3z^3+\cdots$
$\frac{z}{(1-z)^2}$	$\sum_{k=0}^{\infty} kz^k = 0+z+2z^2+3z^3+\cdots$
e^z	$\sum_{k=0}^{\infty}\frac{1}{k!}z^k = 1+z+\frac{z^2}{2!}+\frac{z^3}{3!}+\cdots$
$(1+z)^c$	$\sum_{k=0}^{\infty}\binom{c}{k}z^k = 1+cz+\binom{c}{2}z^2+\binom{c}{3}z^3+\cdots$
$\frac{1}{(1-z)^m}$	$\sum_{k=0}^{\infty}\binom{m+k-1}{k}z^k = 1+mz+\binom{m+1}{2}z^2+\binom{m+2}{3}z^3+\cdots$

표 1.1.1 유용한 생성함수

정리 1.1.4

두 생성함수 $G(z)=\sum_{k=0}^{\infty}a_k z^k$와 $H(z)=\sum_{k=0}^{\infty}b_k z^k$의 곱이 되는 생성함수 $P(z)$는

$$P(z)=G(z)\cdot H(z)=\sum_{k=0}^{\infty}\left(\sum_{j=0}^{k}a_j b_{k-j}\right)z^k$$

이다.

증명 $G(z)\cdot H(z)=(a_0+a_1z+a_2z^2+\cdots)(b_0+b_1z+b_2z^2+\cdots)$

$$=a_0b_0+(a_0b_1+a_1b_0)z+(a_0b_2+a_1b_1+a_2b_0)z^2+\cdots$$ ■

예제 1.1.11

표 1.1.1과 정리 1.1.4에 의하여

$$P(z)=\frac{1}{(1-z)^2}=\frac{1}{1-z}\cdot\frac{1}{1-z}=\left(\sum_{k=0}^{\infty}z^k\right)\left(\sum_{k=0}^{\infty}z^k\right)$$

$$=\sum_{k=0}^{\infty}\left(\sum_{j=0}^{k}1\cdot 1\right)z^k$$

$$=\sum_{k=0}^{\infty}(k+1)z^k$$

$$Q(z)=\frac{1}{(1-z)(1-3z)}=\left(\sum_{k=0}^{\infty}z^k\right)\left(\sum_{k=0}^{\infty}3^k z^k\right)$$

$$=\sum_{k=0}^{\infty}\left(\sum_{j=0}^{k}1\cdot 3^{k-j}\right)z^k$$

$$=\sum_{k=0}^{\infty}(3^k+3^{k-1}+\ \cdots\ +3^1+3^0)z^k$$

$$=\sum_{k=0}^{\infty}\left(\sum_{j=0}^{k}3^j\right)z^k=\sum_{k=0}^{\infty}\frac{3^{k+1}-1}{3-1}z^k$$

$$=\sum_{k=0}^{\infty}\left(\frac{3^{k+1}-1}{2}\right)z^k$$

의 두 생성함수를 구할 수 있다. ■

이제 앞 절에서 다룬 재귀 함수로 정의된 수열의 일반항을 구하는 데 생성함수를 이용해보자.

예제 1.1.12

다음과 같이 재귀 함수로 정의된 수열함수의 일반항을 생성함수를 이용하여 구하여라.

$$a_0=0$$

$$a_k=3a_{k-1}+1,\ \ k\ge 1 \tag{1.1.12}$$

풀이

$$G(z)=\sum_{k=0}^{\infty}a_k z^k$$

를 수열 $\{a_n\}$의 생성함수라고 하자. 재귀식 (1.1.12)의 양변에 z^k, $k=1, 2, 3, \cdots$를 곱하여 식의 양변을 합하면

$$\sum_{k=1}^{\infty} a_k z^k = 3\sum_{k=1}^{\infty} a_{k-1} z^k + \sum_{k=1}^{\infty} z^k$$

이 되고 보조정리 1.1.3과 생성함수의 정의에 의하여 위의 등식은

$$G(z) - a_0 = 3z\,G(z) + \left(\frac{1}{1-z} - 1\right)$$

이 된다. 또한 $a_0 = 0$이므로 위의 식으로부터 $G(z)$를 구하면

$$G(z) = \frac{1}{(1-z)(1-3z)} - \frac{1}{1-3z}$$

이다. 위의 생성함수 $G(z)$를 예제 1.1.11과 표 1.1.1을 이용하여 멱급수로 표현하면

$$\begin{aligned} G(z) &= \frac{1}{(1-z)(1-3z)} - \frac{1}{1-3z} \\ &= \left(\sum_{k=0}^{\infty}\left(\frac{3^{k+1}-1}{2}\right)z^k\right) - \left(\sum_{k=0}^{\infty} 3^k z^k\right) \\ &= \sum_{k=0}^{\infty}\left(\frac{3^{k+1}-1}{2} - 3^k\right)z^k \\ &= \sum_{k=0}^{\infty}\left(\frac{1}{2}(3^k-1)\right)z_k \end{aligned}$$

이다. 따라서 재귀 함수로 정의된 수열 (1.1.12)의 일반항 a_n은

$$a_n = \frac{1}{2}(3^n - 1), \quad n \ge 0$$

이 된다. ■

위의 재귀수열 (1.1.12)의 일반항을 예제 1.1.11과 같이 생성함수의 곱에 관한 정리 1.1.4를 이용하여 구할 수도 있지만 다음과 같이 부분분수를 이용하여 구할 수도 있다. 즉, 등식

$$\frac{1}{(1-z)(1-3z)} - \frac{1}{1-3z} = \frac{A}{1-z} + \frac{B}{1-3z} - \frac{1}{1-3z}$$

으로부터 $A=-\frac{1}{2}$, $B=\frac{3}{2}$이므로

$$\begin{aligned} G(z) &= -\frac{1}{2}\left(\frac{1}{1-z}\right)+\frac{3}{2}\left(\frac{1}{1-3z}\right)-\frac{1}{1-3z} \\ &= -\frac{1}{2}\left(\frac{1}{1-z}\right)+\frac{1}{2}\left(\frac{1}{1-3z}\right) \\ &= -\frac{1}{2}\sum_{k=0}^{\infty} z^k+\frac{1}{2}\sum_{k=0}^{\infty} 3^k z^k \\ &= \sum_{k=0}^{\infty}\left(\frac{1}{2}(3^k-1)\right)z^k \end{aligned}$$

이다. 따라서 생성함수의 멱급수의 계수가 재귀수열 (1.1.12)의 일반항이므로

$$a_n=\frac{1}{2}(3^n-1),\quad n\ge 0$$

이 되어 위의 예제의 결과와 같다.

어떤 재귀 함수로 정의된 수열의 일반항을 구하기 위해 특성방정식을 사용할 수 없는 경우에는 생성함수를 이용할 수 있다.

예제 1.1.13

다음의 재귀 함수

$$\begin{aligned} a_0 &= -3 \\ a_n &= a_{n-1}+n,\quad n\ge 1 \end{aligned}$$

의 일반항을 구하여라.

풀이 수열 $\{a_n\}$의 생성함수를 $A(z)=\sum_{k=0}^{\infty} a_k z^k$라 하자. 생성함수를 z의 간단한 식으로 표현하기 위해 위의 재귀식의 양변에 z^n, $n\ge 1$을 곱한 모든 식을 합하면

$$\begin{aligned} \sum_{n=1}^{\infty} a_n z^n &= \sum_{n=1}^{\infty} a_{n-1} z^n+\sum_{n=1}^{\infty} n z^n \\ &= z\sum_{n=1}^{\infty} a_{n-1} z^{n-1}+\sum_{n=1}^{\infty} n z^n \end{aligned}$$

$$= z \sum_{n=0}^{\infty} a_n z^n + \sum_{n=0}^{\infty} n z^n \tag{1.1.13}$$

이 된다. 한편 $A(z) = a_0 + \sum_{n=1}^{\infty} a_n z^n$이므로 위의 식의 우변을 다시 정리하고, 표 1.1.1의 관계식

$$\frac{z}{(1-z)^2} = \sum_{n=0}^{\infty} n z^n$$

으로부터 좌변을 간단히 나타내면 식 (1.1.13)은

$$A(z) - a_0 = z A(z) + \frac{z}{(1-z)^2}$$

와 같다. 이제 $a_0 = -3$이므로 위의 식을 $A(z)$에 관해 풀면

$$A(z) = \frac{-3}{(1-z)} + \frac{z}{(1-z)^3}$$

이 된다. 또한 표 1.1.1의 유용한 생성함수들로부터 위의 식을 멱급수로 나타내면

$$\begin{aligned}
A(z) &= \frac{-3}{(1-z)} + \frac{z}{(1-z)^3} \\
&= \sum_{n=0}^{\infty} (-3) z^n + z \sum_{n=0}^{\infty} \binom{n+2}{n} z^n \\
&= \sum_{n=0}^{\infty} (-3) z^n + \sum_{n=0}^{\infty} \frac{(n+2)(n+1)}{2} z^{n+1} \\
&= \sum_{n=0}^{\infty} (-3) z^n + \sum_{n=1}^{\infty} \frac{(n+1)(n)}{2} z^n \\
&= \sum_{n=0}^{\infty} \left(-3 + \frac{n(n+1)}{2} \right) z^n \\
&= \sum_{n=0}^{\infty} \frac{(n+3)(n-2)}{2} z^n
\end{aligned}$$

따라서 일반항 a_n은 생성함수 $A(z)$의 계수이므로

$$a_n = \frac{(n+3)(n-2)}{2}, \quad n \geq 0$$

가 된다. ■

1.1.4 함수의 증감 속도

증감 속도를 알고 있는 함수를 이용하여 다른 함수의 증감 속도를 추정할 수가 있다. 함수들의 증감변화를 비교할 수 있는 도구로 사용하는 기호들을 정의해보자.

정의 1.1.4

서로 다른 두 실수 함수 $f(x)$와 $g(x)$에 대하여

"$x \geq a$인 모든 x에 대하여 $|f(x)| \leq c|g(x)|$"

을 만족하는 양의 상수 c와 상수 a가 존재하면, f는 많아야 g의 복잡도를 갖는다고 하며 $x \to \infty$일 때 $f(x) \in O(g(x))$로 표기한다.

위의 정의 $f(x) \in O(g(x))$에서 기호를 "big O"라고 읽으며, $x \to \infty$일 때(또는 점근적으로: asymptotically) $f(x)$은 빨라야 $g(x)$만큼의 속도로 변화하는 함수임을 의미한다. 또 $|g(x)|$는 $|f(x)|$의 상한(upper bound)의 함수를 나타낸다. 그림 1.1.1은 $f(x) \in O(g(x))$의 관계를 갖는 두 함수 $f(x) \geq 0$, $g(x) \geq 0$의 증가속도를 그래프로 설명하고 있다.

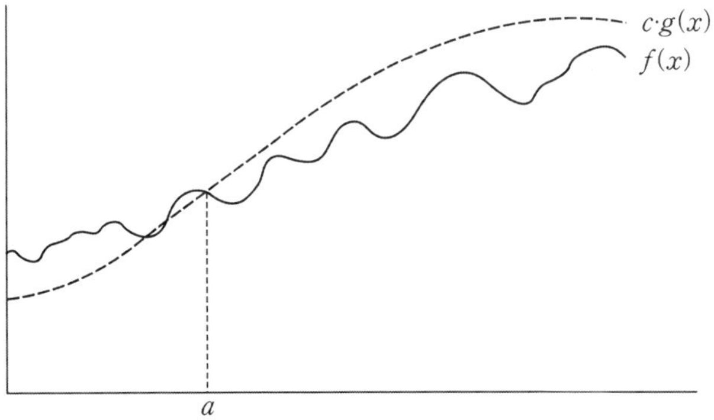

그림 1.1.1 $f(x) \in O(g(x))$의 그래프 설명

예제 1.1.14

n에 관한 m차의 다항식

$$P(n) = a_0 + a_1 n + a_2 n^2 + \cdots + a_m n^m$$

은 $P(n) \in O(n^m)$이 됨을 보여라.

풀이 $$\begin{aligned} |P(n)| &= |a_0 + a_1 n + a_2 n^2 + \cdots + a_m n^m| \\ &\le |a_0| + |a_1|n + |a_2|n^2 + \cdots + |a_m| n^m, \ n \ge 1 \\ &= \left(\frac{|a_0|}{n^m} + \frac{|a_1|}{n^{m-1}} + \frac{|a_2|}{n^{m-2}} + \cdots + |a_m| \right) n^m, \ n \ge 1 \\ &\le (|a_0| + |a_1| + |a_2| + \cdots + |a_m|)\, n^m = M n^m, \\ & \quad M = |a_0| + |a_1| + |a_2| + \cdots + |a_m| \end{aligned}$$

가 된다. 따라서 정의 1.1.4에 의해($a=1, c=M$), $P(n) \in O(n^m)$가 된다. ■

위의 예제 1.1.14의 풀이에 의해

$$\begin{aligned} |P(n)| &= |a_0 + a_1 n + a_2 n^2 + \cdots + a_m n^m| \\ &\le (|a_0| + |a_1| + |a_2| + \cdots + |a_m|)\, n^m = M n^m \le M n^s, \\ & M = |a_0| + |a_1| + |a_2| + \cdots + |a_m|, \ m \le s, \ n \ge 1 \end{aligned}$$

이므로 $P(n) \in O(n^m)$이며, 또한 $P(n) \in O(n^s)$, $m \le s$가 됨을 알 수 있다.

참고로 위의 정의에서 $f(x) \in O(g(x))$를 $f(x) = O(g(x))$로 표기하기도 한다. 또 기호 $f(x) = O(g(x))$는 함수 $f(x)$가 어떤 실수 a의 주위에서 함수 $g(x)$의 수렴성을 갖고 있음을 나타내는 데 사용되기도 한다. 즉

$$|x-a| \le \delta \text{인 모든 } x \text{에 대하여 } |f(x)| \le c\,|g(x)|$$

을 만족하는 양의 상수 c, δ가 존재하면 $x \to a$일 때 $f(x) = O(g(x))$라 한다. 예를 들어, 모든 실수 x에 대해 함수 e^x의 급수를 첫 세 개의 항 또는 첫 두 개의 항을 e^x의 근사식으로 표현할 때 나머지 오차 항들을 기호 O를 사용하여 간단히 할 수 있다. 즉

$$e^x = 1 + x + \frac{x^2}{2!} + \frac{x^3}{3!} + \frac{x^4}{4!} + \cdots$$

$$= 1 + x + \frac{x^2}{2!} + O(x^3)\ ,\quad x \to 0$$

$$= 1 + x + O(x^2)\ ,\quad x \to 0$$

와 같이 쓸 수 있다. 위의 첫째 식에서 $|x-0| \le \delta$인 x에 대하여 $|e^x - (1 + x + \frac{x^2}{2!})| = |\frac{x^3}{3!} + \frac{x^4}{4!} + \cdots| \le |x^3|(\frac{1}{3!} + \frac{\delta}{4!} + \frac{\delta^2}{5!} + \cdots) = k|x^3|$을 만족하는 양의 상수 k와 δ가 존재함을 예제 1.1.14와 유사하게 보일 수 있으므로 두 번째의 식과 같은 표현이 가능하다. 일반적으로 $x \to a$ 또는 정의 1.1.4에서의 $x \to \infty$와 같은 기호는 혼돈되지 않는 상황이면 생략하고 사용하는 경우가 많다.

정의 1.1.5

$f(x)$와 $g(x)$가 서로 다른 두 실수 함수라 하자. 만약

"$x \ge a$인 모든 x에 대하여 $|f(x)| \ge c|g(x)|$"

을 만족하는 양의 상수 c와 상수 a가 존재하면, f는 적어도 g의 복잡도를 갖는다고 하며 $x \to \infty$일 때 $f(x) \in \Omega(g(x))$라고 한다.

위의 정의 $f(x) \in \Omega(g(x))$에서 기호를 "big Omega"라고 읽으며, $f(x)$은 적어도 $g(x)$만큼의 빠른 속도로 변화하는 함수임을 의미하고, $|g(x)|$는 $|f(x)|$의 하한(lower bound)의 함수를 나타낸다. 또 $f(x) = \Omega(g(x))$라 표기하기도 한다.

예제 1.1.15

$10|x^6| \le |17x^6 - 45x^3 + 2x + 8|$, $x \ge 2$을 증명하여 $17x^6 - 45x^3 + 2x + 8 \in \Omega(x^6)$을 보여라.

풀이 $\frac{d}{dx}((17x^6 - 45x^3 + 2x + 8) - 10x^6) = 42x^5 - 135x^2 + 2$

$$\frac{d^2}{dx^2}((17x^6 - 45x^3 + 2x + 8) - 10x^6) = 210x^4 - 270x = 30x(7x^3 - 9)$$

이다. $x \ge 2$일 때, $30x(7x^3 - 9) \ge 0$이기 때문에 $42x^5 - 135x^2 + 2$는 증가함수이며

$x=2$일 때 그 값이 806이고 이는 0보다 크기 때문에 $x \geq 2$일 때 $42x^5-135x^2+2 \geq 0$가 성립하기 때문에 $(17x^6-45x^3+2x+8)-10x^6$는 $x \geq 2$일 때 증가함수이다. 또한 $x=2$일 때 함수 $(17x^6-45x^3+2x+8)-10x^6$의 값은 100이므로 $x \geq 2$일 때

$$(17x^6-45x^3+2x+8)-10x^6 > 0,$$

따라서 $x \geq 2$일 때

$$640 \leq 10x^6 < (17x^6-45x^3+2x+8)$$

이므로

$$10|x^6| \leq |17x^6-45x^3+2x+8|$$

이다. 또한 이 부등식과 정의 1.1.5에 의하여 $(a=2,\ c=10)$

$$17x^6-45x^3+2x+8 \in \Omega(x^6)$$

가 된다. ■

정의 1.1.6

$f(x)$와 $g(x)$가 서로 다른 두 실수 함수라 하자. 만약

"$x \geq a$인 모든 x에 대하여 $c_1|g(x)| \leq |f(x)| \leq c_2|g(x)|$."

을 만족하는 양의 상수 c_1, c_2와 상수 a가 존재하면 f는 g의 복잡도를 갖는다고 하며 $x \to \infty$일 때 $f(x) \in \Theta(g(x))$라 한다.

위의 정의 $f(x) \in \Theta(g(x))$에서 기호를 "big Theta"라고 읽으며, 점근적으로 $f(x)$가 $g(x)$와 같은 비율로 변화한다는 뜻이다. 정의 1.1.4와 정의 1.1.5로부터 $f(x) \in \Theta(g(x))$의 동치 조건

$$f(x) \in O(g(x))\text{이고, } f(x) \in \Omega(g(x))$$

을 쉽게 얻을 수 있다. 그러므로 예제 1.1.14와 예제 1.1.15에 의해 $17x^6-45x^3+2x+8 \in \Theta(x^6)$가 된다.

아래의 그림 1.1.2는 $f(x) \in \Omega(g(x))$와 $f(x) \in \Theta(g(x))$의 관계를 갖는 두 함수 $f(x) \geq 0$, $g(x) \geq 0$의 증가속도를 그래프로 설명하고 있다.

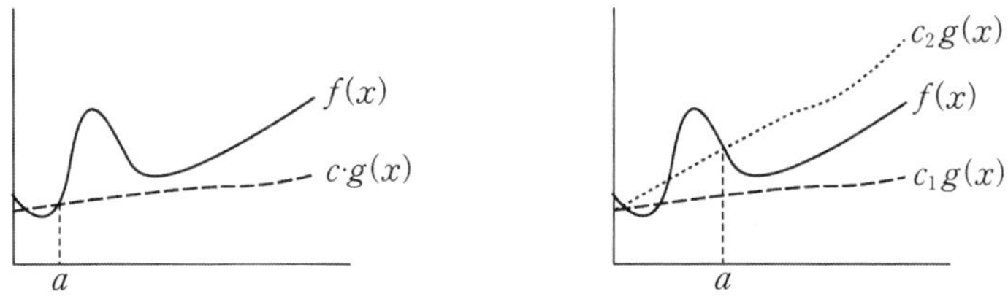

(a) $f(x) \in \Omega(g(x))$ (b) $f(x) \in \Theta(g(x))$의 그래프 설명

그림 1.1.2

위에서 함수의 증가 속도를 다른 함수의 증가 속도와 비교하여 예측할 수 있는 방법 및 표시법을 정의하고 설명하였다. 이때 함수의 정의역을 실수 집합의 부분집합인 0을 포함하는 자연수의 집합으로 국한하더라도 위의 모든 표기법을 만족한다. 즉, 수열의 증가 속도를 예측하는 방법도 실수 함수의 증가 속도와 동일한 기법으로 처리할 수 있다.

예제 1.1.16

수열 $f(n) = 1 + 2 + \cdots + n$의 증가 속도는

$$f(n) = 1 + 2 + \cdots + n = \frac{n(n+1)}{2} = \frac{1}{2}n^2 + \frac{1}{2}n$$

이고, 예제 1.1.14와 예제 1.1.15에 의해 $\frac{1}{2}n^2 + \frac{1}{2}n \in \Theta(n^2)$이므로 $\frac{1}{2}n^2 + \frac{1}{2}n$은 수열 n^2의 증가 속도와 같은 비율로 증가한다. ■

정리 1.1.5

함수 P가 n에 관한 k차 다항함수

$$P(n) = a_k n^k + a_{k-1} n^{k-1} + \cdots + a_1 n + a_0, a_k \neq 0$$

이면 $P \in \Theta(n^k)$이다.

증명 예제 1.1.14에 의해 $P \in O(n^k)$이다. 따라서 정의 1.1.5에 의해 $P(n) \in \Omega(n^k)$을 보이면 된다. 즉 $|P(n)| \geq c|n^k|$, c는 양의 상수를 보인다. 아래의 식에서 $\lim_{n\to\infty}\frac{1}{n^{k-j}} = 0$, $k > j$이므로

$$\lim_{n\to\infty}\frac{|P(n)|}{\left|\frac{a_k}{2}n^k\right|} = \lim_{n\to\infty}\left|\frac{a_k n^k + a_{k-1}n^{k-1} + \cdots + a_1 n + a_0}{\frac{a_k}{2}n^k}\right|$$

$$= \lim_{n\to\infty}\left|2 + \sum_{j=0}^{k-1}\frac{2a_j}{a_k}\frac{1}{n^{k-j}}\right| = 2$$

이다. 또한 위의 극한식은 극한값의 정의에 따라서 모든 $\varepsilon > 0$에 대해 정수 N이 다음 부등식을 만족하도록 존재한다.

$$\left|\frac{|P(n)|}{\left|\frac{a_k}{2}n^k\right|} - 2\right| < \varepsilon,\ n \geq N \tag{1.1.14}$$

즉

$$-\varepsilon < \frac{|P(n)|}{\left|\frac{a_k}{2}n^k\right|} - 2 < \varepsilon$$

$$|P(n)| > (2-\varepsilon)\left|\frac{a_k}{2}\right||n^k| \tag{1.1.15}$$

이다. 특히 식 (1.1.14)는 $\varepsilon < 1$(또는 $(2-\varepsilon) > 1$)에 대해서도 성립하므로 식 (1.1.15)는

$$|P(n)| > \frac{|a_k|}{2}|n^k| = c|n^k|,\ c = \frac{|a_k|}{2}$$

이다. 따라서 $P(n) \in \Omega(n^k)$이 되며 또한 $P(n) \in \Theta(n^k)$이다. ■

참고로 $f_1 \in \Theta(g_1)$이고 $f_2 \in \Theta(g_2)$이면 $f_1 \cdot f_2 \in \Theta(g_1 \cdot g_2)$이다(연습문제 참조). 또한 함수가 모두 양의 함수이면 $f_1 + f_2 \in \Theta(\max\{g_1, g_2\})$임을 보일 수 있다(연습문제 참조).

정리 1.1.5와 위의 내용에 의해 $3n(n^2) \in \Theta(n^3)$이며, $n^3 + 12n\log_2(n) \in \Theta(n^3)$이고 또한 $n\log_2(n) + 5n + 9 \in \Theta(n\log_2(n))$이 된다.

1.1 연습문제

01 원소를 각각 m개와 n개를 갖는 집합 A와 B에 대해 $x \in A$, $y \in B$가 어떤 관계 R을 갖고 있으면 xRy로 표현한다. 이때 $xRy \in A \times B$가 된다.

(1) 집합 A와 B에 대해 정의될 수 있는 관계 R의 개수는 몇 개인가?

(2) 집합 A와 B에 대해 정의될 수 있는 함수 $f : A \rightarrow B$의 개수는 몇 개인가?

02 집합 $X = \{1, 2, 3, 4\}$의 부분집합들을 원소로 하는 집합 $P(X) = \{S | S \subseteq X\}$을 X의 멱집합(power set)이라 한다. $A \in P(X)$, $B \in P(X)$에 대해 $A \cap B \neq \varnothing$이면 ARB로 관계 R을 정의한다.

(1) 모든 $A \in P(X)$에 대해 ARA가 되는가?

(2) 모든 $A, B \in P(X)$에 대해 ARB이면 BRA가 되는가?

(3) 모든 $A, B, C \in P(X)$에 대해 ARB, BRC이면 ARC가 되는가?

03 곱집합 $\{3, 4, 5\} \times \{4, 5, 6\}$의 원소로 정의되는 관계 S를 y/x가 정수가 되면 xSy라 정의한다. 관계 S가 정의되는 관계쌍을 모두 나열하여라. 이 관계 S는 함수가 되는가? 또 전단사함수가 되는지 확인하고 역함수 S^{-1}의 관계쌍을 모두 나열하여라.

04 (1) 집합 A의 부분집합 S를 함수 $f : A \rightarrow \{1,2\}$로 아래와 같이 표현한다.

$$f(x) = \begin{cases} 1, & x \notin S \\ 2, & x \in S \end{cases}$$

위의 함수를 이용하여 집합 A의 부분집합의 개수를 구하여라. 또한 함수 f가 전사함수와 전단사함수가 되는 집합 A, S의 관계를 조사하여라.

(2) 집합 A의 k개의 원소(원소의 반복을 허용함)의 리스트를 함수

$$f : \{1, 2, \ldots, k\} \rightarrow A$$

와 같이 표현할 때 이 함수를 이용하여 만들 수 있는 리스트의 개수를 구하여라.

05 문자메시지, 문자파일 등의 데이터를 받는 사람을 제외한 다른 사람이 읽을 수 없도록 보내기 위해 암호화(encryption)를 한다. 이때 암호화 함수를 $f : D \rightarrow D$로 표현할 수 있다(D는 입력가능한 문자 집합). 다음 물음에 답하여라. 하지만 쉽게 타인이 읽을 수 없도록 하는 암호화 함수가 되기 위해서는 다음의 3가지 조건이 만족되어야 한다.

가) 모든 암호화된 문자는 복호화(decryption)되는 역함수가 존재하는가?

나) 암호화 함수와 복호화 역함수가 빨리 컴퓨터로 처리되는가?

다) 복호화 역함수는 쉽게 알아낼 수 없을 만큼 어려운가?

(1) D가 영어 대문자와 빈칸의 집합이고 함수가 아래와 같이 정의하여 암호화한다.

$$f(x) = \begin{cases} x \text{ 다음 영문자}, & x = A \sim Y \\ A & x = Z \\ \text{빈칸} & x = \text{빈칸} \end{cases}$$

예를 들어 "HELLO KIM"은 위의 암호화 함수로는 "IFMMP LJN"로 암호화된다. 이러한 암호화 함수는 위의 3가지 조건이 모두 만족되는가?

(2) 암호화 시스템 PGP(Pretty Good Privacy)와 DES(Data Encryption Standard)에서 집합 D는 0과 1로 구성된 길이가 64인 백터로 구성되어있다. 암호화할 수 있는 함수의 개수는 몇 개가 되는가?

06 103!의 값에는 끝에 0이 몇 개가 있는가?

07 100!를 나누는 2^n 중에 제일 큰 n은 얼마인가?

08 (1) $2^n < n! < n^n$, $n \geq 4$를 보여라.

(2) 충분히 큰 n에 대하여 $2^n > n^3$임을 보여라.

(3) 충분히 큰 n에 대하여 $\dfrac{2^n}{n^2}$은 무한히 커짐을 (2)를 이용하여 보여라.

09 $e\left(\dfrac{n}{e}\right)^n < n! < \dfrac{n+1}{4}e^2\left(\dfrac{n}{e}\right)^n$을 보여라.

도움말

$\log x$의 그래프에서

$$\int_1^n \log x\,dx \le \sum_{k=2}^{n} \log k \le \int_2^{n+1} \log x\,dx$$

를 쉽게 보일 수 있다. 부등식의 양 끝 식을 적분하고,

$$\sum_{k=2}^{n} \log k = \log n!$$

과

$$\log(n+1) - \log n = \int_n^{n+1} \frac{1}{x}dx < \frac{1}{n}$$

을 이용한다.

10 스털링의 공식, $n! \sim \left(\frac{n}{e}\right)^n \sqrt{2\pi n}$을 증명하여라.

도움말

$$\log(1+x) = x - \frac{x^2}{2} + \frac{x^3}{3} - \frac{x^4}{4} + \cdots, \quad x \le 1$$

$$\lim_{n\to\infty}\left(1+\frac{1}{n}\right)^n = e,$$

Wallis's formula $\pi = \lim_{n\to\infty}\left\{\frac{1}{n}\left(\frac{2}{1}\frac{4}{3}\frac{6}{5}\cdots\frac{2n}{2n-1}\right)^2\right\}$를 이용한다.

$u = \frac{2}{1}\left(\frac{3}{2}\right)^2\left(\frac{4}{3}\right)^3\left(\frac{5}{4}\right)^4\cdots\left(\frac{n+1}{n}\right)^n = \frac{(n+1)^n}{n!}$이라 하고

$$\log u = \log 2 + n - \frac{1}{2} - \frac{1}{2}S_n + C_n,$$

$$S_n = \sum_{j=1}^{n}\frac{1}{j}, \quad C_n = \frac{1}{3}\sum_2^n\frac{1}{n^2} - \frac{1}{4}\sum_2^n\frac{1}{n^3} + \cdots + \frac{(-1)^k}{k+1}\sum_2^n\frac{1}{n^k} + \cdots$$

임을 보여라. 위의 식으로부터 $n! = \frac{(n+1)^n}{2}e^{-n+\frac{1}{2}+\frac{1}{2}S_n - C_n}$와 $2n!$의 관계식과 위의 식들을 이용하여 증명한다.

11 200!는 몇 자리의 수인가?

도움말

스털링의 공식, $n! \sim \left(\frac{n}{e}\right)^n \sqrt{2\pi n}$ 을 이용하여라.

12 (1) 임의의 서로 다른 수 $\alpha_1,\ \alpha_2,\ \cdots,\ \alpha_k$에 대하여 k개의 백터 $(\alpha_1^i,\ \alpha_2^i,\ \cdots,\ \alpha_k^i)$, $i=0,\ 1,\ \cdots,\ k-1$들이 서로 일차독립임을 보이고 연립방정식

$$\lambda_1 + \lambda_2 + \cdots + \lambda_k = \sum_{i=1}^{k} \lambda_i \alpha_i^0 = a_0$$

$$\lambda_1 \alpha_1^1 + \lambda_2 \alpha_2^1 + \cdots + \lambda_k \alpha_k^1 = \sum_{i=1}^{k} \lambda_i \alpha_i^1 = a_1$$

$$\vdots$$

$$\lambda_1 \alpha_1^{k-1} + \lambda_2 \alpha_2^{k-1} + \cdots + \lambda_k \alpha_k^{k-1} = \sum_{i=1}^{k} \lambda_i \alpha_i^{k-1} = a_{k-1}$$

는 유일한 해 $\lambda_1,\ \lambda_2,\ \cdots,\ \lambda_k$를 가짐을 보여라.

(2) 정리 1.1.2의 (2)를 증명하여라.

13 재귀식과 초기조건이

$$b_k = 2b_{k-1} + 3b_{k-2},\ k \geq 2,\ b_0 = 1,\ b_1 = 2$$

인 수열 $\{b_n\}$의 일반항을 구하여라.

14 (1) 재귀 함수식

$$\begin{cases} x_0 = 1,\ x_1 = 2 \\ x_n = 2x_{n-1} - x_{n-2},\ (n \geq 2) \end{cases}$$

을 만족하는 수열의 일반항을 구하여라.

(2) 함수 $f : \mathrm{N} \to Z$ 를 다음과 같이

(i) 초기조건 : $f(0)=1,\ f(1)=-4$

(ii) 재귀함수 : $f(n)=-3f(n-1)+4f(n-2),\ n\geq 2$

재귀적으로 정의할 때 $f(n)$을 구하여라.

(3) 함수 $f:\mathbb{N}\to\mathbb{Z}$ 를 다음과 같이

(i) 초기조건 : $f(0)=2,\ f(1)=7$

(ii) 재귀함수 : $f(n)=f(n-1)+2f(n-2),\ n\geq 2$

재귀적으로 정의할 때 $f(n)$을 구하여라.

15 재귀식과 초기조건이

$$d_k = 4\,d_{k-2},\ k\geq 2,\ d_0=1,\ d_1=-1$$

인 수열 $\{d_n\}$의 일반항을 구하여라.

16 (1) 재귀 함수식

$$\begin{cases} a_0 = 2, \\ a_n = 2a_{n-1}+3^n, \quad (n\geq 1) \end{cases}$$

을 만족하는 수열의 일반항을 구하여라.

(2) 재귀수열 $a_n = 2a_{n-1}+3^n+5n,\ a_0=1$의 일반항을 구하여라.

17 재귀식과 초기조건이

$$a_k = 3\,a_{k-1}-4k,\ k\geq 1,\ a_0=2$$

인 수열 $\{a_n\}$의 일반항을 구하여라.

18 실수 $C,\ D$에 대하여 일반항이

$$a_n = C\,2^n + D,\ n\geq 0$$

인 수열은 $C,\ D$의 값에 관계없이 재귀식

$$a_k = 3a_{k-1} - 2a_{k-2},\ k \geq 2$$

를 만족함을 보여라.

19 재귀 함수식

$$\begin{cases} x_0 = 1,\ x_1 = c \\ x_{n+1} = x_n + x_{n-1},\ (n \geq 1) \end{cases}$$

에 대하여 다음 물음에 답하여라.

(1) $c = \frac{1+\sqrt{5}}{2}$일 때 $x_n = \left(\frac{1+\sqrt{5}}{2}\right)^n$임을 보여라.

(2) $c = \frac{1-\sqrt{5}}{2}$일 때 $x_n = \left(\frac{1-\sqrt{5}}{2}\right)^n$임을 보여라.

(3) $c = 1$일 때 $x_n = \frac{1}{\sqrt{5}}\left(\frac{1+\sqrt{5}}{2}\right)^{n+1} - \frac{1}{\sqrt{5}}\left(\frac{1-\sqrt{5}}{2}\right)^{n+1}$임을 보여라.

20 **하노이의 탑(Tower of Hanoi)**

아래의 그림과 같이 세 개의 막대기 A, B, C와 크기가 서로 다른 n개의 가운데 구멍이 난 원판이 있다. 모든 원판이 하나의 막대기에 크기 순서대로 끼워져 있다. 두 개의 다른 막대기를 이용하여 n개의 원판을 다른 막대기로 모두 옮기고자 하는 데 모든 과정에서 크기가 큰 원판이 작은 원판위에 놓여서는 안 된다. n개의 원판을 모두 옮기는 데 필요한 최소의 이동의 회수를 구하는 재귀식을 n으로 나타내고 그 일반식을 구하여라.

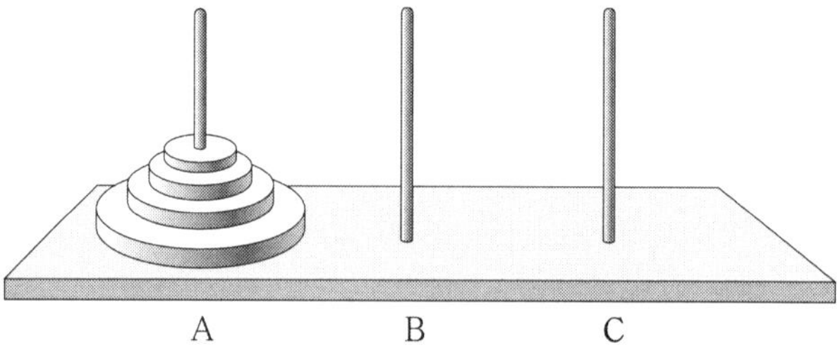

그림 1.1.3

21 다음의 재귀 함수로 정의된 수열(하노이의 탑: Tower of Hanoi)

$$H_0 = 0$$
$$H_n = 2H_{n-1} + 1,\ n \geq 1$$

의 일반항을 구하기 위하여 아래의 물음에 답하여라.

(1) 수열 $\{H_n\}$에 대한 생성함수를 $H(z) = \sum_{n=0}^{\infty} H_n z^n$이라 하고 주어진 재귀식을 이용하여 생성함수가 z에 관한 식

$$H(z) = \frac{1}{(1-z)(1-2z)} - \frac{1}{(1-2z)}$$

와 같이 나타낼 수 있음을 보여라.

(2) 표 1.1.1에 주어진 유용한 생성함수를 이용하여 아래의 관계식

$$\frac{1}{(1-z)(1-2z)} = \sum_{k=0}^{\infty} (2^{k+1} - 1) z^k$$

이 성립함을 보여라.

(3) 위의 (1)과 (2)의 결과를 이용하여 주어진 재귀 함수로 정의된 수열(하노이의 탑)의 일반항을 구하여라.

(4) 위의 수열의 일반항 H_n을 특성방정식을 이용하여 다시 구한 후, 그 결과가 (3)에서 구한 일반항 H_n과 같음을 확인하여라.

22 다음 생성함수를 z에 관한 멱급수로 표현한 식을 증명하여라.

(1) $\dfrac{z}{(1-z)^2} = \sum_{k=0}^{\infty} k z^k$

(2) $\dfrac{1}{(1+2z)} = \sum_{k=0}^{\infty} (-2)^k z^k$

(3) $\dfrac{1}{(1-3z)(1+2z)} = \sum_{k=0}^{\infty} \dfrac{1}{5}(3^{k+1} - (-2)^{k+1}) z^k$

23 (1) 다음의 재귀 함수 수열의 일반항 a_n을 생성함수를 이용하여 구하여라.

$$a_0 = 1, a_1 = 2$$
$$a_n = a_{n-1} + 6a_{n-2},\ \ n \ge 2$$

(2) 위의 (1)의 일반항 a_n을 특성방정식을 이용하여 구하여라.

24 다음의 재귀 함수 수열의 일반항 a_n을 생성함수를 이용하여 구하여라.

(1) $a_0 = 1$

$a_n = 3a_{n-1} + 7,\ \ n \ge 1$

(2) $a_0 = 2, a_1 = -2$

$a_n = -2a_{n-1} + 15a_{n-2}, n \ge 2$

(3) $a_0 = 3, a_1 = -12$

$a_n = -5a_{n-1} + 36a_{n-2},\ \ n \ge 2$

(4) $a_0 = 3$

$a_n = 5a_{n-1} + 1, n \ge 1$

25 임의의 양의 정수 α에 대하여 다음이 성립함을 보여라.

(1) $x^{\alpha} \in O(e^x)\ (x \to \infty)$

도움말

e^x 의 테일러(taylor) 전개식을 이용한다.

(2) $\ln x \in O(x^{\alpha})\ \ (x \to \infty)$

(3) $n \log_2 n \in O(n^2)\ \ (n \to \infty)$

26 세 수열 $\{\alpha_n\}$, $\{\beta_n\}$, $\{\gamma_n\}$에 대하여 다음이 성립함을 보여라.

(1) $\beta_n \in O(\alpha_n)$이면 $c\beta_n \in O(\alpha_n)$이다. (단, c는 상수)

(2) $\beta_n \in O(\alpha_n)$이고 $\gamma_n \in O(\alpha_n)$이면 $\beta_n + \gamma_n \in O(\alpha_n)$이다.

(3) $\beta_n \in O(\alpha_n)$이면 $\alpha_n^{-1} \in O(\beta_n^{-1})$이다.

27 다음을 만족하는 가장 적당한 값 k를 구하여라.

$$\tan^{-1}x = x + O(x^k) \ (x \to 0)$$

28 n에 관한 m차의 다항식 $P(n) = a_0 + a_1 n + a_2 n^2 + \cdots + a_m n^m$에 관해 다음의 물음에 답하여라.

(1) $P(n) \in \Omega(n^m)$, $P(n) \in \Omega(n^r)$, $r \le m$을 만족하는가? 설명하여라.

(2) $P(n) \in \Theta(n^m)$이 되는가?

29 $1 + \frac{1}{2} + \frac{1}{3} + \cdots + \frac{1}{n} \in \Theta(\ln n)$임을 보여라.

30 $\sum_{i=1}^{n} \log_2 i \in \Theta(n \log_2 n)$임을 보여라.

도움말

$1 \le i \le n$, $\log_2 i \le \log_2 n$이고, $\left\lceil \frac{\pi}{2} \right\rceil \le i \le n$, $\log_2 i \ge \log_2 n - 1$을 이용한다.

31 $\sum_{k=1}^{n} k^m \in \Theta(n^{m+1})$, $m \ge 1$임을 보여라.

32 $f_1 \in \Theta(g_1)$이고 $f_2 \in \Theta(g_2)$이면 $f_1 \cdot f_2 \in \Theta(g_1 \cdot g_2)$임을 보여라.

33 양의 정수 n_0보다 큰 n에 대하여 $f_1(n) > 0$, $f_2(n) > 0$, $g_1(n) > 0$, $g_2(n) > 0$이고 $f_1 \in \Theta(g_1)$, $f_2 \in \Theta(g_2)$이면, $f_1 + f_2 \in \Theta(\max\{g_1, g_2\})$임을 보여라.

1.2 알고리즘

어떤 작업을 수행하기 위한 단계별 설명을 **알고리즘**(algorithms)이라고 한다. 음식을 요리하는 방법의 순서 또는 새 전자제품의 조립 방법의 안내문 등 우리가 접하는 많은 설명서 등은 각 기능을 수행하기 위한 알고리즘이다. 이처럼 컴퓨터를 이용한 작업 수행이나 일반적인 수학적 문제의 해결 방법을 제시할 때에도 실행해야 할 각 단계를 명시해주는 알고리즘이 필요하다. 알고리즘을 디자인할 때는 다음의 몇 가지 중요하게 고려해야 할 사항들이 있다.

(1) 원하는 작업을 정확하게 수행해야 한다.
(2) 알고리즘의 결과가 얼마나 가치가 있는지 판단해야 한다.
(3) 원하는 결과를 위해 알고리즘이 실행될 때 필요한 비용을 알아야 한다.

예를 들어, 두 도시 간의 최단 거리의 길을 찾는 알고리즘은 반드시 주어진 두 도시 간의 길을 찾아야 할 뿐 아니라, 더 나아가 원하는 결과, 즉 최단 거리의 길을 정확하게 찾아야 한다. 반면에 세일즈맨이 모든 도시를 방문하고 가장 빠르게 귀가할 수 있는 알고리즘과 같이 그 이론적인 방법의 난해성과 그 알고리즘의 비존재성 때문에 최선의 길은 얻을 수 없지만 알고리즘으로 구한 거리는 가능한 최단 거리의 배수가 되는 상한을 넘지 않는다는 알고리즘의 가치를 주장할 수도 있다. 위의 (3)에서 고려해야 하는 비용의 내용은 주로 알고리즘의 결과를 얻는 데 실행되는 시간이나 알고리즘이 수행되는 데 필요한 메모리 공간 등이 될 수 있다. 위의 3가지는 올바른 알고리즘을 디자인하고 계산 알고리즘을 분석하는 데 추구해야 할 사항이다.

알고리즘의 실행을 위한 비용에 관련된 몇 가지의 개념들을 들면서 알고리즘의 분석을 해본다.

1.2.1 알고리즘의 복잡도

알고리즘의 실행 비용을 측정하기 위한 가장 중요한 도구가 알고리즘이 차지하는 공간과 사용되는 시간이다. 이 두 가지는 알고리즘의 효율성을 평가하는 데 중요한 자료가 된다. 이 중에 메모리 공간은 주로 입력되는 데이터의 크기의 배수가 된다. 하지만 알고리즘을 실행하여 결과를 얻는 데 필요한 수행시간은 주로 상수 인자나 적은 수의 입력 자료는 무시하고 전체의 수행시간에 가장 영향을 미치는 중심 연산의 실행 빈도수에 좌우된다.

(1) 자료의 분류나 검색의 경우에 수의 비교는 한 번의 연산이다.
(2) 수를 계산하는 경우에 곱셈은 한 번의 연산이 되고, 덧셈은 무시한다.

이러한 수행시간 역시 데이터의 크기 n으로 나타낼 수 있다. 이와 같이 알고리즘의 결과를 얻기 위해 필요한 메모리 공간과 수행시간을 데이터의 크기 n으로 나타낸 식 $f(n)$을 **알고리즘의 복잡도**(complexity of algorithm)라고 한다. 일반적으로 모든 알고리즘이 차지하는 메모리의 공간은 데이터의 크기에 비례함에는 차이가 많지 않아 특별한 언급이 없으면 수행시간만으로 계산하여 n으로 나타낸 식, 즉 **시간 복잡도**(time complexity)를 알고리즘의 복잡도라고도 한다.

알고리즘의 복잡도는 반드시 데이터의 크기 n에 의해 좌우되는 것만은 아니고 때로는 데이터의 형태에 따라 달라질 수도 있어 주어진 알고리즘의 복잡도가 모든 데이터에 관해 수행시간이 일정한 것은 아니다. 예를 들어 STDNT라는 학생의 정보가 포함된 데이터의 파일을 검색하는 알고리즘을 이용하여 성이 "김"인 학생을 한 사람 찾고자 할 때 알고리즘은 이 STDNT 파일 속에서 빠르게 김씨 성을 가진 학생을 찾지만 만약 성이 "골"인 학생을 한 사람 찾고자 하면 알고리즘은 검색하는 많은 시간을 요하거나 찾지 못할 수도 있다. 이러한 경우에는 $f(n)$이 상당히 커진다.

따라서 주어진 알고리즘의 복잡도는 데이터 형태의 특수성에 따라 달라질 수 있으므로 일반적으로 두 가지의 경우로 구분하여 복잡도를 말한다. 즉, 어떤 특수한 입력 자료에 대한 $f(n)$의 최대값을 말하는 **최악의 경우**(worst case)의 복잡도로 일반적인 입력 자료에 대한 기대치의 $f(n)$을 말하는 **평균의 경우**(average case)로 구분하여 복잡도를 조사한다.

알고리즘의 복잡도는 데이터의 크기 n에 관한 정확한 식 $f(n)$으로 표현하거나 1.1.4절에서 다룬 Θ 함수로 표현하여 복잡성을 판별하고 다른 알고리즘과 비교하기도 한다.

예제 1.2.1

STDNT라는 파일에 학생의 n명의 서로 다른 이름이 담긴 데이터의 필드 NAME이 있다. 이 필드 속에서 학생 이름이 YOU라는 학생 이름의 위치 LOC를 찾아 출력하고, 만약 YOU라는 학생 이름이 없으면 LOC=0를 출력하는 알고리즘 FIND가 있다. 이 FIND는 NAME[i], $i=1,\ 2,\ \cdots,\ n$을 YOU와 비교하여 YOU=NAME[LOC]인 LOC를 출력한다. 이 알고리즘의 최악의 경우와 평균의 경우의 복잡도를 구하여라. (단, YOU가 NAME에 없을 확률은 $\frac{1}{n+1}$이다.)

풀이 검색을 하는 알고리즘에서 컴퓨터의 실행시간을 좌우하는 연산은 비교연산이므로 비교연산의 횟수를 조사하여 복잡도를 구한다.

(i) 최악의 경우 : NAME[i], $i=1,\ 2,\ \cdots,\ n$ 중에 마지막 데이터 NAME[n] =YOU인 경우 또는 YOU라는 이름이 없는 경우가 된다. 이 두 가지의 경우 모두 $g(n)=n$이 된다.

(ii) 평균의 경우 : 이름 YOU가 NAME에 있을 확률은 $\frac{n}{n+1}$이다. 즉 이름 YOU가 NAME[i] , $i=1,\ 2,\ \cdots,\ n$번째의 데이터에 있을 확률은 모두 $\frac{1}{n+1}$과 같다. 또 NAME[i]=YOU가 되려면 i번의 비교가 필요하다. 만약 YOU가 NAME에 없다면 n번의 비교가 필요하다. 따라서 이 알고리즘이 YOU를 찾기 위해 실행해야하는 비교연산의 평균 기대 횟수는

$$
\begin{aligned}
f(n) &= 1\cdot\frac{1}{n+1}+2\cdot\frac{1}{n+1}+\ \cdots\ +n\cdot\frac{1}{n+1}+n\cdot\frac{1}{n+1}\\
&= \frac{n(n+1)}{2}\cdot\frac{1}{n+1}+\frac{n}{n+1}=\frac{n(n+3)}{2(n+1)}
\end{aligned}
$$

과 같다. 즉 이 알고리즘으로 특정한 이름을 찾기 위해 필요한 비교연산의 평균적인 횟수는 대략 입력 학생 데이터의 크기의 **반 정도가** 된다. ■

일반적으로 알고리즘의 평균의 경우에 대한 복잡도는 평균적 확률 분포가 실제 상황에 적용되지 않을 수 있으므로 최악의 경우보다 훨씬 분석하기가 복잡하다. 또한 위의 예제에서와 같이 많은 알고리즘에서 평균의 경우에 대한 알고리즘의 복잡도는 최악의 경우에 대한 복잡도에 비례하는 경우가 많다. 즉, 최악의 경우에 대한 복잡도 $g(n)$와 평균 경우에 대한 복잡도 $f(n)$의 관계는 대부분 $f(n)\in\Theta(g(n))$이다. 따라서 알고리즘의 복잡도는 단지 최악의 경우에 대한 알고리즘의 수행시간을 데이터의 크기 n에 관해 표현한 식

을 의미하기도 한다.

예제 1.2.2

다음의 BUBBLESORT라는 알고리즘은 주어진 n개의 수 $\{x_1, x_2, \cdots, x_n\}$을 크기가 작은 것부터 큰 순서로 재배열하여 $x_1, x_2, \cdots, x_n$에 저장하는 알고리즘이다. 알고리즘의 정확성을 증명하고 그 복잡도를 구하여라.

알고리즘 1.2.1 : BUBBLESORT:$\{x_1, x_2, \cdots, x_n\}$을 오름차순으로 재정렬

1. $i = n, n-1, n-2, \cdots, 3, 2$의 각 i에 대하여 **2단계**를 실행한다.
2. $k = 1, 2, \cdots, i-1$에 대하여 x_k, x_{k+1}를 비교하여 큰 수를 x_{k+1}에, 작은 수를 x_k에 저장한다.
3. 오름차순으로 재배열된 $x_1, x_2, \cdots, x_n$을 출력하고 종료한다.

풀이 먼저 알고리즘이 정확하게 크기순으로 재배열되는 알고리즘인지 증명하여야 한다. 제2단계를 실행하면 $x_1, x_2, \cdots, x_i$의 값 중에 가장 큰 값이 x_i에 저장되고 나머지도 오름차순으로 저장됨을 귀납법에 의해 증명하자. $i = 2$인 경우는 제2단계에 의해 분명하다. 귀납법에 의해 i보다 작은 경우에 재배열이 성립됨을 가정하자. 이제 $x_1, x_2, \cdots, x_i$에 대해 제2단계를 실행하면 귀납법의 가정에 의해 $x_1, x_2, \cdots, x_{i-1}$의 값 중에 가장 큰 값이 x_{i-1}에 저장되어 있으므로 제2단계에서 x_{i-1}와 x_i를 비교하여 큰 수를 x_i에, 작은 수를 나머지 $i-2$개의 $x_{i-2}, x_{i-3}, \cdots, x_2, x_1$과 비교하여 순차적으로 배열하여(귀납법의 가정) 저장하면 이 알고리즘의 2단계는 $x_1, x_2, \cdots, x_i$ 중 가장 큰 수를 x_i에 오름차순으로 저장하게 된다. 이때 2단계에서 필요한 비교연산의 횟수는 $i-1$이 된다. 따라서 귀납법에 의해 모든 n에 대하여 위의 BUBBLESORT 알고리즘은 n개의 데이터 $\{x_1, x_2, \cdots, x_n\}$을 오름차순으로 재정렬한다.

이제 전체 알고리즘을 증명하고 복잡도를 구하자. 제1단계에서 $i = n$이면 위에서 증명한 바와 같이 제2단계에서 $x_1, x_2, \cdots, x_n$ 중에 가장 큰 값을 x_n에 저장하게 되며 비교연산 횟수는 $n-1$이다. 다시 제1단계에서 $i = n-1$이고 제2단계를 실행할 때 $x_1, x_2, \cdots, x_{n-1}$ 중에 가장 큰 값을 x_{n-1}에 저장하게 되며 비교연산 횟수는

$n-2$이다. 이와 같은 방법을 반복하여 마지막으로 제1단계에서 $i=2$이고 제2단계를 실행할 때 x_1, x_2 중에 가장 큰 값은 x_2에 저장되고 작은 값은 x_1에 저장된다. 이때의 비교연산 횟수는 1이다. 따라서 $i=n,\ n-1,\ n-2,\ \cdots,\ 3,\ 2$에 대하여 2단계를 모두 실행하고 나면 $x_1,\ x_2,\ \cdots,\ x_n$는 작은 값부터 크기순으로 나열된다. 또 모두 사용된 비교연산의 횟수는

$$(n-1)+(n-2)+\ \cdots\ +2+1=\frac{n(n-1)}{2}$$

가 되므로 알고리즘 BUBBLESORT의 수행시간에 대한 복잡도는 $\frac{n(n-1)}{2}$에 비례한다. ■

정의 1.1.5에 따르면

$$\frac{1}{4}n^2 \le \left|\frac{n(n-1)}{2}\right| \le n^2,\ n \ge 2$$

이므로 위의 알고리즘 BUBBLESORT의 복잡도는 $f(n) \in \Theta(n^2)$와 같이 표현할 수 있다. n이 증가할 때 복잡도 $f(n)$의 증가는 n^2만큼의 비율로 증가함을 의미한다. 즉, 위 예제의 알고리즘은 최악의 경우 n^2의 복잡도를 갖는다고 말한다.

행렬의 곱셈과 같은 문제가 시간복잡도 $\Theta(n^3)$인 알고리즘으로 해결된 후 시간복잡도가 $\Theta(n^{2.81})$인 새로운 알고리즘이 개발되어 같은 문제를 해결하였다면 그 새로운 알고리즘이 더욱 효율적인 알고리즘임이 증명된다. 이와 같이 새롭게 찾은 알고리즘을 분석해, 즉 시간 복잡도를 구해서 기존에 알려진 시간 복잡도보다 뛰어나다는 것을 보이면 된다.

그러나 이처럼 알고리즘을 개발하고 분석하는 방법으로 접근해 나가는 것도 좋은 방법이지만 많은 연구가들은 이런 방법을 사용하기보다 한계의 지표를 나타내는 복잡도를 제시하는 방법을 택하기도 한다. 예를 들어 좋은 알고리즘의 경우 어느 시간복잡도 이하는 존재하지 않음을 증명한다면 그보다 효율적인 알고리즘을 찾을 필요가 없다는 것이다. 참고로 행렬의 곱셈 문제를 해결하는 알고리즘의 복잡도의 하한은 $\Theta(n^2)$임이 증명되었다.

복잡도가 n 또는 n^2보다 더 효율적인 알고리즘, 즉 복잡도가 $\log_2 n$이 되는 알고리즘으로 해결이 가능한 문제의 예를 들어보자.

예제 1.2.3

다음의 BI_SEARCH(이진탐색)라는 알고리즘은 주어진 n개의 수가 오름차순으로 정렬된 집합 $\{x_1, x_2, \cdots, x_n\}$에서 입력 값 x와 같은 값의 위치를 찾는 알고리즘이다. 이 알고리즘의 복잡도를 구하여라. (집합은 x를 항상 포함한다고 가정하자.)

알고리즘 1.2.2 : BI_SEARCH (입력: $\{x_1, x_2, \cdots, x_n\}$, x)

1. $b=1$, $t=n$ (b, t는 각각 조사할 $\{x_1, x_2, \cdots, x_n\}$의 부분 집합의 제일 처음과 마지막 x_b, x_t의 첨자를 의미함)
2. $mid = \left\lfloor \frac{b+t}{2} \right\rfloor$, $x_{mid} = x$이면 mid를 출력하고 종료한다.
3. $\begin{cases} t = mid - 1 & \text{if } x_{mid} > x \\ b = mid + 1 & \text{if } x_{mid} < x \end{cases}$
4. $b \le t$이면 제2단계로 간다.

풀이 이 알고리즘(이진탐색: BI_SEARCH)의 각 단계에서 새로 생성되는 부분배열의 길이는 전 단계의 배열의 길이의 약 반이다. 최악의 경우에서도 길이가 1인 부분배열에 이른다. 제2~4단계의 최대 반복횟수는 입력배열이 반으로 줄어드는 횟수에 1을 합한 값이 된다. 최초의 입력 배열의 길이가 n이고, $2^k \le n < 2^{k+1}$인 정수 k가 존재한다. 또 이러한 n에 대해서는 알고리즘이 최대 $k+1$회가 반복된다. 이때 $k \le \log_2 n < k+1$에서 $k = \lfloor \log_2 n \rfloor$이므로 최대 반복횟수는 $\lfloor \log_2 n \rfloor + 1$이다. 또한

$$\frac{1}{2}\log_2 n \le \lfloor \log_2 n \rfloor + 1 \le \log_2 n + 1 \le 2\log_2 n, \quad n > 2$$

로부터 $\lfloor \log_2 n \rfloor + 1 \in \Theta(\log_2 n)$가 된다. 따라서 알고리즘 BI_SEARCH의 복잡도는 최악의 경우 $\log_2 n$의 복잡도의 비율을 가진다. ■

일반적으로 알고리즘에서 나오는 등호는 같다라는 의미로 사용되지 않고 대입한다의 의미로 사용된다. 예를 들어 알고리즘 1.2.2의 2단계에서 나오는 $mid = \left\lfloor \frac{b+t}{2} \right\rfloor$에서의 등호 =는 mid라는 변수에 값 $\left\lfloor \frac{b+t}{2} \right\rfloor$를 대입하라는 의미이다.

이와 같이 알고리즘의 수행시간의 복잡도 또는 일반적인 알고리즘의 복잡도는 증가속도를 알 수 있는 표준 함수 $\log n, n, n\log n, n^2, 2^n$와 big O, 오메가($\Omega$), 또는 세타($\Theta$)함수 등으로 비교하여 그 증가 속도를 간단하고 쉽게 추정할 수 있다. 다음의 표 1.2.1에서는 n이 증가함에 따라 표준 함수 $f(n)$의 증가속도를 간단히 비교하고, 표 1.2.2에서는 1개의 기본연산을 수행하는 데 1나노초(10^{-9}초)가 걸린다면 $\log n$, n, $n\log n$, $n^3, 2^n$개의 기본연산이 필요한 알고리즘이 실행되기 위해 소요되는 시간을 계산하고 있다.

n \ $f(n)$	$\log_2 n$	$n\log_2 n$	n^2	n^3	2^n
4	2	8	16	64	16
10	3.3	33	100	10^3	10^3
100	6.6	660	10^4	10^6	10^{30}
1000	10	10^4	10^6	10^9	10^{300}
100,000	170	1.7×10^7	10^{10}	10^{15}	10^{30000}

표 1.2.1 n에 따른 표준함수의 증가

n \ $f(n)$	n	$\log_2 n$	$n\log_2 n$	n^3	2^n
10	10^{-8}초	$3.3\cdot10^{-9}$초	$3.3\cdot10^{-8}$초	10^{-6}초	10^{-6}초
1000	10^{-6}초	10^{-8}초	10^{-5}초	1초	3.4×10^{284}일
100,000	10^{-4}초	$1.7\cdot10^{-8}$초	0.0017초	11.6일	3.1×10^{3001022}년

표 1.2.2 n에 따른 표준함수 $f(n)$개의 기본연산을 위한 소요 시간
(1개의 기본 연산은 1나노초의 소요 시간 필요 가정)

위의 표에서 보는 바와 같이 n이 증가함에 따라 표준 함수 $\log_2 n$의 증가 비율이 가장 느려 수행시간이 많이 증가하지 않는다. 반면에 2^n의 증가 비율은 상상하기 어려울 정도로 가장 빠르다. 다르게 설명하면 n이 증가함에 따라 $\log_2 n$의 연산이 필요한 알고리즘의 수행시간은 많이 증가하지 않아 실행 속도가 크게 늘어나지 않는다.

일반적으로 $\Theta(\log n)$, $\Theta(n)$, $\Theta(n\log n)$, $\Theta(n^3)$와 같이 복잡도가 입력크기 n에 관한

다항식의 함수로 표시되는 알고리즘을 **다항식 시간 알고리즘**(polynominal time algorithm)이라고 한다.

반면에 2^n의 연산이 필요한 알고리즘의 수행시간은 기하급수적으로 늘어나 결과를 구하기가 불가능할 수도 있음을 의미한다. 복잡도가 $O(2^n)$의 증가 비율이 되는 알고리즘을 **기하급수적 복잡도**(exponential complexity)를 갖는다고 하며, 이러한 알고리즘을 **기하급수적 시간 알고리즘**(exponential time algorithm)이라고 한다. 이러한 알고리즘은 n이 증가함에 따라 요구되는 실행시간이 급격히 증가하여 효율적이지 못한 알고리즘이라고 할 수 있다.

예제 1.2.1와 예제 1.2.3과 같이 효율적인(다항식 시간) 알고리즘이 존재하는 문제를 **다루기 쉬운 문제**(tractable problem)라고 한다. 반면에 효율적인 알고리즘이 존재하지 않는 문제를 **다루기 어려운 문제**(intractable problem)라고 한다.

다음의 예제 1.2.4와 예제 1.2.5에서는 두 가지의 유명한 문제에 대한 비효율적인 알고리즘을 소개하고 분석해본다.

예제 1.2.4

한 세일즈맨이 n개의 도시를 단 한 번만 모두 방문하고 돌아오고자 한다. 이때 각 도시 사이에 길이 직접 연결되어 있다고 하자. 그중에서 가장 거리를 짧게 이동하면서 모든 도시를 방문할 수 있는 여행스케줄을 찾으려고 하는 문제(**세일즈맨의 여행 문제: Traveling salesman problem**)를 풀고자 한다. 모든 가능한 경우의 여행길의 거리를 계산하여 가장 짧은 여행길 찾는 알고리즘을 사용한다면 복잡도는 어떤가?

풀이 모든 가능한 여행길의 수를 계산하자. 먼저 출발도시에서 갈 수 있는 도시의 수는 $n-1$개가 있다. 다시 출발도시로 돌아갈 수 없으므로 다음 갈 수 있는 도시는 $n-2$개가 있다. 이를 반복하면 전체의 가능한 여행길의 수는 $(n-1)!$ 가지의 방법이 있다. 1가지 방법의 여행길을 구하여 다른 결과와 비교하는 것이 주된 연산이라고 하면 알고리즘의 복잡도는 $(n-1)!$에 비례한 기본연산의 실행을 필요로 한다. 또한

$$(n-1)! \leq (n-1)\cdots(n-1) = (n-1)^{n-1} \leq n^n$$

의 관계식과 $e\left(\frac{n}{e}\right)^n < n!$ (연습문제 1.1의 4)로부터 $(n-1)! = \Theta(n^n)$이므로 이러한 알고리즘은 효율적인(다항식 시간) 알고리즘이 될 수 없다.

만약 한 가지의 여행길의 거리를 계산하는 데 10^{-10}초가 걸린다면 전체 여행길의 거리를 모두 계산해야 하는 최악의 경우의 수행시간은 $(n-1)!/10^{10}$ 초가 걸린다. 만약 세일즈맨이 69개의 도시를 돌아야 하고, 이 알고리즘으로 최단거리의 여행길을 찾는다면 최악의 경우에 걸리는 시간 복잡도는 $69! = 1.71122 \times 10^{98}$이고, 수행시간은 1.71122×10^{88}초가 걸리며 이는 5.42626×10^{78} 세기 동안 계산을 해야 하는 불가능한 경우가 된다. ■

예제 1.2.5

다음의 주어진 n개 물건의 집합 $\{x_1, x_2, \cdots, x_n\}$에서 몇 개의 물건을 뽑아 부피가 K가 되는 배낭에 채우고자 하는데 가급적이면 남은 공간이 적도록 하는 물건의 집합, 즉 부분 집합을 구하는 문제(**배낭 문제: knapsack problem**)를 모든 부분집합의 원소들의 부피의 합을 구하여 K와 차이를 계산하여 그 차이가 최소가 되는 부분집합을 구하는 알고리즘을 사용하면 복잡도는 어떤가?

풀이 주어진 n개 물건의 집합 $\{x_1, x_2, \cdots, x_n\}$의 각 원소가 부분 집합에 포함되는 경우와 안 되는 경우의 2가지가 존재한다. 따라서 모두 2^n의 부분 집합의 수가 존재한다(3장에서 증명함). 각 부분 집합의 원소의 합과 K와의 차이를 계산하여 비교하는 연산을 주 연산이라고 하면 전부 2^n에 비례한 기본 연산을 해야 한다. 즉 최악의 경우에 복잡도가 $\Theta(2^n)$이라고 할 수 있다. 만약 100개의 물건이 있다면 $2^{100} \approx 1.268 \times 10^{30}$의 연산이 필요하고 1초에 10^{10}개의 연산을 하는 컴퓨터를 사용한다면 약 4.02×10^{12}년이 소요되어 해결이 불가능한 사태가 발생한다. ■

위의 예제들에서 다룬 바와 같이 시간 복잡도가 $\Theta(n!)$, $\Theta(2^n)$가 되는 비효율적인 알고리즘의 경우는 결과를 얻기에 실행이 거의 불가능한 최악의 경우도 발생한다. 위의 두 가지의 유명한 문제, 즉 세일즈맨의 여행 문제와 배낭 문제에 대한 효율적인(다항식 시간) 알고리즘이 아직 알려지지 않고 있다. 또 아직까지 효율적인 알고리즘이 존재하지 않는다는 사실도 증명되지 않은 문제이다. 즉 다루기 쉬운지 어려운지도 알 수 없는 문제다.

이 두 문제와 다르면서 동일한 해결 방법을 갖는 유사한 문제가 많다. 예를 들어, n개 정수의 집합 $\{x_1, x_2, \cdots, x_n\}$에서 부분 집합의 원소의 합이 상수 K 이하이면서 가장 큰 수가 되는 부분집합을 찾는 문제는 배낭 문제와 동일한 문제가 된다.

이렇게 동치의 문제로 분류되는 문제의 집합은 하나가 효율적인 알고리즘이 존재하면 나머지 모든 문제도 효율적인 알고리즘이 존재하게 되며, 반대로 효율적인 알고리즘이 존재하지 않음이 증명되면 나머지 문제에 대한 효율적인 알고리즘이 존재하지 않음이 증명된다. 이렇게 다루기 쉬운지 어려운지도 알 수 없는 문제의 집합을 **NP 완전 문제 집합**(class of NP complete problems, NP: Nondeterministic Polynomial)이라고 한다.

1.2 | 연습문제

01 알고리즘의 복잡도가 $f(x) = x + x\log_2 x$ 이면 $f(x) \in \Theta(x\log_2 x)$ 임을 보여라.

02 데이터의 크기가 커짐에 따라 기하급수적 시간 알고리즘의 복잡도 $\Theta(c^n)$ 이 다항식 시간 알고리즘의 복잡도 $\Theta(n^k)$ 보다 훨씬 커지는 이유를 설명하여라.

03 n 이 양의 정수일 때 다음 알고리즘에 대하여 물음에 답하여라.

알고리즘 1.2.3

1. $a = 0$, $x = 2$
2. 각 $i = 2, 3, \cdots, n$ 에 대하여 $a = a + i \cdot x$ 를 계산한다.

(1) 위의 알고리즘을 수행하는 데 덧셈과 곱셈 연산의 수를 구하여라.
(2) 모든 연산을 기본 연산으로 할 때 알고리즘의 복잡도를 구하여라.

04 n 이 양의 정수일 때 다음 알고리즘에 대하여 물음에 답하여라.

알고리즘 1.2.4

1. $a = 0$
2. 각 $i = 1, 2, \cdots, n$ 에 대하여 다음 3단계를 실행한다.
3. 각 $j = 1, 2, \cdots, i$ 에 대하여 $a = a + j \cdot (i - j + 1)$ 를 계산한다.

(1) 위의 알고리즘을 수행하는 데 모든 산술 연산의 수를 구하여 알고리즘의 복잡도를 구하여라.

(2) 덧셈과 뺄셈 연산은 곱셈 연산에 비해 수행시간이 적어 전체의 수행시간은 곱셈 연산의 수에 좌우된다. 곱셈 연산을 주 연산으로 할 때 알고리즘의 복잡도를 구하여라.

05 변수 x에 관한 n차 다항식 $p(x) = a_0 + a_1x + a_2x^2 + \cdots + a_nx^n$에 대하여 $x = b$일 때 다항식의 값 $p(b)$의 값을 계산하는 3가지의 알고리즘을 다음과 같이 만들 때 물음에 답하여라.

알고리즘 1.2.5

1. $p = a_0$, $x = b$
2. 각 $i = 1, 2, \cdots, n$에 대하여 $t = a_i$라 하고, 다음 3단계를 실행한다.
3. 각 $j = 1, 2, \cdots, i$에 대하여 $t = t \cdot x$를 계산한다.
4. $p = p + t$, 2단계로 간다.

알고리즘 1.2.6

1. $p = a_0$, $x = 1$
2. 각 $i = 1, 2, \cdots, n$에 대하여 다음을 실행한다.
   $x = x \cdot b$
   $p = p + a_i \cdot x$

알고리즘 1.2.7 : Honer의 알고리즘(Honer's algorithm)

1. $p = a_n$, $x = b$
2. 각 $i = 1, 2, \cdots, n$에 대하여 다음을 실행한다.
   $p = p \cdot x + a_{n-i}$

(1) 위의 세 가지의 알고리즘을 $p(x) = 3 + x - 5x^2 + 2x^3$에 적용하여 $x = 2$일 때의 다항식의 값 $p(2)$을 구하는 과정을 적어 보아라. 알고리즘 1.2.7은 $p(x) =$

$3+x-5x^2+2x^3=3+x(1+x(-5+2x))$의 값을 제일 안쪽 괄호 안에서부터 계산하는 알고리즘이다.

(2) 위의 세 가지의 알고리즘의 복잡도를 각각 구하여라.

06 다음의 INSERTSORT라는 알고리즘은 주어진 n개의 수 $\{x_1,\ x_2,\ \cdots, x_n\}$을 크기가 작은 것부터 오름차순으로 재배열하여 $x_1,\ x_2,\ \cdots,\ x_n$에 저장하는 알고리즘이다. 알고리즘의 기본 방법은 우선 2번째의 원소를 1번째와 비교하여, 2번째 항목이 1번째 항목보다 작으면 교환하여 오름차순으로 만든다. 같은 방법으로 i 번째의 원소를 $i-1$ 번째까지 정렬된 원소의 배열 내의 크기를 비교하여 적절한 위치에 삽입함으로써 정렬된 부분 배열을 점차적으로 확장해 나가는 방법이다.

알고리즘 1.2.8 : INSERTSORT:$\{x_1,\ x_2,\ \cdots,\ x_n\}$를 오름차순으로 재정렬

1. $i=2,\ 3,\ \cdots,\ n$의 각 i에 대하여 $x=x_i$, 2단계를 실행한다.
2. $k=i-1,\ i-2,\ \cdots,\ 1$에 대하여 $x_k>x$이면 $x_{k+1}=x_k,\ x_k=x$을 실행하고 아니면 1단계로 간다.
3. 오름차순으로 재배열된 $x_1,\ x_2,\ \cdots,\ x_n$을 출력하고 종료한다.

(1) 이 알고리즘의 최악의 경우의 복잡도를 구하여라.

(2) 평균의 경우에 대한 복잡도를 구하여라.

07 n개의 0과 1로 만든 2진법의 수가 있다. 이 0과 1을 모두 재배열하여 모든 0은 앞으로, 모든 1은 뒤로 모이도록 하는 알고리즘을 디자인하여라. 또 연속된 두 자리의 수를 비교하고 자리를 바꾸는 연산을 기본 연산이라고 하면 알고리즘의 복잡도를 구하여라.

08 n개의 수 중에서 제일 큰 수와 두 번째로 큰 수를 뽑는 알고리즘을 만들어라. 기본 연산을 두 수를 비교하여 크고 작은 수를 결정하는 것이라면 알고리즘의 복잡도를 구하여라.

09 다음의 알고리즘은 재귀적으로 정의된 MERGESORT라는 알고리즘이다. 이 알고리즘은 길이가 n 인 배열(집합)을 재정렬하는 방법으로 예제 1.2.2에서 다룬 BUBBLESORT보다 효율적인 복잡도를 갖는다. 알고리즘을 간단히 요약하면 다음과 같다.

MERGESORT의 개요 (입력 : 배열$\{x_1, x_2, \cdots, x_n\}$)

1. 주어진 배열이 1개의 원소만 가진다면 그대로 둔다.
2. 길이가 비슷한 2개의 부분 배열로 분할한다.
3. 각각의 부분 배열에 MERGESORT를 적용한다. (재귀법)
4. 두 개의 부분 배열을 통합하면서 정렬(MERGE)한다.

알고리즘 1.2.9 : MERGESORT (입력 : list $L=\{x_1, x_2, \cdots, x_n\}$)

```
list mergesort (list L, int n);
    {  if (n= =1)
          return (L)
       else {
          배열 L을 L1과 L2로 거의 반씩 분할 ;
          return (merge (mergesort (L1, n/2), (mergesort (L2, n/2))))
             }
    }
```

예를 들어 알고리즘을 수행하면 다음의 그림 1.2.1과 같다. 기본 연산을 비교 연산이라고 할 때 알고리즘의 복잡도를 구하여라.

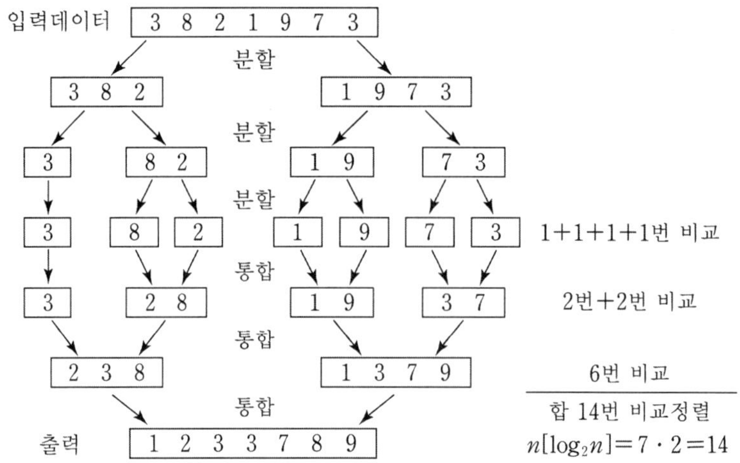
입력데이터
3 8 2 1 9 7 3
분할
3 8 2
1 9 7 3
분할
3
8 2
1 9
7 3
분할
3
8
2
1
9
7
3
1+1+1+1번 비교
통합
3
2 8
1 9
3 7
2번+2번 비교
통합
2 3 8
1 3 7 9
6번 비교
합 14번 비교정렬
n[log2n]=7 · 2=14
통합
출력
1 2 3 3 7 8 9

그림 1.2.1

1.3 명제와 논리

1.3.1 명제논리

수학과 컴퓨터 과학뿐 아니라 많은 학문 분야에서 다루는 많은 증명과 알고리즘은 대부분 논리적인 표현으로 구성되어 있다. 이러한 증명과 알고리즘이 정확하고 완전한 설명이 되기 위해서는 포함된 논리적 표현이 어떤 경우에 참과 거짓이 되는지를 알아야 한다. 이 절에서는 말로는 참과 거짓을 구분하기 힘든 복잡한 말과 글들의 참과 거짓을 판별하는 방법을 알아본다.

참(True/T) 또는 거짓(False/F)이 되는 서술 문장을 **명제**(statements/propositions)라고 하며, 그 참(T) 또는 거짓(F)을 명제의 값 또는 명제의 **진리 값**(truth value)이라고 한다. 명제들의 진리 값을 판별하는 방법 또는 도구를 **논리**(logic)라고 한다.

여러 가지의 명제가 연산이 될 때는 각 명제의 참 거짓에 따라 연산된 명제의 값이 좌우되므로 명제의 연산은 각 명제가 변수가 되는 함수라고 할 수 있다. 명제들의 값 집합 $S=\{F, T\}$의 n개 곱집합(Cartesian product) $\prod^{n} S = S\times S\times\cdots\times S$이 정의역이고 S가 치역인 함수 $P : \prod^{n} S \rightarrow S$를, 즉 명제 $p_i \in S$들의 명제의 함수식을 $P(p_1, p_2, \cdots, p_n)=F$ 또는 T로 정의하여 그 함수식 명제의 참 거짓을 판별하는 논리를, **명제논리**(propositional logic)라고 한다(연습문제 1.3의 1 참조). 여러 가지의 연산으로 정의된 명제 $P(p_1, p_2, \cdots, p_n)$는 각 명제 변수 $p_1, p_2, \cdots, p_n$의 참 거짓과 정의된 함수식에 따라 명제의 값(T 또는 F)이 결정된다.

두 가지의 명제 변수 p, q로 정의된 함수 명제는 '그리고(and, $\wedge$, &, $\cdot$, 명제곱, conjunction)', '또는(or, $\vee$, +, 명제합, disjunction)', '아님(not, $\neg$, $\sim$, 부정)' 등의 기본 연산자로 연산되는 명제가 되고 그 기본연산

$$p \wedge q,\ p \vee q,\ \neg p \tag{1.3.1}$$

를 다음과 같이 정의한다.

p	q	$p \wedge q$
T	T	T
T	F	F
F	T	F
F	F	F

(a) $p \wedge q$

p	q	$p \vee q$
T	T	T
T	F	T
F	T	T
F	F	F

(b) $p \vee q$

p	$\neg p$
T	F
F	T

(c) $\neg p$

표 1.3.1

위의 정의에서 명제 $p \wedge q$는 두 명제 p, q가 모두 참(T)일 때만 참이고, 명제 $p \vee q$는 두 명제 p, q 중 하나 이상이 참일 때만 참이 됨을 의미한다.

위의 3가지의 기본 연산자들을 이용하여 여러 개의 명제 변수로 정의된 복잡한 명제를 만들 수 있다. 이때 괄호 ( )를 최우선으로 하며, 나머지는 $\neg$, $\wedge$, $\vee$의 순서로 연산하여 참 또는 거짓의 값을 구한다.

또한 두 가지 이상의 명제 변수로 만들어진 모든 명제논리는 위의 3가지의 기본 연산자로 정의된 명제논리와 동치가 됨을 보일 수 있다(연습문제 1.3의 1 참조).

명제 $P(p_1, p_2, \cdots, p_n)$의 값, 참 또는 거짓은 다음 예제와 같이 **진리표**(truth table)에 의해 판별할 수 있다. 변수 p, q로 정의된 함수 명제 $P(p, q)$의 진리값은 p, q가 각각 T, F가 될 수 있는 4가지 조합에 대해서 참 또는 거짓을 판별하며, n개의 변수에 대해서는 T, F의 2^n가지 조합에 대해서 함수의 참 또는 거짓을 판별해야 한다.

예제 1.3.1

명제 $\neg(p \wedge \neg q)$는 다음의 진리표와 같이 계산한다.

p	q	$\neg q$	$p \wedge \neg q$	$\neg(p \wedge \neg q)$
T	T	F	F	T
T	F	T	T	F
F	T	F	F	T
F	F	T	F	T

표 1.3.2 ■

명제논리 함수 $P : \prod^{n} S \to S$가 명제 변수 $p_i \in S$들의 값에 상관없이 항상 참 또는 거짓의 값을 갖는 상수함수가 명제의 논리에서 중요한 역할을 하는데 그 상수함수를 다음과 같이 정의한다.

정의 1.3.1

명제변수 $p_1,\ p_2,\ \cdots, p_n$의 참 거짓에 상관없이 항상 참이 되는 명제 $P(p_1,\ p_2,\ \cdots, p_n)$를 **항진**(tautology) **명제**라 하고, 항상 거짓이 되는 명제를 **모순**(contradiction) **명제**라고 한다.

이를 테면 $p \vee \neg p$는 항상 참이므로 항진 명제이고, $p \wedge \neg p$는 항상 거짓이므로 모순 명제이다. 이때 명제 p에 어떤 명제가 대신하더라도 항진과 모순은 변하지 않는다.

정의 1.3.2

(1) 'p 이면 q 이다.'와 같은 명제를 **조건**(conditional) **명제**라고 하며 아래와 같이 표시한다.

$$p \to q \tag{1.3.2}$$

(2) 'p 이면 q 이고, q 이면 p 이다.'와 같은 명제를 **상호 조건**(biconditional) **명제**라고 하며 아래와 같이 표시한다.

$$p \leftrightarrow q \tag{1.3.3}$$

조건명제 $p \to q$는 논리에서 가장 많이 나타나는 명제로 '**if** p, **then** q', 'p **only if** q', 'q, **if** p', 'q **whenever** p', 'p**는** q**에 대한 충분조건**(sufficient condition)**이다.**', 또는 'q**는** p**에 대한 필요조건**(necessary condition)**이다.**' 등 여러 가지로 표현한다. 또한 상호조건명제 $p \leftrightarrow q$를 'p **if and only if** q' 또는 'p**는** q**에 대한 필요충분조건**(necessary and sufficient condition)**이다.**'라고 표현한다.

명제 p가 "비가 온다."이고 명제 q가 "땅이 젖는다."일 때 조건명제 $p \rightarrow q$의 참 거짓 판단은 명제 "비가 오면 땅이 젖는다."는 참이고, 명제 "비가 오면 땅이 젖지 않는다."는 거짓이므로 p, q가 모두 참이면 $p \rightarrow q$는 참이 되며, p가 참, q가 거짓이면 $p \rightarrow q$는 거짓이다. 그러나 p가 거짓인 경우 즉, 비가 오지 않는 경우에는 땅이 젖을 수(다른 이유 때문)도 젖지 않을 경우도 있으므로 $p \rightarrow q$는 참으로 인정한다.

따라서 $p \rightarrow q$의 진리값은 다음과 같이 정의하고, 또한 상호조건명제 $p \leftrightarrow q$는 $(p \rightarrow q) \wedge (q \rightarrow p)$를 의미하므로 아래와 같이 정의한다.

p	q	$p \rightarrow q$
T	T	T
T	F	F
F	T	T
F	F	T

(a) $p \rightarrow q$의 진리표

p	q	$p \leftrightarrow q$
T	T	T
T	F	F
F	T	F
F	F	T

(b) $p \leftrightarrow q$의 진리표

표 1.3.3

위의 정의에서 보는 바와 같이 $p \rightarrow q$와 $p \leftrightarrow q$는 참일 수도 거짓일 수도 있는 명제들이다. 명제 p가 참이고, q가 거짓인 경우에만 $p \rightarrow q$가 유일하게 거짓이 되며, 명제 p가 거짓이면 q에 관계없이 명제 $p \rightarrow q$는 참이 된다. 또한 조건명제 $p \rightarrow q$는 명제 $\neg p \vee q$와 같은 진리값을 가지므로 같은 의미의 명제임을 알 수 있다(연습문제 1.3의 3 참조).

$p \leftrightarrow q$ 명제는 $(p \rightarrow q) \wedge (q \rightarrow p)$ 명제와 같은 진리 값을 가지며, p와 q가 같은 진리값을 가질 때만 명제 $p \leftrightarrow q$는 참이 되고, 다르면 거짓이 됨을 알 수 있다.

수학적 문제에서 명제 $p \rightarrow q$ 또는 명제 $p \leftrightarrow q$가 참이 됨을 보여야 할 때가 아주 많다. 이때

"명제 $p \rightarrow q$가 참이다."

를 보이기 위해서는 명제 p가 참일 때 q가 참이 됨을 보이거나 p가 거짓임을 보이면 되고,

"명제 $p \leftrightarrow q$가 참이다."

를 보이기 위해서는 명제 p와 q가 같은 진리값을 가짐을 보이기만 하면 된다.

정의 1.3.3

명제 함수 $P(p_1, p_2, \cdots)$가 항상 참이면 $Q(q_1, q_2, \cdots)$도 항상 참이 될 때, 명제 $P(p_1, p_2, \cdots)$가 $Q(q_1, q_2, \cdots)$를 **논리적으로 함축**(logically imply, imply, 함의)**한다**고 하며 아래와 같이 표시한다.

$$\boldsymbol{P(p_1, p_2, \cdots) \Rightarrow Q(q_1, q_2, \cdots)} \tag{1.3.4}$$

위의 정의에 의하면 기호 $\to$와 $\Rightarrow$는 분명히 다르다. $p \to q$는 참 또는 거짓이 될 수 있는 단순한 명제이고, $P \Rightarrow Q$는 명제 P가 참이고 명제 Q가 거짓인 경우가 없는 두 명제 P, Q의 관계를 의미한다. 정확히 $P \to Q$는 "P이면 Q이다."를 의미하는 참 또는 거짓이 되는 명제이고, $P \Rightarrow Q$는 "P이면 Q인 것은 참이다."를 표현하는 기호의 약속이다. 하지만 $P \Rightarrow Q$를 하나의 명제로 본다면 차이가 없다. 따라서 많은 참고문헌에서는 두 기호를 구분 없이 사용하기도 하며, 우리의 말이나 글에서도 두 가지의 의미를 같은 뜻으로 혼용하기도 한다. 이 책에서도 특별하게 구분해야 하는 경우를 제외하고는 같은 의미로 사용할 수도 있다.

$P \Rightarrow Q$이면 $P \to Q$가 항상 참(항진)이 된다. 또 역으로, $P \to Q$가 참이면 명제 P가 참이고 명제 Q가 거짓인 경우가 없으므로 $P \Rightarrow Q$가 된다. 그러므로 다음과 같은 필요충분조건의 관계

$$(P \Rightarrow Q) \leftrightarrow (P \to Q\text{가 항상 참(tautology)이다.})$$

가 성립한다.

때로는 $P \Rightarrow Q$로 표시하면 명제 P가 명제 Q보다 **강한**(stronger) **명제**라고 하며, 명제 Q는 명제 P보다 **약한**(weaker) **명제**라고도 한다.

예제 1.3.2

$(p \to q) \wedge (q \to r) \Rightarrow (p \to r)$임을 보여라.

풀이1 다음의 진리표

p	q	r	$p\to q$	$q\to r$	$(p\to q)\wedge(q\to r)$	$p\to r$	$(p\to q)\wedge(q\to r)\to(p\to r)$
T	T	T	T	T	T	T	T
T	T	F	T	F	F	F	T
T	F	T	F	T	F	T	T
T	F	F	F	T	F	F	T
F	T	T	T	T	T	T	T
F	T	F	T	F	F	T	T
F	F	T	T	T	T	T	T
F	F	F	T	T	T	T	T

표 1.3.4

의 짙은 색의 표시 부분에서 명제 $(p\to q)\wedge(q\to r)$가 참이고 $p\to r$가 거짓인 경우가 없으므로($(p\to q)\wedge(q\to r)$가 참이면 $p\to r$가 참이므로) $(p\to q)\wedge(q\to r)\Rightarrow(p\to r)$가 된다. 또는 명제 $(p\to q)\wedge(q\to r)\to(p\to r)$가 항상 참이 되므로 $(p\to q)\wedge(q\to r)\Rightarrow(p\to r)$가 된다고 설명할 수도 있다.

풀이2 $(p\to q)\wedge(q\to r)$가 참이고 $p\to r$가 거짓인 경우가 없음을 보이면 된다. 만약 $p\to r$가 거짓이면 p가 참, r이 거짓이 되어야 한다. 이때 q에 따라서 $(p\to q)\wedge(q\to r)$의 진리값을 조사해보면

p	q	r	$p\to q$	$q\to r$	$(p\to q)\wedge(q\to r)$
T	T	F	T	F	F
T	F	F	F	T	F

표 1.3.5

이다. 따라서 $p\to r$가 거짓일 때 $(p\to q)\wedge(q\to r)$의 진리값은 모두 거짓이므로 $(p\to q)\wedge(q\to r)$가 참이고 $p\to r$가 거짓인 경우가 없음을 알 수 있다. 그러므로 정의에 의해 $(p\to q)\wedge(q\to r)\Rightarrow(p\to r)$이다. ■

두 명제 함수 $P(p_1, p_2, \cdots)$와 $Q(q_1, q_2, \cdots)$가

$$P(p_1, p_2, \cdots)\Rightarrow Q(q_1, q_2, \cdots)\text{이고 } P(p_1, p_2, \cdots)\Leftarrow Q(q_1, q_2, \cdots)$$

이면, P가 참이고 Q가 거짓인 경우가 없고, Q가 참이고 P가 거짓인 경우가 없으므로 두 명제 P, Q의 참과 거짓이 같아야 한다. 즉, 각각의 진리표가 같아진다. 이와 같이 위

의 두 함축명제가 동시에 만족하는 경우의 두 명제 P, Q의 관계를 아래와 같이 정의한다.

정의 1.3.4

두 명제 함수 $P(p_1, p_2, \cdots)$와 $Q(q_1, q_2, \cdots)$가 같은 참 또는 거짓의 결과값을 가질 때(같은 진리표를 가질 때), 이 두 명제를 **(논리적) 동치**(logically equivalent, equal)라고 하며 다음과 같이 표현한다.

$$\boldsymbol{P(p_1, p_2, \cdots) \Leftrightarrow Q(q_1, q_2, \cdots)} \text{ 또는}$$
$$\boldsymbol{P(p_1, p_2, \cdots) \equiv Q(q_1, q_2, \cdots)} \tag{1.3.5}$$

예를 들어 $\neg(p \vee q)$와 $\neg p \wedge \neg q$는 p, q의 참 거짓에 따라 항상 같은 결과를 가지므로 동치의 명제, 즉

$$\neg(p \vee q) \equiv \neg p \wedge \neg q$$

이다. 또, 두 명제 $p \rightarrow q$와 $\neg p \vee q$의 진리값이 같으므로

$$p \rightarrow q \equiv \neg p \vee q$$

(연습문제 1.3의 3 참조)가 된다.

명제 $P \leftrightarrow Q$는 참 또는 거짓일 수 있는 단순한 명제를 표현한 것이지만, $P \Leftrightarrow Q$(또는 $P \equiv Q$)는 논리적으로 동치 관계를 뜻하는 것으로 명제 $P \leftrightarrow Q$가 항상 참(tautology)이 됨을 의미하므로 두 가지의 기호 $\leftrightarrow$, $\Leftrightarrow$는 분명히 차이가 있다. 하지만 앞의 식 (1.3.4)에서 기호 $\rightarrow$와 $\Rightarrow$의 차이점을 언급할 때와 같이 $P \Leftrightarrow Q$를 명제로 보면 차이가 없고, 우리말에는 구별되지 않고 있으므로 일반적으로 $P \leftrightarrow Q$, $P \Leftrightarrow Q$, $P \equiv Q$를 같은 의미로 혼용하기도 한다.

명제 $P \leftrightarrow Q$이 참이면 정의에 의해 두 명제의 진리값은 같으므로 $P \equiv Q$이 되고, $P \equiv Q$이면 두 명제의 진리 값이 같음을 의미하므로 명제 $P \leftrightarrow Q$는 항상 참이 된다. 그러므로 다음과 같은 필요충분조건의 관계

$$(P \equiv Q) \leftrightarrow (P \leftrightarrow Q\text{가 항상 참(tautology)이다.})$$

가 성립한다.

예제 1.3.3

(1) $(p \to q) \equiv (\neg q \to \neg p)$임을 보여라.

(2) $(q \to p) \equiv (\neg p \to \neg q)$임을 보여라.

풀이 다음의 진리표

p	q	$p \to q$	$q \to p$	$\neg q$	$\neg p$	$\neg q \to \neg p$	$\neg p \to \neg q$
T	T	T	T	F	F	T	T
T	F	F	T	T	F	F	T
F	T	T	F	F	T	T	F
F	F	T	T	T	T	T	T

표 1.3.6

에서 두 명제 $p \to q$ 와 $\neg q \to \neg p$의 진리값이 같고, $q \to p$ 와 $\neg p \to \neg q$ 의 진리값이 같으므로 각 두 명제는 서로 동치이다. ■

서로 동치인 명제 $p \to q$와 $\neg q \to \neg p$, 또는 동치의 명제 $q \to p$와 $\neg p \to \neg q$를 서로의 **대우**(contraposition) **명제**라고 한다. 또 명제 $p \to q$와 $q \to p$는 서로의 **역**(converse) **명제**라고 하며, 명제 $p \to q$와 $\neg p \to \neg q$를 서로의 **이**(inverse) **명제**라고 한다. 위의 예제에서 보는 바와 같이 서로 대우 관계를 갖는 두 명제는 동치가 된다. 즉, 한 명제가 참이 됨을 보이면 그 대우 명제가 참이 됨을 보인 것과 같음을 의미한다.

예제 1.3.4

(집합과 논리) 주어진 세 집합 P, Q, R에 대하여 명제 p를 "$x \in P$", 명제 q를 "$x \in Q$", 그리고 명제 r를 "$x \in R$"이라고 하자. 한편 두 집합의 등식관계 $P \cap (Q \cup R) = (P \cap Q) \cup (P \cap R)$는 모든 원소 x에 대해

$$x \in P \cap (Q \cup R) \ \Leftrightarrow \ x \in (P \cap Q) \cup (P \cap R)$$

와 동치이고 명제 $x \in P \cap (Q \cup R)$는 "$x \in P$이고 ($x \in Q$ 또는 $x \in R$)"을 의미하므로 명제 $p \wedge (q \vee r)$을 뜻한다. 또한 $x \in (P \cap Q) \cup (P \cap R)$는 명제 $(p \wedge q) \vee (p \wedge r)$를 뜻하므로 집합의 등식관계 $P \cap (Q \cup R) = (P \cap Q) \cup (P \cap R)$는

$$p \wedge (q \vee r) \iff (p \wedge q) \vee (p \wedge r)$$

와 같은 의미를 갖는다. 따라서 집합의 대수적 규칙(결합법칙, 분배법칙 등등)이 명제의 대수적 규칙과 같음을 알 수 있다. 또한 함축, 동치관계의 증명과 집합의 포함관계의 증명은 서로의 증명 도구(밴 다이어그램, 대수적 증명 방법 등)를 이용할 수 있다. ■

1.3.2 조건부논리

등식 $x+y=9$는 x, y값이 결정되기 전에는 참과 거짓을 판별할 수 없다. 하지만

"x가 정수일 때 등식 $x+y=9$를 만족하는 정수 y가 존재한다."

는 참인 명제가 된다.

일반적으로 이와 같이 변수 $(x_1,\ x_2,\ \cdots,\ x_n) \in A_1 \times A_2 \times \cdots \times A_n = A$에 값 또는 제한을 부가하여 참 또는 거짓을 판별할 수 있도록 한 함수식이나 문장 $p(x_1,\ x_2,\ \cdots,\ x_n)$를 집합 $A = A_1 \times A_2 \times \cdots \times A_n$에서 정의된 **조건부 논리 함수**(predicate logic functions)라고 하고, 그 조건이 부가된 함수식 명제의 참 거짓을 판별하는 논리를 **조건부논리**(predicate logic 또는 서술논리)라고 한다.

예를 들어 $\mathbb{R}$을 실수 집합이라 하면 정의역 $\mathbb{R} \times \mathbb{R}$에서 함수가 $p(x,y) = ((x > y > 0) \to (x^2 > y^2))$일 때 모든 $x, y \in \mathbb{R}$에 대하여 함수 문장식 $p(x,y)$는 참이므로, 함수 $p(x,y)$는 명제 "모든 $x, y \in \mathbb{R}$에 대하여 함수 문장 $p(x,y)$"가 참이 됨을 판별할 수 있는 조건부 논리 함수이다.

주어진 함수 $p(x,\ y)=$"등식 $x+y=9$에 대한 해의 존재성"을 판별할 때, $x,\ y \in \mathbb{Z}$(정수 집합)이면 해의 존재성의 참 또는 거짓을 판별할 수 있다. 이때 명제 "$x,\ y \in \mathbb{Z}$에 대한 $p(x,\ y)$" 즉, 명제 "$x,\ y \in \mathbb{Z}$에 대한 등식 $x+y=9$의 해의 존재성"은 참이다. 따라서 $p(x,\ y)$는 "$x,\ y \in \mathbb{Z}$에 대한"이라는 제한조건을 갖고 참이 되는 조건부 논리 함수가 된다.

이와 같이 적절한 정의역에서 정의된 함수 문장에 부가되어 명제가 되고 그 명제의 참 거짓의 판별을 가능하게 하는 제한 조건은 조건부 논리에서 중요한 역할을 하는 기본 요소로써 다음과 같이 정의한다.

정의 1.3.5

정의된 함수 문장에 부가되어 명제가 되게 하는 조건문장을 **한정사**(quantifier)라 한다. 한정사에는

'모든 x에 대하여(for all x, $\forall x$)'

와 같은 **보편한정사**(universal quantifier)와

'x가 존재하여(어떤 x에 대하여, for some x, for at least one x 또는 $\exists x$)'

와 같은 **존재한정사**(existential quantifier)가 있다.

조건부 논리에서는 함수에 부가되어 참 거짓이 판명되는 한정사를 찾는 문제와 조건부 논리 함수가 참이 되게 하는 변수의 집합(진리집합, truth set)을 정의역 안에서 구하는 문제를 해결해야 할 때가 많다. 예를 들어 실수에서 정의된 논리 함수 $p(x) = x^{2} > 1$가 참이 되는 변수의 집합(truth set)은 $\{x|x > 1\} \cup \{x|x > 1\}$이다.

예제 1.3.5

(Goldbach's conjecture) 1742년 수학자 Goldbach는 수학자 Euler에게 보내는 편지에서 다음과 같은 가설을 주장하였다. $\mathbb{N}$이 자연수의 집합, P가 소수(1 외의 자신만으로 나누어지는 자연수)의 집합일 때

$$\forall n \in \mathbb{N}, ((n \geq 4) \wedge (n \text{ 짝수})) \rightarrow (\exists p, q \in P, n = p + q)$$

는 참일 것이다. 즉, "4 이상의 모든 짝수는 두 소수의 합으로 표현된다."라는 가설이다. 예를 들어 4=2+2, 6=3+3, 8=5+3, 10=5+5, 12=5+7, 14=7+7, 16=5+11 등과 같이 표현이 가능할 것이라는 추론이다. 하지만 이 가설은 짝수 4×10^{18}까지 두 소수의 합으로 표현가능함이 밝혀졌지만 그보다 큰 수는 아직 참 거짓의 판별이 알려지지 않고 있다. 그러나 다음의 한정사가 부가된 홀수에 대한 조건부 논리 함수의 명제

$$\exists K \in N, \forall n \geq K, ((n \text{ 홀수}) \rightarrow \exists p, q, r \in P, n = p + q + r)$$

즉, 명제 "충분히 큰 모든 홀수는 세 개의 소수의 합이 된다."는 참임을 Ivan Vinogradov (1891~1983)가 1937년에 증명하였다. ■

함수 $p(x,\ y)$에 대한 명제

$$\forall x \in \mathbb{Z},\ \exists y \in \mathbb{Z},\ x+y=9$$

는 "모든 정수 x에 대하여 정수 y가 존재하여 $x+y=9$가 된다." 또는 "모든 정수 x에 대하여 $\{x+y=9$가 되는 정수 y가 존재한다$\}$."라고 말하며, 이것은 참이 되는 명제이다. 하지만 순서를 바꾸어

$$\exists y \in \mathbb{Z},\ \forall x \in \mathbb{Z},\ x+y=9$$

라는 명제는 "$\{$모든 정수 x에 대하여 $x+y=9$가 되는$\}$ 정수 y가 존재한다." 또는 "어떤 y가 존재하여 그 y는 모든 x에 대하여 $x+y=9$가 되도록 한다."라고 할 수 있는데, 이러한 하나의 정수 y는 존재하지 않으므로 거짓인 명제이다. 따라서 명제 내의 한정사의 순서를 교환하면 서로 다른 명제가 될 수 있으므로 주의를 해야 한다.

명제 "모든 x에 대하여 $p(x)$는 참(또는 거짓)이다."의 각 부정 명제는 "$p(x)$가 거짓(또는 참)이 되는 x가 존재한다." 또는 "어떤 x에 대하여 $p(x)$가 거짓(또는 참)이다."와 같다. 따라서 이것을 기호로 표시하면

$$\neg(\forall x,\ p(x)) \equiv (\exists x),\ \neg p(x)$$

이 된다. 즉 "모든 x에 대하여 $p(x)$는 참이다."인 명제가 거짓임을 보이는 것은 "$p(x)$가 거짓이 되는 x가 존재한다."를 밝히는 것과 같음을 알 수 있다. 많은 명제에서 전자보다 후자의 경우를 더욱 쉽게 밝힐 수 있다. 이렇게 $p(x)$가 거짓이 되는 x를 명제 $(\forall x,\ p(x))$의 **반례**(counter-example)라고 한다.

마찬가지 방법으로, 명제 "어떤 x에 대하여 $p(x)$는 참이다."의 부정은 "모든 x에 대하여 $p(x)$는 거짓이다."와 같다. 따라서 이것을 기호로 표시하면

$$\neg(\exists x,\ p(x)) \equiv (\forall x),\ \neg p(x)$$

이 된다. 2개 이상의 변수를 포함하는 명제 함수의 부정은 변수가 1개인 명제의 부정 명제를 이용하여, 함수의 오른쪽부터 적용해나가면 된다. 예를 들어

$$\begin{aligned}\neg(\exists y \in \mathbb{Z},\ \forall x \in \mathbb{Z},\ p(x,\ y)) &\equiv \forall y \in \mathbb{Z},\ \neg(\forall x \in \mathbb{Z},\ p(x,\ y)) \\ &\equiv \forall y \in \mathbb{Z},\ \exists x \in \mathbb{Z},\ \neg p(x,\ y)\end{aligned}$$

가 된다.

예제 1.3.6

(소수쌍: Twin Prime) 조건부 논리 함수 $p(x) = \{x$와 $x+2$는 소수이다.$\}$라 할 때 $p(x)$가 참이면 $x, x+2$를 소수쌍(twin prime, prime pairs)이라 한다. 아직도 참 또는 거짓의 판명이 알려지지 않은 소수쌍의 가설은 "소수쌍은 무한히(infinitely many) 많다."이다. 이 가설은 위의 조건부 논리 함수 $p(x)$에 한정사들을 부가한 다음의 명제와 같다.

"모든 자연수 m에 대하여 ($n \geq m$ 이고 $p(n)$)인 자연수 n이 존재한다."

이를 기호로 나타내어 소수쌍의 가설을 표현하면 N을 자연수의 집합이라고 할 때

$$\text{"}\forall m \in \mathrm{N},\ \exists n \in \mathrm{N},\ (n \geq m \wedge p(n))\text{"}$$

또는 간단히

$$\text{"}\forall m \in \mathrm{N},\ \exists n \geq m,\ p(n)\text{"} \tag{1.3.6}$$

로 표현된다. 이 명제가 무한히 많은 소수쌍을 의미하고 있음을 보이기 위해서는 이 명제의 부정

$$\begin{aligned} \neg(\forall m \in \mathrm{N}, \exists n \geq m,\ p(n)) &\equiv \exists m \in \mathrm{N}, \neg(\exists n \geq m,\ p(n)) \\ &\equiv \exists m \in \mathrm{N},\ \forall n \geq m, \neg p(n) \end{aligned}$$

을 이용할 수 있다. 만약 유한개의 소수쌍만 존재한다면 가장 큰 소수쌍 $q, q+2$이 존재하므로 그 소수 q보다 더 큰 m을 선택하면 위의 부정명제가 만족되어 참이 됨이 증명된다. 반면에 무한개의 소수쌍이 존재한다면 어떠한 m을 선택하더라고 더 큰 소수쌍이 존재함을 의미하므로 부정명제는 참이 되지 않는다. 따라서 소수쌍이 무한히 존재한다는 가설은 위의 명제 (1.3.6)과 같음을 알 수 있다. ■

예제 1.3.7

정수론에서 **페르마의 마지막 정리**(Fermat's last theorem)는 3 이상 지수의 거듭제곱수는 같은 지수의 두 거듭제곱수의 합으로 나타낼 수 없다는 정리이다. 즉, x, y, z가 양의 정수이고, n이 3 이상의 정수일 때, 항상 $x^n + y^n \neq z^n$이다. 이 정리는 다음의 한정사와 조건부 논리 함수로 구성된 명제

$$\forall n \in \mathrm{N}^+, \{(\exists (x, y, z) \in \mathrm{N}^+ \times \mathrm{N}^+ \times \mathrm{N}^+, (x^n + y^n = z^n)) \leftrightarrow (n \leq 2)\}$$

가 참이 됨을 의미한다. 이때, N^+는 이보다 크거나 같은 자연수의 집합이다. 이 정리는 1637년 프랑스의 유명한 수학자였던 피에르 드 페르마(Pierre de Fermat)에 의해서 처음으로 가설로 추론된 뒤, 수많은 수학자들이 이를 증명하기 위해서 노력하였으나 실패하였다. 페르마가 자신의 가설을 기록한 지 358년이 지난 1995년에 이르러서야 영국의 저명한 수학자인 Andrew Wiles에 의해서 증명되었다. 그러나 이 방법은 굉장히 복잡하고, 페르마가 살았던 당시의 수학적인 지식들로는 이 방법으로 증명하는 것이 불가능하기 때문에 수학자들은 페르마가 다른 방법으로 이 정리를 증명했을 것이라고 생각하고 있다. ■

예제 1.3.8

아래와 같이 연산자 $\vee$, $\wedge$로 연산되는 조건부 논리 함수들에 한정사가 부가되는 경우에는 분배법칙이 성립될 때와 성립되지 않는 경우가 있다. 집합 D를 조건부 논리함수 $p(x), q(x)$의 정의역의 부분집합이라고 할 때,

(1) $\forall x \in D, (p(x) \wedge q(x)) \equiv (\forall x \in D, p(x)) \wedge (\forall x \in D, q(x))$: 참

(2) $\exists x \in D, (p(x) \wedge q(x)) \equiv (\exists x \in D, p(x)) \wedge (\exists x \in D, q(x))$: 거짓

(3) $\forall x \in D, (p(x) \vee q(x)) \equiv (\forall x \in D, p(x)) \vee (\forall x \in D, q(x))$: 거짓

(4) $\exists x \in D, (p(x) \vee q(x)) \equiv (\exists x \in D, p(x)) \vee (\exists x \in D, q(x))$: 참

풀이 (1) $\forall x \in D, (p(x) \wedge q(x))$이면 $\forall x \in D, p(x)$이고 $\forall x \in D, q(x)$이다. 따라서 $(\forall x \in D, p(x)) \wedge (\forall x \in D, q(x))$이다. 만약 $\forall x \in D, (p(x) \wedge q(x))$가 거짓이면 $\exists x \in D, \neg(p(x) \wedge q(x))$ 즉, $\exists x \in D, \neg p(x) \vee \neg q(x)$이므로 $p(x)$가 거짓이거나 $q(x)$가 거짓인 $x \in D$가 존재한다. $p(x)$가 거짓이면 $(\forall x \in D, p(x))$도 거짓이다. 따라서 우변도 거짓이다. 또한 같은 방법으로 $q(x)$가 거짓이면 우변도 거짓이다.

(2) 집합 D를 정수집합이라고 하고, $p(x)$를 "x는 짝수이다.", $q(x)$를 "x는 홀수이다."라고 할 때 우변은 참이되나 좌변은 거짓이다.

(3) (2)의 예를 적용하면 좌변은 참이되나 우변은 거짓이다.

(4) (1)의 증명과 같은 방법으로 증명할 수 있다. ■

1.3 연습문제

01 0과 1을 원소로 하는 집합 $\{0,1\}$의 n개의 곱집합(Cartesian product) $\prod^n \{0,1\} = \{0,1\} \times \cdots \times \{0,1\}$이 정의역이고, $\{0,1\}$이 치역인 함수 $P : \prod^n \{0,1\} \to \{0,1\}$를 $p_i \in \{0,1\}$에 대하여 $P(p_1, p_2, \cdots, p_n) \in \{0,1\}$로 정의되는 n변수 함수를 **부울함수**(Boolean function)라고 하고, 변수 $p_i \in \{0,1\}$를 부울변수(Boolean variable)라고 한다. 또한 명제는 참(True/T) 또는 거짓(False/F)이 되는 서술 문장이므로 0을 F로 1을 T로 대응하여 위의 부울함수를 명제들의 값 집합 $S = \{F, T\}$의 n개 곱집합(Cartesian product) $\prod^n S = S \times S \times \cdots \times S$이 정의역이고, S가 치역인 함수 $P : \prod^n S \to S$를 명제 $p_i \in S$들로 정의된 명제의 함수식 $P(p_1, p_2, \cdots, p_n) = F$ 또는 T로 정의한 동치의 함수로 변환시킨 함수의 논리를 명제논리(propositional logic)라고 한다. 다음 물음에 답하여라.

(1) n변수 부울함수(명제논리)는 몇 가지의 종류가 있는가?

(2) 1변수 부울함수를 모두 정의하여라.

(3) 2변수 부울함수를 설명하여라.

(4) 1변수 부울함수 $\neg$와 이변수 부울함수 $\wedge$, $\vee$를 아래와 같이 정의하면, 모든 n변수 부울함수는 이 세가지의 부울함수 $\neg$, $\wedge$, $\vee$의 합성으로 표현할 수 있음을 보여라.

p	$\neg p$
1	0
0	1

p	q	$p \wedge q$
1	1	1
1	0	0
0	1	0
0	0	0

p	q	$p \vee q$
1	1	1
1	0	1
0	1	1
0	0	0

02 다음 명제가 항진명제 또는 모순명제, 또는 항진도 모순도 아닌 명제인지를 조사하여라.

(1) $(p \wedge q) \vee (\neg p \vee (p \wedge \neg q)) \vee r$

(2) $(p \wedge \neg q) \wedge (\neg p \vee q) \wedge r$

(3) $((\neg p \wedge q) \wedge (q \vee r)) \wedge \neg q \wedge r$

03 다음을 증명하여라.

(1) $(p \vee q) \vee r \equiv p \vee (q \vee r)$, $(p \wedge q) \wedge r \equiv p \wedge (q \wedge r)$ (결합법칙)

(2) $p \vee (q \wedge r) \equiv (p \vee q) \wedge (p \vee r)$, $p \wedge (q \vee r) \equiv (p \wedge q) \vee (p \wedge r)$ (분배법칙)

(3) $p \vee F \equiv p$, $p \vee T \equiv T$, $p \wedge T \equiv p$, $p \wedge F \equiv F$

(4) $\neg(p \wedge q) \equiv \neg p \vee \neg q$, $\neg(p \vee q) \equiv \neg p \wedge \neg q$ (드모르간의 법칙)

(5) $p \rightarrow q \equiv \neg p \vee q$

(6) $\neg(p \vee q) \vee (\neg p \wedge q) \equiv \neg p$

(7) $(p \vee q) \wedge (\neg p \vee r) \Rightarrow (q \vee r)$

04 (1) 실수 집합을 $\mathbb{R}$이라 할 때, 명제 $\forall x \in \mathbb{R}$, $x^2 \geq x$는 참이 아님을 보여라.

(2) 명제 $\forall x \in \mathbb{R}$, $|x| \neq 0$는 참이 아님을 보여라.

05 다음 명제의 부정을 간단히 나타내어라.

(1) $p \rightarrow q$

(2) $p \leftrightarrow q$

(3) 비가 오면 그 아이들은 소풍을 가지 않는다.

(4) 수열 $\{a_n\}$의 극한 $\lim_{n \to \infty} a_n = L$의 정의는

$$\forall \epsilon > 0,\ \exists n_0 \in \mathbb{N},\ \forall n > n_0,\ |a_n - L| < \epsilon$$

이다. (따라서 L이 수열 $\{a_n\}$의 극한이 아님, 즉 $\lim_{n \to \infty} a_n \neq L$은?)

06 (1) 명제 $(p \rightarrow q) \wedge \neg q$는 명제 $\neg p$를 논리적 함축함(logically imply)을, 즉

$$(p \rightarrow q) \wedge \neg q \Rightarrow \neg p$$

을 보여라.

(2) $(p \rightarrow q) \wedge \neg p \Rightarrow \neg q$가 되는가?

(3) $[(p \rightarrow q) \wedge (r \rightarrow s)] \Rightarrow [(p \vee r) \rightarrow (q \vee s)]$

07 (1) $(p \wedge q) \Rightarrow p \leftrightarrow q$ 임을 보여라.

(2) $(p \leftrightarrow \neg q) \Rightarrow p \to q$ 가 아님을 보여라.

08 (1) 명제 “겨울에 운동하면 나는 감기를 앓는다. 그리고 겨울에 운동을 하지 않는다.” 가 참이면, 명제 “나는 감기를 앓지 않았다.”는 참이 되는가?

(2) 명제 “겨울에 운동하면 나는 감기를 앓는다. 그리고 나는 감기를 앓지 않았다.”가 참이면, 명제 “겨울에 운동을 하지 않는다.”는 참이 되는가?

09 논리 연산자 $\oplus$(XOR, exclusive or)를 다음의 진리표와 같이 정의한다. 즉 $p \oplus q$는 두 명제 중 하나만 참일 때 참이 되는 명제이다. 물음에 답하여라.

p	q	$p \oplus q$
T	T	F
T	F	T
F	T	T
F	F	F

표 1.3.7

(1) 명제 $p \oplus q$와 $\neg(p \leftrightarrow q)$는 같은 진리표를 가짐을 보여라.

(2) $(p \oplus q) \equiv (p \vee q) \wedge \neg(p \wedge q)$임을 보여라.

(3) $(p \oplus q) \oplus r \equiv p \oplus (q \oplus r)$임을 보여라.

(4) $p \oplus (q \to r) \equiv (p \oplus q) \to (p \oplus r)$이 되는가? 이유를 설명하여라.

(5) $(p \oplus q) \wedge r \equiv (p \wedge r) \oplus (q \wedge r)$이 되는가? 이유를 설명하여라.

10 (1) $p \Rightarrow q$ 이고 $q \Rightarrow r$ 이면 $p \Rightarrow r$ 임을 보여라.

(2) $p \Leftrightarrow q$ 이고 $q \Leftrightarrow r$ 이면 $p \Leftrightarrow r$ 임을 보여라.

11 (1) $(p \to r) \wedge (p \to q) \Rightarrow (p \to r \wedge q)$임을 보여라.

(2) $[(p \wedge \neg q) \to \neg p] \wedge [(p \wedge \neg q) \to p] \Rightarrow [(p \wedge \neg q) \to F]$임을 보여라. F는 거짓 명

제 즉, 모순 명제를 말한다.

(3) $[P_1 \vee P_2 \vee \cdots \vee P_k \to Q] \equiv (P_1 \to Q) \wedge (P_2 \to Q) \wedge \cdots \wedge (P_k \to Q)$를 보여라.

12 다음을 증명하여라.

(1) $\neg(p \to q) \equiv p \wedge \neg q$

(2) $\neg(\forall x\,(p(x) \to \exists y\,(q(y) \wedge r(x,\ y)))) \equiv \exists x\ p(x) \wedge \forall y\,(\neg q(y) \vee \neg r(x,\ y))$

(3) $\neg(\exists x\ p(x) \wedge \forall y\ (q(y) \to r(x,\ y)))$

$\equiv \forall x\ (\neg p(x) \vee \exists y\ (q(y) \wedge \neg r(x,\ y)))$

1.4 증명 방법

수학자들은 각 분야에서 연구를 하며 참과 거짓인지를 확실히 알지 못하는 많은 수학적 문장을 만드는데 이렇게 참 또는 거짓을 정확히 알지 못하는 수학적 문장을 **가설**(hypothesis) 또는 **추론**(conjecture)이라고 한다. 1995년 이전까지 유명했던 가설로는 페르마의 마지막 정리(Fermat's Last Theorem): "방정식 $x^n + y^n = z^n$, $n \geq 3$을 만족하는 양의 정수 x, y, z는 존재하지 않는다."를 들 수 있다.

어떤 수학적 문장이 참이 됨을 정확하고 완전하게 보이는 과정을 **증명**(proof)이라고 한다. 가설이 참 또는 거짓으로 밝혀지면 그 가설은 명제가 되고, 참이 된 명제를 **보조정리**(lemma), **정리**(theorem) 또는 **따름정리**(corollary)라고 부른다. 이때 보조정리는 더 중요한 결과를 증명하기 위하여 앞서 사용되는 결과, 즉 참인 명제를 말하며 따름정리는 정리의 특수한 경우나 정리로 귀결되는 참 명제를 말한다.

이 절에서는 정리 또는 결과를 증명하는 데 사용하는 여러 가지의 기법을 다루고자 한다. 증명을 잘 하는 방법에는 올바른 길이 명확하지 않으나 많은 증명을 읽고 이해하면서 쌓이는 경험이 어려운 문제를 더 쉽게 증명할 수 있는 능력을 가져다주는 것은 분명하다고 할 수 있다.

1.4.1 집합의 동치 증명

집합이나 또는 집합의 교집합, 합집합, 여집합, 차집합 연산자($\cap$, $\cup$, $\sim$, $-$) 등으로 결합된 집합의 식들이 서로 동치임을 증명하는 방법을 알아본다.

▮밴 다이어그램을 이용한 증명

두 집합이 동치임을 이해하거나 증명하기 위한 가장 좋은 방법은 밴 다이어그램이란 기하적 도구를 사용하는 것이다.

예제 1.4.1

집합 U의 부분집합 P, Q, R에 대하여

(i) $P \cup (Q \cap R) = (P \cup Q) \cap (P \cup R)$ (분배법칙)

(ii) $Q - (P \cap R) = Q - (P \cap Q \cap R)$

임을 보여라.

풀이 주어진 집합들을 아래의 벤 다이어그램으로 표현하고 8개의 영역을 차례로 번호를 매긴다. 영역 1은 $U-(P \cup Q \cup R)$, 영역 2는 $Q-(P \cup R)$, … 등과 같이 나타낸다.

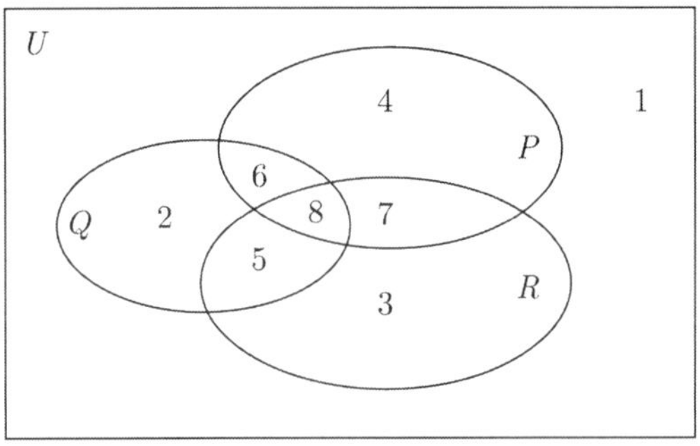

동치 문제 (i)을 증명하기 위해 무한히 많은 원소의 집합을 유한개의 영역의 집합으로 표현하면 $P=\{4,6,7,8\}$, $Q=\{2,5,6,8\}$, $R=\{3,5,7,8\}$로 간단히 나타내어 쉽게 집합의 연산을 할 수 있다. 즉,

$$P \cup (Q \cap R) = \{4,6,7,8\} \cup (\{2,5,6,8\} \cap \{3,5,7,8\}) = \{4,5,6,7,8\}$$
$$(P \cup Q) \cap (P \cup R) = (\{4,6,7,8\} \cup \{2,5,6,8\}) \cap \{4,6,7,8\} \cup (\{3,5,7,8\})$$
$$= \{4,5,6,7,8\}$$

이므로 두 집합은 동치이다. (ii)의 동치문제도 같은 방법으로 양변의 집함을 연산해 보면 두 집합 모두 $\{2,5,6\}$임을 알 수 있다. ■

원소 증명 방법

두 집합 X, Y가 $X=Y$임을 증명하기 위해 우선 집합 X의 모든 원소($x \in X$)가 집합 Y에도 포함됨($x \in Y$)을 보이면 X는 Y의 부분집합, $X \subseteq Y$임을 증명함과 같고, 반대로 집합 Y의 모든 원소($y \in Y$)가 집합 X에도 포함됨($y \in X$)을 보이면 Y는 X의 부분집합,

$Y \subseteq X$임을 증명하게 되므로 두 포함관계로부터 $X = Y$임을 밝히는 방법이다.

예제 1.4.2

집합 U의 부분집합 P, Q, R에 대하여

$$(P-Q) \cap (R-Q) = (P \cap R) - Q$$

임을 보여라.

풀이 (i) $x \in (P-Q) \cap (R-Q)$이면, $x \in P$이나 $x \not\in Q$이고 $x \in R$이나 $x \not\in Q$이다.

(ii) $x \in P$이고 $x \in R$이나 $x \not\in Q$이다.

(iii) $x \in (P \cap R) - Q$

따라서 $(P-Q) \cap (R-Q) \subseteq (P \cap R) - Q$이다. 같은 방법으로 $(P-Q) \cap (R-Q) \supseteq (P \cap R) - Q$을 보일 수 있다. 두 집합의 포함관계로부터 두 집합은 같은 집합임이 증명된다. ■

대수적 증명 방법

두 집합의 동치를 증명하기 위해 집합의 기본적인 규칙 : 결합법칙, 분배법칙, 드모르간(DeMorgan)의 법칙($\sim (P \cap Q) = \sim P \cup \sim Q$, $\sim (P \cup Q) = \sim P \cap \sim Q$) 등을 이용하여 대수적으로 증명하는 방법을 이용할 수 있다.

예제 1.4.3

집합 U의 부분집합 P, Q, R에 대해 $Q-(P \cap R) = Q-(P \cap Q \cap R)$임을 보여라.

풀이

$Q-(P \cap R) = Q \cap (P \cap R)^c$	$A-B = A \cap B^c$, $B^c = \sim B$
$= Q \cap (P^c \cup R^c)$	드모르간의 법칙
$= (Q \cap P^c) \cup (Q \cap R^c)$	분배법칙
$= (Q \cap P^c) \cup (Q \cap Q^c) \cup (Q \cap R^c)$	$Q \cap Q^c = \varnothing$
$= Q \cap (P^c \cup Q^c \cup R^c)$	분배법칙
$= Q \cap (P \cap Q \cap R)^c$	드모르간의 법칙
$= Q-(P \cap Q \cap R)$	$A-B = A \cap B^c$ ■

1.4.2 명제 증명

명제가 참임을 증명하는 방법을 직접 증명, 간접 증명, 수학적 귀납법 등으로 분류하여 알아본다. 증명을 하고자 하는 정리는 가장 일반적인 "$P \rightarrow Q$가 참이다." 또는 "$P \Rightarrow Q$"의 형태로 되어 있다고 가정한다.

▌직접 증명

명제 $P \rightarrow Q$가 참임을 보이기 위해서 명제 P가 참임을 가정하고 여러 가지의 규칙과 기존에 참으로 증명된 정리를 사용하여 Q가 참임을 증명하거나, 명제 P가 참이고 Q가 거짓인 경우가 존재하지 않음을 직접적으로 증명하는 방법을 **직접 증명**(direct proofs)이라고 한다.

구체적으로 설명하면 $P \Rightarrow R$이고 $R \Rightarrow Q$이면 $P \Rightarrow Q$가 되는 성질(1.3절의 연습문제 참조), 즉 논리적 함축의 추이적(transitive) 성질을 이용하여 $P \Rightarrow P_1$, $P_1 \Rightarrow P_2$, $\cdots$, $P_k \Rightarrow Q$을 보임으로써 명제 Q가 참임을 연역적으로 추론하면서 $P \Rightarrow Q$를 증명하는 방법을 말한다. 이때 참 명제 P_1, P_2, $\cdots$, P_k는 정의, 정리, 따름정리 또는 보조정리로부터 얻은 결과가 된다.

직접 증명법의 어려운 점은 결론을 연역해 나갈 때 필요한 중간 과정의 참 명제 P_1, P_2, $\cdots$, P_k에 대한 정보를 알아내는 것이고, 이 참 명제 또는 정의들과의 관계를 잘 이용해야 하는 점이다.

예를 들어, 변수 x가 소수라면

(1) 이 수의 약수는 1과 x뿐이다.

(2) x가 2가 아니라면 x는 홀수이다.

(3) 홀수라면 $x = 4k+1$, $4k-1$의 형태이다.

등과 같은 정의와 참 명제를 적절히 사용하여 다른 참 명제를 연역해야 한다. 이러한 사실을 생각해내기 위한 해결 방법은 다른 결과들에 대한 많은 지식을 쌓기 위한 많은 연습과 경험을 하는 것이 최선이라고 할 수 있다.

예제 1.4.4

n이 홀수인 정수이면 n^2도 홀수인 정수임을 보여라.

풀이 만약 n이 홀수인 정수이면 홀수의 정의에 의하여 $n = 2k+1$, (k는 정수)로 표현된다. $n^2 = (2k+1)^2 = 4k^2+4k+1 = 2(2k^2+2k)+1$이고, k가 정수이면 $2k^2+2k$도 정수이므로 홀수의 정의에 의해 n^2은 홀수이다. ■

때로는 $P \Rightarrow Q$를 직접적으로 증명하는 데 필요한 사실을 찾기 위해 우선 결과 명제인 Q를 알고 있으므로 Q를 이용하여 거꾸로 어떤 중간 과정을 추론하고 그 중간 과정을 이용하여 다시 직접 증명을 하는 경우도 있다. 이러한 경우에는 참 명제 P를 이용하지 않고 어떤 참 명제(예를 들어 $1+1=2$)를 이끌어 내거나 역명제 $Q \Rightarrow P$를 증명하는 오류를 범하는 수가 많다.

간접 증명

예제 1.3.3에 의하면

$$(P \rightarrow Q) \equiv (\neg Q \rightarrow \neg P) \tag{1.4.1}$$

이므로 두 명제는 서로 동치이다. 따라서 명제 $P \rightarrow Q$가 참임을 증명하는 대신 그 대우명제 $\neg Q \rightarrow \neg P$가 참임을 직접적으로 증명해도 된다. 즉, 명제 Q가 거짓임을 가정하고 여러 가지의 규칙과 기존에 참으로 증명된 정리를 사용하여 P가 거짓임을 증명하거나, 명제 $\neg Q$가 참이고 $\neg P$가 거짓인 경우가 존재하지 않음을 증명하는 방법을 **간접 증명**(indirect proofs, proofs by contraposition)이라고 한다.

예제 1.4.5

$3n+2$가 홀수이면 n이 홀수임을 증명하여라.

풀이 n이 홀수가 아니라면, 즉 짝수라면 짝수의 정의에 의해 $n=2k$가 되는 정수 k가 존재한다. 따라서

$$3n+2 = 3(2k)+2 = 6k+2 = 2(3k+1)$$

가 되므로 $3n+2$는 짝수가 된다. 주어진 명제의 대우 명제가 참이므로 $3n+2$가 홀수이면 n이 홀수가 된다. ■

▌귀류법

한 명제가 참임을 증명하는 대신 그 명제가 거짓이라고 가정하면 그것이 모순에 귀결한다는 것을 직접 또는 간접적으로 증명함으로써 원명제가 참이 된다는 것을 주장하는 증명법을 **귀류법**(proofs by contradiction) 증명이라고 한다. 다음 예제로부터 귀류법의 타당성을 알아보자.

예제 1.4.6

명제 c가 항상 거짓인 모순 명제(또는 F)일 때,

$$(p \rightarrow q) \equiv [(p \wedge \neg q) \rightarrow c] \tag{1.4.2}$$

임을 보여라.

풀이 다음의 진리표

p	q	$p \rightarrow q$	$\neg q$	$p \wedge \neg q$	c	$(p \wedge \neg q) \rightarrow c$
T	T	T	F	F	F	T
T	F	F	T	T	F	F
F	T	T	F	F	F	T
F	F	T	T	F	F	T

표 1.4.1

에서 두 명제 $p \rightarrow q$와 $(p \wedge \neg q) \rightarrow c$의 진리값이 같으므로 각 두 명제는 서로 동치이다. ■

위의 예제에서 보는 바와 같이 두 명제 $p \rightarrow q$와 $(p \wedge \neg q) \rightarrow F$는 서로 동치이므로 $p \rightarrow q$가 참임을 증명하는 것은 $(p \wedge \neg q) \rightarrow F$가 참임을 증명하는 것과 같다. 즉, $(p \wedge \neg q) \rightarrow F$가 항상 참임을 보이기만 하면 된다. 따라서 p가 참이고 q가 거짓이라고 가정하고, 즉 $p \wedge \neg q$가 참임을 가정하고, 이로 인해 발생되는 어떤 모순 명제 c를 연역해내면 명제 "c는 모순 명제이다(F)."는 참이므로 $(p \wedge \neg q) \rightarrow F$가 항상 참이 되고 위의

예제 1.4.6의 식 (1.4.2)로부터 $p \to q$ 가 참임이 증명된다.

예제 1.4.7

$\sqrt{2}$ 가 무리수임을 보여라.

풀이 예제 1.4.6을 이용하여 증명해보자. q를 " $\sqrt{2}$ 가 무리수이다."라는 명제라고 하자. 명제 $q \equiv T \to q$ 이므로 $T \to q$가 참임을 귀류법으로 증명하기 위해 $T \wedge \neg q \equiv \neg q$ = " $\sqrt{2}$ 가 무리수가 아닌 유리수"라고 가정하면 명제

$$T \wedge \neg q \equiv \neg q \to \sqrt{2} = \frac{b}{a},\ a \neq 0,\ b: \text{서로소인 정수 (유리수의 정의)}$$

는 참이 된다. 이제 등식의 양변에 a를 곱하고 제곱하면 $2a^2 = b^2$ 가 되며, 이 등식으로부터 b^2 이 짝수이므로 b도 짝수가 된다. 짝수의 정의에 의해 $b = 2k$,(k :정수)로 나타낼 수 있고, 이를 위의 등식 $2a^2 = b^2$ 에 대입하면 $2a^2 = b^2 = 4k^2$, 즉 $a^2 = 2k^2$ 이 되어 a 또한 짝수가 되어 a, b는 모두 2의 배수가 된다. 따라서 명제

$$\neg q \to \sqrt{2} = \frac{b}{a},\ a \neq 0,\ b: \text{서로소인 정수},\ 2|a,\ 2|b$$

가 참이지만 오른쪽 명제는 항상 거짓인 모순(contradiction) 명제이다. 그러므로 예제 1.4.6의 식 (1.4.2)에 의해 명제 $T \to q$가 참이 된다. 즉 $\sqrt{2}$ 는 무리수이다. ■

$(p \wedge \neg q) \to F$가 참임을 증명하는 방법으로

$$[(p \wedge \neg q) \to \neg p] \wedge [(p \wedge \neg q) \to p] \Rightarrow [(p \wedge \neg q) \to F] \tag{1.4.3}$$

(연습문제 1.3 참조)를 이용할 수도 있다. 즉 $(p \wedge \neg q) \to p$는 항상 참이다. 따라서 p가 참이고, q가 거짓이라는 가정에서 $\neg p$가 참임을 밝히면 $(p \wedge \neg q) \to \neg p$가 참이 되므로 위의 논리적 함축함에 의해 $(p \wedge \neg q) \to F$가 참이 된다. 즉, 예제 1.4.6의 식 (1.4.2)에 의해 $p \to q$는 참이 된다.

예제 1.4.8

$3n+2$가 짝수이면 n 이 짝수임을 증명하여라.

풀이 $3n+2$가 짝수(p 명제)일 때 n 이 짝수가 아니라면($\neg q$ 명제), 즉 홀수라면 홀수의 정

의에 의해 $n=2k+1$가 되는 정수 k가 존재한다. 또한

$$3n+2=3(2k+1)+2=6k+5=2(3k+2)+1$$

가 되므로 $3n+2$는 홀수($\neg p$ 명제)가 된다. 즉 $(p\wedge\neg q)\to\neg p$가 참이다. 따라서 위의 식 (1.4.3)과 예제 1.4.6의 식 (1.4.2)로부터 $p\to q$가 참이므로 q 명제는 참, 즉 n은 짝수이다. ■

사례 증명법

가정이 논리합으로 구성된 명제 $P_1\vee P_2\vee\cdots\vee P_k\to Q$가 참임을 증명하기 위하여 다음과 같은 명제의 동치관계(연습문제 1.3 참조)

$$[P_1\vee P_2\vee\cdots\vee P_k\to Q]\equiv(P_1\to Q)\wedge(P_2\to Q)\wedge\cdots\wedge(P_k\to Q) \qquad (1.4.4)$$

를 사용하는 방법을 **사례 증명법**(proofs by cases)이라고 한다.

예제 1.4.9

모든 실수 x, y에 대하여 $|x+y|\le|x|+|y|$을 증명하여라.

풀이 실수 집합이 $\mathbb{R}$일 때 명제 P를 "x, y가 실수이다.", 즉 $P=\{x,\ y\in\mathbb{R}\}$이라 하고, 명제 P_1, P_2, P_3, P_4와 Q를 각각

$$P_1=\{x,\ y\in\mathbb{R},\ x\ge 0,\ y\ge 0\}$$
$$P_2=\{x,\ y\in\mathbb{R},\ x\ge 0,\ y<0\}$$
$$P_3=\{x,\ y\in\mathbb{R},\ x<0,\ y\ge 0\}$$
$$P_4=\{x,\ y\in\mathbb{R},\ x<0,\ y<0\}$$
$$Q=\{x,\ y\in\mathbb{R},\ |x+y|\le|x|+|y|\}$$

이라고 하면, $P\equiv P_1\vee P_2\vee P_3\vee P_4$이므로 모든 실수 x, y에 대하여 $|x+y|\le|x|+|y|$을 증명하는 것, 즉 $P\to Q$가 참임을 증명하는 것은 식 (1.4.4)에 의하여 $(P_1\to Q)\wedge(P_2\to Q)\wedge(P_3\to Q)\wedge(P_4\to Q)$가 참임을 증명하는 것과 동치이다. 한편 모든 $i=1,\ 2,\ 3,\ 4$에 대하여 $P_i\to Q$는 모두 참임을 증명할 수 있다. 예를 들어 P_3이면 $x<0$, $y\ge 0$이므로

$$x+y<0+y=|y|\leq|x|+|y|$$
$$-(x+y)\leq -x+0=|x|\leq|x|+|y|$$

로부터 $|x+y|\leq|x|+|y|$가 된다. 따라서 $(P_1\to Q)\wedge(P_2\to Q)\wedge(P_3\to Q)\wedge(P_4\to Q)$이 참이 되므로 $P\to Q$가 참임이 증명된다. ■

사례 증명법을 사용하기 위해서는 $P\equiv P_1\vee P_2\vee\cdots\vee P_k$가 되는 명제 P_1, P_2, $\cdots$, P_k를 현명하게 찾는 것이 중요하다.

자명한 증명

명제 P가 거짓일 때면 $P\to Q$는 항상 참이 되므로 명제 Q에 상관없이 명제 P가 거짓임을 밝힘으로써 $P\Rightarrow Q$를 증명할 수 있다. 이러한 증명 방법을 **무의미한**(vacuous 또는 **공허한**) **증명**이라고 한다.

예제 1.4.10

조건 명제 함수 $p(n)$이 "$n>1$이면 $n^2>n$이다."라고 하면 $p(0)$는 참임을 증명하여라.

풀이 $p(0)$는 "$0>1$ 이면 $0^2>0$이다."가 된다. 이때 $0>1$는 거짓이므로 $p(0)$는 자동적으로 참이 된다. ■

위의 예제에서 $0^2>0$는 거짓이나 명제 "$0>1$이면 $0^2>0$이다."는 참이라는 뜻이다. 조건 명제 $F\to F$가 참이 되는 것과 같다.

명제 Q가 참일 때면 $P\to Q$는 항상 참이 되므로 명제 P에 상관없이 명제 Q가 참임을 밝힘으로써 $P\Rightarrow Q$를 증명할 수 있다. 이러한 증명 방법을 **분명한**(trivial 또는 **명백한**) **증명**이라고 한다.

아래의 조건명제들이 참임을 vacuous 증명 또는 trivial 증명을 이용한 자명한 증명법으로 보일 수 있다.

- x가 등식 $x^2+1=0$을 만족하는 실수라면 $x^4=\pi$가 된다.
- $n>0$이고 n이 짝수이면 n은 양수이다.
- π가 무리수이면 2는 소수이다.

예제 1.4.11

조건 명제 함수 $p(n)$이 “양의 정수 a, b가 $a \le b$를 만족하면 $a^n \le b^n$이다.”라고 하면 $p(0)$는 참임을 증명하여라.

풀이 $p(0)$는 “양의 정수 a, b가 $a \le b$를 만족하면 $a^0 \le b^0$ 이다.”가 된다. 이때 $a^0 = 1 \le b^0 = 1$는 양의 정수 a, b 또는 $a \le b$에 관계없이 항상 참이므로 $p(0)$는 자동적으로 참이 된다. ■

존재성 증명

조건 명제 함수

“어떤 x에 대하여 $p(x)$이다.”

즉, 명제 $\exists x,\ p(x)$가 참임을 보이는 증명을 **존재성 증명**(existence proofs)이라고 한다. 이러한 증명을 하는 방법에서 명제 $\exists x,\ p(x)$가 참이 되는 변수 $x = a$를 직접 찾아 증명하는 방법(constructive existence proof)이 있고, 그런 변수 값을 찾을 수 없지만 귀류법을 사용하거나 또는 다른 증명 방법으로 $\exists x,\ p(x)$가 참임을 밝히는 방법(nonconstructive existence proof)이 있다. 다음의 두 예제를 통하여 두 가지의 방법을 알아보자.

예제 1.4.12

$a^3 + b^3 = c^3 + d^3$를 만족하는 서로 다른 양의 정수 a, b, c, d가 존재함을 보여라.

풀이 $10^3 + 9^3 = 1729 = 12^3 + 1^3$이므로 위의 명제는 참이다. ■

예제 1.4.13

a^b가 유리수가 되는 무리수 a, b가 존재함을 보여라.

풀이 $\sqrt{2}$는 무리수이다. $a = b = \sqrt{2}$를 대입하면 ${\sqrt{2}}^{\sqrt{2}}$는 유리수일 수 있고, 무리수일 수도 있다. 만약 ${\sqrt{2}}^{\sqrt{2}}$가 유리수라면 a^b가 유리수가 되는 두 무리수 $a = b = \sqrt{2}$가 존재한다. 반면에 만약 ${\sqrt{2}}^{\sqrt{2}}$가 무리수라면, 두 무리수 $a = {\sqrt{2}}^{\sqrt{2}}$와 $b = \sqrt{2}$를 a^b에 대입할 때 $a^b = ({\sqrt{2}}^{\sqrt{2}})^{\sqrt{2}} = {\sqrt{2}}^{\sqrt{2}\sqrt{2}} = {\sqrt{2}}^2 = 2$, 즉 a^b는 유리수가

되므로 a^b가 유리수가 되는 두 무리수 $a = \sqrt{2}^{\sqrt{2}}$와 $b = \sqrt{2}$는 존재한다. 그러므로 어떤 것이 확실하게 만족하는 두 무리수인지는 모르지만 존재하는 것은 분명하므로 위의 명제는 참이다. ■

▌유일성 증명

조건 명제 함수

"$p(x)$가 되는 x가 유일하게 존재한다."

즉 명제 $\exists_1 x,\ p(x)$이 참임을 보이는 증명을 **유일성 증명**(uniqueness proofs)이라고 한다. 이러한 증명을 하는 방법은 존재성 증명과 함께 증명되어야 하고, 다른 변수 값은 $p(x)$를 만족하지 않음을 증명하여야 한다. 즉

(1) 명제 $\exists x,\ p(x)$가 참이다.
(2) 명제 $\exists y,\ p(y)$가 참이면 $y = x$이다. (1.4.5)

의 두 가지를 모두 증명하여야 한다.

예제 1.4.14

실수인 상수 c에 대하여 실수 방정식 $3x + 4 = c$의 해 x가 유일하게 존재함을 보여라.

풀이 상수 c가 실수이므로 $x = \frac{c-4}{3}$도 실수이고, 방정식에 대입하면 만족하므로 방정식의 해가 된다. 즉, 존재성이 증명되었다. 만약 어떤 y가 방정식을 만족한다면 $3y + 4 = c$가 된다. 한편 $3x + 4 = c$이므로 $3x + 4 = 3y + 4$가 되고 양변을 간단히 하면 $x = y$가 된다. 따라서 해는 유일하다. ■

아주 간단한 예제이지만 많은 유일성 증명의 기본 틀이기도 하므로 알아 두면 유익하게 이용할 수 있다.

▌반례 증명

1.3절에서 언급한 바와 같이 두 명제의 동치 관계

$$\neg(\forall x,\ p(x)) \equiv (\exists x),\ \neg p(x) \tag{1.4.6}$$

로부터

"모든 x에 대하여 $p(x)$는 참이다."

인 명제가 거짓임을 보이는 것은

"$p(x)$가 거짓이 되는 x가 존재한다."

를 밝히는 것과 같음을 알 수 있다. 많은 명제에서 전자보다 후자의 경우를 더욱 쉽게 밝힐 수 있다. 이렇게 존재성의 증명을 통하여 전체의 명제가 거짓임을 밝히는 증명을 **반례 증명**(proofs by counter-example)이라고 한다.

예제 1.4.15

명제 "모든 실수 a, b에 대하여 $a^2 = b^2$이면 $a = b$이다."가 참이 아님을 보여라.

풀이 위의 명제를 기호로 표시하면

$$\forall a,\ \forall b,\ (a^2 = b^2 \to a = b)$$

이 되고, 이 명제가 거짓임을 보이기 위해서는 식 (1.4.6)과 같이 위 명제의 부정인 명제와 동치 명제

$$\begin{aligned}
&\neg(\forall a,\ \forall b,\ (a^2 = b^2 \to a = b)) \\
&\equiv \exists a,\ \exists b,\ \neg(a^2 = b^2 \to a = b) \\
&\equiv \exists a,\ \exists b,\ (a^2 = b^2) \wedge \neg(a = b) \quad \text{(연습문제 1.3의 12)} \\
&\equiv \exists a,\ \exists b,\ (a^2 = b^2) \wedge (a \neq b)
\end{aligned}$$

이 참임을 보이면 된다. 한편, $a = 1,\ b = -1$이면 $a^2 = b^2 = 1$이나 $a \neq b$가 된다. 따라서 원래의 명제가 거짓이 되는 반례 $a = 1,\ b = -1$를 찾았으므로 명제 $\{\exists a,\ \exists b,\ (a^2 = b^2) \wedge (a \neq b)\}$와 $\{\neg(\forall a,\ \forall b,\ (a^2 = b^2 \to a = b))\}$는 참이 되며, 원래의 주어진 명제 $\forall a,\ \forall b,\ (a^2 = b^2 \to a = b)$는 거짓이 된다. ■

수학적 귀납법

먼저 다음 예제를 통해 자연수의 성질에 관해 조사하여 보자.

예제 1.4.16

N 이 자연수의 집합이고, $S \subseteq \mathrm{N}$ 인 집합 S가

(i) $1 \in S$
(ii) $k \in S$이면 $k+1 \in S$이다.

를 만족하면 $S = \mathrm{N}$ 임을 보여라.

풀이 귀류법으로 증명하여 보자. $S \neq \mathrm{N}$ 이라면, 즉 $T = \mathrm{N} - S \neq \varnothing$ 이라면, $T \subset \mathrm{N}$ 이므로 자연수 집합의 최소원의 법칙에 의해 집합 T에는 가장 작은 자연수 $a \in T$가 존재한다. $a \notin S$이므로 $a \neq 1$이다. 즉, $a > 1$이다. $a \in T$는 최소의 자연수이므로 $a-1 \notin T$이고 $a-1 \in S$이다. 또한 위의 성질 (ii)에 의해 $(a-1)+1 = a \in S$가 되어 $a \notin S$에 모순이 된다. 따라서 $S = \mathrm{N}$ 이다. ■

위의 예제를 자연수를 변수로 하는 명제 함수 $p(n)$에 적용하여 보자. 예제 1.4.16으로부터 어떤 명제 $p(n)$이 참이 되는 자연수 n 의 집합을 S라 하고, 집합 S가 위의 예제의 두 조건을 만족하면, 즉

(i) 명제 $p(1)$이 참이다. ($1 \in S$)
(ii) 명제 $p(k)$가 참이면 명제 $p(k+1)$도 참이다. ($k \in S$이면 $k+1 \in S$이다.)

두 조건을 만족하면

명제 $p(n)$는 모든 자연수 n에 대해 항상 참이다. ($S = \mathrm{N}$)

가 성립한다.

위와 같이 명제의 참을 증명하는 방법을 **수학적 귀납법**(mathematical induction)의 원리에 의한 증명이라고 한다. 이 수학적 귀납법은 자연수에 대한 어떤 공식이나 사실을 증명할 때 자주 쓰인다.

예제 1.4.17

모든 정수 $n \geq 1$에 대하여 다음을 증명하여라.

$$\sum_{j=1}^{n} j(j\,!) = (n+1)! - 1$$

풀이 $n=1$일 때는 $1 \cdot (1!) = 1$, $(1+1)! - 1 = 1$이므로 등식이 성립한다. $n=k$일 때 등식이 성립한다면, 즉 $\sum_{j=1}^{k} j(j\,!) = (k+1)! - 1$이라면, $n=k+1$일 때는

$$\begin{aligned}\sum_{j=1}^{k+1} j(j\,!) &= \sum_{j=1}^{k} j(j\,!) + (k+1)((k+1)\,!) \\ &= (k+1)! - 1 + (k+1)((k+1)\,!) \\ &= (k+1)!(k+1+1) - 1 \\ &= (k+2)! - 1\end{aligned}$$

이므로 등식이 성립한다. 따라서 수학적 귀납법의 원리에 의해 모든 정수 $n \geq 1$에 대하여 등식이 성립한다. ■

다음은 일반적으로 표현한 (강한: strong) 수학적 귀납법의 원리로써 사용이 더욱 편리한 증명법이다.

자연수를 변수로 하는 명제 함수 $p(n)$이 다음의 두 조건

(i) 명제 $p(1)$은 참이다.

(ii) 명제 $p(k)$, $1 \leq k < n$이 참이면 명제 $p(n)$이 참이다. (1.4.7)

을 만족하면 모든 자연수 n에 대해 명제 $p(n)$은 항상 참이다.

이 수학적 귀납법의 원리가 이전과 다르게 보이지만 앞서 언급한 원리와 동치가 된다. 또한 명제 $p(n)$이 $\{n_0,\ n_0+1,\ n_0+2,\ \cdots\}$의 정수 집합에서 참임을 보이고자 하면 위의 원리에 1 대신 n_0를 대입하여 참임을 증명할 수 있다.

예제 1.4.18

모든 $n \geq 2$인 정수 n은 소수들의 곱으로 나타낼 수 있다.

풀이 명제 $p(n) =$ "$n \geq 2$인 정수 n은 소수들의 곱으로 표현된다."가 참임을 강한 수학적

귀납법의 원리에 의해 보인다. 모든 소수는 소수 자신 하나의 곱이므로 $n = n_0 = 2$일 때 명제 $P(2)$는 참이다. $n \geq 2$일 때 수학적귀납법의 가정에 의해 모든 $2 \leq k < n$인 정수 k에 대하여 명제 $p(k)$가 참이라면, 즉 $2 \leq k < n$인 정수 k가 소수들의 곱이라고 가정하면, 이제 n이 소수들의 곱임을 보인다. 만약 n이 소수라면 소수 자신 하나의 곱이다. 만약 n이 소수가 아니라면, 즉 $n = st$, $1 < s < n$, $1 < t < n$이라면 모두 가정에 의해 소수들의 곱으로 표현되므로 s와 t의 곱인 n 역시 소수들의 곱이 된다. 따라서 (강한)수학적귀납법의 원리에 의해 모든 $n \geq 2$인 정수는 소수들의 곱으로 표현된다. ■

예제 1.4.19

재귀적으로 정의된 수열 $a_n = na_{n-1} + 1$, $n \geq 1$, $a_0 = 0$의 일반항을 반복에 의해 $a_n = \sum_{k=1}^{n} \frac{n!}{k!}$로 추정하였다. 이렇게 추정한 공식의 정확성을 수학적 귀납법으로 검증하여라.

풀이 먼저 $n = 0$일 때 주어진 식이 성립함을 보인다. 재귀적으로 정의된 수열에 따르면 $a_n = 0$이고 자명하게 $\sum_{k=1}^{0} \frac{n!}{k!} = 0$이다. 따라서 추정한 공식은 $n = 0$일 때 성립한다. $n \geq 0$일 때 수학적귀납법의 가정에 따라 $a_n = \sum_{k=1}^{n} \frac{n!}{k!}$이라 하자. 그러면

$$
\begin{aligned}
a_{n+1} &= (n+1)a_n + 1 \\
&= (n+1)\sum_{k=1}^{n} \frac{n!}{k!} + 1 \\
&= \sum_{k=1}^{n} \frac{(n+1)!}{k!} + 1 \\
&= \sum_{k=1}^{n} \frac{(n+1)!}{k!} + \frac{(n+1)!}{(n+1)!} \\
&= \sum_{k=1}^{n+1} \frac{(n+1)!}{k!}
\end{aligned}
$$

이므로 수학적 귀납법에 의해 추정한 일반항은 정확하다. ■

예제 1.4.20

명제 "임의의 양의 실수 $r>0$과 모든 정수 $n \geq 0$에 대하여 $r^n=1$이다."를 수학적귀납법으로 참인지를 증명해 보이고자 한다. 우선 (i) $n=n_0=0$일 때 모든 $r>0$에 대하여 $r^n=1$이 성립한다. (ii) $k \geq 0$일 때 $0 \leq j \leq k$인 모든 j와 모든 $r>0$ 대하여 $r^j=1$이라고 가정하고 모든 $r>0$ 대하여 $r^{k+1}=1$임을 보인다. 즉 $r^{k+1}=r^s r^t$, $0 \leq s \leq k$, $0 \leq t \leq k$로 쓸 때 $0 \leq s \leq k$, $0 \leq t \leq k$이므로 가정에 의해 모든 $r>0$에 대하여 $r^s=1$, $r^t=1$이다. 따라서 모든 $r>0$에 대하여 $r^{k+1}=r^s r^t=1$이 된다. 따라서 (강한) 수학적귀납법의 원리에 의해 명제가 참임이 증명된다!! 위의 증명은 무엇이 잘못되었나?

풀이 증명의 (ii)에서 $0 \leq s \leq k$, $0 \leq t \leq k$ 이며 $s+t=k+1$이 되는 정수 s, t가 $k=0$일 때는 존재하지 않으므로 위의 (ii)에서의 수학적귀납법의 가정은 조건 (i)에는 적용되지 않는다. 그러므로 조건 (i)에서 $n_0=1$로 잡아야 하고 $n=n_0=1$일 때는 모든 $r>0$에 대하여 $r^n=1$이 성립하지 않음을 쉽게 확인할 수 있다. 따라서 수학적귀납법으로 위의 명제가 참임을 증명할 수 없다. 명제가 거짓임은 쉬운 반례로 증명할 수 있다. ■

비둘기집의 원리(principle of pigeon-hole)에 의한 증명

"m개의 물건(비둘기)을 m보다 작은 n개의 상자(비둘기집)에 담는다면, 반드시 2개 이상의 물건이 담긴 상자(비둘기집)가 있다."는 비둘기집의 원리는 일어날 수 있는 많은 상황의 존재성을 비롯하여 이산수학의 많은 이론적 결과를 도출하는 데 중요하게 이용되고 있다. 비둘기집의 원리에 의한 증명법은 3.1.3절에서 자세히 다루고 있으므로 여기에서는 간단한 예제만 들기로 한다.

예제 1.4.21

어떤 7개의 양의 정수를 택하더라도 그 중에 합 또는 차가 10의 배수가 되는 두 개의 수는 반드시 존재함을 보여라.

풀이 모든 양의 정수의 일의 자리의 수는 $\{0\}$, $\{1, 9\}$, $\{2, 8\}$, $\{3, 7\}$, $\{4, 6\}$, $\{5\}$ 등 6가지의 경우(비둘기집)로 분류된다. 임의의 7개의 양의 정수의 일의 자리만 생각하면 비둘기집의 원리에 의하여 7개의 일의 자리(비둘기) 중 적어도 두 개 이상은 위의 6개의 경우(비둘기집) 중의 하나에 포함된다. 이때 만약 두 개의 일의 자리가 같으면 두 양의 정수의 차는 10의 배수가 되고, 두 개의 일의 자리가 다르면 두 양의 정수의 합이 10의 배수가 된다. 따라서 임의의 7개의 양의 정수 중에는 합 또는 차가 10의 배수가 되는 두 개의 수가 반드시 존재한다. ■

1.4 연습문제

01 (1) 집합 U의 부분집합 A, B, C에 대해 아래의 집합들이 동치이면 밴 다이어그램으로 증명하고 동치가 아니면 반례를 들어 보여라.

(a) $(A - C) \cap (B - C) \cap (A - B) = \varnothing$

(b) $A \subseteq B$이면 $A \cap (U - (B \cap C)) = \varnothing$

(c) $A \cap B = \varnothing$ 이면 $A \times B = \varnothing$ 이다.

(2) 집합 U의 부분집합 A, B, C에 대해 아래의 집합들이 동치임을 원소증명법으로 보여라.

(a) $(A - B) \cap (C - B) = (A \cap C) - B$

(b) $A \times (B \cup C) = (A \times B) \cup (A \times C)$

(c) $A \times (B \cap C) = (A \times B) \cap (A \times C)$

(d) $A \subseteq B$이면 $U - A \supseteq U - B$이다.

(e) $A \subseteq B$이면 $A \cap C \subseteq B \cap C$이다.

(3) 집합 U의 부분집합 A, B, C에 대해 아래의 집합들이 동치임을 대수적 증명법으로 보여라.

(a) $A \subseteq B$이면 $A \cup C \subseteq B \cup C$이다. (위 (2)의 (d)와 (e) 그리고 드모르간의 법칙을 이용하여라.)

(b) $(A - B) - C = A - (B \cup C)$

(c) $(A - B) - C = (A - C) - B$

(d) $(A - B) \cup (B - A) = (A \cup B) - (A \cap B)$

02 $3n + 2$가 홀수이면 n이 홀수임을 귀류법으로 증명하여라.

03 두 홀수의 곱은 홀수임을 다음과 같이 증명하였다. 틀린 부분을 지적하고 바르게 증명하여라.

두 수 m, n이 홀수이고 mn이 짝수라고 가정하자.
m, n이 홀수이므로 $m = 2k+1$, $n = 2h+1$인 정수 k, h가 존재한다.
두 수를 곱하면

$$\begin{aligned} mn &= (2k+1)(2h+1) \\ &= (4kh+2k+2h+1) \\ &= 2(2kh+k+h)+1 \end{aligned}$$

이므로 mn은 홀수가 된다. 따라서 모순이다.

04 두 유리수의 합은 유리수임을 증명하여라.

05 다음의 명제들을 간접증명법에 의해 참임을 증명하여라.

(1) n이 정수이고 n^2이 홀수이면 n이 홀수이다.

(2) n이 2보다 큰 소수이면 n은 홀수이다.

(3) 집합 A, B에 대하여 $x \in (B-A)$이면 $x \notin (A \cap B)$이다.

(4) 실수 a가 $0 < a < 1$이면 $a < \sqrt{a}$이다.

(5) 정수 c에 대해 c^2+7이 짝수이면 c는 홀수이다.

06 n이 정수일 때, n^2이 홀수가 되기 위한 필요충분조건은 n이 홀수가 되는 것임을 증명하여라.

07 (1) n이 1보다 큰 정수일 때 $n^5 - n$은 5의 배수임을 증명하여라.

(2) $37^{500} - 37^{100}$은 10으로 나누어떨어짐을 보여라.

(3) 정수 a, b, c에 대하여 $a \mid b$이고 $a \mid c$이면 $a \mid (b+c)$임을 직접증명법으로 보여라. 단, $a \neq 0$이며 $a \mid b$는 b가 a로 나누어떨어짐을 의미한다.

08 n이 4 이상의 정수일 때, $n! > 2^n$을 보여라.

09 n개의 원소를 갖는 집합 S의 부분 집합의 개수는 2^n임을 보여라.

10 다음의 증명에 잘못된 곳을 지적하여 설명하여라.

증명 단계	이유
1. $a=b$	가정
2. $a^2=ab$	1의 양변에 a를 곱한다.
3. $a^2-b^2=ab-b^2$	2의 양변에 b^2를 뺀다.
4. $(a-b)(a+b)=b(a-b)$	3의 양변을 인수분해한다.
5. $(a+b)=b$	4의 양변을 $a-b$로 나눈다.
6. $2b=b$	5의 양변에 $a=b$를 대입한다.
7. $2=1$	6의 양변을 b로 나눈다.

11 다음 정리의 증명에 잘못된 곳을 지적하여 설명하여라.

> **정리** : x가 실수이면 x^2은 음의 실수가 아니다.
>
> **증명** : p_1을 "x는 양수이다.", p_2을 "x는 음수이다.", q을 "x^2은 양수이다."라고 하자. x를 양수라 하면 두 양수의 곱은 양수이므로 명제 $p_1 \rightarrow q$는 참이다. x를 음수라 하면 두 음수의 곱은 양수이므로 명제 $p_2 \rightarrow q$는 참이다. 따라서 x^2은 음의 실수가 아니다.

12 임의의 홀수의 제곱은 어떤 정수 m에 대하여 $8m+1$의 형태로 표현됨을 사례증명법으로 보여라.

13 모든 정수 a, b에 대하여 만약 b가 a로 나누어지고, a가 b로 나누어지면 $a=b$가 되는가? 이유를 설명하여라.

14 다음을 증명하여라.

(1) 모든 실수 x와 모든 정수 m에 대해 $\lfloor x+m \rfloor = \lfloor x \rfloor + m$이다.

(2) 임의의 정수 n에 대해

$$\left\lfloor \frac{n}{2} \right\rfloor = \begin{cases} \dfrac{n}{2}, & (n\text{이 짝수}) \\ \dfrac{n-1}{2}, & (n\text{이 홀수}) \end{cases}$$

임을 보여라.

(3) n이 음이 아닌 정수이고, d는 양의 정수일 때

$$q = \left\lfloor \frac{n}{d} \right\rfloor \text{ 이고 } r = n - d\left\lfloor \frac{n}{d} \right\rfloor \text{ 이면 } n = dq + r\ ,\ 0 \le r < d$$

임을 증명하여라.

15 (1) 연속되는 22일 중에 적어도 4일은 같은 요일이 됨을 증명하여라.

(2) 반지름이 1인 원의 내부에 있는 4개의 점들 가운데 적어도 두 개는 거리가 $\sqrt{2}$보다 작음을 증명하여라.

16 자명한 증명법을 이용하여 다음 명제들이 참임을 증명하여라.

(1) p가 2보다 큰 짝수인 소수라면 $p > 2^{100} + 1$이다.

(2) 방정식 $x^2 - 2 = 0$의 유리수 해는 정수이다.

(3) 집합 A, B에 대해 $A \cap B = \phi$이면 $\phi \subseteq A$이다.

(4) 실수 x에 대해 $|x|$가 음수이면 x^3은 음수이다.

17 $a \neq 0$, $b \neq 0$, c가 정수이고 $a \mid b$이며 $b \mid c$이면 $a \mid c$가 됨을 직접증명법으로 증명하여라.

18 다음의 명제를 사례증명법으로 증명하여라.

(1) n이 정수이면 n^3-n은 짝수이다.

(2) n이 정수이면 n^2+n은 짝수이다.

(3) 실수 a, b에 대하여 $\max(a, b)$와 $\min(a, b)$를 a와 b의 최대와 최소라 할 때,

$$\max(a, b)+\min(a, b)=(a+b)$$

(4) 실수 x, y, z에 대하여

$$\max(\max(x, y), z)=\max(\max(x, z), y)$$

(5) x, y가 $x \mid y$인 양의 정수라면, $\gcd(x, y)$, $\operatorname{lcm}(x, y)$를 x, y의 최대공약수와 최소공배수라 할 때

$$\max(\gcd(x, y), y)=\max(x, \operatorname{lcm}(x, y))$$

19 다음의 명제를 존재성의 증명법에 의해 증명하여라.

(1) $x<y$인 실수 x, y에 대해 $x<z<y$인 실수 z가 존재한다.

(2) $A\cap B=\phi$이고 $A\cup B=\mathbb{Z}$ (정수집합)이 되는 정수의 부분집합 A와 B가 존재한다.

(3) 유리수 $\frac{q}{p}$에 대해 $\frac{q}{p}<n$인 정수 n이 존재한다.

(4) r^s이 양의 정수이고 s^r이 음의 정수가 되는 유리수 r와 s가 존재한다.

(5) n이 양의 정수이면 $n<p$인 소수 p가 존재한다(nonconstructive proof).

(6) $A\subseteq B$, $|A| \neq |B|$인 유한집합 A와 B에 대하여 $x\in B-A$인 원소 x가 존재한다(nonconstructive proof).

20 모든 양의 정수는 2의 서로 다른 지수들의 거듭제곱의 합으로 표현됨을 보여라. 예를 들어, $7=2^2+2^1+2^0$, $11=2^3+2^1+2^0$이다.

21 $|r|<1$인 실수에 대해

$$\sum_{i=0}^{\infty} r^i=\frac{1}{1-r}$$

을 증명하여라.

도움말

$\sum_{i=0}^{n} r^i = \frac{1-r^{n+1}}{1-r}$, $r \neq 1$을 수학적 귀납법에 의해 증명하고 급수의 극한값을 구한다.

22 자연수 n에 대하여 다음의 부등식을 증명하여라.

$$\frac{2n+1}{2n+2} \leq \frac{\sqrt{n+1}}{\sqrt{n+2}}$$

23 모든 정수 n은 $5 \cdot a + 7 \cdot b$의 꼴로 쓸 수 있음을 수학적 귀납법으로 증명하여라. 단 a, b는 정수이다.

24 집합 S가 다음과 같이

(1) 초기조건 : $0, 1 \in S$

(2) 재귀함수 : $x, y \in S$이면 $x+y \in S$이다.

재귀적으로 정의되면 S는 자연수의 집합 N, 즉 $S = \mathrm{N}$임을 보여라.

25 집합 $\mathrm{N} \times \mathrm{N}$의 부분집합 S를 다음과 같이 재귀적으로 정의하자.

(1) 초기조건 : $(0, 0) \in S$

(2) 재귀함수 : $(m, n) \in S$ 이면 $(m+2, n+3) \in S$이다.

만약 $(m, n) \in S$ 이면 $m + n$은 5의 배수임을 보여라.

26 집합 S를 다음과 같이

(1) 초기조건 : $1 \in S$

(2) 재귀함수 : $x \in S$ 이면 $2 \cdot x \in S$이다.

재귀적으로 정의할 때 집합 $S = \{2^n | n \geq 0\}$임을 보여라.

27 함수 $f : \mathbb{N} \to \mathbb{R}$ 를 다음과 같이

(1) 초기조건 : $f(0)=0$

(2) 재귀함수 : $f(n+1)=f(n)+(n+1)$, $n \geq 0$

재귀적으로 정의하면 $f(n)=\dfrac{n(n+1)}{2}$, $n \geq 0$임을 보여라.

28 함수 $f : \mathbb{N} \to \mathbb{R}$ 를 다음과 같이

(1) 초기조건 : $f(0)=0$

(2) 재귀함수 : $f(n+1)=f(n)+(2n+1)$, $n \geq 0$

재귀적으로 정의하면 $f(n)=n^2$, $n \geq 0$임을 보여라.

29 함수 $f : A \to A$ 에 대하여 함수 f^n 다음과 같이 재귀적으로 정의할 때

(1) 초기조건 : $f^1 = f$

(2) 재귀함수 : $f^{n+1} = f \circ f^n$, $n \geq 1$

f 가 단사함수(injective)이면 f^n, $n \geq 1$도 단사함수임을 보여라. 또

f 가 전사함수(surjective)이면 f^n, $n \geq 1$도 전사함수임을 보여라.

30 명제 $p(n)$ "$1 \leq j \leq n$인 모든 양의 정수 j는 같다."를 수학적귀납법으로 참인지를 증명하고자 한다. (i) $p(1)$는 참이다. (ii) $1 \leq k$인 k에 대하여 $p(k)$가 참이라고 가정하자. 양의 정수 $p, q \leq k+1$ 이라면 가정에 의하여 $p-1=q-1$이므로 $p=q$이다. 따라서 수학적귀납법의 원리에 의해 명제 $p(n)$은 참이다!! 이와 같은 증명에서 무엇이 잘못되었는가?

31 3계의 선형 재귀식

$$f_k = f_{k-1} + 2f_{k-2} + f_{k-3}, \; k \geq 3, \; f_0 = 1, f_1 = 2, f_2 = 4$$

를 만족하는 모든 f_k의 상한계를 구하고자 한다. 모든 $k \geq 0$에 대해$f_k \leq 2.2^k$가 됨을 보여라.

32 (1) 아래의 그림 1.4.1처럼 정수를 격자점으로 하는 다음의 모눈종이 위의 임의의 5개의 격자점 중에 어떤 2개의 중점은 반드시 모눈종이의 격자점이 됨을 보여라.

(2) 위의 (1)에서 임의의 4개의 점에 대해서는 성립하지 않음을 보여라.

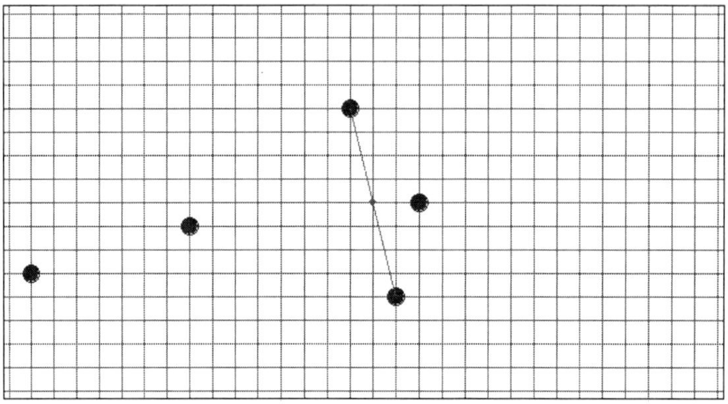

그림 1.4.1

제 2 장
정수와 암호

2.1 정수(Integers)

2.2 소수(Prime numbers)

2.3 암호 기술(Cryptography)

2.1 | 정수(Integers)

이 절에서는 알고리즘, 경우의 수 세기, 암호 기술, 그래프이론 등 이산수학에서 다루는 많은 내용을 이해하는 데 필요한 정수에 관련된 성질과 연산, 이항계수와 파스칼의 삼각형, 피보나치의 수 등을 알아본다.

2.1.1 정수와 연산

정수(Integers)는 집합 $\mathbb{Z} = \{..., -2, -1, 0, 1, 2, ...\}$을 의미하며 음이 아닌 정수를 자연수(Natural numbers)라 하며 집합 $\mathbb{N} = \{0, 1, 2, ...\}$로 표기한다. 정수와 0이 아닌 정수의 비율의 모든 집합을 유리수(rational numbers)라고 하며 $\mathbb{Q}$로 표기한다. 유리수가 아닌 모든 실수($\mathbb{R}$)의 집합을 무리수(irrational numbers)라고 하며 $\mathbb{R} - \mathbb{Q}$로 표기한다.

정수의 집합은 독특한 성질을 갖는 많은 부분 집합들을 갖고 있다. 짝수와 홀수, 소수, 약수와 배수 등과 같은 일반적인 성질을 나타낸 이름의 집합뿐 아니라 피보나치, 페르마, 메르센 등과 같이 그 특수한 정수 집합을 발견한 사람의 이름으로 지어 부르는 집합들이 있다. 이 책의 수준에서 사용되는 정수의 특수한 성질을 갖는 부분집합들을 알아보고 활용하도록 한다.

예제 2.1.1

정수 집합은 정수 2로 인하여 두 개의 부분집합으로 나누어진다. 2로 나누어떨어지는 집합은 짝수(even) 집합이며 짝수 집합은 모든 정수에 2를 곱해서 만들어진 집합이다. 그래서 짝수 집합을 $2\mathbb{Z}$로 표기하며 짝수 n은 $n = 2t,\ t \in \mathbb{Z}$로 표현할 수 있다. 홀수 집합은 짝수가 아닌 정수 집합으로 2로 나눌 때 나머지가 1이 되는 집합이며 $2\mathbb{Z} + 1$로 표기하고 홀수 n은 $n = 2t + 1,\ t \in \mathbb{Z}$로 표현할 수 있다. 짝수와 홀수는 곱셈에 관하여 아래와 같은 닫힌 성질을 갖고 있다.

(1) m, n이 모두 홀수 $\leftrightarrow$ mn이 홀수

(2) m이 홀수(짝수) $\leftrightarrow$ m^k이 홀수(짝수), $k \geq 1$

풀이 (1) m, n이 모두 홀수이면 $m=2i+1,\ n=2j+1,\ i,j\in\mathbb{Z}$로 표현되고 $mn=(2i+1)(2j+1)=2(2ij+i+j)+1,\ (2ij+i+j)\in\mathbb{Z}$이므로 mn은 홀수이다. 역의 명제 mn이 홀수이면 m,n이 모두 홀수임을 보이기 위해 그 대우명제를 증명하면 된다. 즉, m 또는 n이 짝수이면 mn이 짝수임을 보인다. m이 짝수라면 $m=2j,\ j\in\mathbb{Z}$로 나타내고 $mn=2jn,\ jn\in\mathbb{Z}$이므로 mn은 짝수이다. n이 짝수인 경우도 마찬가지로 mn은 짝수이다.

(2) (1)에 의해 m과 m^{k-1}이 홀수임은 $m^k=m^{k-1}m$이 홀수임과 필요충분조건으로 성립하므로 수학적귀납법의 원리에 의해 증명된다. ■

위의 필요충분조건 (1)은 그 부정명제와도 동치이므로 다음의 필요충분조건이 성립한다.

$$m \text{ 또는 } n \text{ 중 하나가 짝수} \leftrightarrow mn\text{이 짝수}$$

또한 덧셈에 관해서는 필요충분조건 명제

$$m \text{ 또는 } n \text{ 중 하나가 짝수, 다른 하나는 홀수} \leftrightarrow m+n\text{이 홀수}$$

가 참이 된다(연습문제 참조).

위의 예제에서 정수 집합을 2로 나눈 나머지가 0인 부분집합과 1이 되는 정수의 부분집합으로 나눌 수 있는 것과 같이 일반적으로 정수 집합은 모든 정수를 정수 $d>0$로 나눈 나머지가 $0, 1, \ldots, d-1$이 되는 정수들로 분류하면 d개의 부분집합

$$d\mathbb{Z},\quad d\mathbb{Z}+1,\quad d\mathbb{Z}+2,\quad \ldots,\quad d\mathbb{Z}+(d-1)$$

으로 분할된다. 이때 각 부분집합 $d\mathbb{Z}+j=\{dn+j \mid n\in\mathbb{Z}\},\ j=0,1,2,\ldots,d-1$를 **법$d$의 잉여계(residue class modulo d)**라 한다. 따라서 모든 정수는 하나의 잉여계에 속한다. 정수 x, y가 같은 잉여계에 속하면 x, y는 d로 나눈 나머지가 같으며 이때를 $\boldsymbol{x=y\,(\mathrm{mod}\ d)}$, $\boldsymbol{x\equiv y\,(\mathrm{mod}\ d)}$, 또는 $\boldsymbol{x=\mathrm{mod}(y,d)}$로 나타낸다. 또한 $x-y$는 d로 나누어지게 되므로 다음의 관계가 있음을 쉽게 알 수 있다.

$$x=y\,(\mathrm{mod}\ d) \quad\leftrightarrow\quad (x-y)=kd\,,\ k:\text{정수}$$

$x=y\,(\mathrm{mod}\ d)$는 다음과 같이 나눗셈을 제외한 덧셈, 뺄셈, 나눗셈에서 등식처럼 연산이 된다.

정리 2.1.1 **mod 연산**

$x = y \pmod d$, $x' = y' \pmod d$이면

(1) $x + x' = y + y' \pmod d$ (2) $x - x' = y - y' \pmod d$

(3) $x x' = y y' \pmod d$

증명 (1) $x = y \pmod d$, $x' = y' \pmod d$이면 $(x-y) = kd$, $(x'-y') = k'd$, k, k' : 정수이고, $(x-y)+(x'-y') = (x+x')-(y+y') = (k+k')d$ 이므로 $x + x' = y + y' \pmod d$이다. $x - x' = y - y' \pmod d$의 증명도 유사하게 할 수 있다.

(3) $(x-y) = kd$, $(x'-y') = k'd$, k, k' : 정수로부터 두 식의 양변에 y'과 x를 각각 곱하면 $y'(x-y) = ky'd$이고 $x(x'-y') = k'xd$이 된다. 이 두 식을 합하면 $xx' - yy' = (k'x + ky')d$이므로 $x x' = y y' \pmod d$이다. ■

위의 정리에서 $6 = 2 \pmod 4$, $2 = 2 \pmod 4$ 이지만 $6/2 \neq 2/2 \pmod 4$이므로 나눗셈 $x/y = x'/y' \pmod d$은 항상 성립하는 것이 아니다.

예제 2.1.2

(1) $N = 113 \times (167 + 484) + 192 \times 145$일 때 $\mathrm{mod}(N, 21)$을 구하여라.

(2) $x \in d\mathbb{Z} + 1$이면 즉, $x = 1 \pmod d$이면, 모든 자연수 $n \in \mathrm{N}$에 대하여 $x^n = 1 \pmod d$임을 보여라.

풀이 (1) $113 = 8 \pmod{21}$, $167 = 20 = -1 \pmod{21}$, $484 = 1 \pmod{21}$, $192 = 3 \pmod{21}$, $145 = 19 = -2 \pmod{21}$이므로 정리 2.1.1에 의해 $N = 8 \times (-1+1) + 3 \times (-2) = -6 \pmod{21}$이다. 따라서 $N = -6 = 15 \pmod{21}$이다. 즉 N을 21로 나눈 나머지는 15이다. $\mathrm{mod}(N, 21) = 15$이다.

(2) $n = 0$일 때 $x^0 = 1$이므로 $x^0 = 1 \pmod d$이다. 또한 $n = 1$일 때 $x^1 = x$이므로 $x^1 = 1 \pmod d$이다. 수학적 귀납법에 의해 $x^{n-1} = 1 \pmod d$이라 가정하면 정리 2.1.1에 의해 $x^n = x^{n-1}x = 1 \cdot 1 = 1 \pmod d$이다. ■

컴퓨터 과학에서 실행시간, 입력크기, 메모리 블록의 수 등 많은 기본 개념들은 정수의 식으로 표현되지만 실수 값을 갖는 함수들로 분석되는 경우가 많다. 이런 경우에는 원래

문제의 성질과 의미를 내포할 수 있도록 실수를 정수로 변환하는 연산 함수 즉, 바닥(floor)함수와 천정(ceiling)함수를 이용한다.

실수 x의 **바닥 함수(floor function**; 버림함수, 내림함수, 가우스함수)의 값 $\lfloor x \rfloor$ 는 x보다 작거나 같은 최대의 정수이며, 실수 x의 **천정 함수(ceiling function**; 올림함수)의 값 $\lceil x \rceil$ 는 x보다 크거나 같은 최소의 정수이다. 이때 모든 실수 $x=n+f$, n은 정수부분, f는 소수부분 $(-1<f<1)$일 때

$$\lfloor x \rfloor = \lfloor n+f \rfloor = n+\lfloor f \rfloor$$
$$\lceil x \rceil = \lceil n+f \rceil = n+\lceil f \rceil$$

이며

$$\forall n \in \mathbb{Z},\ \forall x \in \mathbb{R},\ \lfloor n+x \rfloor = n+\lfloor x \rfloor$$
$$\forall n \in \mathbb{Z},\ \forall x \in \mathbb{R},\ \lceil n+x \rceil = n+\lceil x \rceil$$
$$\lceil x \rceil = -\lfloor -x \rfloor,\quad \lfloor x \rfloor = -\lceil -x \rceil$$

이 된다.

예제 2.1.3

$$\lfloor 3.7 \rfloor = 3,\ \lfloor 4 \rfloor = 4,\ \lfloor -3.7 \rfloor = -4$$
$$\lceil 3.7 \rceil = 4,\ \lceil 4 \rceil = 4,\ \lceil -3.7 \rceil = -3$$
$$\lfloor 5.6 \rfloor = 5+\lfloor 0.6 \rfloor = 5+0=5$$
$$\lceil -4.7 \rceil = -5+\lceil 0.3 \rceil = -5+1=-4 \quad \text{또는}$$
$$\lceil -4.7 \rceil = -4+\lceil -0.7 \rceil = -4+0=-4$$

■

2.1.2 파스칼의 삼각형(Pascal's triangle)

연속된 정수들의 곱셈과 나눗셈은 제1장에서 정의한 재귀 함수인 팩토리얼 함수 $n!$을 이용하여 아래의 예제와 같이 표현할 수 있다.

예제 2.1.4

(1) $$n(n-1)\cdots(n-r+1)=\frac{n(n-1)(n-2)\cdots 2\cdot 1}{(n-r)(n-r-1)\cdots 2\cdot 1}$$
$$=\frac{n!}{(n-r)!}$$

(2) $$\frac{n(n-1)\cdots(n-r+1)}{1\cdot 2\cdot \cdots (r-1)r}=n(n-1)\cdots(n-r+1)\cdot\frac{1}{r!}$$
$$=\frac{n!}{r!(n-r)!},\quad 1\le r\le n$$ ■

한편 $0!=1$이므로 $r=0$인 경우를 포함하여 두 개의 양의 정수 n, $r\,(0\le r\le n)$에 대하여 기호 $\binom{n}{r}$을 다음과 같이 정의하고 '${}_nC_r$'이라고 읽는다.

정의 2.1.1

두 개의 양의 정수 n, $r\,(0\le r\le n)$에 대하여

$$\binom{n}{r}=\frac{n!}{r!(n-r)!} \tag{2.1.1}$$

와 같이 정의하며, 이 기호의 값은 두 개 항의 거듭제곱 $(a+b)^n$을 전개한 식의 각 항의 계수가 되므로(정리 2.1.2), $\binom{n}{r}$을 **이항계수(binomial coefficient)**라고 한다. 또한 $r<0$ 또는 $r>n$인 경우에 $\binom{n}{r}=0$으로 정의하여 넓은 의미로 사용하기도 한다.

기호 $\binom{n}{r}$의 정의에 의하면

$$\binom{n}{n-r}=\frac{n!}{(n-r)!(n-(n-r))!}=\frac{n!}{(n-r)!r!}=\binom{n}{r} \tag{2.1.2}$$

이 된다.

예제 2.1.5

$\binom{n+1}{r} = \binom{n}{r-1} + \binom{n}{r}$을 보여라.

풀이
$$\binom{n}{r-1} + \binom{n}{r} = \frac{n!}{(r-1)!\,(n-r+1)!} + \frac{n!}{r!\,(n-r)!}$$
$$= \frac{r \cdot n! + (n-r+1) \cdot n!}{r!\,(n-r+1)!}$$
$$= \frac{(n+1) \cdot n!}{r!\ (n-r+1)!} = \frac{(n+1)!}{r!\ (n-r+1)!} = \binom{n+1}{r}$$
■

정리 2.1.2 **이항정리(binomial theorem)**

임의 상수 a, b와 자연수 n에 대하여 다음의 등식이 성립한다.

$$(a+b)^n = \sum_{k=0}^{n} \binom{n}{k} a^{n-k} b^k$$

증명 n에 관하여 수학적 귀납법으로 증명하자.

$n=1$이면

$$\binom{1}{0} = \frac{1!}{(1-0)!0!} = 1, \quad \binom{1}{1} = \frac{1!}{(1-1)!1!} = 1$$

이므로 등식이 성립한다. $n-1$일 때 등식

$$(a+b)^{n-1} = \sum_{k=0}^{n-1} \binom{n-1}{k} a^{n-k-1} b^k$$

가 성립한다고 가정하면, 이항계수의 정의와 예제 2.1.5에 의하여

$$(a+b)^n = (a+b)^{n-1}(a+b) = (a+b)\sum_{k=0}^{n-1} \binom{n-1}{k} a^{n-k-1} b^k$$
$$= \binom{n-1}{0} a^n b^0 + \sum_{k=1}^{n-1} \binom{n-1}{k} a^{n-k} b^k$$
$$+ \sum_{k=0}^{n-2} \binom{n-1}{k} a^{n-k-1} b^{k+1} + \binom{n-1}{n-1} a^0 b^n$$

$$= \binom{n-1}{0}a^n b^0 + \sum_{k=1}^{n-1}\left(\binom{n-1}{k} + \binom{n-1}{k-1}\right)\ a^{n-k}b^k + \binom{n-1}{n-1}a^0\ b^n$$

$$= \binom{n}{0}a^n b^0 + \sum_{k=1}^{n-1}\binom{n}{k}\ a^{n-k}b^k \quad + \binom{n}{n}a^0\ b^n$$

$$= \sum_{k=0}^{n}\binom{n}{k}\ a^{n-k}\ b^k$$

가 되므로 등식이 성립한다. ■

위의 정리에서 n에 따라서 각 항의 계수를 아래의 그림 2.1.1과 그림 2.1.2와 같이 정리하면 삼각형의 모양으로 이항계수가 배열된다. 이 삼각형을 **파스칼의 삼각형(Pascal's triangle)**이라고 부른다. 그림에서 표시한 것과 같이 파스칼의 삼각형의 각 행의 처음과 끝 수를 제외한 모든 수는 하나 위의 행의 바로 위쪽 연속된 두 수의 합과 같은 성질을 갖고 있다. 이 성질은 예제 2.1.5로부터 나온 이항계수의 중요한 성질이기도 하다.

$$\begin{aligned}
(a+b)^0 &= 1 \\
(a+b)^1 &= a+b \\
(a+b)^2 &= a^2 + 2ab + b^2 \\
(a+b)^3 &= a^3 + 3a^2b + 3ab^2 + b^3 \\
(a+b)^4 &= a^4 + 4a^3b + 6a^2b^2 + 4ab^3 + b^4 \\
(a+b)^5 &= a^5 + 5a^4b + 10a^3b^2 + 10a^2b^3 + 5ab^4 + b^5 \\
(a+b)^6 &= a^6 + 6a^5b + 15a^4b^2 + 20a^3b^3 + 16a^2b^4 + 6ab^5 + b^6
\end{aligned}$$

1
1 1
1 2 1
1 3 3 1
1 4 6 4 1
1 5 10 10 5 1
1 6 15 20 15 6 1

그림 2.1.1 파스칼의 삼각형

$$\binom{0}{0}$$
$$\binom{1}{0}\quad\binom{1}{1}$$
$$\binom{2}{0}\quad\binom{2}{1}\quad\binom{2}{2}$$
$$\binom{3}{0}\quad\binom{3}{1}\quad\binom{3}{2}\quad\binom{3}{3}$$
$$\binom{4}{0}\quad\binom{4}{1}\quad\binom{4}{2}\quad\binom{4}{3}\quad\binom{4}{4}$$
$$\binom{5}{0}\quad\binom{5}{1}\quad\binom{5}{2}\quad\binom{5}{3}\quad\binom{5}{4}\quad\binom{5}{5}$$

그림 2.1.2 파스칼의 삼각형

파스칼의 삼각형에 나타나는 수들은 많은 흥미로운 관계식을 제공해 준다. 예를 들어, 삼각형의 각 행의 합은 2^n이며(연습문제 2.1의 4 참조), 삼각형의 각 행의 수의 제곱의 합을 계산해보면

$$1^2 = 1$$
$$1^2 + 1^2 = 2$$
$$1^2 + 2^2 + 1^2 = 6$$
$$1^2 + 3^2 + 3^2 + 1^2 = 20$$
$$1^2 + 4^2 + 6^2 + 4^2 + 1^2 = 70$$

이고, 이 값들은 파스칼의 삼각형의 중간 열의 수, 즉 각 n행의 제곱의 합은 $2n$행의 중간값 $\binom{2n}{n}$이 됨을 알 수 있다. 따라서 다음과 같은 등식을 추정할 수 있다.

예제 2.1.6

$$\binom{n}{0}^2 + \binom{n}{1}^2 + \binom{n}{2}^2 + \binom{n}{3}^2 + \cdots + \binom{n}{n}^2 = \binom{2n}{n} \tag{2.1.3}$$

위의 등식은 이항정리를 이용하여 증명할 수 있다. 즉 등식의 오른쪽은 식 $(a+b)^{2n}$을 전개할 때 $a^n b^n$의 계수이며, 왼쪽은 같은 식 $(a+b)^n (a+b)^n$을 전개할 때 나타나는 $a^n b^n$의 계수이므로 양변이 같음을 보일 수 있다. ■

파스칼 삼각형의 대각선 원소들 간의 관계식도 추정할 수 있다. 즉 모든 행의 마지막 성분부터 시작하여 왼쪽 아래의 대각선 방향의 원소들의 합은 그 다음 아래의 대각선 성분과 관계가 있다. 다음의 그림 2.1.3에서 파스칼의 삼각형에 대각선을 그어 규칙성을 찾으려고 한다.

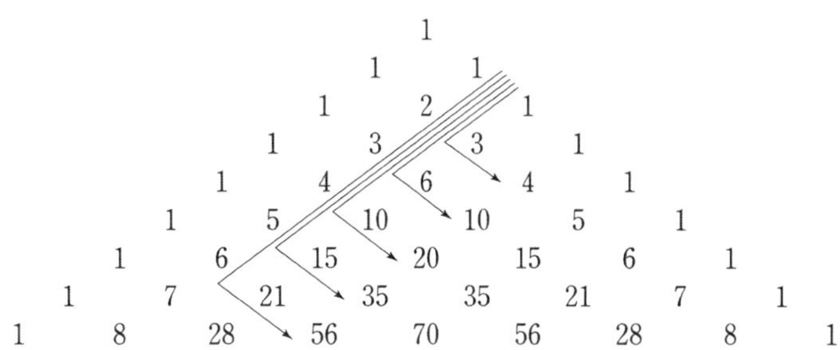

그림 2.1.3

대각선의 각 행의 끝 원소에서 출발하여 왼쪽 아래 방향의 대각선의 원소들의 합은 그 다음 대각선의 원소와 같음을 알 수 있다. 예를 들어, 제3행 마지막 성분에서 시작한 대각선의 각 성분까지의 합은 $1=1$, $1+3=4$, $1+3+6=10$, $1+3+6+10=20$으로 파스칼 삼각형의 그 다음 아래 대각선 성분과 같은 관계를 갖는다. 따라서 삼각형 내의 이항계수들의 이러한 관계를 일반식으로 표현하여 다음과 같이 추정하고 증명할 수 있다.

예제 2.1.7

$$\binom{n}{0}+\binom{n+1}{1}+\binom{n+2}{2}+\ \cdots\ +\binom{n+k}{k}=\binom{n+k+1}{k} \tag{2.1.4}$$

와 같다. 이 증명은 k에 대해서 수학적 귀납법을 적용하고, 예제 2.1.5를 이용하여 보일 수 있다(연습문제 2.1의 5 참조.). ■

파스칼의 삼각형의 각 행의 연속된 원소의 비를 계산해보면

$$\frac{\binom{n}{k}}{\binom{n}{k+1}}=\frac{k+1}{n-k}\begin{cases}<1 & : k<(n-1)/2\\ =1 & : k=(n-1)/2\\ >1 & : k>(n-1)/2\end{cases} \tag{2.1.5}$$

이다. 즉, 파스칼 삼각형의 각 행은 처음에 1로 시작하여 점점 증가하면서 행의 중간 원소가 최댓값을 갖고(행의 원소의 개수가 홀수이면 중간 1개, 짝수이면 중간 2개가 최댓값을 갖고) 다시 점점 감소하여 1로 끝남을 나타내고 있다.

따라서 n이 짝수인 각 행의 원소 중 가장 큰 값은 $\binom{n}{n/2}$이고 이 값은 그 행의 합 2^n (연습문제 2.1의 4 참조)보다 작으며, 행의 평균값보다 크다. 즉,

$$\frac{2^n}{n+1}<\binom{n}{n/2}<2^n \tag{2.1.6}$$

의 관계가 있음을 알 수 있다. 이 관계식으로 이항계수의 크기를 추정할 수도 있다. 예를 들어 $n=500$일 때 직접 계산하기 힘든 이항계수 $\binom{500}{250}$의 자리수를 알아보기 위해 위의 식에 $n=500$을 대입하고 log를 취해보면 약 150자리의 수가 된다. 또한 좀 더 정확한 $\binom{n}{n/2}$의 근삿값을 구하기 위해서는 스털링의 공식 $n!\approx\left(\frac{n}{e}\right)^n\sqrt{2\pi n}$을 사용하면

$$\binom{n}{n/2}=\frac{n!}{((n/2)!)^2}\approx\frac{\left(\frac{n}{e}\right)^n\sqrt{2\pi n}}{\left(\left(\frac{n}{2e}\right)^{n/2}\sqrt{\pi n}\right)^2}=\frac{2^n\sqrt{2}}{\sqrt{\pi n}}$$

와 같이 추정할 수 있다.

파스칼의 삼각형의 모든 행에서 원소들은 중앙에 얼마나 집중되어 있는지 또는 중앙에서 양쪽으로 얼마나 빨리 감소하는지 조사할 수 있다. $n=2m$이라고 가정하고, 중간값 $\binom{2m}{m}$과 $\binom{2m}{m-t}$, $0 \le t \le m$의 값을 비교하기 위해 식 (2.1.6)을 이용하면

$$\frac{\binom{2m}{m}}{\binom{2m}{m-t}} = \frac{(m+1)(m+2)\cdots(m+t)}{m(m-1)\cdots(m-t+1)} \tag{2.1.7}$$

$$= \frac{m+t}{m} \cdot \frac{m+t-1}{m-1} \cdot \cdots \cdot \frac{m+1}{m-t+1}$$

$$= \left(1+\frac{t}{m}\right)\left(1+\frac{t}{m-1}\right)\cdots\left(1+\frac{t}{m-t+1}\right)$$

$$\ge \left(1+\frac{t}{m}\right)^t$$

$$= 1+\binom{t}{1}\frac{t}{m}+\binom{t}{2}\left(\frac{t}{m}\right)^2+\cdots$$

$$> 1+\binom{t}{1}\frac{t}{m} = 1+\frac{t^2}{m} \tag{2.1.8}$$

이다. 위의 식 (2.1.8)에서 $t \ge \lceil \sqrt{m} \rceil$ (즉, $t^2 \ge m$)이라면

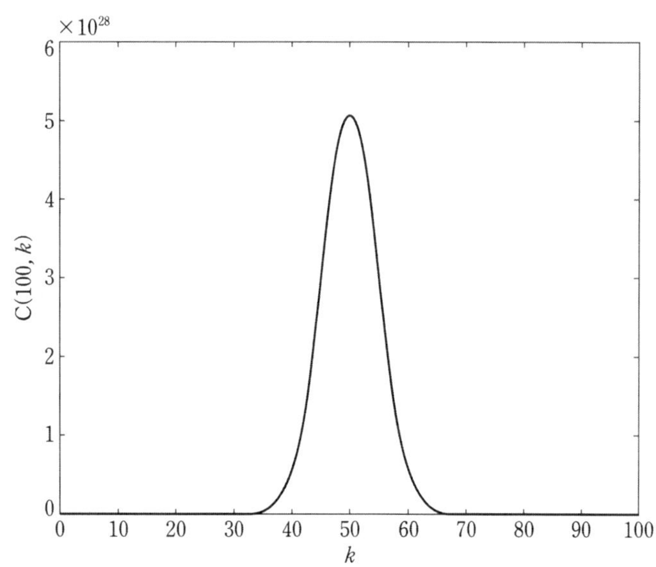

그림 2.1.4 파스칼 삼각형의 제100행

$$\binom{2m}{m-\lceil\sqrt{m}\rceil} < \frac{\binom{2m}{m}}{\left(1+\frac{t^2}{m}\right)} < \frac{1}{2}\binom{2m}{m}$$

이다. 예를 들어 $n=2m=1000$이면 $\lceil\sqrt{500}\rceil = \lceil 22.36\cdots\rceil = 23$이므로 $\binom{1000}{477}$이 중간값 $\binom{1000}{500}$의 절반보다 작음을 알 수 있다. 즉, 파스칼 삼각형의 각 행의 그림 2.1.4와 같이 중앙에서 양쪽으로 급히 하강하고 있음을 알 수 있다.

또한 아래의 관계식(연습문제 2.1의 8 참조)

$$\binom{2m}{0}+\binom{2m}{1}+\ \cdots\ +\binom{2m}{m-t-1} < \frac{1}{2k}2^{2m},\ \ 0\le k\le m,\ \ t=\lceil\sqrt{km}\rceil$$

으로부터 $k=100,\ m=500,\ t=\lceil\sqrt{km}\rceil = \lceil 223.6\rceil = 224$이므로 $2m$행에서 위의 부등식 왼쪽의 합은 아래와 같이 $2m$행의 총합의 0.5%보다 작다.

$$\sum_{i=0}^{275}\binom{1000}{i} < \frac{1}{200}2^{2m}$$

즉, 파스칼 삼각형의 대칭성으로 $2m$행의 양쪽 끝 각 276개 성분을 제외한 중앙의 $1000-2(276)=448$개의 성분의 합이 행 전체의 합의 99%를 차지한다.

2.1.3 피보나치 수(Fibonacci numbers)

13세기에 이탈리아 수학자 레오나르드 피보나치(Leonardo Fibonacci)가 다음과 같은 문제를 제시하였다.

정원에 한 쌍의 새끼토끼가 있다. 이 토끼들은 한 달이 지나면 성숙하게 되고, 그 다음 한 달이 지나면 한 쌍의 토끼를 낳을 수 있으며, 계속 한 달마다 한 쌍의 토끼를 낳는다. 한편, 새로 태어난 한 쌍의 토끼도 두 달째부터는 매달 한 쌍의 토끼를 낳을 수 있다. 그렇다면 1년 뒤 그 정원 안에는 몇 쌍의 토끼들이 있게 되는가? (단, 토끼들은 죽지 않는다고 가정하자.)

그림 2.1.5

다음의 그림 2.1.6에서와 같이 매월 차례대로 토끼 쌍의 수를 세어 보면

$$1, 1, 2, 3, 5, 8, 13, 21, 34, 55, 89, 144, 233$$

으로 늘어나 12개월이 지나면 정원에는 233쌍의 토끼들이 있게 된다.

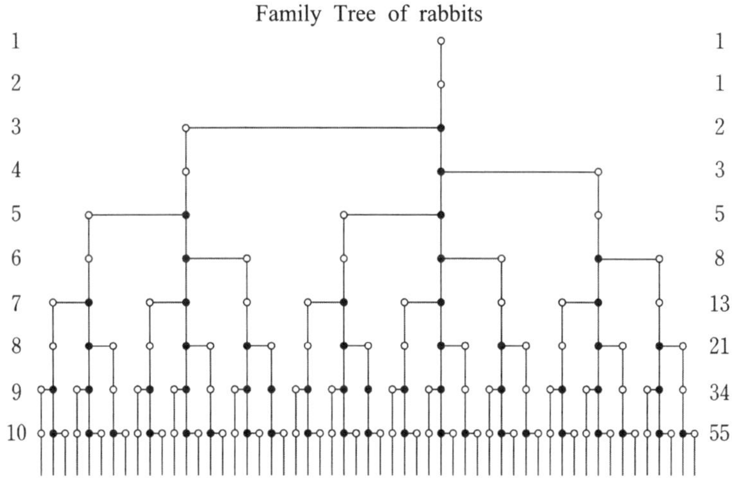

그림 2.1.6 토끼의 가계도와 수

위에서 나타난 수들의 규칙성을 조사하면 선행하는 두 숫자의 합이 다음 항의 수치가 된다. 즉 n번째 되는 달의 토끼쌍의 수를 F_n이라고 하면 이 수들은 $n = 2, 3, 4, \cdots$에 대하여

$$F_{n+1} = F_n + F_{n-1}, \ F_1 = 1, \ F_2 = 1$$

의 관계를 가짐을 알 수 있다. 이 관계식에 $F_0 = 0$을 추가로 정의하여 생성되는 수 0, 1, 1, 2, 3, 5, 8, 13, 21, 34, 55, 89, 144, 233, 377, $\cdots$의 수들을 **피보나치 수**(Fibonacci numbers)라고 하고, 이 수열을 **피보나치 수열**(Fibonacci sequence)이라고 하며, 다음과 같

은 재귀 함수의 관계식으로 나타낸다.

$$F_{n+1} = F_n + F_{n-1},\ n \ge 1,\ F_0 = 0,\ F_1 = 1 \tag{2.1.9}$$

또한 이 수열 F_n은 제1장에서 정의한 바와 같이 수열 $\{x_n\}$이 $x_{n+1} = Ax_n + Bx_{n-1}$, $n \ge 1$, $A = B = 1$과 같이 재귀적으로 정의된 2계의 선형 동차 재귀식이다.

피보나치 수열은 2.1.2절에서 다룬 파스칼의 삼각형에서도 찾을 수가 있다(연습문제 2.1의 16 참조). 또한 그림 2.1.7에서와 같이 생장점에서 뻗어나간 나뭇가지(Achillea ptarmica)나 꽃잎의 수에서 피보나치 수를 찾을 수 있다. 식물 중에는 꽃잎 수가 피보나치 수를 이루는 경우가 많다. 백합과 아이리스는 3장, 애기미나리아재비와 야생장미는 5장, 참제비고깔은 8장, 시네라리아는 13장, 치커리는 21장, 질경이는 34장, 쑥부쟁이는 종류에 따라 55장 혹은 89장의 꽃잎을 갖고 있다.

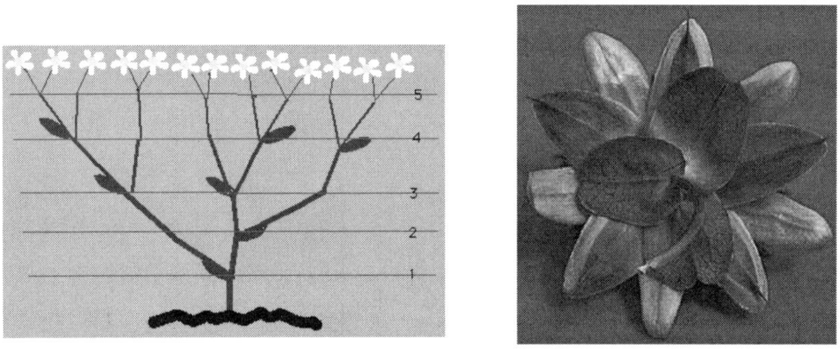

그림 2.1.7 나뭇가지와 꽃잎의 수와 피보나치 수

피보나치 수의 증가 속도는 연속된 두 수의 비율을 조사하면 된다. 즉, n이 무한히 커질 때 $\dfrac{F_n}{F_{n-1}}$이 가까이 가는 값을 조사해보면,

$$\frac{F_n}{F_{n-1}},\ n = 1,\ 2,\ 3,\ \cdots =$$

$$\frac{1}{1},\quad \frac{2}{1},\quad \frac{3}{2},\quad \frac{5}{3},\quad \frac{8}{5},\quad \frac{13}{8},\quad \frac{21}{13},$$

$$1,\quad 2,\quad 1.5,\quad 1.6666667,\quad 1.6000,\quad 1.62500,\quad 1.61538462$$

$$\frac{34}{21},\quad \frac{55}{34},\quad \frac{89}{55},\quad \frac{144}{89},\quad \frac{233}{144},\quad \cdots$$

$$1.61904762,\quad 1.61764706,\quad 1.6181818,\quad 1.61797753,\quad 1.61805556,\quad \cdots$$

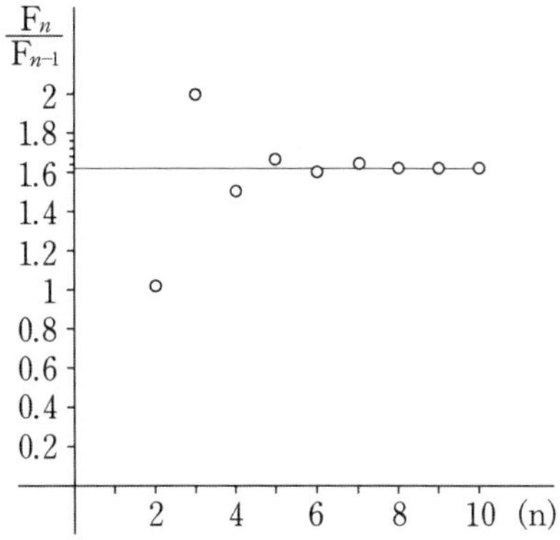

그림 2.1.8 피보나치 수열의 증가비율

와 같아 그 비율이 1.618에 매우 가까워지는 등비수열과 같이 보인다.

즉, 그림 2.1.8와 같이 n이 커지면 피보나치 수열 F_n의 n항과 $n+1$항의 비율은 $1:1.618$에 가까워진다.

따라서 제1장에서 공부한 바와 같이 피보나치 수열은 선형동차재귀방정식 $F_{n+1} = F_n + F_{n-1}$을 만족한다. 앞에서 배운 대로 이를 만족하는 등비수열 $A_n = cr^n$, $c \neq 0$, $r \neq 0$이 있는지 알아보자. 등비수열 $A_n = cr^n$을 피보나치 수열이 만족하는 같은 재귀방정식 $A_{n+1} = A_n + A_{n-1}$에 대입하면 $cr^{n+1} = cr^n + cr^{n-1}$이고, 이를 간단히 하면 이차 특성방정식 $r^2 = r+1$을 얻는다. 또한 이 방정식으로부터 두 근

$$r_1 = \frac{1+\sqrt{5}}{2} \approx 1.618034, \qquad r_2 = \frac{1-\sqrt{5}}{2} \approx -0.618034$$

즉, A_n의 공비를 얻는다. 따라서 피보나치 수열의 선형 재귀방정식을 만족하는 수열의 일반항은 $F_n = c_1\left(\frac{1+\sqrt{5}}{2}\right)^n + c_2\left(\frac{1-\sqrt{5}}{2}\right)^n$의 형태를 갖는다. 상수 c_1, c_2를 찾기 위해서 피보나치 수의 초기조건을 대입하면 다음 방정식을 얻는다.

$$c_1 + c_2 = 0, \quad \left(\frac{1+\sqrt{5}}{2}\right)c_1 + \left(\frac{1-\sqrt{5}}{2}\right)c_2 = 1$$

위 연립방정식은 해 $c_1 = \frac{1}{\sqrt{5}}$, $c_2 = -\frac{1}{\sqrt{5}}$를 갖고 피보나치 수 F_n은 다음의 정리에서처럼 표현된다.

정리 2.1.3

피보나치 수는 n에 관한 일반식

$$F_n = \frac{1}{\sqrt{5}}\left(\left(\frac{1+\sqrt{5}}{2}\right)^n - \left(\frac{1-\sqrt{5}}{2}\right)^n\right),\ n \geq 0$$

을 갖는다.

위의 정리에서 $\frac{1-\sqrt{5}}{2} \approx -0.618034$이므로 n이 무한히 커지면 F_n의 식의 $\frac{1}{\sqrt{5}}\left(\frac{1-\sqrt{5}}{2}\right)^n$은 0에 가까운 수가 된다. 따라서 피보나치 수열은 $F_n \approx \frac{1}{\sqrt{5}}\left(\frac{1+\sqrt{5}}{2}\right)^n = A_n$이 되는, 즉 $\frac{1}{\sqrt{5}}\left(\frac{1+\sqrt{5}}{2}\right)^n$에 가까운 등비수열이 된다. 이때 공비 $\frac{1+\sqrt{5}}{2}$를 **황금비**(golden ratio)라고 하며, 이 황금비는 수학의 많은 분야에서 활용되고 있다.

이 비율은 시각적으로 균형이 잡힌 감각을 부여하기 때문에 **황금분할** 또는 **황금률**(golden ratio)이라고도 한다. 증권분석가 엘리오트는 주가파동을 관찰한 결과 피보나치 수열 식에 의한 황금비에 따라 주가가 움직이고 있음을 발견하여 엘리오트 파동이론을 정립하기도 하였다.

2.1 연습문제

01 다음 명제가 참이면 증명을 하고, 거짓이면 반례(counter example)를 찾아 증명하여라.

(1) 모든 자연수 m, n에 대해

$$m \text{ 또는 } n \text{ 중 하나가 짝수, 다른 하나는 홀수} \leftrightarrow m+n\text{이 홀수}$$

(2) 두 정수의 곱이 홀수 ↔ 두 정수 중 적어도 하나는 홀수

(3) 모든 정수 m, n에 대해

$$m^3-n^3\text{이 짝수} \leftrightarrow m-n\text{이 짝수}$$

(4) 모든 정수 m, n에 대해

$$m^3-n^3\text{이 홀수} \leftrightarrow m-n\text{이 홀수}$$

(5) $\forall n \in \mathbb{Z}$, n^2+n+5는 홀수이다.

02 이항계수 $\binom{600}{300}$의 자리 수의 근사값을 식 (2.1.4)를 이용하여 구하고, 스털링(Stirling) 공식의 변환식 $\binom{n}{n/2} \approx \dfrac{2^n}{\sqrt{\pi n/2}}$을 이용하여 더 나은 근사값을 구하여라.

03 다음을 증명하여라.

(1) $\binom{n}{2}+\binom{n+1}{2}=n^2$

(2) $\binom{a}{b}\binom{b}{c}=\binom{a}{a-c}\binom{a-c}{b-c}$, $0<c\le b\le a$

04 다음을 증명하여라.

(1) $\binom{n}{0}+\binom{n}{1}+\binom{n}{2}+\binom{n}{3}+\cdots+\binom{n}{n}=2^n$

(2) $\binom{n}{0}-\binom{n}{1}+\binom{n}{2}-\binom{n}{3}+\cdots+(-1)^n\binom{n}{n}=0$

(3) $\binom{n}{0}-\binom{n}{1}+\binom{n}{2}-\binom{n}{3}+\cdots+(-1)^k\binom{n}{k}=(-1)^k\binom{n-1}{k}$,

단 $k \le n-1$.

(4) $\binom{n}{0}\binom{m}{k}+\binom{n}{1}\binom{m}{k-1}+\binom{n}{2}\binom{m}{k-2}+\cdots+\binom{n}{k-1}\binom{m}{1}+\binom{n}{k}\binom{m}{0}=\binom{n+m}{k}$,

단 $k \le \min(n, m)$.

05 (1) $\binom{n}{0}^2+\binom{n}{1}^2+\binom{n}{2}^2+\binom{n}{3}^2+\cdots+\binom{n}{n}^2=\binom{2n}{n}$ 을 증명하여라.

(2) $\binom{n}{0}+\binom{n+1}{1}+\binom{n+2}{2}+\cdots+\binom{n+k}{k}=\binom{n+k+1}{k}$를 증명하여라.

06 모든 정수 $t,\ 0 \le t \le m$에 대하여 식 (2.1.7)

$$\frac{\binom{2m}{m}}{\binom{2m}{m-t}}=\frac{(m+1)(m+2)\cdots(m+t)}{m(m-1)\cdots(m-t+1)}$$

을 증명하여라.

07 모든 정수 $t,\ s,\ 0 \le t,\ s \le m,\ t+s \le m$에 대하여

$$\frac{\binom{2m}{m-s}}{\binom{2m}{m-t-s}}>\frac{t^2}{m}$$

을 증명하여라.

08 $0 \le t \le m,\ t=\lceil \sqrt{km}\,\rceil$ 이라면

$$\binom{2m}{0}+\binom{2m}{1}+\cdots+\binom{2m}{m-t-1}<\frac{1}{2k}2^{2m}$$

을 증명하여라.

09 피보나치 수열의 뒤 항을 앞 항으로 나눈 비 $\dfrac{F_{n-1}}{F_n}$, $n=1,\ 2,\ \cdots$를, 즉

$$\frac{1}{1},\ \frac{1}{2},\ \frac{2}{3},\ \frac{3}{5},\ \frac{5}{8},\ \frac{8}{13},\ \cdots$$

와 같이 구하면 얼마나 되는가? 계산기를 사용하여 구하여라.

10 (1) 계단을 올라가는 방법이 한 계단씩 올라가는 방법과 한 번에 두 계단을 오르는 두 가지 방법 밖에 없다고 할 때, 1계단, 2계단, 3계단, 4계단, 5계단을 올라가는 방법의 수는 얼마인가? (그림 2.1.9는 3계단을 오르는 방법의 수의 예)

그림 2.1.9

(2) n 계단을 올라가는 방법의 수는 어떻게 계산할 수 있는가?

(3) 계단의 수에 따라 올라가는 방법의 수들은 피보나치 수와는 어떻게 관계가 있는가?

11 희숙이가 n 원을 가지고 매일 1원짜리의 캔디나 2원짜리의 아이스크림을 둘 중 하나 사먹고자 한다. 이 돈을 모두 쓰는 방법의 수는 모두 얼마인가? 관계식을 만들어라. 또 피보나치의 수와 어떤 관계가 있는가?

12 꿀벌이 벌통 안에서 이동하려고 한다. 꿀벌은 1번 또는 2번 방에서 출발할 수 있는데 이동의 규칙은 반드시 꿀벌이 있는 방의 번호보다 큰 수의 방으로 진행할 수 있으며 오른쪽으로만 이동이 가능하다면, 15번 방으로 이동하는 가짓수는 몇 가지나 되겠는가?

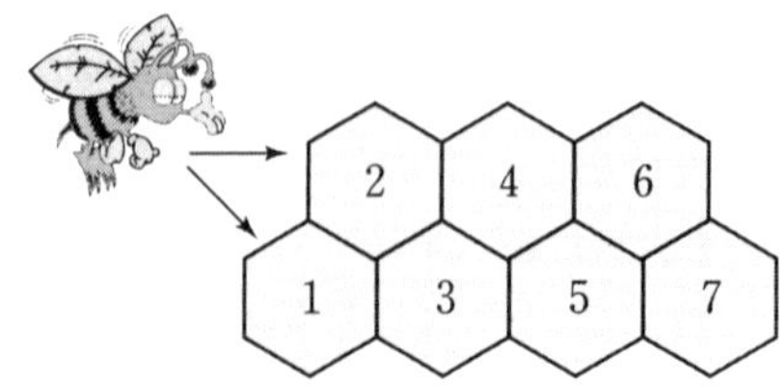

그림 2.1.10

13 (1) F_{3n}이 짝수임을 보여라.

(2) F_{5n}는 5로 나누어떨어짐을 보여라.

(3) $F_0^2 + F_1^2 + F_2^2 + \cdots + F_n^2 = F_n \cdot F_{n+1}$을 보여라.

(4) $F_1 + F_3 + F_5 + \cdots + F_{2n-1} = F_{2n}$을 보여라.

14 정리 2.1.3과 같이 피보나치 수열이

$$F_n = \frac{1}{\sqrt{5}}\left(\left(\frac{1+\sqrt{5}}{2}\right)^n - \left(\frac{1-\sqrt{5}}{2}\right)^n\right), \ n \geq 0$$

이 됨을 수학적 귀납법으로 증명하여라.

15 길이가 높이의 두 배인 벽돌이 있다. 이 벽돌을 가지고 그림 2.1.11과 같이 담을 쌓으려 할 때, 길이가 1, 2, 3, …인 담을 쌓을 수 있는 패턴의 수는 몇 가지가 되겠는가?

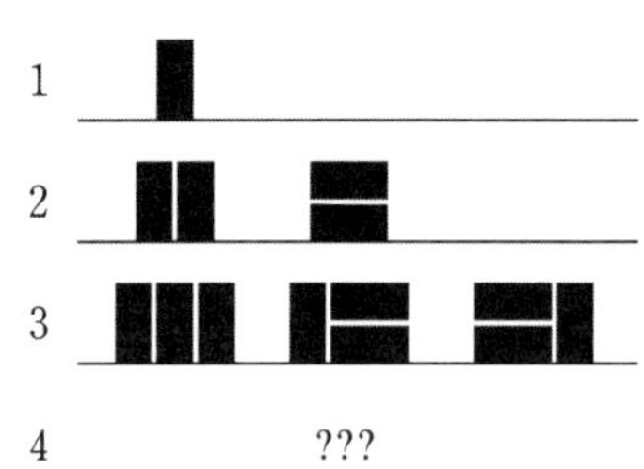

그림 2.1.11

16 (1) 아래의 그림 2.1.12은 파스칼의 삼각형에 대각선을 그어 규칙성을 찾으려고 한다. 삼각형 내의 이항계수와 피보나치 수열과 관계식을 추정하여라.

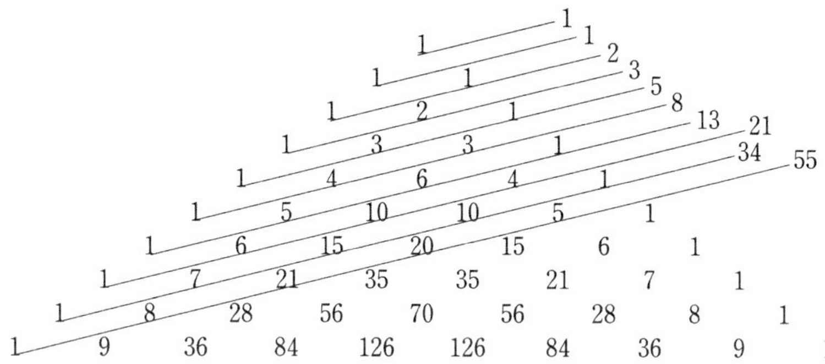

그림 2.1.12

(2) (1)에서 추정한 관계식을 증명하여라.

17 한 마리의 암소가 2년이 지나면, 암송아지를 낳을 수 있고, 그다음 해부터는 매년 암송아지를 낳을 수 있다고 한다. 한편, 새로운 암송아지는 2년이 지나면 다시 암송아지를 낳을 수 있고, 역시 매년 암송아지를 낳을 수 있다고 한다. 그렇다면 12년 뒤 암소는 몇 마리이겠는가?

18 모든 꿀벌의 왕국은 다음과 같이 가족이 구성된다.

- 꿀벌의 왕국에는 한 마리의 여왕벌이 있다.
- 꿀벌의 왕국에는 많은 수의 일벌(암벌)이 있다.
- 꿀벌의 왕국에는 일을 하지 않는 약간의 수벌이 있는데, 이들은 여왕벌의 무수정란에서 태어난다.
- 모든 암벌은 여왕벌과 수벌의 짝짓기에 의한 수정란에서 태어나며, 일부는 다시 여왕벌이 되고 대부분의 나머지는 일벌이 된다. 즉 모든 암벌은 아버지벌(수벌), 어머니벌(여왕벌)이 있고, 수벌은 오직 어머니벌(여왕벌)만 있다.

다음과 같은 꿀벌의 가계도(그림 2.1.13)를 보고 표 2.1.1을 완성하여라.

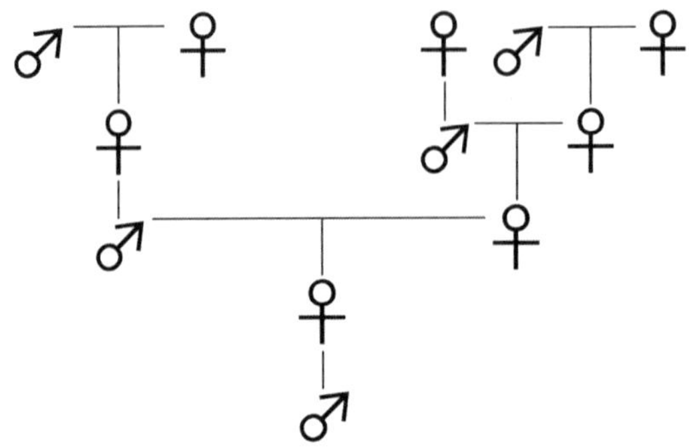

그림 2.1.13

구분	부모의 수	조부의 수	증조부의 수	증증조부의 수
한 마리의 수벌에 대해	1			
한 마리의 암벌에 대해				

표 2.1.1

19 일차 재귀방정식 $H_{n+1} = H_n + H_{n-1}$, $H_0 = 1$, $H_1 = 3$, $n \geq 1$에 대한 일반식 H_n을 $H_n = a\left(\frac{1+\sqrt{5}}{2}\right)^n + b\left(\frac{1-\sqrt{5}}{2}\right)^n$으로 나타낼 수 있음을 보이고, 계수 a, b를 구하여라.

20 일차 재귀방정식 $G_{n+1} = 4G_n + G_{n-1}$, $G_0 = 0$, $G_1 = 1$, $n \geq 1$의 일반식 G_n을 구하여라.

21 다음을 계산하면 어떤 값으로 근접하는지 조사하여라.

$$1 + \cfrac{1}{1 + \cfrac{1}{1 + \cfrac{1}{1 + \cdots}}} = 1 + 1/(1 + 1/(1 + 1/(1 + \cdots)))$$

22 다음을 증명하여라.

(1) 모든 정수 $n > 1$에 대하여 $n^2 - 3 \neq 0 \pmod 4$

(2) 모든 홀수 n에 대하여 $n^4 = 1 \pmod{16}$

23 다음을 증명하여라.

(1) $j = k \pmod d$이면 $d\mathbb{Z} + j = d\mathbb{Z} + k$이다.

(2) $j \neq k \pmod d$이면 $(d\mathbb{Z} + j) \cap (d\mathbb{Z} + k) = \varnothing$ 이다.

24 다음 명제가 참이면 증명을 하고, 거짓이면 반례(counter example)를 찾아 증명하여라.

(1) $\forall x,\ y \in \mathbb{R},\ \lfloor x - y \rfloor = \lfloor x \rfloor - \lfloor y \rfloor$

(2) $\forall x \in \mathbb{R},\ \forall k \in \mathbb{Z},\ \lfloor x - k \rfloor = \lfloor x \rfloor - k$

(3) $\forall x \in \mathbb{R},\ \forall k \in \mathbb{Z},\ \lfloor x^k \rfloor = \lfloor x \rfloor^k$

(4) $\forall n \in \mathbb{Z},\ \forall k \in \mathbb{N}^+,\ \left(\lfloor \frac{n}{k} \rfloor = \frac{n-r}{k},\ r = \mathrm{mod}(n,k) \right)$

(5) $\forall x \in \mathbb{R},\ \forall a,b \in \mathbb{N}^+,\ \lfloor ax + b \rfloor = a \lfloor x \rfloor + b$

2.2 소수(Prime numbers)

이 절에서는 소수인 정수의 여러 가지의 성질을 다룬다. 수학의 한 분야인 정수론이란 분야는 오랜 유서 깊은 분야로서 고대 희랍의 수학의 초기 시기인 약 2500년을 거슬러 올라가서도 그 유래를 찾을 수 있다. 매우 간단한 문제이지만 2500년의 긴 역사 동안의 연구에도 불구하고 아직도 답을 할 수 없거나 최근에야 밝혀진 문제들이 있다.

이 절에서 정수 및 소수의 모든 문제를 다루기보다 이산수학으로 접근하거나 관계가 있는 부분만 다루고 나머지는 정수론의 참고서적으로 미루기로 한다.

2.2.1 소수의 정의

정수 $p > 1$가 1과 p 이외에 다른 양의 정수로는 나누어떨어지지 않으면 정수 p를 **소수(prime)**라고 한다. 소수가 아닌 1보다 큰 정수를 **합성수(composite)**라 한다. 즉, p가 소수이면 1이 아닌 p보다 작은 양의 정수들의 곱으로 표시되지 않는다. 반면에 p가 합성수이면 p는 1과 p 사이의 정수들의 곱으로 표시될 수 있다. 즉, p가 합성수이면 $a \mid p$인 어떤 양의 정수 $1 < a < n$가 존재한다. 정의에 의해 정수 1은 소수도 합성수도 아니다. 예를 들어, 2, 3, 5, 7, 11은 소수이나 4, 6, 8, 9, 10은 합성수이다.

다음은 1000보다 작은 180개의 소수를 나타내고 있다.

2, 3, 5, 7, 11, 13, 17, 19, 23, 29, 31, 37, 41, 43, 47, 53, 59, 61, 67, 71, 73, 79, 83, 89,
97, 101, 103, 107, 109, 113, 127, 131, 137, 139, 149, 151, 163, 167, 173, 179, 181, 191,
193, 197, 199, 211, 223, 227, 229, 233, 239, 241, 251, 257, 263, 269, 271, 277, 281, 283,
293, 307, 311, 313, 317, 331, 337, 347, 349, 353, 359, 367, 373, 379, 383, 389, 397, 401,
409, 419, 421, 431, 433, 439, 443, 449, 457, 461, 463, 467, 479, 487, 491, 499, 503, 509,
521, 523, 541, 547, 557, 563, 569, 571, 577, 587, 593, 599, 601, 607, 613, 617, 619, 631,
641, 643, 647, 653, 659, 661, 673, 677, 683, 691, 701, 709, 719, 727, 733, 739, 743, 751,
757, 761, 769, 773, 787, 797, 809, 811, 821, 823, 827, 829, 839, 853, 857, 859, 863, 877,
881, 883, 887, 907, 911, 919, 929, 937, 941, 947, 953, 967, 971, 977, 983, 991, 997

표 2.2.1 1000보다 작은 180개의 소수

위의 표 2.2.1에서 보는 바와 같이 소수는 규칙성을 갖고 있지 않지만 자세히 다루어 보면 숨어 있는 많은 구조를 갖고 있음을 알 수 있다. 고대 희랍 사람들은 소수가 무한히 많이 존재함을 알고 있었으며 증명도 할 수 있었다.

소수가 나열된 수열의 항과 항 사이에는 마치 바코드처럼 넓고 좁은 간격이 있어서 어떤 사실을 찾아내고 증명하는 것은 결코 쉬운 일이 아니다. 하지만 주어진 자리수를 가진 소수의 존재성의 난이도 때문에 소수는 암호론에서 중요한 역할을 하기도 한다. 존재성의 해답은 19세기 중반까지 증명되지 못하였으며, 심지어 아직도 이와 유사한 많은 문제가 해결되지 않고 있다.

컴퓨터의 확산으로 소수에 관한 이론도 병행하여 새롭게 발달하고 있다. 주어진 양의 정수가 소수인지를 판별하는 데는 그보다 작은 모든 양의 정수에 의해 나누어지는지를 확인하는 간단한 방법을 이용할 수 있지만 이 간단한 방법은 20자리가 넘는 정수에서는 실용적이지 못하다. 이보다 훨씬 효과적인 알고리즘을 컴퓨터로 계산하여 1000자리의 수까지 쉽게 판별할 수 있게 된 지는 겨우 30여년에 불과하다.

2.2.2 소인수분해

앞에서 언급한 것처럼 합성수인 정수, 즉 소수가 아닌 정수는 더 작은 두 정수의 곱으로 표시되고, 이 두 수 중 소수가 아닌 수가 있으면 그 수도 다시 작은 정수의 곱으로 표시된다. 이렇게 반복하면 궁극적으로 곱으로 표시된 모든 인수가 소수가 되므로 합성수는 소수들의 곱으로 나타낼 수 있다. 즉, **소인수분해(prime factorization)**가 된다. 이때 곱으로 표시된 각 소수를 **소인수**라고 한다. 고대 희랍 사람들은 이러한 표현의 가능성과 또 이러한 표현이 유일하다는 사실도 알았을 뿐만 아니라 증명도 할 수 있었다.

소인수분해의 존재성과 유일성은 증명할 수 있지만 놀라운 사실은 아직도 그러한 소인수분해를 구하는 효과적인 방법이 없다는 것이다. 물론 강력한 슈퍼컴퓨터와 병렬컴퓨터를 사용하여 상당히 큰 수의 소인수분해를 할 수 있지만 지금까지의 기록은 약 140자리에 불과하다. 하지만 자리수가 커지면 어려움은 훨씬 더 커진다. 즉 400자리의 수를 알려진 효과적인 방법으로 소인수분해를 하는 것은 현재의 뛰어난 성능을 지닌 컴퓨터 뿐만 아니라 미래의 컴퓨터의 성능을 이용하더라도 감당하지 못할 정도로 어렵다고 알려져 있다.

다음은 모든 양의 정수의 소인수분해의 존재성과 유일성을 보여주는 **정수론의 기본 정리 (Fundamental Theorem of Number Theory)**이다.

> **정리 2.2.1**
>
> 모든 양의 정수는 소수들의 곱으로 유일하게 표시된다.

증명 귀류법에 의해 증명한다. 만약 서로 다른 소인수분해가 되는 최소의 양의 정수 n이 있다면, 즉

$$n = p_1 p_2 p_3 \cdots p_m = q_1 q_2 q_3 \cdots q_k$$

로 소인수분해된다고 하자. 위의 각 분해에서 소인수들은 서로 순서를 바꾸어도 상관이 없고, 등호의 좌우변을 서로 바꾸어도 두 소인수분해는 변함이 없으므로 모든 인수 중 p_1을 가장 작은 소인수라고 가정할 수 있다. 또 p_1은 우변의 q_i, $i = 1, 2, \cdots, k$ 인수와 같지 않다. 만약 p_1과 같은 인수가 있으면 양변을 p_1으로 나누어 n보다 작은 양의 정수가 서로 다른 소인수분해를 갖게 되므로 n이 최소의 양의 정수라는 가정에 모순된다. 소수 q_i, $i = 1, 2, \cdots, k$를 소수 p_1으로 각각 나누어 나머지를 r_i, 몫을 a_i라고 하면,

$$q_i = p_1 a_i + r_i, \ 0 \le r_i < p_1, \ i = 1, \ \cdots, \ k$$

로 표현되고(정수의 나머지 정리: 연습문제 참조), 두 소수 p_1, q_i는 같지 않으므로 $r_i \neq 0$이다. 한편, 정수 $n' = r_1 r_2 \cdots r_k$라 하면 p_1이 두 소인수분해 중 가장 작은 소인수이므로

$$n' = r_1 r_2 \cdots r_k < q_1 q_2 \cdots q_k = n$$

이다. 이제 n'이 서로 다른 두 가지의 소인수분해를 갖는 n 보다 작은 정수임을 보여 모순이 됨을 보이자. 먼저 $n' = r_1 r_2 \cdots r_k$에서 각 r_i를 소인수분해하면 모든 소인수가 p_1보다 작은 소수들의 곱으로 표시되는 n'의 소인수분해를 구할 수 있다. 반면에

$$r_i = (q_i - a_i p_1), \ i = 1, \ \cdots, \ k$$

이므로

$$n' = (q_1 - a_1p_1)(q_2 - a_2p_1) \cdots (q_k - a_kp_1)$$

로 쓸 수 있고, 이 식을 전개하면 모든 항이 소수 p_1로 나누어떨어진다. 즉 n'은 p_1로 나누어떨어진다. 이때 n'/p_1을 다시 소인수분해하면 n'의 새로운 소인수분해를 구할 수 있다. 이와 같이 얻은 n'의 소인수분해에는 소인수 p_1을 포함하고 있으므로 먼저 구한 $n' = r_1r_2 \cdots r_k$, $0 \le r_i < p_1$, $i = 1, \cdots, k$의 소인수분해와 분명히 다르다. 따라서 n 보다 작고 서로 다른 소인수분해를 갖는 n'이 존재하므로 n이 최소의 정수라는 가정에 모순이 된다. 즉 서로 다른 소인수분해를 갖는 양의 정수는 존재하지 않는다. 따라서 귀류법의 증명법에 의하여 모든 양의 정수는 유일한 소인수분해를 갖는다. ■

모든 양의 정수의 소인수분해의 유일성을 이용하여 다음을 증명할 수 있다.

예제 2.2.1

$\sqrt{3}$이 무리수임을 증명하여라.

풀이 만약 $\sqrt{3}$이 유리수라면 유리수의 정의에 의하여 분모와 분자가 양의 정수인 분수로 표현된다. 즉, $\sqrt{3} = \frac{a}{b}$, a, b는 정수이고, 양변을 제곱하면 $3b^2 = a^2$이 된다. 이때 양변이 양의 정수이므로 양변을 소인수분해하여 소수 3이 인수로 몇 개가 있는지 조사해보자. 양의 정수 b의 소인수분해에서 소수 3이 m개 있고, 양의 정수 a의 소인수분해에서 소수 3이 n개 있다면 $3b^2$의 소인수분해에서는 소수 3이 $2m+1$개 있으며, a^2의 소인수분해에서는 소수 3이 $2n$개 있다. 따라서 같은 정수의 소인수분해에 소수 3의 수가 홀수와 짝수 개가 있다. 이는 위의 정리 2.2.1에서 모든 양의 정수의 소인수분해에 대한 유일성에 모순이 된다. 그러므로 귀류법의 증명법에 의하여 $\sqrt{3}$은 유리수가 아니라 무리수이다. ■

2.2.3 유클리드 알고리즘

모든 0이 아닌 주어진 정수 a, b를 모두 나누는 정수를 a, b의 **공약수(common divisor)**라고 한다. 1은 정수 a, b의 양의 공약수이고, a, b의 어떤 공약수도 $|a|$ 또는 $|b|$보다 클 수 없다. 정수 a, b의 공약수 가운데 가장 큰 양의 공약수를 **최대공약수(greatest**

common divisor)라고 하며 $\gcd(a, b)$로 표시한다. 또 0이 아닌 정수 a, b의 배수를 a, b의 **공배수(common multiple)**라고 하고, 그 공배수 가운데 가장 작은 양의 공배수를 **최소공배수(least common multiple)**라고 하며 $\mathrm{lcm}(a, b)$로 표시한다. $\gcd(a, b) = 1$인 두 수 a, b를 **서로소(relatively primes)**라고 한다.

최대공약수는 각 정수를 소인수분해하여 공통인 소인수와 그 지수를 택하여 구할 수 있다. 예를 들어 $900 = 2^2 \cdot 3^2 \cdot 5^2$, $54 = 2 \cdot 3^3$이므로 공통인 인수 2, 3을 택하고, 2의 지수 중 작은 수 1과 3의 지수 중 작은 수 2를 택하여 $\gcd(900,\ 54) = 2 \cdot 3^2 = 18$을 구한다.

일반적으로 정수 a, b의 최대공약수를 위와 같이 약수를 세어 구하는 알고리즘에서 나눗셈을 계산한 복잡도는 $O(\sqrt{|a| + |b|})$가 된다. 하지만 이 방법은 아주 큰 정수의 경우에는 소인수분해하기가 매우 어려워 실용적이지 못하다.

다음의 GCD 알고리즘은 소인수분해를 하지 않고 최대공약수를 구하는 효과적인 알고리즘으로서 정수 계산에 널리 이용되고 있다. 이 알고리즘은 고대 그리스의 수학자 유클리드(Euclid)에 의해 제안되었다. 먼저 정수 a, b에 대하여 $\gcd(a,\ b) = \gcd(|a|,\ |b|)$이므로 a, b를 양의 정수라고 가정한다. 알고리즘에서 x의 내림 함수 $\lfloor x \rfloor$는 x보다 크지 않은 최대의 정수이다. 즉, $a = qb + r$, $0 \le r < b$일 때 $\left\lfloor \frac{a}{b} \right\rfloor = q$이다. a와 b의 임의의 약수는 $a - qb$의 약수가 되기 때문에 r의 약수도 된다. 또한 b와 r의 임의의 약수는 $qb + r$의 약수가 되기 때문에 a의 약수이다. 따라서 a와 b의 최대공약수는 b와 r의 최대공약수와 같다. 이런 아이디어를 바탕으로 **GCD 알고리즘**은 다음과 같이 주어진다.

알고리즘 2.2.1 : GCD 알고리즘(GCD algorithm)

입력 : 양의 정수 a, b

출력 : 최대공약수 $\gcd(a,\ b)$

1. $b = 0$이면 $\gcd(a,\ b) = a$로 출력하고 종료한다.
2. $q = \left\lfloor \frac{a}{b} \right\rfloor$
3. $(a,\ b) \Leftarrow (b,\ a - qb)$라 하고, 제1단계로 간다.

위의 알고리즘의 제3단계에서 a, b 중 하나는 감소하므로 알고리즘은 반드시 유한 번의 반복 실행 후에 종료된다. 제3단계에서는 $a = qb + r$, $0 \le r < b$ 이면

$$\gcd(a,\ b) = \gcd(a - qb,\ b) = \gcd(r,\ b) = \gcd(b,\ r)$$

임(연습문제 2.2의 4(2) 참조)을 이용하므로 최대공약수에는 변함이 없다. 또한 제1단계에서는 $\gcd(a,\ 0) = a$ 가 되므로 더 이상 반복할 필요 없이 종료된다. 또 알고리즘에서 $a < b$ 이라 하더라도 제2단계에서 $q = \left\lfloor \frac{a}{b} \right\rfloor = 0$ 이고,

$$\gcd(a,\ b) = \gcd(b,\ a - qb) = \gcd(b,\ a)$$

가 되므로 최대공약수에도 변함이 없다. 따라서 알고리즘의 정확성이 증명된다.

예제 2.2.2

GCD 알고리즘을 이용하여 $\gcd(55,\ 89)$를 구하여라.

풀이

$$\begin{aligned}\gcd(55,\ 89) &= \gcd(89,\ 55) = \gcd(55,\ 34) = \gcd(34,\ 21)\\ &= \gcd(21,\ 13) = \gcd(13,\ 8) = \gcd(8,\ 5)\\ &= \gcd(5,\ 3) = \gcd(3,\ 2)\\ &= \gcd(2,\ 1) = \gcd(1,\ 0) = 1\end{aligned}$$

■

GCD 알고리즘은 프로그래밍언어를 이용하여 구현하면 아주 큰 수의 최대공약수를 쉽게 구할 수 있다. GCD 알고리즘 2.2.1을 Python을 이용해 함수로 구현한 코드는 아래와 같이 주어진다.

```
import math
def gcd(a,b):
    b1 = b
    a1 = a
    while True:
        if b1 ==  0:
            print('gcd('+str(a),str(b)+')=',str(a1))
            return a1
        q = math.floor(a1/b1)
        (a1,b1) = (b1,a1-q*b1)
```

Python에서 구현한 코드를 실행하여 18과 60의 최대공약수를 다음과 같이 쉽게 구할 수 있다.

```
gcd(18,60)

gcd(18 60)= 6
6
```

이제 GCD 알고리즘이 최대공약수를 구하기 위해 실행되는 횟수(1~3단계)는 최대 얼마가 되는지를 구해보자. 위의 예제 2.2.2에서와 같이 양의 정수 a, b가 $a < b$이면 알고리즘의 첫 회에서 $\gcd(a, b) = \gcd(b, a)$가 되고, 그 다음에는 계속 $a > b$가 된다. 따라서 두 양의 정수 a, b를 $a > b$라고 하자.

정리 2.2.2

양의 정수 a, $b\,(a > b)$의 최대공약수 $\gcd(a, b)$를 구하기 위한 GCD 알고리즘의 필요한 실행 횟수는 최대 $\log_2 a + \log_2 b$이다.

증명 양의 정수 a, $b\,(a > b)$에 대하여 $a = qb + r$, $0 \le r < b$이라 하면 $q \ge 1$로부터 $a \ge b + r > 2r$이 되므로 $br < \frac{1}{2}ab$이다. 따라서 GCD 알고리즘의 반복되는 각 실행에서 $\gcd(a, b) = \gcd(b, a - qb) = \gcd(b, r)$이 되므로 한 번 실행할 때마다 새로 얻는 두 정수 b, r의 곱은 이전에 얻은 두 정수 a, b 곱의 반미만으로 줄어든다. 알고리즘이 k번 실행된 후에 얻게 되는 두 수의 곱은 $\frac{1}{2^k}ab$보다 작다. 또한 $\frac{1}{2^k}ab \ge 1$이므로 $ab \ge 2^k$이고, 양변에 로그를 취하면 $k \le \log_2(ab) = \log_2 a + \log_2 b$가 된다. 특히 $a = 2$, $b = 1$에 대하여 GCD 알고리즘을 적용하면 $\gcd(2, 1) = \gcd(1, 0) = 1$이므로 1회 만에 최대공약수 1을 구하며, $\log_2 a + \log_2 b = \log_2 2 + \log_2 1 = 1$이므로 $k = \log_2 a + \log_2 b$를 만족한다. 따라서 GCD 알고리즘의 필요한 반복 횟수는 최대 $\log_2 a + \log_2 b$이다. ■

위의 정리에 따르면 300자리의 두 개의 정수의 최대공약수를 구하기 위해 실행되는 GCD 알고리즘은 $2\log_2 10^{300} = 600\log_2 10 \approx 1993.2$로부터 2000회 안에 최대공약수를 구할 수 있다. 이 수는 두 정수의 최대공약수를 약수를 세어 구하는 알고리즘의 복잡도 $O(\sqrt{|a|+|b|}) \approx O(\sqrt{2}\cdot 10^{150})$에 비하면 상당히 효과적이다.

예제 2.2.3

(1) 연속되는 두 개의 피보나치 수열의 최대공약수를 구하기 위해 GCD 알고리즘을 실행해야 하는 횟수를 구하여라.

(2) 위의 정리 2.2.2를 이용하여 연속되는 두 개의 피보나치 수열의 최대공약수를 구하기 위해 필요한 GCD 알고리즘의 실행 수의 상한계를 구하여라.

풀이 (1) 피보나치 수열 $F_{n+1} = F_n + F_{n-1}$에 대하여

$$\begin{aligned}\gcd(F_{n+1}, F_n) &= \gcd(F_n, F_{n-1}) = \gcd(F_{n-1}, F_{n-2}) = \cdots \\ &= \gcd(F_3, F_2) = 1\end{aligned}$$

이므로 $n-1$번의 실행이 필요하다. 즉, 원하는 만큼 실행을 요하는 두 수를 선택할 수 있다.

(2) 피보나치 수열의 두 개의 연속된 항 F_{n+1}, F_n을 GCD 알고리즘에 적용하면 정리 2.2.2에 의해 실행 수의 상한계는

$$\begin{aligned}\log_2 F_{n+1} + \log_2 F_n &\approx \log_2\left(\frac{1}{\sqrt{5}}\left(\frac{1+\sqrt{5}}{2}\right)^{n+1}\right) \\ &\quad + \log_2\left(\frac{1}{\sqrt{5}}\left(\frac{1+\sqrt{5}}{2}\right)^{n}\right) \\ &\approx 1.388n - 1.628\end{aligned}$$

이다. 이 상한계는 $n \geq 2$일 때 위 (1)에서 구한 실제 실행 횟수 $n-1$보다 크다. ■

GCD 알고리즘에서 1회 실행 후에는

$$\gcd(a, b) = \gcd(b, r_1),\ a = q_1 b + r_1,\ 0 \leq r_1 < b$$

가 된다. 이때

$$r_1 = a - q_1 b = (1)a + (-q_1)b$$

와 같이 a, b의 일차결합으로 표현된다. 또 2회 실행 후에는

$$\gcd(b,\ r_1) = \gcd(r_1,\ r_2),\ \ b = q_2 r_1 + r_2,\ 0 \le r_2 < r_1$$

가 되며, 이때 r_2도 마찬가지로

$$r_2 = b - q_2 r_1 = b - q_2(a - q_1 b) = (-q_2)a + (1 + q_1 q_2)b$$

와 같이 a, b의 일차결합으로 표현된다.

일반적으로 알고리즘의 k번째 실행 후에는

$$\gcd(r_{k-2},\ r_{k-1}) = \gcd(r_{k-1},\ r_k),\ \ r_{k-2} = q_k r_{k-1} + r_k,\ \ 0 \le r_k < r_{k-1}$$

가 되고, 이때의 r_k는 수학적 귀납법에 의하여 두 정수 a, b의 일차결합으로 표현됨을 보일 수 있다.

한편 알고리즘에 의하면 마지막 실행에서 $r_k = 0$이 되고 r_{k-1}이 최대공약수가 되므로 최종적으로 구하는 최대공약수 $d = \gcd(a,\ b)$도

$$d = ma + nb,\ (m,\ n : \text{정수}) \tag{2.2.1}$$

로 표현된다. 따라서 두 정수 a, b가 서로소이면 $1 = ma + nb$이 되는 정수 m, n이 존재한다.

컴퓨터의 산술계산이나 암호시스템, 정수론 등 많은 분야에서 주어진 두 정수의 최대공약수만을 구할 뿐만 아니라, 식 (2.2.1)과 같이 $d = ma + nb$인 정수 m, n을 구해야 하는 경우가 많다.

이제 GCD 알고리즘을 보완하여 양의 정수 a, b의 최대공약수 $d = \gcd(a,\ b)$뿐만 아니라, $d = ma + nb$가 되는 정수 m, n을 구하는 효과적인 유클리드 알고리즘을 만들어 보자.

GCD 알고리즘에서 초기에 입력되는 두 정수를 $a_0 = a$, $b_0 = b$라 하고, 알고리즘이 l번 실행되어 최대공약수 d를 구하면서 생성되는 새로운 정수 a_i, b_i, q_i, $i = 1,\ 2,\ \cdots,\ l$들의 수열은 각각

$$\begin{aligned} a_i &= b_{i-1} \\ q_i &= \left\lfloor \frac{a_{i-1}}{b_{i-1}} \right\rfloor \\ b_i &= a_{i-1} - q_i b_{i-1} \\ a_l &= d, \quad b_l = 0 \end{aligned}$$

와 같이 계산된다.

$d=ma+nb$ 인 정수 m, n 을 구하기 위해 GCD 알고리즘의 각 회를 단계별로 추적해 보자. 먼저

$$a_0 = a = m_0 a + n_0 b \;\Rightarrow\; m_0 = 1,\; n_0 = 0$$

이다. 1번째 실행의 2단계에서 $q_1 = \left\lfloor \frac{a_0}{b_0} \right\rfloor$ 이고, 제3단계에서 $a_1 = b_0$가 되므로

$$a_1 = b_0 = m_1 a + n_1 b = b \;\Rightarrow\; m_1 = 0,\; n_1 = 1$$
$$b_1 = a_0 - q_1 b_0$$

이 된다. 이와 같이 반복되어 알고리즘의 i 번째 실행의 2단계에서 $q_i = \left\lfloor \frac{a_{i-1}}{b_{i-1}} \right\rfloor$ 이고, 제3단계에서 $a_i = b_{i-1}$가 되므로

$$b_i = a_{i-1} - q_i b_{i-1} = a_{i-1} - q_i a_i$$

이 된다. 또한 알고리즘의 $i+1$번째 실행에서 $a_{i+1} = b_i$이므로 위의 식은

$$a_{i+1} = a_{i-1} - q_i a_i \tag{2.2.2}$$

이 된다. 이때 $a_i = m_i a + n_i b$ 이고 $a_{i-1} = m_{i-1}a + n_{i-1}b$ 와 같다면 식 (2.2.2)에 대입하여

$$\begin{aligned} a_{i+1} &= (m_{i-1}a + n_{i-1}b) - q_i(m_i a + n_i b) \\ &= (m_{i-1} - q_i m_i)a + (n_{i-1} - q_i n_i)b \end{aligned}$$

가 된다. 따라서 $a_{i+1} = m_{i+1}a + n_{i+1}b$ 라 하면 위의 식으로부터

$$m_{i+1} = m_{i-1} - q_i m_i,\;\; m_0 = 1,\, m_1 = 0$$
$$n_{i+1} = n_{i-1} - q_i n_i,\;\; n_0 = 0,\; n_1 = 1$$

와 같은 $\{m_i\}$와 $\{n_i\}$에 관한 두 개의 선형 동차 재귀식을 얻는다. 한편 GCD 알고리즘의 마지막 실행에서 $a_l = \gcd(a,\ b) = d$가 되고, 수학적 귀납법에 의해 $a_l = m_l a + n_l b$ 이므로 $d=ma+nb$ 인 정수 m, n 을 위의 재귀식으로부터 구할 수 있다. 이와 같이 최대공약수와 정수 m, n 을 구하는 방법을 **유클리드 방법**이라고 한다. 요약하여 알고리즘을 나열하면 다음과 같다.

알고리즘 2.2.2 : 유클리드 알고리즘(Euclidean algorithm)

> **입력** : 양의 정수 a, b
>
> **출력** : 최대공약수 $d = \gcd(a, b)$, $d = ma + nb$ 인 정수 m, n
>
> 1. $m_0 = 1$, $n_0 = 0$, $m_1 = 0$, $n_1 = 1$
> 2. $b = 0$ 이면 $\gcd(a, b) = a$, $m = m_0$, $n = n_0$을 출력하고 종료한다.
> 3. $q = \left\lfloor \dfrac{a}{b} \right\rfloor$
> 4. $(m_0, m_1) \Leftarrow (m_1, m_0 - q \cdot m_1)$
> 5. $(n_0, n_1) \Leftarrow (n_1, n_0 - q \cdot n_1)$
> 6. $(a, b) \Leftarrow (b, a - q \cdot b)$하고, 제2단계로 간다.

예제 2.2.4

유클리드 알고리즘을 이용하여 $\gcd(135, 40) = m \cdot 135 + n \cdot 40$을 만족하는 정수 m, n을 구하여라.

풀이 알고리즘의 각 실행 회에 따라 생성되는 값을 다음의 표와 같이 나타냈다. 각 i번째에서 $a_i = b_{i-1}$이므로 이 표에서 b_i를 따로 표시하지 않았다.

i	a_i	q_i	m_i	n_i
0	135		1	0
1	40	3	0	1
2	15	2	1	−3
3	10	1	−2	7
4	5	2	3	−10
5	0			

표 2.2.2

따라서 알고리즘의 종료에 따라 $a_4 = d = m_4 a + n_4 b$이므로 $5 = 3(135) + (-10)40$으로 표현되어

$$\gcd(135, 40) = 5, \ m = 3, \ n = -10$$

이 된다. ■

GCD 알고리즘과 마찬가지로 유클리드 알고리즘 역시 Python을 이용하여 결과를 쉽게 얻을 수 있다. 유클리드 알고리즘 2.2.2를 Python을 이용하여 함수로 구현한 코드는 아래와 같다.

```
import math
def Euclidean(a,b):
    b1 = b
    a1 = a
    m0, n0, m1, n1 = 1, 0, 0, 1
    while True:
        if b1 ==  0:
            print('gcd('+str(a),str(b)+')=',str(a1))
            print('gcd('+str(a),str(b)+')는 ('+str(m0)+')*'+str(a)+'+('+str(n0)+')*'+str(b)+'로 표현된다.')
            return a1, m0, n0
        q = math.floor(a1/b1)
        (m0,m1) = (m1,m0-q*m1)
        (n0,n1) = (n1,n0-q*n1)
        (a1,b1) = (b1,a1-q*b1)
```

Python에서 구현한 코드를 실행하여 18과 60의 최대공약수 및 $\gcd(18,60) = m \cdot 18 + n \cdot 60$이 되는 정수 m,n을 다음과 같이 쉽게 구할 수 있다.

```
Euclidean(18,60)

gcd(18 60)= 6
gcd(18 60)는 (-3)*18+(1)*60로 표현된다.
(6, -3, 1)
```

2.2.4 소수의 성질

다음의 정리는 BC 300년경 유클리드(Euclid)에 의해 증명된 내용으로 소수의 개수가 무한함을 보이고 있다.

정리 2.2.3

소수는 무한히 많다.

증명 모든 양의 정수 n에 대하여 항상 그보다 큰 소수가 존재함을 증명한다. 정수 $n!+1$을 생각해보자. 정수 $n!+1$가 소수이면 $n!+1>n$이므로 n보다 큰 소수가 존재한다. 만약 $n!+1$가 합성수이면 약수인 소수 p가 존재한다. 즉 $p|(n!+1)$이다. 이때 소수 p가 n보다 작다고 가정해보자. 그러면 $p|n!$이 된다. 소수 p가 두 수 $n!, n!+1$를 나누어떨어지므로 $p|(n!+1)-n!=1$이 된다. 하지만 소수 p는 1보다 크므로 모순이 된다. 따라서 귀류법에 의해 소수 p가 n보다 크다. 즉, 모든 양의 정수보다 큰 소수는 항상 존재하므로 소수는 무한히 많다. ■

표 2.2.1에서 보는 바와 같이 소수와 소수의 간격은 전혀 규칙적이지 못하다. 표 2.2.1을 확장하여 보다 큰 소수를 찾아보면 수가 커질수록 소수와 그다음 소수의 간격이 더욱 커질 수 있음을 확인할 수 있다. 예를 들어 소수가 아닌 합성수가 100개 또는 1000개 또는 그보다 훨씬 많이 연속되게 나타날 수 있음을 다음과 같이 보일 수 있다.

정리 2.2.4

임의의 양의 정수 n개만큼의 연속된 소수가 아닌 합성수는 항상 존재한다.

증명 다음의 연속된 n개의 수

$$(n+1)!+2,\ (n+1)!+3,\ (n+1)!+4,\ \cdots,\ (n+1)!+n+1$$

을 생각해보자. 처음 수 $(n+1)!+2$는 2로 나누어떨어지고, $(n+1)!+3$에서 $3|(n+1)!$이므로 $(n+1)!+3$는 3으로 나누어떨어진다. 이와 같이 하면 $(n+1)!+i$는 $i=2,\ 3,\ \cdots,\ n+1$로 나누어떨어진다. 따라서 위의 연속된 n개의 수는 소수가 아닌 합성수이다. ■

위의 정리 2.2.4는 원하는 개수 이상의 합성수를 사이에 갖는 두 소수는 항상 찾을 수 있음을 말하고 있다.

반면에 항상 차이가 2인 두 소수 (3, 5), (5, 7), (11, 13)과 같은 두 소수를 **소수쌍 (twin primes)**이라고 하는데 연속된 소수 (2, 3)을 제외하면 소수쌍은 소수들 중에서 가장 가까운 소수들이다. 표 2.2.1을 보거나 확장해보면 수가 커지더라도 소수쌍은 항상 존재하는 것처럼 보인다. 하지만 소수와 같이 소수쌍이 무한히 많은지는 수천 년의 노력에도 불구하고 아직도 증명하지 못하고 있다.

어떤 주어진 수의 위치에서 합성수가 연속되는 간격의 크기를 찾는 일은 결코 쉬운 일은 아니다. 하지만 소수를 연구하는 데 이러한 성질은 중요한 역할을 할 수 있고, 이는 주어진 양의 정수 n까지 존재하는 소수의 개수를 구하는 문제와 직결된다.

양의 정수 n 이하의 소수의 개수를 $\pi(n)$이라고 하자. 정수를 정의역으로 하는 함수 $\pi(n)$을 그래프로 그려보면 아래의 그림과 같이 완만하게 증가하며 그 기울기가 점점 완만하게 감소하며 아래로 오목한 거의 직선에 가까운 그래프의 형태를 볼 수 있지만 함수 $\pi(n)$의 정확한 함수식을 구하는 것은 아직 불가능하다.

하지만 18세기에는 $\pi(n)$의 근사식이 실험적으로 약 $n/\ln n$이라고 알고 있었고, 이 근사식이 1896년에는 프랑스 수학자(Hadamard와 de la Vallee-Poussain)에 의해 매우 어렵게 증명되었다. 이 소수의 정리라고 불리는 중요한 결과로 자리의 수의 $\frac{1}{3}$만 알고 있으면 원하는 자리의 수에 해당하는 소수를 구할 수 있게 되었다.

예를 들어, 1234567890으로 시작하는 30자리의 소수는 존재한다는 것이다.

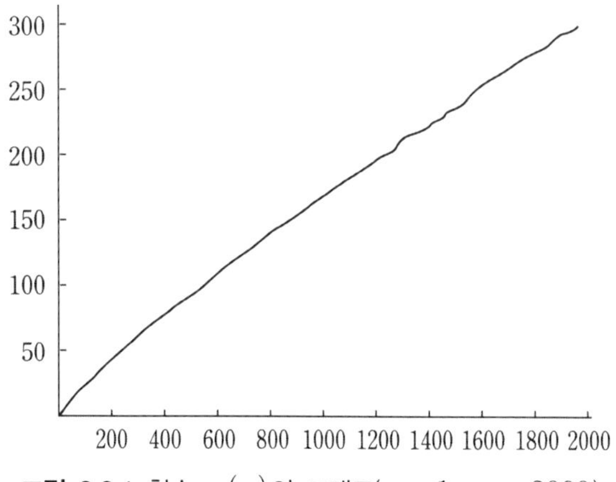

그림 2.2.1 함수 $\pi(n)$의 그래프($n=1, \cdots, 2000$)

정리 2.2.5 **소수의 정리(The Prime Number Theorem)**

정수 1에서 n까지의 소수의 개수를 $\pi(n)$이라고 하면 충분히 큰 n에 대하여 $\pi(n)$은 다음과 같은 근사식을 갖는다.

$$\pi(n) \approx \frac{n}{\log_e n} \tag{2.2.3}$$

예제 2.2.5

200자리의 소수는 얼마나 많은가?

풀이 자리의 수가 200인 수는 10^{199}에서 10^{200}까지이므로 10^{200}까지의 소수에서 10^{199}까지의 소수를 빼면 200자리의 소수의 수를 구할 수 있다. 즉, 정리 2.2.5의 소수의 정리로부터

$$\pi(10^{200}) - \pi(10^{199}) = \frac{10^{200}}{200\ln 10} - \frac{10^{199}}{199\ln 10} \approx 1.95 \cdot 10^{197}$$

이므로 약 $1.95 \cdot 10^{197}$개의 200자리의 소수가 있다. 200자리 전체의 수는 $10^{200} - 10^{199} = 9 \cdot 10^{199}$개이므로 $9 \cdot 10^{199} / 1.95 \cdot 10^{197} \approx 460$이 되어 평균 약 460개마다 소수가 하나씩 나타난다. ■

위의 예제의 풀이는 단지 충분히 큰 n에 대해서 성립하는 근사식, 즉 소수의 정리를 바탕으로 한 근사값이므로 오차가 포함되어 있고, 원하는 오차 내의 근사값을 구하기 위한 n의 값을 찾는 문제는 아직도 완전히 해결되지 않는 어려운 문제이다.

또한 정수 n이 서로 다른 소수인 소인수 $p_1, p_2, \cdots, p_r$를 가질 때, **정수 1에서 n까지의 수 중에서 n과 서로소인 정수의 개수를 $\phi(n)$**이라 하면

$$\phi(n) = n\left(1 - \frac{1}{p_1}\right)\left(1 - \frac{1}{p_2}\right) \cdots \left(1 - \frac{1}{p_r}\right) \tag{2.2.4}$$

를 증명할 수 있다(연습문제 3.1.2의 12번 참조). 하지만 상당히 큰 정수 n에 대하여 소인수분해를 하는 것은 아주 어려운 문제이므로 n이 커지면 $\phi(n)$의 값을 정확하게 구하는 것도 쉬운 일은 아니다. 그러나 정수 n이 서로 다른 소수인 소인수 $p_1, p_2, \cdots, p_r$의

곱으로만 표현되는 $n = p_1 p_2 \cdots p_r$이라면

$$\phi(n) = n\left(1 - \frac{1}{p_1}\right)\left(1 - \frac{1}{p_2}\right) \cdots \left(1 - \frac{1}{p_r}\right) = \frac{n}{p_1 p_2 \cdots p_r}(p_1 - 1)(p_2 - 1) \cdots (p_r - 1)$$

$$= (p_1 - 1)(p_2 - 1) \cdots (p_r - 1) \tag{2.2.5}$$

이 된다.

소수의 표를 보면 간단하지만 매우 증명하기 어려운 성질을 찾을 수 있으며, 수천 년 동안 시도에도 불구하고 아직도 해결되지 않는 문제가 많다. 예를 들어 5보다 큰 홀수는 세 개의 소수의 합으로 표시된다는 추측과 2보다 큰 짝수는 두 개의 소수의 합으로 표시된다는 추측을 Goldbach가 내었지만 1930년에 Vinogradov에 의해 매우 큰 홀수에 관해서만 증명되고 나머지의 경우는 아직도 증명되지 않고 있다. 유명한 수학자 P. L. Chebyshev는 n과 $2n$ 사이에는 항상 소수가 존재한다는 증명을 하였다. n^3과 $(n+1)^3$ 사이에 소수의 존재성이 증명되었지만 n^2과 $(n+1)^2$ 사이에 소수의 존재성은 아직까지도 증명되지 않고 있다.

모든 정수를 합성하는 중요한 소수의 놀라운 성질들은 앞에서 언급한 내용 외에도 많다. 1600년대 초의 프랑스 수학자 페르마(Pierre de Fermat)는 다음의 페르마의 작은 정리를 찾았다.

정리 2.2.6 **페르마의 작은 정리(Fermat's little Theorem)**

정수 a와 소수 p에 대하여

$$p \mid a^p - a$$

가 된다.

증명 정수 a에 관한 수학적 귀납법을 이용하여 증명한다. 먼저 $a = 0$인 경우에는 분명히 $p \mid a^p - a$이다. 귀납법에 의하여 a인 경우에 성립한다고 가정하고 $a+1$인 경우를 조사해보자. 이항정리에 의하여

$$(a+1)^p - (a+1) = a^p + \binom{p}{1}a^{p-1} + \cdots + \binom{p}{p-1}a + 1 - a - 1$$

$$= (a^p - a) + \binom{p}{1}a^{p-1} + \cdots + \binom{p}{p-1}a \tag{2.2.6}$$

가 된다. 이항계수의 정의에 의하여 $1 < k < p$이고 p가 소수이면

$$\binom{p}{k} = \frac{p(p-1)\cdots(p-k+1)}{k(k-1)\cdots 1}$$

는 p로 나누어떨어진다(연습문제 10 참조). 또한 위의 식 (2.2.6)의 $a^p - a$는 가정에 의해 p로 나누어떨어지므로 $p \mid (a+1)^p - (a+1)$이 된다. 따라서 수학적 귀납법에 의해 정리가 성립한다. ■

페르마는 페르마의 마지막 정리 $a^n + b^n \neq c^n$, $n > 2$로 가장 널리 알려져 있다. 이 정리의 증명은 단지 증명이 되었다는 페르마 자신의 노트에만 기록되었을 뿐 증명이 알려진 적이 없었다. 하지만 1995년 A. J. Wiles에 의해 증명이 되었다.

2.2.5 소수의 판별

주어진 양의 정수 n이 소수 또는 합성수인지를 판별하는 데는 1보다 크고 n보다 작은 수로 나누어지는가를 조사하여 판별할 수 있지만 20자리의 수를 조사하는 데 천문학적인 시간이 걸리므로 이 방법은 효과적인 방법이 되지 못한다.

만약 n이 보다 큰 두 개의 수의 곱으로 나타낼 수 있다면 그중 하나는 반드시 $\sqrt{n}$보다 작아야 하므로 1보다 크고 $\lfloor \sqrt{n} \rfloor$까지의 수로 나누어지는가를 조사하여 판별할 수 있다.

즉, 다음의 정리를 이용한다.

정리 2.2.7

양의 합성수 n은 $1 < p \leq \sqrt{n}$인 적어도 하나의 소수 p를 소인수로 갖는다.

증명 n이 양의 합성수이므로 $n = a \cdot b$, $1 < a < n$, $1 < b < n$인 정수 a, b $(a \leq b)$가 존재한다. $n = a \cdot b \geq a \cdot a = a^2$이므로 $a \leq \sqrt{n}$이다. a가 소수이면 정리가 성립된다. a가 소수가 아니라면 a는 소수인 소인수 p, $p < a \leq \sqrt{n}$를 갖는다. 또한 $p \mid a$, $a \mid n$이므로 $p \mid n$이다(연습문제 1.4의 17). ■

따름정리 2.2.8

1보다 큰 정수 p가 $1 < d \le \sqrt{p}$인 약수 d를 갖지 않으면 p는 소수이다.

증명 정리 2.2.7의 대우명제이므로 참이다. ■

위의 정리 2.2.7에 의하여 $n = 13$의 소수 판별을 위해서는 $\sqrt{13} \approx 3.606$, $\lfloor \sqrt{13} \rfloor = 3$이므로 2와 3이 13의 약수가 되는지 조사하면 된다. 즉 2와 3이 13을 나누지 못하므로 13은 소수이다.

하지만 이 방법 역시 20자리 이상의 수를 조사하는 데 많은 시간이 걸리므로 좋은 방법이 되지 못한다.

페르마의 작은 정리를 이용하면 훨씬 효과적인 방법으로 소수가 아님을 판별할 수 있다. 즉, 페르마의 작은 정리에서 가장 간단한 경우인

"소수 p에 대하여 $p \mid 2^p - 2$가 된다."

또는 짝수인 소수 $p = 2$를 제외하고

"홀수인 소수 p에 대하여 $p \mid 2^{p-1} - 1$가 된다."

라는 명제의 대우:

"$p \nmid 2^{p-1} - 1$이면 홀수 p는 소수가 아니다."

를 이용한다. 따라서 $n \nmid 2^{n-1} - 1$인 홀수 n을 찾으면 그 n은 합성수이므로 소수가 아님을 판별하는 방법이 된다.

예를 들어 $25 \nmid 2^{24} - 1 = 16,777,215$이므로 25는 소수가 아니다. 하지만 $n \mid 2^{n-1} - 1$이라고 해서 꼭 n이 소수라는 보장이 없기에 이 경우는 다른 소수판별법이 함께 해야 한다. 또한 n이 커지면 $2^{n-1} - 1$의 값의 계산이 어려울 뿐만 아니라 값이 상당히 커지므로 n으로 나누어지는지 확인하는 효과적인 방법도 함께해야 한다.

우선 $2^{n-1} - 1$의 값 또는 2^{n-1}의 값을 구하기 위해 2를 $n - 2$번 곱해 계산할 수 있지만, 100자리의 수까지 계산하기 위해서는 약 10^{100}번 곱해야 하므로 거의 불가능하다. 따라서 직접 2를 계속 곱하기보다 거듭제곱하여 구하는 방법이 효과적이다. 예를 들어

$$2^3 = 8,\ 2^6 = (2^3)^2 = 64,\ 2^{12} = (2^6)^2 = 4096,\ 2^{24} = (2^{12})^2 = 16,777,216$$

과 같이 계산하여 2^{25}을 구하려면 단지 5번의 단계만 필요하게 된다.

또한 n이 100자리의 수로 커지면 $2^{n-1}-1$의 값은 천문학적인 수가 되어 n으로 나누어짐을 확인하기가 불가능해짐을 방지해야 한다. 이를 위해서는 매번 거듭제곱을 하기 전에 n으로 나눈 나머지를 이용하면 된다. 즉, $2^k = an + r,\ 0 \le r < n$이라 할 때

$$r^2 = (2^k - an)^2 = (2^k)^2 - 2an2^k + a^2n^2$$

로부터 $-2an2^k + a^2n^2$은 n으로 나누어지므로 $n \mid (2^k)^2$를 확인하는 대신 $n \mid r^2$를 확인하면 된다. 또한 $r^2 = bn + r_1,\ 0 \le r_1 < n$이라 하면

$$\begin{aligned} r_1^2 = (r^2 - bn)^2 &= r^4 - 2bnr^2 + b^2n^2 \\ &= (2^k - an)^4 - 2bnr^2 + b^2n^2 \\ &= ((2^k)^2)^2 + n \cdot f(n) \end{aligned}$$

단, $nf(n)$은 등식을 전개하여 $(2^k)^4$항을 제외한 모든 항의 식으로, n으로 나누어떨어진다. 따라서 $n \mid ((2^k)^2)^2$을 확인하는 대신 $n \mid r_1^2$을 확인하면 된다. 또는 $n \mid ((2^k)^2)^2 - 1 = 2^{n-1} - 1$을 확인하는 대신 $n \mid (r_1^2 - 1)$을 확인한다.

따라서 매번 n보다 작은 수의 제곱과 n으로 나눈 나머지를 구하는 나눗셈이 필요하고, r^2이 가장 클 때가 n^2보다 작은 수이므로(n이 100자리의 수이면 n^2는 199 또는 200자리의 수) 컴퓨터로 다룰 수 있는 효과적인 방법이 된다. 이 방법은 만약 n이 이진법으로 k자리의 수라 하면 최대 $2k$번의 곱셈(연습문제 참조)과 매회 한 번의 나눗셈이 필요하다.

예제 2.2.6

$25 \nmid 2^{24} - 1$을 조사하여 25가 소수가 아님을 보여라.

풀이 먼저 $2^3 = 8,\ 2^6 = 64$를 계산하고 $64 = 2 \cdot 25 + 14$이므로 2^{12}을 계산하는 대신 $14^2 = 196$을 구한다. 또 $196 = 7 \cdot 25 + 21$이므로 2^{24}을 계산하는 대신 $21^2 = 441$을 구한다. 이때 $441 - 1 = 440$은 25로 나누어지지 않는다. 따라서 $25 \nmid 2^{24} - 1$이므로 25는 소수가 아니다. ■

마지막으로 $n|2^{n-1}-1$이라고 해서 꼭 n이 소수라는 보장이 없다. 예를 들어 $341|2^{340}-1$이지만 $341=11\cdot 31$이므로 소수가 아니다. 이러한 경우가 많은 것은 아니지만(1에서 10,000까지 22개) 아무튼 소수가 아님을 분별하는 과정이 필요하다.

위에서 언급한 방법은 페르마의 작은 정리 $p|a^p-a$에서 $a=2$인 경우만 이용하였으므로 그 외의 경우, 즉 $p|3^p-3$, $p|5^p-5$ 등의 여부를 확인하는 방법을 사용할 수도 있다. 하지만 합성수 $561=3\cdot 11\cdot 17$는 모든 정수 a에 대하여 $561|a^{561}-a$가 되므로 이러한 방법을 정확하게 적용하기에는 제한을 받는다(이러한 561과 같은 수를 **Carmicheal 수**라고 한다.).

이러한 Carmicheal 수로 인한 제한을 피할 수 있는 방법으로 70년대 말 M. Robin과 G. Miller가 간단한 방법을 찾아 페르마의 작은 정리를 이용한 소수의 판별법을 더욱 효과적인 방법으로 만들게 되었다. 즉,

$$a^{561}-a=a(a^{35}-1)(a^{35}+1)(a^{70}+1)(a^{140}+1)(a^{280}+1)$$

이므로 561이 소수라면 모든 정수 a에 대하여 $561|a^{561}-a$이므로 위의 오른편의 6개 항 중에서 적어도 하나는 561로 나누어져야 한다. 하지만 $a=2$일 때 등식의 오른쪽 모든 항 2, $2^{35}-1$, $2^{35}+1$, $2^{70}+1$, $2^{140}+1$, $2^{280}+1$은 561로 나누어떨어지지 않는다. 따라서 561은 합성수임을 판별할 수 있다.

주어진 홀수 n에 대한 **Miller-Robin의 소수 판별법**을 요약하면 다음과 같다.

알고리즘 2.2.3 : Miller-Robin의 소수 판별법

입력 : 홀수인 양의 정수 n, 오차의 한계 $\epsilon=2^{-e}$
출력 : 정수 n에 대한 소수 여부

1. $j=0$, $a_0=1$ 다음을 반복한다.
2. $0\le a\le n-1$, $a\ne a_0$인 정수 a를 선택한다.
3. 식 a^n-a를 인수분해를 한다.

4. $a^n - a$의 모든 인수가 n으로 나누어지는지를 다음과 같이 조사한다.

($a^{n-1} - 1$의 인수 $a^k \pm 1$에 대해

(1) $r = a$; $m = k - 2^{\lfloor \log_2 k \rfloor}$

(2) $i = 1, \cdots, \lfloor \log_2 k \rfloor$

$r = r^2$; $r = \mathrm{mod}(r, n)$

(3) $r = a^m \cdot r$

(4) $n|r \pm 1$인지 확인한다.

5. **제4단계**에서 어떤 인수도 n으로 나누어지지 않으면 n은 소수가 아님을 출력하고 종료한다.

6. **제4단계**에서 어떤 인수가 n으로 나누어지고,

(1) $j \neq e$이면 $j = j+1$, $a_0 = a$이라 하고 **제2단계**로 간다.

(2) $j = e$이면 n은 $\epsilon = 2^{-e}$의 오차 범위 안에서 소수임을 출력하고 종료한다.

위의 알고리즘의 6단계에서 $a^n - a$의 어떤 인수가 n으로 나누어지면, 즉 $n|a^n - a$이면, 소수라는 보장이 없다. 하지만 소수가 아닐 확률은 $\frac{1}{2}$이다. 다시 다른 a를 선택하여 $n|a^n - a$라면 이제 n이 소수가 아닐 확률은 $\frac{1}{4}$이다. 이와 같이 10번을 반복하면 n이 소수가 아닐 확률은 $2^{-10} < 10^{-3}$이다. 또 100번을 반복하여 모두 $n|a^n - a$라면 n이 소수가 아닐 확률은 $2^{-100} < 10^{-30}$으로 거의 0에 가까워 신뢰도가 아주 높아진다. 이러한 확률적 판별 방법은 많은 수학적 소프트웨어나 암호시스템에서 널리 사용되는 방법이다.

위의 판별법으로 양의 정수 n이 소수가 아니고 합성수임이 판정되면 n은 n보다 작은 두 양의 정수의 곱, 즉 $n = ab$로 표현되어야 한다. 또 a, b가 소수가 아니면 다시 두 양의 정수의 곱으로 표현한다. 이러한 작업을 반복하면 최대 $\log_2 n$번 안에 최대 $\log_2 n$개의 소인수의 곱으로 분해된다(연습문제 참조). 하지만 하나의 합성수를 두 개의 더 작은 정수들의 곱으로 표현하는 효과적인 방법이 아직 없고, 또 그러한 방법이 존재하지 않는다는 증명도 없는 상황이다.

예제 2.2.7

Miller-Robin의 소수판별법을 이용하여 77이 합성수임을 보여라.

풀이 먼저 $a=2$를 선택한다. $2^{77}-2$를 인수분해하면 다음과 같이 주어진다.

$$2^{77}-2=2(2^{19}-1)(2^{19}+1)(2^{38}+1)$$

$2^{77}-2$의 모든 인수가 77로 나누어떨어지는지 조사하자. 인수 2는 77로 나누어떨어지지 않는다. 인수 $2^{19}-1$가 77로 나누어떨어지는지 조사하기 위해 $r=2, m=k-2^{\lfloor \log_2 k \rfloor}=19-2^4=3$로 두고 r을 제곱하고 나머지를 대입하는 것을 $\lfloor \log_2 k \rfloor=4$회 반복하면

$$r^2=2^2=4, \quad r=4=\mathrm{mod}(4,77)$$
$$r^2=4^2=16, \quad r=16=\mathrm{mod}(16,77)$$
$$r^2=16^2=256, \quad r=\mathrm{mod}(256,77)=25$$
$$r^2=25^2=625, \quad r=\mathrm{mod}(625,77)=9$$

이고, $r=2^3\cdot 9=72=\mathrm{mod}(2^{19},77)$이므로 $\mathrm{mod}(2^{19}-1,77)=72-1=71$은 77로 나누어떨어지지 않는다. 즉, $2^{19}-1$은 77로 나누어떨어지지 않는다. $\mathrm{mod}(2^{19}+1,77)=72+1=73$이므로 $2^{19}+1$ 역시 77로 나누어떨어지지 않는다. 마지막 인수인 $2^{38}+1$이 77로 나누어떨어지는지 확인하기 위해 다음을 계산하면

$$\mathrm{mod}(2^{38},77)=\mathrm{mod}((2^{19})^2,77)=\mathrm{mod}(72^2,77)=\mathrm{mod}(5184,77)=25$$

$\mathrm{mod}(2^{38}+1,77)=25+1=26$이므로 $2^{38}+1$ 역시 77로 나누어떨어지지 않는다. 모든 인수가 77로 나누어지지 않기 때문에 77은 소수가 아니다. ■

2.2 연습문제

01 두 정수 a, b에 대하여 a는 b의 약수이고, 소수 p는 b의 약수이나 a의 약수는 아니다. p는 $\frac{b}{a}$의 약수임을 보여라.

02 정수 n의 소인수분해에는 최대 $\log_2 n$개의 인수가 있음을 보여라.

03 (정수의 나머지 정리) 정수 n과 양의 정수 d에 대하여

$$n = dq + r,\ 0 \le r < d$$

인 정수 q, r이 존재함을 보여라.

04 임의의 등차수열 $a_n = an + b$는 반드시 적어도 하나의 합성수를 포함함을 보여라. 단 a와 b는 양의 정수이다.

05 다음 물음에 답하여라.

(1) 두 정수 $a,\ b$에 대하여 $\gcd(a,\ b) = \gcd(a,\ b - a)$임을 보여라.

(2) $b = aq + r,\ 0 \le r < a$이면 $\gcd(a,\ b) = \gcd(a,\ r)$임을 보여라.

(3) $d = \gcd(a,\ b)$이면 $d = ma + nb$ $(m, n:$ 정수)가 됨을 보여라.

(4) $a = 37,\ b = 249$일 때 $d = \gcd(a,\ b)$와 $d = ma + nb$인 정수 $m,\ n$을 구하여라.

(5) $a = 8316,\ b = 10920$일 때 $d = \gcd(a,\ b)$와 $d = ma + nb$인 정수 $m,\ n$을 구하여라.

06 소수 p와 정수 $1 \le a \le p-1$에 대하여 $p-1$개의 정수 $a,\ 2a,\ 3a,\ \cdots, (p-1)a$를 p로 나눈 나머지를 각각 $r_1,\ r_2,\ \cdots,\ r_{p-1}$라 하면, 이 나머지의 수 중에는 1에서 $p-1$까지의 수가 반드시 하나씩 있음을 증명하여라.

07 (1) 다른 수의 제곱이 아닌 수 n에 대하여 $\sqrt{n}$은 무리수임을 보여라.

(2) $\sqrt[k]{n}$가 정수가 아니면 무리수임을 보여라.

08 (1) 양의 정수 n과 $n!+1$ 사이에는 항상 소수가 있음을 보여라.

(2) 5보다 큰 합성수 n에 대하여 $(n-1)!$은 n으로 나누어떨어지는 합성수임을 보여라.

09 k자리의 수 중에서 평균 $2.3k$개마다 소수가 하나씩 나타남을 보여라.

10 $1<k<p$이고 p가 소수이면 $p \,\Big|\, \binom{p}{k}$임을 보이고, 소수가 아니면 성립하지 않음을 예를 들어 보여라.

11 페르마의 작은 정리에서 p가 소수라는 가정이 없으면 성립하지 않음을 예를 들어 보여라.

12 이진법으로 k자리의 수인 n에 대하여 $2k$번 미만의 곱셈으로 2^n의 계산을 할 수 있음을 보여라.

13 다음 물음에 답하여라.

(1) 모든 정수 a와 양의 정수 n에 대하여 $a-1 \mid a^n-1$임을 보여라.

(2) $341 \mid 2^{340}-1$임을 보여라.

(3) 모든 정수 a에 대하여 $561 \mid a^{561}-a$임을 보여라.

14 다음 명제가 참이면 증명하고, 거짓이면 반례를 들어 보여라.

(1) 모든 정수 $n > 2$에 대해 $n^3 - 8$은 합성수이다.

(2) $\exists M > 0, \forall n > M$, $(n^2 - n + 11)$은 소수이다.

(3) $n^2 + 2n - 3$로 나타낼 수 있는 유일한 소수가 존재한다.

15 명제 "정수 $n > 1$은 합성수 $\leftrightarrow$ n은 어떤 소수 $p \le n^{1/2}$로 나누어떨어진다."를 증명하여라.

16 정수 n의 소인수분해를 $n = p_1^{e_1} p_2^{e_2} \cdots p_k^{e_k}$라 하자. $m \ge 1$을 정수라 할 때 다음의 물음에 답하여라.

(1) n^m의 소인수분해를 구하여라.

(2) $s > 0$은 정수이지만 $s^{1/m}$은 정수가 아니다. 그러면 $s^{1/m}$은 무리수인가? 설명하여라.

2.3 암호 기술(Cryptography)

현대 사람들은 기술의 발전으로 편리한 통신을 이용하는 반면에 개인 정보나 주고받는 메시지의 도난으로 불이익을 당할 수 있는 위험에 많이 노출되고 있어서 안전한 보안을 요구하고 있다. 이 요구에 부응하여 발전하는 분야가 비밀 통신의 과학인 **암호 기술(cryptography 또는 cryptology)**이다.

은수와 정인, 두 사람이 서로 업무에 관한 중요한 메시지를 주고받을 때 제3자의 차단이나 도난을 방지하기 위해 제3자가 알 수 없도록 보내는 사람은 보내고자 하는 메시지(plaintext)를 **암호화(encrypt)**하여 그 암호화된 메시지(ciphertext)를 실제로 보내고, 받는 사람은 암호화된 메시지를 받아서 알아볼 수 있도록 **복호화(decrypt)**하는 과정이 필요할 것이다.

이때 두 사람은 메시지를 암호화하고 복호화할 때 제3자가 모르는 어떤 정보를 알아야만 하는데, 그 암호화하고 복호화하는 방법을 알려주는 정보를 **암호키(key)**라고 하고, 메시지를 주고 받을 사람이 공유하는 정보이므로 **공유키(shared key)**라고도 한다. 이 암호키에는 정보의 당사자 이외에는 알려지지 않는 **비밀키(private key)**와 제3자가 알아도 복호화하는 데 수많은 시간을 필요로 하는 **공개키(public key)**가 있다.

암호화와 복호화하는 방법은 함수로 표현될 수 있다. 모든 메시지(Plaintext messages)의 집합을 P, 암호화가 가능한 모든 메시지(ciphertext messages)의 집합을 C 라 할 때, 암호키 K는 암호화하는 방법, 즉, 함수 $f_K : P \to C$ 를 결정하고 보내는 사람은 이 함수를 사용한다. 한편, 메시지를 받는 사람은 그 역함수 f_K^{-1}를 사용하여 복호화한다. 따라서 함수 f_K 는 단사(injection)함수가 되어야 한다.

이렇게 암호화하는 방법, 복호화하는 방법과 암호키 등을 모두 함께 **암호시스템(cryptosystem)**이라고 하는데 현재까지 수많은 암호시스템이 개발되었지만 고성능 컴퓨터의 발달로 보안이 깨져(break) 쓸모없이 추락하고 말았다. 따라서 1970년 후반부터 시작된 현대의 암호시스템은 메시지를 침입자로부터 보호할 수 있는 정보와 전체 과정의 계산에 소요되는 비용이 얼마나 많은가에 따라 보안의 강약을 측정하여 그 효력을 판단한다. 즉, 암호시스템의 성공 여부는 **계산적 복잡성**(computational complexity)에 의존하고 있다.

비밀키와 공개키에 관한 암호시스템들을 간단히 다루고자 한다.

2.3.1. 비밀키 암호시스템(private key cryptosystem)

정보의 당사자 두 사람(회사, 컴퓨터 등)이 서로 업무에 관한 중요한 메시지를 주고받을 때 제3자의 차단이나 도난을 방지하기 위해 제3자가 알 수 없도록 암호복호화 절차에 대해 동의하며 두 사람만이 비밀리에 공유하는 암호화와 복호화의 핵심 정보를 비밀키라 하며, **비밀키 암호시스템**은 그 비밀키로 만들어진 암호기술이다.

예제 2.3.1

A, B 두 회사가 64가지 (0, 1, 2, ..., 63의 이진코드: 000000_2, 000001_2, 000010_2, ..., 111111_2)의 상품을 4가지의 배송방법(보통우편: 00_2, 속달: 01_2, 항공: 10_2, 익일항공: 11_2)으로 교환하기 위해 6비트상품코드+2비트배송코드로 모두 8비트주문코드(예: 10110110_2이면 $101101_2=45$번째의 상품, $10_2=$항공배송)를 사용한다. 두 회사 모두 주문의 비밀 유지를 위해 공유키 $K=11000110_2$를 보관하기로 하고 암호 함수 f_K(8비트주문코드) = 8비트주문코드 + K , +는 비트별 mod 2계산(0+0=0, 0+1=1, 1+1=0)으로 채택하여 컴퓨터에 프로그램화 세팅되어 있다. 이제 A회사에서 B회사로 45번째 상품을 항공배송으로 주문하기 위해 A회사의 컴퓨터에 10110110_2를 입력하면 컴퓨터는 그 주문코드에 공유키를 더하여 다음과 같이 암호메시지를 만들어 B회사에 보낸다.

$$\begin{array}{rr} \text{8비트주문코드} & 10110110_2 \\ + \quad \text{공유키 } K & 11000110_2 \\ \hline \text{암호메시지} & 01110000_2 \end{array}$$

한편 암호메시지 01110000_2를 받은 B회사는 그 암호메시지에 공유키 K를 같은 방법으로 더하여 복호메시지를 만든다.

$$\begin{array}{rr} \text{8비트암호메시지} & 01110000_2 \\ + \quad \text{공유키 } K & 11000110_2 \\ \hline \text{복호메시지} & 10110110_2 \end{array}$$

이 비밀키 암호시스템에서는 $f_K=f_K^{-1}$이므로 암호화와 복호화하는 과정이 같고 복호메시지가 바로 주문코드가 됨을 알 수 있다. 많은 암호시스템에서 $f_K=f_K^{-1}$로 디자인되어 있다. ■

컴퓨터 시스템에서 모든 문자는 비트(예: ASCII코드 등)로 저장되므로 문자로 된 메시지의 적용에도 어려움이 되지 않는다. 또한 메시지가 긴 경우에도 8비트씩 잘라 각각 암호화와 복호화를 적용할 수 있으며 각 8비트마다 약속된 방법(예: $\mathrm{mod}(3K, 2^3)$ 등)으로 비밀키 K를 변경할 수도 있다.

예제 2.3.2

위의 예제 2.3.1의 비밀키 암호시스템을 사용하는 A회사에 산업스파이 C가 있어 암호메시지가 전달될 때 가로챌 수 있고 실제 주문코드(plaintext)가 무엇인지 알아내려고 한다. C는 직원을 시켜 가짜의 주문(11110000_2)을 한다. 그러면 위의 예제 2.3.1에서와 같이

$$\begin{array}{lr} \text{8비트주문코드} & 11110000_2 \\ + \quad \text{공유키 } K & 11000110_2 \\ \hline \text{암호메시지} & 00110110_2 \end{array}$$

로 암호화되어 전달될 때 C는 가로채어 다음과 같이 암호메시지에 8비트주문코드를 아래와 같이 더한다.

$$\begin{array}{lr} \text{암호메시지} & 00110110_2 \\ + \quad \text{8비트주문코드} & 11110000_2 \\ \hline \text{공유키 } K & 11000110_2 \end{array}$$

따라서 산업스파이 C에게 비밀키 K가 넘어가게 된다. 이와 같이 비밀키와 메시지가 매우 길거나 암호함수 f_K가 복잡하지 않는 경우에는 이렇게 비밀키 K가 해킹당하는 일이 실제 상황에서 항상 일어날 수 있다. ■

따라서 신뢰할 수 있고 안정성 있는 암호시스템에는 위의 예제의 경우처럼 산업스파이 C가 비밀키 K를 쉽게 얻을 수 없도록 하는 방법이 필요하다. 우선 비밀키 K를 매번 결정하거나 변경할 수 있으나 한 번 누출된 비밀키 K를 활용하여야 가능하므로 쉽지 않다. 둘째, 어떤 암호메시지와 일치하는 8비트주문코드를 갖고 있다 하더라도 비밀키 K를 구하기가 매우 어렵도록 암호시스템을 만들 수 있다(아래 예제 2.3.3 참조). 셋째, 비록 산업스파이가 비밀키 K와 가로챈 암호메시지를 가지고 있다 하더라도 다른 추가의 비밀

정보가 없으면 복호화가 어려운 암호시스템을 만들 수 있다(예제 2.3.4 참조).

예제 2.3.3

(Discrete logarithm 암호) 방정식 $11^x = 19487171$의 해 x는 쉽게 $x = \log_{11} 19487171 = \log(19487171)/\log(11) = 7$과 같이 구할 수 있으나 mod 연산이 추가되면 매우 어려운 계산이 될 수 있다. 소수 11과 163에 대하여 $\mathrm{mod}(11^t, 163)$, $t = 0, 1, \ldots, 161$의 값은 순서에 상관없이 $1, 2, \ldots, 162$ 중의 수가 정확히 한 번씩 나타난다. 따라서 $\mathrm{mod}(11^7, 163) = 32$이므로 $\mathrm{mod}(11^x, 163) = 32$의 유일한 해는 $x = 7$이 된다. 일반적으로 a, b가 n보다 작은 n과 서로소이면 방정식 $\mathrm{mod}(a^x, n) = b$는 $0 \le x < n-1$인 유일한 해를 갖게 되는데 유일한 해를 갖는다는 것을 알고 있다 하더라도 n이 수백 자리의 큰 수가 되면 현재 어떤 가능한 방법으로도 그 해를 구하는 것은 거의 불가능하다. 이러한 문제를 **이산 로그 (discrete logarithm) 문제**라고 한다. 이산 로그 문제는 위의 예제 2.3.2에서 산업스파이가 어떤 암호메시지와 그에 일치하는 메시지 원문을 이용하여 비밀키를 구할 수 있는 취약성을 해소하기 위해 사용할 수 있다. 현재 상용되고 있지는 않지만 다른 암호시스템을 만드는 데 기초이론이 되는 방법이다. 예제 2.3.2.에서처럼 비밀키 K를 공유하고 있는 두 회사가 알려진 매우 큰 소수 p를 고정하여 사용하는 암호시스템에서 메시지 $\boldsymbol{P}$를 보내기 위해 난수 b (p보다 작고 서로소)를 선택하여 $\mathrm{mod}(b^K, p) = \boldsymbol{L}$의 계산 결과 $\boldsymbol{L}$을 가지고 암호화 함수 $f_L(\boldsymbol{P}) = \boldsymbol{C}$와 같이 암호화한 후 상대방에게 $b, \boldsymbol{C}$를 보낸다. 한편 상대방은 $\mathrm{mod}(b^K, p) = \boldsymbol{L}$를 계산하여 $\boldsymbol{L}$을 얻은 후 $\boldsymbol{C}$와 함께 복호화하여 메시지 $\boldsymbol{P}$를 얻는다. 이때 산업스파이가 회사 내의 컴퓨터를 통해 가짜 메시지 $\boldsymbol{P}_1$을 보내면서 암호메시지 $\boldsymbol{C}_1$과 b_1을 얻게 되어 $\boldsymbol{P}_1$과 $\boldsymbol{C}_1$으로 예제 2.3.2.에서처럼 각 비트별 연산으로 $\boldsymbol{L}_1$을 복구할 수 있다. 하지만 차후에 또 다른 사람이 메시지 $\boldsymbol{P}_2$를 보내기 위해 $\mathrm{mod}(b_2^K, p) = \boldsymbol{L}_2$와 $f_{L_2}(\boldsymbol{P}_2) = \boldsymbol{C}_2$를 계산하여 $b_2, \boldsymbol{C}_2$를 보낼 때 가로챘다면 각 비트별 덧셈을 하기 위해 먼저 $\boldsymbol{L}_2$를 구해야 하고 $\mathrm{mod}(b_2^K, p) = \boldsymbol{L}_2$를 계산하기 위해 비밀키 K가 필요하므로 산업스파이는 알고 있는 $\boldsymbol{L}_1$를 이용하여 방정식 $\mathrm{mod}(b^K, p) = \boldsymbol{L}_1$의 해 K를 구해야 한다. 하지만 이 이산 로그 문제는 거의 불가능하여 비밀키 K를 알아낼 수 없다. ■

예제 2.3.4

(경쟁 입찰) 은수는 정인이가 제시한 물건에 대한 입찰에 참가해 전자거래로 입찰금액을 정인에게 보내고자 한다. 이때 제3자가 입찰금액을 확인하지 못하도록 입찰금액을 암호화해야 하며 또 정인이 입찰금액을 확인할 때 은수가 입찰금액을 바꾸는 일이 없도록 신뢰성을 확보하여야 한다. 또한 입찰마감이 되기 전에 정인이 입찰금액을 확인하고 다른 사람에게 입찰정보를 제공할 수 없도록 공정성도 확보하여야 한다. 이렇게 필요한 사항을 모두 포함하도록 하는 것이 불가능해 보이지만 계산적 복잡성을 이용하면 모든 점을 해결할 수 있는 암호시스템을 만들 수 있다.

먼저 은수와 정인이는 입찰금액을 10자리의 수로 암호화하기로 결정하였다고 가정하자. 즉, 10자리의 수가 주어지면 두 사람은 입찰금액을 알아볼 수 있다. 이제 은수는 자기가 입찰할 금액을 10자리로 암호화한다. 예를 들어, 은수가 암호화한 금액이 '1163146712' 라고 하면, 이 10자리의 수로 시작하는 200자리의 소수 $p = 1163146712\cdots$를 찾고 또 201자리의 소수 q를 찾아 $N = pq$를 계산하면 400자리 또는 401자리의 수가 된다(개인컴퓨터를 이용한다 하더라도 쉽고 빠르게 계산이 가능하다). 은수는 정인에게 N을 보낸다.

입찰이 진행되고 마감이 되기 직전 은수는 다시 비밀키인 두 개의 소수 p, q를 정인에게 보낸다. 정인이는 마감이 되면 은수가 보낸 두 소수 중의 작은 수(p)를 택해 처음 10자리로 금액을 환산한다. 이때 정인이는 은수가 보내온 두 소수 p, q를 곱하여 $N = pq$이 되는지를 확인하여 은수가 금액을 바꾸지 않은지를 확인한다. 만약 은수가 마감 직전 두 개의 다른 소수 p', q'을 보냈다면 미리 보낸 값 N을 정인이 만들 수 없어 은수가 입찰금액을 바꿨음을 금방 알 수 있다. 이는 앞 절에서 다룬 모든 정수의 소인수분해의 유일성을 바탕으로 하고 있기 때문이다. 따라서 신뢰성을 확보할 수 있다.

정인이는 은수로부터 받은 N으로 은수의 입찰금액을 알 수 있는 방법은 은수가 비밀키 p, q를 보내지 않는 한 희박하다. 이는 앞 절에서 언급한 바와 같이 주어진 400 또는 401자리의 큰 정수 N의 소인수분해를 하는 효과적인 방법이 아직 알려지지 않고 소인수분해하기에 필요한 시간은 아무리 현대의 고성능의 컴퓨터를 이용한다 할지라도 입찰마감시간 전에 불가능하기 때문이다. 따라서 정인이 제3자에게 은수의 입찰정보를 유출할 수 없는 공정성이 확보될 수 있다. ■

이러한 암호시스템은 양의 큰 정수의 소인수분해의 **계산적 복잡도**(complexity)에 기반을 두고 있다. 또한 이와 같이 소수를 기반으로 하는 현대의 암호시스템은 항상 200자리 이상의 소수를 찾아야 하는 과정이 필요하다. 예제 2.2.5에 의하면 200자리의 소수는 약 $1.95 \cdot 10^{197}$개가 있고 평균 약 460개마다 하나씩 존재한다. 알고리즘 2.2.3과 개인용 컴퓨터를 이용하면 어려운 작업은 아니다. 즉, 메시지를 암호화하는 작업은 어려운 일이 아니다. 하지만 합성수의 소인수분해는 아주 어려운 작업이므로 암호시스템의 보안성을 깨는 작업 또한 어려운 작업이 되어 암호시스템의 안전성이 보장된다. 다음은 '1163146712'로 시작하는 200자리의 소수이다.

11631467128765557632799097045596606908283654760066688738144893546624743604198911046804111038868958805745715572480009569639174033385458418593535488622323782317577559864739652701127177097278389465414589

2.3.2. 공개키 암호시스템(public key cryptosystem)

인터넷으로 통화를 할 때는 누군가 그 대화 내용을 엿들을 수 있는 위험에 노출되기도 하고 실제로 도청이 된 사건들이 자주 일어나고 있음을 알고 있다. 통화란 서로 동의 없이 일어날 수 있는 일인 만큼, 비밀리에 대화하기를 원하는 두 사람이 통화메시지를 암호화와 복호화하는 비밀키를 공유하지 못하는 실제 상황이 쉽게 일어날 수 있다. 이러한 상황에서는 비밀키를 위한 사전협의가 필요한 비밀키 암호시스템이 제대로 작동할 수가 없다.

따라서 인터넷상에서의 암호기술에서는 비밀 사전협의가 필요하지 않는 공개 정보 알고리즘(public-information algorithm)을 주로 사용하는데, 그 접근 방법은 다음 두 가지가 있다.

(1) 제3자가 엿들을 수 있다 하더라도 통화 당사자 두 사람만 비밀키를 생성할 수 있도록 하며 같은 역할을 한다. 이 방법을 **대칭형 암호방법(symmetric encryption)**이라고 한다.
(2) 통화가 필요한 모든 사람이 자기만을 위한 암호키를 누구나 볼 수 있는 곳에 공개하고, 자기에게 통화할 메시지를 그 암호키로 암호화하여 보내도록 공개적으로 알린다. 하지만 그 암호화된 메시지는 오직 자기 본인만이 복호화할 수 있도록 한다. 이러한 방법을 **공개키 암호 기술(public key cryptography)**이라 한다.

위의 두 방법의 성공 여부는 모두 암호화 함수 $f(x)$의 역함수가 얼마나 어려운가에 달려있다. 즉, 주어진 역함수가 존재하는 함숫값 $f(x)$의 계산은 쉬우나 그 역함수의 값 x를 찾기 어려운 암호화 함수가 되어야 한다. 이러한 함수들을 **트랩도어 함수(trapdoor function)** 또는 **일방향 함수(one-way function)**라고 한다.

예제 2.3.5

예제 2.3.3에서 이용된 함수 $f(x) = \mathrm{mod}(b^x, p)$, 즉 소수 b, p와 $f(x)$가 주어진 경우 해 x를 구하는 이산 로그 문제(discrete logarithm problem)는 p가 매우 큰 소수일 경우에 그 해를 구하는 것이 거의 불가능하므로 트랩도어 함수가 된다. ■

다음은 제3자가 엿들을 수 있다 하더라도 통화 당사자 두 사람만 비밀키를 생성할 수 있도록 하는 **Diffie-Hellman의 대칭형 알고리즘**(symmetric algorithm)이다.

알고리즘 2.2.4 : Diffie-Hellman의 대칭형 알고리즘

예제 2.3.3에서 다룬 이산 로그 문제의 어려움을 사용하여 공유할 비밀키를 생성한다. 이산 로그 함수 $f(x) = \mathrm{mod}(b^x, p)$를 이용한 암호 시스템에서 b와 매우 큰 소수 p는 고정되어 있으므로 모든 사람이 b와 p를 알 수 있다. 이제 A, B 두 회사가 비밀리에 통신을 하고자 할 때, A회사에서는 $1 < s < p-1$인 임의의 수를 선택하여 $\mathrm{mod}(b^s, p) = L_A$를 계산하여 B회사로 보낸다. 마찬가지로 B회사에서는 $1 < t < p-1$인 임의의 수를 선택하여 $\mathrm{mod}(b^t, p) = L_B$를 계산하여 A회사로 보낸다. 이때 모든 사람이 b와 p를 알 수 있고 L_A, L_B를 가로채면 알 수 있지만 s와 t는 인터넷을 사용한 적이 없으므로 두 회사 A, B만이 각각 알고 있다. 이제 두 회사 A, B에서 각각 갖고 있는 값 s, t와 받은 메시지 L_B와 L_A를 가지고 아래와 같이 계산하면

$$\text{A회사 :}\quad (L_B)^s = (b^t)^s = b^{ts} \pmod p$$

$$\text{B회사 :}\quad (L_A)^t = (b^s)^t = b^{st} \pmod p$$

같은 값 b^{ts}를 생성하고 그 값은 비밀키로 사용하게 된다.

이때 산업스파이가 b, p, L_A, L_B를 알고 있다 하더라고 비밀키를 알아내기 위해서는 이산 로그 문제 $\mathrm{mod}(b^s, p) = L_A$ 또는 $\mathrm{mod}(b^t, p) = L_B$를 풀어야 하는 어려움에 봉착하게 된다. 현재 이 문제를 쉽게 해결할 수 있는 방법은 없다. 따라서 Diffie-Hellman의 대칭형 알고리즘의 안정성은 보장된다.

예제 2.3.6

예를 들어 인터넷상의 실제 상황에서는 훨씬 크지만 이해를 돕기 위해 $b = 11$, $p = 163$이고 $s = 13$, $t = 23$를 두 회사 A, B가 선택하였다고 가정하자. 그러면 $\mathrm{mod}(11^{13}, 163) = 19 = L_A$인 19를 B회사로 보내고, $\mathrm{mod}(11^{23}, 163) = 116 = L_B$인 116을 A회사로 보낸다. 이제 A회사에서는 $\mathrm{mod}(116^{13}, 163) = 154$를 얻고, B회사에서는 $\mathrm{mod}(19^{23}, 163) = 154$로 같은 값을 얻게 된다. ■

실제로 사용되고 있는 암호시스템은 앞에서 다룬 암호시스템보다 과정은 비슷하지만 훨씬 복잡하다. 다음은 예제 2.3.3.에서와 같이 소인수분해의 어려움에 기초를 한 암호방법이다. 즉, 두 큰 소수 p, q에 대해 트랩도어 함수 $f(p, q) = pq$를 활용한 방법이다.

예제 2.3.7

은수는 100자리의 두 개의 소수 p, q를 생성하고 $m = pq$를 계산한다. 또 200자리의 두 개의 정수 d, e를 $(p-1)(q-1) | (de - 1)$이 되도록 선택한다. 이때 식 (2.2.5)로부터 정수 1에서 m까지의 수 중에서 m과 서로소인 정수의 개수 $\phi(m) = \phi(pq) = (p-1)(q-1)$이므로 $(p-1)(q-1) | (de-1)$는 $\phi(pq) | (de-1)$ [또는 $de \equiv 1 (\mathrm{mod}\ \phi(m))$ 또는 $1 = \mathrm{mod}(de,\ \phi(m))$]를 의미한다.

이제 은수는 두 수 m, e를 웹페이지 등에 공개하고, p, q, d는 비밀로 한다.

우선 정인이가 은수에게 메시지를 수로 전환한 x를 보내고자 한다. 이때 x를 m보다 작은 0 이상의 정수로 한다. 더 큰 경우의 메시지는 잘라서 여러 개의 메시지로 만든다. 정인이는 공개된 e, m을 가지고 $r = \mathrm{mod}(x^e,\ m)$를 계산하여 은수에게 암호화된 메시지 r을 보낸다. 이 수를 받은 은수는 비밀키 d를 가지고 복호화 작업 $\mathrm{mod}(r^d,\ m)$을 계산하면 이 값이 바로 x가 된다(정리 2.3.1). 반대로 은수가 정인에게 메시지를 보낼 때는 정인의 비밀키와 공개키를 이용하여 같은 방법으로 암호화와 복호화를 하면 된다. ■

위의 예제와 같은 암호화시스템은 현재 많이 사용되고 있으며 이를 RSA(Rivest, Shamir와 Adleman의 첫 자를 땀) **프로토콜(protocol)**이라고 한다.

이 암호시스템을 이용할 때 산업스파이가 암호화된 메시지 r을 가로챘다면 메시지를 복호화 $\mathrm{mod}(r^d,\ m)$하기 위해서는 d가 필요하다. 비록 m, e가 공개되었다 하더라도 $m = pq$ 분해를 하기 전에는 d를 알 수가 없다. 하지만 현재 어렵지 않게 소인수분해를 할 수 있는 방법은 알려져 있지 않다. 또 다른 방법으로, e, m, r를 알고 있는 산업스파이가 $r = \mathrm{mod}(x^e,\ m)$의 해 x를 구하여 원문 메시지를 알아낼 수 있으나 이 문제 또한 이산 로그 문제로 소인수분해와 버금가는 어려운 문제이다. 따라서 RSA의 안정성이 보장된다.

정리 2.3.1

두 개의 소수 p, q에 대하여 $m = pq$이고, 두 개의 정수 d, e에 대하여 $(p-1)(q-1) \mid (de-1)$를 만족하며,

$$r = \mathrm{mod}(x^e,\ m),\ x < m$$

이면

$$\mathrm{mod}(r^d,\ m) = x$$

가 된다.

증명 $r = \mathrm{mod}(x^e,\ m),\ x < m$이므로 $r = x^e - km$인 정수 k가 존재한다. 또

$$r^d = (x^e - km)^d = x^{ed} - k'm$$

인 정수 k'이 존재한다. 즉 $\mathrm{mod}(r^d,\ m) = x^{ed}$가 된다. $m \mid (r^d - x^{ed})$이므로 이제 $m \mid (x^{ed} - x)$을 보이면 $\mathrm{mod}(r^d,\ m) = x$가 증명된다. 즉, $m = pq$이므로 $(x^{ed} - x)$가 p, q에 의해 나누어떨어짐을 보이면 된다. $(p-1)(q-1) \mid (de-1)$, 즉 $(p-1) \mid (de-1)$이므로 $(de-1) = (p-1)h$인 양의 정수 h가 존재한다. 한편,

$$x^{ed} - x = x^{(p-1)h+1} - x = x\,(x^{(p-1)h} - 1)$$

이므로

$$(x^{(p-1)}-1)\,|\,(x^{(p-1)h}-1)$$

와 페르마의 작은 정리로부터

$$p\,|\,(x^p-x)=x(x^{(p-1)}-1)\,|\,x(x^{(p-1)h}-1)=x^{ed}-x$$

가 되어 $(x^{ed}-x)$가 p에 의해 나누어떨어진다. 같은 방법으로 $(x^{ed}-x)$가 q에 의해 나누어떨어짐을 보일 수 있다. 따라서 $(x^{ed}-x)$가 p, q에 의해 나누어떨어진다. 즉

$$\mathrm{mod}(r^d,\ m)=x$$

가 된다. ■

이제 약 200자리의 두 개의 정수 d, e를 $(p-1)(q-1)|(de-1)$이 되도록 선택하는 방법을 알아보자. 우선 e를 1에서 $(p-1)(q-1)-1$ 사이의 수로서 $(p-1)(q-1)$와 서로소인 수로 택한다. 서로소의 확인은 앞 절에서 다룬 GCD 알고리즘 2.2.1을 이용하면 쉽게 할 수 있다. 만약 서로소가 아니면 다시 다른 수를 택해 확인하는 방법을 반복한다. 컴퓨터를 이용하면 이 작업은 어렵지 않다. e는 $(p-1)(q-1)$과 서로소이므로 유클리드 알고리즘 2.2.2에 의해

$$em+(p-1)(q-1)n=1$$

인 정수 m, n이 존재한다. 따라서 $(p-1)(q-1)|(em-1)$이 된다. 또한

$$d=\mathrm{mod}(m,\ (p-1)(q-1))$$

라 하면

$$\begin{aligned}
&m-d=k(p-1)(q-1), \quad k:\ \text{정수}\\
&em-1=n(p-1)(q-1), \quad n:\ \text{정수}\\
&e(d+k(p-1)(q-1))-1=n(p-1)(q-1)\\
&ed-1=(n-ek)(p-1)(q-1)
\end{aligned}$$

이므로 $(p-1)(q-1)|(ed-1)$가 됨을 알 수 있다. 즉 d, e를 적절하게 선택할 수 있다.

또한 약 200자리의 정수 $e\approx 10^{200}$에 대해 x^e의 계산은 거의 무한 번의 곱셈과 같아서 계산이 불가능하다. 하지만 효과적인 방법은 먼저 $e=2^k$ 형태라면 $x^e=x^{2^k}=$

$(\cdots(((x)^2)^2)^2\cdots)^2$이므로 k번의 거듭제곱으로 계산이 가능하다. $r=\mathrm{mod}(x^e,\ m)$를 계산하는 데는 예제 2.2.6에서처럼 거듭제곱한 값의 m으로 나눈 나머지를 다시 거듭제곱하여 계산을 더욱 간편하게 할 수 있다.

한편, $e=2^k$ 형태가 아니면 e를 이진법으로 전환하여 2의 거듭제곱의 합으로 표현하여 위와 같은 방법으로 계산한다. 예를 들어, $e=(101100101)_2=2^8+2^6+2^5+2^2+2^0$이므로 $e=2^k$ 형태의 거듭제곱을 각각 실행하여 모두 곱하면 된다. 약 200자리의 수 e는 최대 665 거듭제곱 이하의 합으로 표현된다. 따라서 2^{664} 형태의 거듭제곱은 쉽게 실행할 수가 있다.

실제로 이러한 암호시스템은 이러한 체계를 아는 사람만이 사용이 가능한 것처럼 보이지만 컴퓨터 인터넷에 항상 접하고 있는 우리는 자주 이 암호시스템을 사용하고 있다. 예를 들어, 보안 http, 즉 https로 된 주소의 보안사이트에 접속하면 우리의 컴퓨터는 우리도 모르게 자동으로 비밀키와 공개키를 생성하여 신용카드번호나 개인신상정보 등이 도난당하지 않고 안전하게 지켜지도록 한다. 단지 조금 속도가 느리게 느껴질 뿐이다.

2.3 연습문제

01 은수와 정인이는 서로 메시지를 비밀리에 주고받기 위해 다음과 같은 0과 1로 된 60 자리의 비밀키를 갖고 있다.

110001110001000100011100010010000111001010100011111000100010

(1) 은수는 정인이에게 "GO ON MONDAY"라는 메시지를 비밀리에 보내고자 한다. 이 메시지를 0과 1로 코드화할 수 있는 방법을 말하고 변환하여라.
(2) 비트 계산을 $0+0=0$, $1+0=1$, $0+1=1$, $1+1=0$으로 할 때, 위의 주어진 비밀키와 (1)에서 구한 메시지를 비트 계산한 것으로 암호화한 메시지를 구하여라.
(3) 은수가 암호화한 메시지를 보내고 정인이는 그 메시지를 복호화하여 은수가 보내고자 하는 내용이 맞는지를 확인하여라.
(4) 이 암호시스템을 "one time pads"라고 한다. 이 암호시스템의 보안성이 깨질 수 있는 방법을 알아보아라. 즉, 제3자가 중간에서 메시지를 훔쳤을 때 쉽게 그 내용을 알 수 있는 방법을 설명하여라.

02 우리는 현금인출기에서 통장 또는 카드와 비밀번호를 사용하여 현금을 인출할 수 있다. 우리의 비밀번호를 시스템에 저장해 놓으면 안전하겠지만 시스템 관리자에게도 노출이 되어 있어 위험성은 있다. 따라서 인출기가 비밀번호를 알지 못하고 단지 사용자가 비밀번호를 제대로 입력하였는지 확인만 하도록 계산의 복잡성을 이용하여 만드는 방법에 대해 설명하여라.

03 Diffie-Hellman의 대칭형 알고리즘의 예제 2.3.6에서 $b=11$, $p=163$이고 A회사가 $s=13$를 선택하고 B회사가 $t=15$를 선택하였다면 암호공유키의 값은 얼마가 되는가?

04 Diffie-Hellman의 대칭형 알고리즘의 예제 2.3.6에서 $b=11$, $p=163$이고 A, B회사 중 한 회사가 정수 1을 택하였다면 산업스파이는 그 정수 1과 생성된 비밀키를 어떻게 알아낼 수 있는가?

05 예제 2.3.7의 RSA 암호시스템에서 $m = 77$, $p = 11$, $q = 7$을 사용하여 은수가 생성하는 e와 d를 선택하여라. 또 정인이가 공개된 e, m을 이용하여 메시지 $x = 5$를 암호화하여 은수에게 보내게 되는 메시지 r을 구하여라. 또 은수가 정인이로부터 받은 메시지 r을 복호화하면 x가 됨을 보여라.

06 예제 2.3.7의 RSA 암호시스템에서 $m = 77$, $p = 11$, $q = 7$을 사용하여 정인이가 암호화하여 보내온 메시지가 $r = 2$이라면 위의 5의 d를 이용하여 r을 복호화하여 x를 구하여라.

07 예제 2.3.7의 RSA 프로토콜에서 m이 소수라면 공개된 e, m과 가로챈 메시지 r을 가지고 어떻게 원문 메시지 x를 찾을 수 있는가?

08 예제 2.3.7의 RSA 프로토콜에서 $m = 5 \times 13$이고 $e = 7$이라면 d는 얼마가 되는가?

09 예제 2.3.7의 RSA 프로토콜에서 e와 d는 홀수가 되어야 하는가 이유를 설명하여라.

제 3 장
경우의 수와 확률

3.1 경우의 수 세기

3.2 순열과 조합

3.3 분배와 분할

3.4 확률

이 장에서는 특수한 성질을 갖는 유한 집합의 크기(원소의 개수)를 세는 방법들을 체계적으로 다루고자 한다. 크기가 n인 유한집합 A의 서로 다른 부분 집합의 개수, 즉 A의 멱집합 $\wp(A)$의 크기, 부분집합 중에 크기가 k, $(k < n)$인 집합의 개수, 또는 집합 A의 원소로 된 순서집합(ordered set)의 개수를 구하는 순열과 조합 및 분배이론뿐 아니라 이들을 응용한 이산 확률을 공부한다.

3.1 경우의 수 세기

3.1.1 기본 법칙

순열과 조합 및 분배와 분할 등 경우의 수 세기는 어떤 사건이 일어날 수 있는 모든 경우를 반드시 확인하지 않고 논리적으로 일어날 가능성을 지닌 사건의 수를 결정하는 방법을 체계적으로 분석하는 이론이다. 하나의 실험(직접 그 결과의 경우를 눈으로 확인할 수 있는 물리적인 과정)에서 나올 수 있는 결과의 수, 또는 어떤 사건이 발생할 가능성(방법)의 수를 **경우의 수**라고 한다.

하나의 공을 한 개의 상자에 담는 실험에서는 담는 방법이 한 가지밖에 없으므로 담을 때 나올 수 있는 결과의 수, 즉 한 개의 공을 한 상자에 담을 경우의 수는 1이 된다. 또 동전을 던졌을 때 나오는 결과의 수는 앞면과 뒷면으로 2가지이며, 주사위를 던졌을 때는 1에서 6까지 나오는 6가지의 경우의 수가 있다. 하지만 포커를 할 때 나오는 경우의 수나 7만 명의 시민 중에 5명의 시의원을 뽑을 때 나오는 결과의 수, 즉 경우의 수는 상당히 많다.

이와 같은 여러 가지의 실험에서 경우의 수를 구할 때는 아래의 두 가지의 기본 법칙(counting principles)을 따른다.

▌곱셈의 법칙

하나의 실험에서 나올 수 있는 결과의 수가 m가지이고, 다른 독립된 실험에서 나올 수 있는 결과의 수가 n가지이면 두 가지 실험에서 나올 수 있는 모든 결과의 수는 $m \times n$가지이다.

일반적으로 각 사건이 독립이라면 사건 E_1이 일어날 수 있는 경우가 n_1가지, 사건 E_2가 일어날 수 있는 경우가 n_2가지, 사건 E_3이 일어날 수 있는 경우가 n_3가지가 있으며, 이어서 사건 E_4는 n_4, E_5는 n_5, $\cdots$와 같이 계속될 때 모든 사건이 일어날 경우의 수는 $n_1 n_2 n_3 \cdots$가 된다.

집합으로 개념을 설명하면 유한집합 S_1, S_2에 대한 원소의 개수를 각각 $|S_1|$, $|S_2|$라 할 때, 순서쌍 $(s_1, s_2) \in S_1 \times S_2$의 개수 $|S_1 \times S_2|$는 $s_1 \in S_1$, $s_2 \in S_2$가 되는 경우의 수 $|S_1|$와 $|S_2|$의 곱이 된다. 즉,

$$|S_1 \times S_2| = |S_1| \cdot |S_2| \tag{3.1.1}$$

이다.

▮덧셈의 법칙

하나의 실험에서 나올 수 있는 결과의 수는 m가지이고 또 다른 별개의 실험(앞 실험과 결과가 동시에 발생하지 않는 실험)에서 나올 수 있는 결과의 수가 n가지이면, 두 가지 실험 중에 한 가지만 나올 수 있는 모든 결과의 수는 $m+n$가지이다.

일반적으로 사건 E_1가 일어날 수 있는 경우가 n_1가지, 사건 E_2가 일어날 수 있는 경우가 n_2가지, 사건 E_3이 일어날 수 있는 경우가 n_3가지가 있으며, 사건 E_4는 n_4, E_5는 n_5, $\cdots$와 같이 계속되고 어떤 두 사건도 동시에 일어나지 않는다면 모든 사건 중에 하나의 사건이 일어날 경우의 수는 $n_1 + n_2 + n_3 + \cdots$가 된다.

집합으로 개념을 설명하면 유한집합 S_1, S_2에 대하여 $S_1 \cap S_2 = \varnothing$이면 원소 $s \in S_1 \cup S_2$의 개수 $|S_1 \cup S_2|$는 $|S_1|$와 $|S_2|$의 합이 된다. 즉

$$|S_1 \cup S_2| = |S_1| + |S_2| \tag{3.1.2}$$

이다.

예제 3.1.1

수학과에서는 오전에 7과목을, 오후에는 다른 5과목을 개설하여 강의를 하고 있다. 학

생들이 오전과 오후에 모두 각각 1과목씩 수강할 수 있는 경우의 수는 곱셈의 법칙에 의해 $7\times5=35$가 되며, 오직 1과목만 수강할 수 있는 경우의 수는 덧셈의 법칙에 의해 $7+5=12$가 된다. ■

예제 3.1.2

6개의 구별되는 동전을 던져서 나오는 경우의 수는 몇 가지인가? 우선 하나의 동전에 대하여 생각하면 나머지 동전 5개가 어떻게 나오든 상관없이 첫 번째의 동전은 앞과 뒤가 나오는 두 가지의 경우가 있다. 한편 첫 번째가 앞이든 뒤든 상관없이 나머지 5개의 동전이 나오는 경우의 수는 같으므로 곱셈의 법칙에 의해

6개 동전을 던져 나오는 경우의 수
=(1개의 동전을 던져 나오는 경우의 수)×(5개의 동전을 던져 나오는 경우의 수)
=2×(5개의 동전을 던져 나오는 경우의 수)

가 된다. 또 5개의 동전을 던져 나오는 경우의 수를 세기 위해 5개 중에 하나의 동전은 나머지 4개의 동전에 상관없이 앞과 뒤 두 가지가 나올 경우의 수가 있으며, 이것은 나머지 4개의 동전을 던져 나오는 경우의 수에 영향을 주지 않는다. 따라서 곱셈의 법칙에 의해

6개 동전을 던져 나오는 경우의 수
=2×(1개의 동전을 던져 나오는 경우의 수)×(4개의 동전을 던져 나오는 경우의 수)
=2×2×(4개 동전을 던져 나오는 경우의 수)

이다. 이와 같이 6개의 동전에 대하여 각각 반복하여 생각하면 총 6개 동전을 던져 나오는 경우의 수는 $2\times2\times2\times2\times2\times2=2^6=64$가지가 됨을 알 수 있다. ■

위의 예제를 이용하면 n개의 원소를 갖는 집합 A의 부분 집합의 개수를 구할 수 있다. 집합 $A=\{a_1,\ a_2,\ a_3,\ \ldots,\ a_n\}$의 각 원소에 동전 n개를 대응하여 각 동전을 던져 앞면이 나오면 대응되는 원소를 부분집합에 포함하고 뒷면이 나오면 포함하지 않는다고 하자. n개의 동전을 던져 앞면이 나오는 동전에 대응하는 모든 원소를 모아 부분집합으로 만들면 모든 부분집합을 구할 수 있다. 따라서 예제 3.1.2에 의해 동전 n개를 던져 나오는 경우의 수가 2^n가지가 있으므로 집합 A의 부분 집합의 개수는 2^n개가 존재함을 알 수 있다. 즉 멱집합의 크기는 $|\wp(A)|=2^{|A|}$가 된다.

예를 들어 100개의 원소를 갖는 집합 A의 부분집합의 개수는 2^{100}이다. 이 수의 크기를 추정해보면, 먼저 $2^3 = 8 < 10$이므로 $2^{99} < 10^{33}$이고 $2^{100} < 2 \cdot 10^{33}$이 된다. 따라서 2^{100}은 최대 34자리의 수이다. 또 $2^{10} = 1024 > 10^3$이므로 $2^{100} > 10^{30}$이 된다. 따라서 2^{100}은 적어도 31자리의 수이다. 더 정확히는 $2^{100} = 10^x$, $10^{k-1} \le 10^x < 10^k$ (k :정수)에서 $x = 100\log 2 \cong 30.103$이므로 31자리의 수가 됨을 알 수 있다.

곱셈의 법칙이 적용되는 아주 중요한 응용문제는 정수를 다루는 문제에서 찾을 수 있다. 주어진 정수 n에 대하여 n의 인수는 n을 나눌 수 있는 정수를 말한다. n의 인수의 개수는 얼마나 되는지를 조사해보자.

예제 3.1.3

정수 540의 인수의 개수를 구하여라.

풀이 우선 540을 나눌 수 있는 모든 소수를 구하여 곱한다.(소인수분해를 한다.) 즉, $540 = 2^2\,3^3\,5$에서 인수의 개수를 찾는 방법을 알아보자. 540의 소인수분해로부터 540을 나눌 수 있는 모든 인수는 2, 3, 5만의 인수를 갖게 된다. 따라서 540의 모든 인수는 $2^a\,3^b\,5^c$의 형태를 갖는다. 또한 540의 인수는 2를 3개 이상은 가질 수 없다. (예를 들어, $2^3 = 8$은 540을 나눌 수 없다.) 따라서 $a \le 2$, 즉 a는 0, 1, 또는 2가 된다. 또한 b는 0, 1, 2, 또는 3이 되고, c는 0 또는 1이 되어야 한다. 이제 540의 모든 인수 $2^a\,3^b\,5^c$에서 a는 3가지의 경우, b는 4가지의 경우, c는 2가지의 경우가 될 수 있으므로 곱셈의 법칙에 의해 모두 $3 \times 4 \times 2 = 24$개의 인수를 갖는다. ■

곱셈의 법칙이 적용되는 실험들은 서로 독립적이어야 하며, 덧셈의 법칙이 적용되는 실험들은 결과들이 동시에 발생하지 않아야 한다. 다음의 예제는 곱셈과 덧셈의 법칙이 모두 적용되지 않는 경우이다.

예제 3.1.4

냉장고에 생선, 피자 그리고 볶음밥 등 3가지 종류의 저녁식사가 준비되어 있고, 음료수로는 우유, 주스, 맥주가 있다. 맥주는 피자하고만 같이 먹고, 우유는 피자하고 마시지 않는다. 또 볶음밥하고 주스는 함께 먹지 않는다. 저녁식사와 음료수와 함께 제공되는 가지 수는 몇 개인가?

풀이 (생선, 우유), (생선, 주스), (피자, 맥주), (피자, 주스) 그리고 (볶음밥, 우유)와 같이 5가지 종류의 조합뿐이다. 이 문제에서는 곱셈의 법칙에 의한 $3 \times 3 = 9$ 그리고 덧셈의 법칙에 의한 $3 + 3 = 6$가지가 될 수 없어 두 가지의 기본법칙이 적용되지 않는다. 이것은 저녁식사의 선택과 음료수의 선택이 서로 독립된 실험이 아니기 때문에 곱셈의 법칙이 적용되지 않으며, (피자, 주스)와 같이 두 실험의 결과가 동시에 발생하므로 덧셈의 법칙이 적용될 수 없다. ■

위의 예제와 같이 어떤 조건에 제한을 받는 사건들이 동시에 발생하는 경우에는 곱셈의 법칙을 적용할 수 없으나, 다음의 예제와 같이 각 사건이 제한을 받으면서 곱셈의 법칙이 적용되어 경우의 수를 계산할 수는 있다.

예제 3.1.5

다섯 개의 서로 다른 색의 초콜릿을 다섯 아이들에게 나누어 주는 방법은?

풀이 이 문제에서는 초콜릿이 제한되어 있기 때문에 독립성이 유지되지 않는다. 따라서 첫 아이에게는 5가지의 방법, 두 번째의 아이에게는 4가지의 방법, 세 번째의 아이에게는 3가지의 방법 등 따라서 모두 $5 \times 4 \times 3 \times 2 \times 1 = 120$가지가 된다. ■

경우의 수를 구할 때 때로는 그 실험의 순서가 해결책을 제공하기도 한다. 이 방법은 각각의 경우의 제한 조건이 서로 다른 경우에 주로 사용된다. 다음의 예제를 들어 설명한다.

예제 3.1.6

다섯 자리의 정수 중에 1, 2, 또는 4로 끝나며 숫자가 반복되지 않는 수는 몇 개인가?

풀이 처음 자리의 수부터 생각해보면 우선 처음 자리에는 0 이외의 수가 모두 들어갈 수 있으므로 9가지의 경우의 수가 되고, 두 번째 자리에는 다시 9가지의 경우의 수, 3번째 자리에는 8가지의 경우의 수, 4번째 자리에는 7가지의 경우의 수가 있으나, 마지막 다섯째 자리에는 1, 2, 4의 3가지의 경우를 생각할 수 있으나 앞의 자리에서 이미 사용을 했는지 알 수 없으므로 전체의 경우의 수를 구하기가 쉽지 않다. 하지만 마지막 다섯째 자리의 경우부터 생각하면 좀 더 쉽게 해결할 수가 있다. 우선 다섯째 자리에는 1, 2, 4의 3가지 경우가 있다. 이제 다시 첫 자리에는 0과 이미 사용된 수를 제외하여 8가지의 경우가 있고, 나머지 중간의 세 개의 자리에는 앞에서 언급한 바와 같이 각각 8, 7, 6가지의 경우가 있으므로 모두 $3\times8\times8\times7\times6=8064$개의 수를 찾을 수 있다. ■

3.1.1 | 연습문제

01 단어의 뜻에 상관없이 영어 알파벳 4개로 된 단어는 몇 가지인가?

02 영어 4자리의 단어 중에 중간의 2자리는 모음으로 마지막은 자음으로 된 단어는 모두 몇 개인가?

03 5가지 색의 초콜릿들로 포장된 M&M을 3명의 아이들에게 나누어 줄 수 있는 경우의 수는 몇 가지인가?

04 20000과 69999 사이의 자연수 중에 백의 자리에서 5를 갖는 홀수는 몇 개인가?

05 정수 $n = p_1^{e_1} p_2^{e_2} \cdots p_k^{e_k}$의 인수는 몇 개인가?

06 12의 인수의 개수는 모두 몇 개인가?

07 1,000,000의 인수는 모두 몇 개인가?

08 2학년 2반에서 대표를 뽑을 수 있는 방법은 52가지이고, 3학년 1반에서 대표를 뽑을 수 있는 방법은 49가지이면, 2학년 2반과 3학년 1반에서 대표를 모두 뽑을 수 있는 방법은 몇 가지이고, 2학년 2반 또는 3학년 1반에서 대표를 뽑을 수 있는 방법은 몇 가지인가?

09 식당에서 아침 식사로 제공되는 음식의 종류는 5가지이고, 점심으로 제공되는 음식의 종류는 7가지이다. 이 식당에서 아침과 점심을 먹는 사람이 선택할 수 있는 아침과 점심의 음식 종류는 모두 몇 가지이고, 아침과 점심 중에 한 끼만 먹기를 원하는 사람이 선택할 수 있는 음식의 종류는 모두 몇 가지인가?

10 어떤 식당의 메뉴에 음식의 종류별로 다음의 4가지 그룹이 있다.

제 1 그룹 : 깨죽, 흰죽, 버터 수프, 야채 수프
제 2 그룹 : 불고기, 돼지불고기, 피자, 해물탕, 탕수육
제 3 그룹 : 국수, 냉면, 된장과 밥
제 4 그룹 : 커피, 홍차, 아이스크림, 과일

(1) 위의 4가지 그룹의 음식들 중 반드시 하나를 선택하여 차례로 식사를 할 때 얼마나 많은 종류의 선택을 할 수 있는가?
(2) 위의 4그룹 중에 하나의 그룹을 먹고 싶지 않은 손님이 있을 경우에 선택되는 경우는 몇 가지인가?

11 8×8 체스판(64개의 사각형으로 된 판)에서 변이 겹치는 두 개의 사각형을 선택할 수 있는 경우의 수는 몇 가지인가? 이때 체스판의 가장 작은 사각형만 생각한다.

12 4자리의 영어 단어 중에 중간 2자리는 모음, 다른 2자리는 자음으로 구성되며 같은 알파벳이 반복되지 않는 단어는 몇 가지인가?

13 (1) 반복되지 않는 4개의 알파벳으로 구성된 영어 단어를 몇 가지로 만들 수 있는가?
(2) 4자리의 영어 단어 중에 반복되는 알파벳이 있는 단어는 모두 몇 %가 되는가?

14 20000과 69999 사이의 자연수 중에 백의 자리에 5를 갖고 같은 자리수가 반복되지 않는 홀수는 몇 개인가?

15 영어의 알파벳의 전반 $\frac{1}{2}$에서 다섯 개의 반복되지 않는 글자를 뽑아 구성한 영어 단어 중에 세 번째와 다섯 번째는 모음이고, 첫 번째는 자음으로 시작하는 단어의 수는 몇 개인가?

16 정인그룹의 데이터베이스에 4개의 필드가 있다. 첫 필드는 8개의 영문자로 회사원 이름의 약자가 포함되고, 2번째는 남과 여를 표시하는 필드이며, 3번째의 필드에는 회사원의 생일이 yyyy-mm-dd의 형식으로 저장되며, 마지막 4번째의 필드는 사원의 팀영역이 13개 분류되어 반드시 하나에 포함되도록 하였다. 이 데이터베이스에는 서로 다른 데이터가 얼마나 많이 저장될 수 있는가?

17 54개국으로 구성된 유럽의 안전보장위원에서 3명의 다른 이사를 뽑으려고 한다. 그러나 규정에 의하면 지정된 4개국 중 적어도 한 나라는 이사국이 되어야 한다. 이사를 뽑을 수 있는 경우의 수는 몇 가지인가?

18 서로 다른 3개의 빨간색의 초콜릿과 4개의 서로 다른 갈색 초콜릿, 5개의 서로 다른 검은색의 초콜릿을 두 아이에게 다른 색 1개씩 나누어 줄 수 있는 방법은 몇 가지인가?

19 쇼핑몰에서 쇼핑을 하기 위해서 사용자는 6 ~ 8자의 패스워드를 구성해야만 한다. 각 글자는 대문자이거나 숫자이고 패스워드에 적어도 하나의 숫자는 포함되어야 한다. 이때 가능한 패스워드의 수는 얼마인가?

3.1.2 포함 배제 원리

이 절에서는 앞 절에서 다룬 경우의 수 세기의 기본 법칙을 일반화하고자 한다. 포함 배제의 원리는 두 개 이상의 집합들의 합집합의 원소의 개수를 세기 위해 덧셈의 법칙을 일반화시킨 원리이다. 따라서 경우의 수를 세는 문제에서 이 원리는 중요한 역할을 한다.

두 개의 유한집합 A, B에 대하여 합집합의 원소의 개수는

$$|A \cup B| = |A| + |B| - |A \cap B| \tag{3.1.3}$$

의 관계가 있다. 즉 두 집합의 합집합 $A \cup B$의 원소의 개수를 셀 때는 $|A|$, $|B|$를 **포함**(inclusion)하고, 중복된 $|A \cap B|$를 **배제**(exclusion)하여야 한다. 이러한 원리를 **포함 배제 원리**(inclusion-exclusion principle)라고 하는데, 이 원리는 임의의 개수의 집합의 합집합의 원소를 세는 경우에도 적용된다. 이 원리와 아래 그림 3.1.1의 벤다이어그램을 이용하면 쉽게 세 개의 집합의 합집합의 원소의 개수를 다음 식 (3.1.4)와 같이 구할 수 있다.

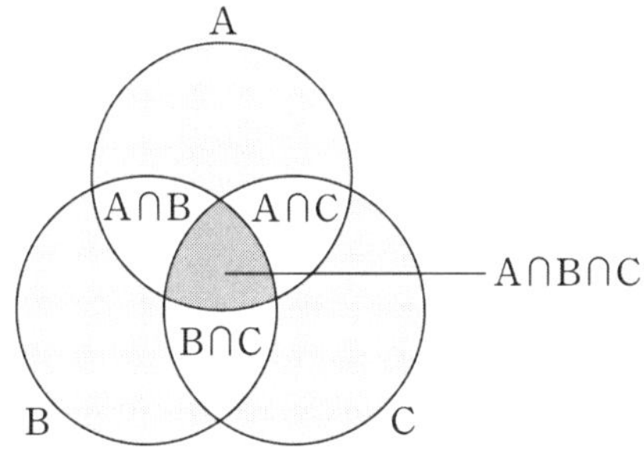

그림 3.1.1

$$\begin{aligned}|A \cup B \cup C| &= |A| + |B| + |C| - |A \cap B| - |A \cap C| \\ &\quad - |B \cap C| + |A \cap B \cap C|\end{aligned} \tag{3.1.4}$$

예제 3.1.7

정수 1000에서 9999 사이의 정수의 4자리 중에 적어도 하나의 0과 1과 2를 갖는 수의 개수를 구하여라. (예 : 1072, 2101)

풀이 집합 $T = \{1000, 1001, \cdots, 9999\}$라 하자. 이 중에서 0, 1, 2 중의 수를 하나도 갖지 않는 수를 구하기가 더 쉬우므로 여집합을 생각한다. 세 집합

$$A_k = \{k\text{를 포함하지 않는 1000과 9999 사이 정수 }\},\ k = 0,\ 1,\ 2$$

라고 하자. 이때 여집합 A_k^c는 k를 적어도 하나를 포함하는 1000과 9999 사이의 수의 집합이 된다. 또 집합 $A_0^c \cap A_1^c \cap A_2^c$는 적어도 0, 1, 2를 하나씩은 포함하는 수의 집합으로 우리가 구하고자 하는 집합이다. 드모르간의 법칙에 의하여

$$A_0^c \cap A_1^c \cap A_2^c = (A_0 \cup A_1 \cup A_2)^c = T - (A_0 \cup A_1 \cup A_2)$$

이므로 집합 $(A_0 \cup A_1 \cup A_2)$의 원소 개수를 포함 배제 원리에 의해 구하면 된다. 곱셈의 법칙에 의해 T의 원소 중 1을 포함하지 않는 원소의 개수 $|A_1|$은 처음 자리에 0과 1을 제외한 2에서 9까지 8개가 들어갈 수 있고, 나머지 자리에는 0에서 9까지 1을 제외한 9개의 수가 들어갈 수 있으므로 전부 $|A_1| = 8 \cdot 9 \cdot 9 \cdot 9$개가 된다. 같은 방법으로 필요한 집합의 크기를 구해보면

$$|A_1| = |A_2| = 8 \cdot 9 \cdot 9 \cdot 9 = 5832,\ |A_0| = 9 \cdot 9 \cdot 9 \cdot 9 = 6561$$
$$|A_0 \cap A_1| = |A_0 \cap A_2| = 8 \cdot 8 \cdot 8 \cdot 8 = 4096$$
$$|A_1 \cap A_2| = 7 \cdot 8 \cdot 8 \cdot 8 = 3584$$
$$|A_0 \cap A_1 \cap A_2| = 7 \cdot 7 \cdot 7 \cdot 7 = 2401$$

이 되고, 포함 배제 원리에 의하여

$$\begin{aligned}|A_0 \cup A_1 \cup A_2| &= 6561 + 5832 + 5832 \\ &\quad - (4096 + 4096 + 3584) + 2401 = 8850\end{aligned}$$

가 된다. 따라서

$$|A_0^c \cap A_1^c \cap A_2^c| = |T| - |A_0 \cup A_1 \cup A_2| = 9000 - 8850 = 150$$

이므로 1000에서 9999 사이에 0, 1, 2가 적어도 하나씩은 포함되는 수의 개수는 150이다. ■

일반적으로 포함 배제 원리에 의한 임의의 유한개의 집합의 합집합의 원소 개수는 다음과 같은 결과를 얻게 된다.

정리 3.1.1

유한개의 집합 A_1, A_2, $\cdots$, A_r에 대하여 다음의 관계식이 성립한다.

$$|A_1 \cup A_2 \cup \cdots \cup A_r| = \sum_{i=1}^{r}|A_i| - \sum_{1 \le i < j \le r}|A_i \cap A_j| + \sum_{i<j<k}^{r}|A_i \cap A_j \cap A_k| - \cdots + (-1)^{r-1}|A_1 \cap A_2 \cap \cdots \cap A_r| \quad (3.1.5)$$

증명 집합의 개수 r에 관하여 수학적 귀납법을 이용하여 증명한다. 식 (3.1.3)에 의하여 $r=2$인 경우에 식 (3.1.5)는 성립한다. 수학적 귀납법의 가정 단계에 의하여 $r-1$의 경우에 식 (3.1.5)가 성립한다고 가정하고, 이제 r일 때의 식 (3.1.5)을 증명하자. 식 (3.1.3)에 의하여

$$\begin{aligned}|A_1 \cup A_2 \cup \cdots \cup A_r| &= |A_1 \cup A_2 \cup \cdots \cup A_{r-1}| + |A_r| \\ &\quad - |A_r \cap (A_1 \cup A_2 \cup \cdots \cup A_{r-1})| \end{aligned} \quad (3.1.6)$$

이다. 또한

$$|A_r \cap (A_1 \cup A_2 \cup \cdots \cup A_{r-1})| = |(A_r \cap A_1) \cup (A_r \cap A_2) \cup \cdots \cup (A_r \cap A_{r-1})|$$

이므로 귀납법의 가정에 의해 위의 $r-1$개의 $A_r \cap A_i$, $i=1, 2, \cdots, r-1$에 대하여 식 (3.1.5)가 만족하여야 하므로

$$\begin{aligned}&|(A_r \cap A_1) \cup (A_r \cap A_2) \cup \cdots \cup (A_r \cap A_{r-1})| \\ &= |A_r \cap A_1| + |A_r \cap A_2| + \cdots + |A_r \cap A_{r-1}| \\ &\quad - \sum_{i<j}^{r-1}|(A_r \cap A_i) \cap (A_r \cap A_j)| \\ &\quad + \sum_{i<j<k}^{r-1}|(A_r \cap A_i) \cap (A_r \cap A_j) \cap (A_r \cap A_k)| \\ &\quad - \cdots + (-1)^{r-2}|(A_r \cap A_1) \cap (A_r \cap A_2) \cap \cdots \cap (A_r \cap A_{r-1})| \\ &= |A_r \cap A_1| + |A_r \cap A_2| + \cdots + |A_r \cap A_{r-1}| \\ &\quad - \sum_{i<j}^{r-1}|(A_r \cap A_i \cap A_j)| + \sum_{i<j<k}^{r-1}|(A_r \cap A_i \cap A_j \cap A_k)| \\ &\quad - \cdots + (-1)^{r-2}|(A_r \cap A_1 \cap A_2 \cap \cdots \cap A_{r-1})| \end{aligned} \quad (3.1.7)$$

와 같다. 또한 $r-1$개의 집합 A_1, A_2, $\cdots$, A_{r-1}에 대하여 식 (3.1.5)가 귀납법의 가정에 의해 만족이 되어야 하므로

$$|A_1 \cup A_2 \cup \cdots \cup A_{r-1}| = \sum_{i=1}^{r-1}|A_i| - \sum_{i<j}^{r-1}|A_i \cap A_j| + \sum_{i<j<k}^{r-1}|A_i \cap A_j \cap A_k| - \cdots + (-1)^{r-2}|A_1 \cap A_2 \cap \cdots \cap A_{r-1}| \quad (3.1.8)$$

이 성립한다. 따라서 위의 식 (3.1.7)과 (3.1.8)을 식 (3.1.6)에 대입하면 식 (3.1.5)를 얻는다. ■

예제 3.1.8

n명의 사람이 파티에 참석할 때 우산을 하나씩 들고 왔다. 파티가 끝나고 모든 사람이 우산을 보관한 상자에서 하나씩 들고 돌아갔다. 이때 모든 사람이 자기의 우산을 가지고 오지 못하는 경우의 수는 얼마인가?

풀이 집합 A_p를 n명 중 p라는 사람이 자기 우산을 가지고 오는 모든 경우의 집합이라고 하자. 그러면 p에게는 자기의 우산을 고정하고 나머지 $(n-1)$ 사람에게 $(n-1)$개의 우산을 나누어 주는 경우와 같다. 우선 $(n-1)$ 중 한 사람에게 줄 수 있는 우산은 $(n-1)$개, 두 번째 사람에게 줄 수 있는 우산은 $(n-2)$개, ..., $(n-1)$번째 사람에게 줄 수 있는 우산은 1개가 각각 있으므로 전체의 경우의 수 $|A_p|$는 곱셈의 법칙에 의해 $(n-1)(n-2)\cdots 2 \cdot 1 = (n-1)!$ 이다. 따라서 $|A_p| = (n-1)!$이다. 또 $A_p \cap A_q$, $p \neq q$는 p와 q가 자기 우산을 가지고 오는 경우의 집합이므로 $|A_p \cap A_q| = (n-2)!$이고 $|A_p \cap A_q \cap A_r| = (n-3)!$, $\cdots$이 된다. 포함 배제의 원리에 의해 적어도 한 사람 이상이 자기의 우산을 가지고 오는 경우의 수는 $\left|\bigcup_{p=1}^{n} A_p\right|$이고,

$$\left|\bigcup_{p=1}^{n} A_p\right| = \sum_{p=1}^{n}|A_p| - \sum_{p<q}^{n}|A_p \cap A_q| + \sum_{p<q<r}^{n}|A_p \cap A_q \cap A_r| - \cdots + (-1)^{n-1}|A_1 \cap \cdots \cap A_n|$$

이 된다. 따라서 모든 사람이 자기의 우산을 가지고 오지 못하는 경우의 수는 전체 경우의 수 $n!$에서 위의 경우의 수를 제외하면 되므로

$$
\begin{aligned}
& n! - \left| \bigcup_{p=1}^{n} A_p \right| \\
&= n! - \sum_{p=1}^{n} |A_p| + \sum_{p<q}^{n} |A_p \cap A_q| - \sum_{p<q<r}^{n} |A_p \cap A_q \cap A_r| \\
&\quad + \cdots + (-1)^n |A_1 \cap \cdots \cap A_n| \\
&= n! - n \cdot (n-1)! + \frac{n(n-1)}{2!}(n-2)! - \frac{n(n-1)(n-2)}{3!}(n-3)! \\
&\quad + \cdots + (-1)^n \frac{n!}{n!}(n-n)! \\
&= n!\left(1 - \frac{1}{1} + \frac{1}{2!} - \frac{1}{3!} + \cdots + (-1)^n \frac{1}{n!}\right) \\
&= n! \sum_{k=0}^{n} \frac{(-1)^k}{k!}
\end{aligned}
$$

가 된다. 위의 첫 번째와 두 번째 등식에서 집합 $\{A_1, A_2, \cdots, A_n\}$에서 부분집합 $\{A_p, A_q, A_r, p<q<r\}$ 등을 선택하는 경우의 수를 계산해야 한다. 즉, 제한적 곱셈의 법칙을 이용하면 A_p의 선택이 n가지, A_q가 $(n-1)$가지, A_r이 $(n-2)$가지이나 $p<q<r$의 제한조건이 있으므로 각 선택에 대해 A_p, A_q, A_r의 순서가 바뀌는 경우의 수 3!만큼 제외해야 한다. 따라서 경우의 수 $\frac{n(n-1)(n-2)}{3!}$를 이용하고 있다. 선택되는 부분집합의 개수가 2개 또는 4개 이상이 될 경우에도 유사하게 계산하면 된다. 이에 관련된 자세한 내용은 3.2절에서 다루고 있다. 참고로 상당히 큰 n에 대해 $n!\sum_{k=0}^{n}\frac{(-1)^k}{k!} \approx \frac{n!}{e}$이다. ■

3.1.2 | 연습문제

01 5개의 원소를 갖는 집합과 9개의 원소를 갖는 집합의 합집합을 구할 때, 합집합의 원소의 개수가 될 수 있는 수는 4, 6, 9, 10, 14, 20 중 어떤 수들인가?

02 (1) n개의 원소를 갖는 집합과 m개의 원소를 갖는 집합의 합집합을 구할 때, 합집합의 원소의 개수가 되는 범위를 구하여라.

(2) n개의 원소를 갖는 집합과 m개의 원소를 갖는 집합의 공통집합을 구할 때, 공통집합의 원소의 개수가 되는 범위를 구하여라.

03 두 집합 A, B의 **대칭차**(symmetric difference)의 집합은 A나 B 중 한 곳에만 속해 있는 원소들의 모임을 말한다. 다음 물음에 답하여라

(1) 음이 아닌 정수의 집합 $\mathbb{Z}_+$와 짝수인 정수의 집합 $\mathbb{E}$의 대칭차 집합은 무엇인가?

(2) 두 집합 A, B의 대칭차의 집합을 C라 하면, A, C의 대칭차의 집합을 구하고 증명하여라.

04 70 이하의 자연수 중에 70과 서로소인 자연수의 개수는 얼마인가?

05 1에서 250 사이의 자연수 중에 2, 3, 5, 7의 적어도 하나로 나누어지는 수의 개수를 구하여라.

06 (1) 100 이하의 자연수 중에 2, 3, 5, 또는 7로 나누어 떨어지지 않는 수의 개수를 구하여라.

(2) 위의 (1)의 방법으로 100 이하의 소수의 개수를 구하여라.

07 집합 S의 부분집합의 개수를 $P(S)$라고 하자. 집합 A가 주어져 있고 원소의 개수가 100개인 두 집합 B, C에 대하여

$$P(A)+P(B)+P(C)=P(A\cup B\cup C)$$

일 때, $|A\cap B\cap C|$의 최소값을 구하여라.

08 집합 $\{1,\ 2,\ \cdots,\ 280\}$ 중 n개의 원소를 갖는 부분집합이 두 개씩 서로소인 원소를 5개 이상 포함하도록 하는 최소의 자연수 n을 구하여라.

09 집합 $A=\{1,\ 2,\ \cdots,\ n\}$에 대해 전단사함수 $f:A\to A$를 정의할 때

(1) $f(p)=q$, $p\neq q$가 되는 전단사함수는 몇 개가 존재하는가?

(2) 전단사함수의 개수를 d_n이라 하면

$$d_n=(n-1)(d_{n-1}+d_{n-2}),\ d_0=1,\ d_1=0$$

임을 보여라.

(3) 위 (2)의 d_n은 $d_n=nd_{n-1}+(-1)^n$, $n\geq 1$을 만족함을 보여라.

10 A, B, C, D 네 명의 학생의 시험지를 채점한 결과의 성적이 각각 A, B, C, D이다. 교수가 4명의 시험지를 모두 자기의 시험지가 아닌 다른 사람의 시험지를 나누어주는 경우의 수는 얼마인가?

11 99999 이하의 자연수에서 각 자리의 숫자로 1,2,3,4를 모두 포함하는 수의 경우의 수는 얼마인가?

12 1에서 n까지의 정수 중에서 n과 서로소가 되는 정수의 개수를 $\phi(n)$이라고 한다. n이 소수인 소인수 p_1, p_2, $\cdots$, p_r를 가질 때 $\phi(n)$은

$$\phi(n)=n\left(1-\frac{1}{p_1}\right)\left(1-\frac{1}{p_2}\right)\cdots\left(1-\frac{1}{p_r}\right)$$

임을 보여라.

3.1.3 비둘기집의 원리

일어날 수 있는 많은 상황의 존재성 등 이산수학의 많은 이론적 결과를 도출할 때에는 다음과 같은 지극히 당연한 원리가 중요하게 이용되고 있다.

> **정리 3.1.2** **비둘기집의 원리 1(Pigeon-Hole Principle 1)**
> m개의 물건(비둘기)을 m보다 작은 n개의 상자(비둘기집)에 담는다면 반드시 2개 이상의 물건이 담긴 상자가 있다.

위의 원리는 n개의 상자(비둘기집) 중에 반드시 2개 이상의 물건이 담긴 상자가 있도록 하기 위해서는 적어도 $n+1$개 이상의 담을 물건이 있어야 한다는 의미와 같다. 다음은 비둘기집의 원리를 적용하여 쉽게 해결할 수 있는 문제들이다.

예제 3.1.9

(1) 주머니 안에 여러 개의 빨간색, 노란색, 파란색 양말이 들어 있다. 적어도 4개의 양말(비둘기)은 꺼내야 같은 색(비둘기집)의 양말 한 쌍을 찾을 수 있다.

(2) 일반적으로 사람의 머리카락의 수는 15만 개이다. 1,500만 명의 인구를 갖는 서울시에는 같은 수의 머리카락을 갖는 두 명 이상의 사람이 반드시 있다.

(3) 다음 주(비둘기집) 중에 8개국의 외빈(비둘기)들이 우리나라를 방문한다면, 8개국 중 2개국의 외빈들은 반드시 같은 날에 방문한다.

(4) 집합 $\{1, 2, 3, \cdots, 9\}$에서 임의의 6개의 수(비둘기)를 뽑으면 $\{1, 9\}$, $\{2, 8\}$, $\{3, 7\}$, $\{4, 6\}$, $\{5\}$의 5개의 집합(비둘기집) 중에 하나 이상을 만들 수 있다. 즉 뽑은 6개의 수 중에 합이 10이 되는 두 수는 반드시 있다.

(5) 서로 서로 악수를 하고 모인 파티에 n명이 참가하였다. 이 중에는 같은 수의 악수를 한 사람이 적어도 2명 이상이 있다. 왜냐하면, 0번, 1번, 2번, $\cdots$, $n-1$번 악수를 한 사람이 있다. 그러나 이 중에서 $n-1$번 악수를 한 사람이 있으면 0번 악수를 한 사람이 없게 되고, 누구와도 악수를 하지 않은 사람이 있으면 $n-1$번 악수를 한 사람이 없게 된다. 즉, 0번 또는 $n-1$번 악수를 한 사람의 수는 0명이다. 따라서 비둘기집의 원리에 의해 n명(비둘기)이 악수한 각 회수는 $n-1$가지(비둘기

집)이므로 n명 중에는 같은 수의 악수를 한 사람이 적어도 2명 이상이 있다. ■

비둘기집의 원리는 다음의 예제의 증명에서와 같이 함수에도 적용이 될 수 있다.

예제 3.1.10

어떠한 순서로 나열된 p개의 정수 $a_1,\ a_2,\ \cdots,\ a_p$ 중에는 일부 나열 순서대로의 합이 p로 나누어떨어지는 몇 개의 정수들이 항상 있음을 보여라.

풀이 주어진 정수들로 만들어진 다음의 집합

$$S = \{0,\ a_1,\ (a_1 + a_2),\ (a_1 + a_2 + a_3),\ \cdots,\ (a_1 + a_2 + \ \cdots\ + a_p)\}$$

의 원소의 개수는 $p+1$개다. 또한 집합 S의 모든 원소를 p로 나눈 나머지의 집합의 원소는 최대 p개다. 이때 집합 S를 정의역으로 하고, 함수 값은 S의 원소를 p로 나눈 나머지로 정의하는 즉, $\mathbb{Z}_p = \{0, 1, 2, ..., p-1\}$를 치역으로 정의하는 함수를 $\mathrm{mod}\ p : S \to \mathbb{Z}_p$라 하면 $|S| = p+1 > p = |\mathbb{Z}_p|$이므로 비둘기집의 원리에 의해 나머지가 같은(함수 $\mathrm{mod}\, p$의 값이 같은) S의 두 원소 $S_m, S_n \in S$, $m > n$는 반드시 존재한다. 따라서 $S_m = (a_1 + a_2 + \ \cdots\ + a_m)$, $S_n = (a_1 + a_2 + \ \cdots\ + a_n)$이라 하면 S_m과 S_n은 p로 나눈 나머지가 같은 두 수이므로 $m-n$개의 연이어 나열된 부분합 $S_m - S_n = a_{n+1} + a_{n+2} + \ \cdots\ + a_m$은 p로 나누어떨어진다. ■

예제 3.1.11

두 정수 m과 n, $0 < m < n$에 대하여 유리수 $\frac{m}{n}$을 소수로 표시하면 소수점 이하에서 유한 개의 수가 반복된다.

풀이 유리수 $\frac{m}{n}$을 소수로 표시하였을 때, 즉 m을 n으로 나누어

$$\frac{m}{n} = 0.d_1 d_2 d_3 \cdots$$

으로 표현하면 $m = n(0.d_1 + 0.0\, d_2 d_3 d_4 \ \cdots)$이므로 양변에 10을 곱할 때 마다 다음의 관계

$$
\begin{aligned}
10m &= nd_1 + r_1, & 0 \le r_1 < n \\
10r_1 &= nd_2 + r_2, & 0 \le r_2 < n \\
10r_2 &= nd_3 + r_3, & 0 \le r_3 < n \\
&\vdots \qquad \vdots \\
10r_j &= nd_{j+1} + r_{j+1}, & 0 \le r_{j+1} < n \\
&\vdots \qquad \vdots
\end{aligned}
\tag{3.1.9}
$$

를 얻을 수 있다. 여기에서 $r_j \in \{0,\ 1,\ 2,\ \cdots,\ n-1\}$, $j=1,\ 2,\ \cdots$이므로 비둘기집의 원리에 의해 $n+1$개의 나머지 $\{r_1,\ r_2,\ r_3,\ \cdots,\ r_{n+1}\}$ 중 어떤 두 개 $r_k,\ r_j,\ k<j$는 반드시 같아야 한다. 이때 $p = j-k$라 하면 $r_k = r_{k+p}$이다. 이제 모든 $i \ge k$에 대하여 $r_i = r_{i+p}$임을 보이자. 우선 $i=k$일 때 $r_k = r_{k+p}$이므로 수학적 귀납법에 의하여 어떤 j에 대하여 $r_j = r_{j+p}$가 성립한다고 가정하면, $10r_j = 10r_{j+p}$이므로

$$
\begin{aligned}
10r_j &= nd_{j+1} + r_{j+1}, & 0 \le r_{j+1} < n \\
10r_{j+p} &= nd_{j+p+1} + r_{j+p+1}, & 0 \le r_{j+p+1} < n
\end{aligned}
\tag{3.1.10}
$$

으로부터 같은 두 값을 n으로 나눈 나머지는 같다. 즉, $r_{j+1} = r_{j+p+1}$이다. 따라서 모든 $i \ge k$에 대하여 $r_i = r_{i+p}$가 된다. 또한 식 (3.1.9)와 (3.1.10)에 의해 모든 $i > k$에 대하여 $d_i = d_{i+p}$가 된다. 그러므로 유리수의 소수점 이하 부분에서는 유한개, 즉 p개의 수 $d_{k+1}d_{k+2}d_{k+3} \cdots d_{k+p}$가 계속 반복되어 나타난다. ■

좀 더 일반화된 비둘기집의 원리는 다음과 같다.

정리 3.1.3 비둘기집의 원리 2(Pigeon-Hole Principle 2)

유한집합 S의 원소를 k개의 부분집합으로 나누면 이 부분집합들 중 적어도 하나는 $\left\lceil \frac{|S|}{k} \right\rceil$개 이상의 원소를 갖는다.

증명 유한집합 S의 k개의 부분집합을 $A_1,\ A_2,\ \cdots,\ A_k$라 하면, 이 부분집합들의 크기의 평균은 $\frac{1}{k}(|A_1| + |A_2| + \cdots + |A_k|) = \frac{1}{k}|S|$이다. 따라서 적어도 하나는 $\left\lceil \frac{|S|}{k} \right\rceil$

개 이상의 원소를 갖는다. ■

위의 원리는 k개의 부분집합(비둘기집) 중에 반드시 $\frac{|S|}{k}+1$개 이상의 원소(비둘기)가 담긴 부분집합이 있도록 하기 위해서는 적어도 $|S|+1$개 이상의 원소(비둘기)가 있어야 한다는 의미와 같다.

예제 3.1.12

어떤 과목에서 A, B, C, D, F의 다섯 가지 학점이 있다고 하자. 적어도 6명이 같은 학점을 받기 위해서는 최소한 몇 명이 있어야 하는가?

풀이 학생수를 N명이라 하자. N명을 각각의 학점을 받는 5개의 그룹으로 나누면 비둘기집의 원리에 의해 적어도 하나의 그룹은 $\left\lceil \frac{N}{5} \right\rceil$명 이상을 포함한다. 적어도 6명이 같은 학점을 받기 위해서는 $\left\lceil \frac{N}{5} \right\rceil \geq 6$을 만족해야만 하므로 이를 만족하는 최소한의 자연수 N을 찾으면 된다. 이러한 $N=5 \cdot 5+1=26$이다. 만약 25명의 학생이 있다면 5명의 학생들이 같은 학점을 받는 경우 6명이 이상 같은 학점을 받을 수 없기 때문에 적어도 6명이 같은 학점을 받기 위해서는 최소 26명이 있어야 한다. ■

예제 3.1.13

서로 다른 n^2+1개의 수로 구성된 수열 $x_1, x_2, \cdots, x_{n^2+1}$은 항상 적어도 $n+1$개로 구성된 증가 또는 감소하는 부분수열을 포함하고 있음을 보여라.

풀이 예를 들어 수열 4, 7, 2, 1, 3, 8, 5, 9, 0, 6은 $3^2+1=10$개의 수로 나열되어 있고, $3+1=4$개로 나열된 증가하는 부분수열 1, 3, 5, 6과 감소하는 부분수열 4, 2, 1, 0을 포함하고 있다. 증명 방법을 이해하기 위해 우선 이 수열에 대해 10개의 순서쌍 (g_j, d_j), $j=1, 2, \cdots, 10$을 찾는데, g_j는 x_j로 시작하는 가장 긴 부분증가수열의 길이라 하고, d_j는 x_j로 시작하는 가장 긴 부분감소수열의 길이라고 하자. 그러면 이 수열에 대한 10개의 순서쌍은

$$(4, 4), (3, 4), (4, 3), (4, 2), (3, 2), (2, 3), (2, 2), (1, 2), (2, 1), (1, 1)$$

이다. 즉 $x_5=3$으로 시작하는 가장 긴 부분증가수열은 3, 5, 6이며 그 길이는 3이다. 또 $x_5=3$으로 시작하는 가장 긴 부분감소수열은 3, 0이며 그 길이는 2이다. 따라서

위 순서쌍의 5번째는 $(3,\ 2)$가 된다.

일반적으로 n^2+1개의 순서쌍 $\{(g_j,\ d_j\}\mid j=1,\ \cdots,\ n^2+1\}$에서 나타나는 모든 g_j 또는 d_j가 모두 $n+1$개 보다 작다고 가정하고 모순을 찾아내자. 즉 모든 g_j와 d_j가 n 이하라면, 이 것들로 표현될 수 있는 모든 순서쌍은 최대 $n\cdot n=n^2$가지이다. 하지만 만들어진 총 순서쌍은 n^2+1개가 있으므로 이 순서쌍 중에는 적어도 같은 두 개의 순서쌍이 존재한다. 이 두 순서쌍을 $(g_j,\ d_j)=(g_k,\ d_k)$, $j<k$라 하고 다음 두 경우에 따라 모순을 밝힌다.

(i) $x_j<x_k$이면, x_j가 첫째항이 되고 그 다음 항들이 x_k에서 시작하는 길이가 g_k인 부분증가수열이 되는 수열을 만들면 이 수열은 전체의 길이가 $g_j+1=g_k+1$이고 부분증가수열이 된다. 이것은 g_j가 x_j로 시작하는 가장 긴 부분증가수열의 길이인 것에 모순이다.

(ii) $x_j>x_k$이면 x_j로 시작하며 x_k를 두 번째 항으로 하고 길이가 $d_j+1=d_k+1$인 부분감소수열이 반드시 존재한다. 이것은 d_j가 x_j로 시작하는 가장 긴 부분감소수열의 길이인 것에 모순이다.

따라서 모든 g_j 또는 d_j, $j=1,\ \cdots,\ n^2+1$ 중 적어도 하나는 $n+1$ 이상이 되어야 한다. ■

다음은 비둘기집의 원리를 공통부분이 존재하는 비둘기집(부분집합 $A_1,\ A_2,\ \cdots,\ A_k$ 사이에 공통부분이 존재)에 적용할 수 있도록 일반화한 정리이다.

정리 3.1.4　비둘기집의 원리 3(Pigeon-Hole Principle 3)

유한집합 S의 k개의 부분집합 $A_1,\ A_2,\ \cdots,\ A_k$에 대하여 S의 각 원소가 적어도 t개의 부분집합에 포함되어 있다면 $|A_i|$의 평균은 적어도 $t\cdot\dfrac{|S|}{k}$ 이상이다.

증명 집합 $P=\{(s,\ A_i)\mid s\in A_i,\ i=1,\ ...,\ k\}$라 할 때, 각 A_i를 기준으로 보면

$$|P|=\sum_{i=1}^{k}|\{(s,\ A_i)\mid s\in A_i\}|=\sum_{i=1}^{k}|A_i|$$

이다. 한편, 각 $s\in S$를 기준으로 보면

$$|P| = \sum_{s \in S} |\{(s,\ A_i) \mid s \in A_i,\ i = 1,\ \cdots,\ k\}| \geq \sum_{s \in S} t = t \cdot |S|$$

이다. 따라서 위의 두 식으로부터

$$\frac{1}{k}\sum_{i=1}^{k}|A_i| \geq t \cdot \frac{|S|}{k}$$

이 됨을 알 수 있다. ■

위의 정리에서 S의 각 원소가 정확히 t개의 부분집합 $A_1,\ A_2,\ \cdots,\ A_k$에 포함되어 있다면, $|A_i|$의 평균은 정확히 $t \cdot \dfrac{|S|}{k}$가 된다. 또, $t = 1$인 경우에는 정리 3.1.3의 비둘기집의 원리와 같음을 알 수 있다.

예제 3.1.14

전체가 300명이 되는 초등학교에는 15개의 동아리가 있다. 모든 학생은 적어도 두 개 이상의 동아리에는 반드시 가입하도록 하는 것이 학교의 방침이다. 이때 위의 비둘기집의 원리 3에 의해 각 동아리의 평균 학생 수는 적어도 $2 \cdot 300/15 = 40$명 이상이므로 40명 이상 되는 동아리가 반드시 있다. ■

3.1.3 연습문제

01 한국 대학의 교양 학생은 세 가지 전공 분야 중에 5과목을 반드시 수강해야 한다. 각 분야에 많은 과목이 개설되어 있지만 학생은 어떤 분야에서도 두 과목 보다 많이는 수강할 수가 없다.

(1) 비둘기집의 원리에 의해 학생들은 한 분야에는 적어도 두 과목은 수강함을 보여라.

(2) 포함 배제 원리를 사용하여 학생들은 각 분야에 적어도 한 과목은 수강해야 함을 보여라.

02 (1) 집합 $\{1,\ 2,\ 3,\ \cdots,\ 9\}$로부터 n개를 뽑아 그중에 2개의 합이 짝수가 되는 최소의 n을 구하여라.

(2) 그 중에 2개의 차이가 5가 되는 최소의 n을 구하여라.

03 (1) 자루에 4가지 색깔의 구슬이 50개가 담겨져 있다. 왜 같은 색의 구슬이 적어도 13개가 있는지 설명하여라.

(2) 빨간색의 구슬이 8개가 있다면 왜 같은 색의 구슬이 적어도 14개가 있는지 설명하여라.

04 (1) 1학년에서 6학년까지 있는 초등학교의 전체 학생 중에 20명의 같은 학년이 있도록 하는 최소의 전체 학생 수는 얼마인가?

(2) 상자에 10개의 흰 양말과 12개의 검은 양말이 섞여 있다. 상자를 보지 않고 같은 색 두 개의 양말을 찾아 신기 위해서는 적어도 몇 개의 양말을 집어야 하는가?

(3) 컴퓨터의 파일에는 500,000개의 단어가 있고 각 단어는 4개 이하의 영어소문자로 되어 있다. 이 파일에는 같은 단어가 포함되어 있는가?

05 집합 A를 $\{1,\ 2,\ 3,\ \cdots,\ 50\}$ 중의 10개의 원소로 구성된 부분집합이라고 하면 A는 4개 원소로 구성되고 합이 같은 두 개의 부분집합을 포함하고 있음을 보여라.

도움말

S를 A의 4개 원소로 구성된 부분집합의 모임이라고 하고, $f(B)$를 4개의 원소집합 B의 원소의 합이라고 하면 $f: S \to \{10, 11, 12, \cdots, 194\}$, $|S| = 10!/(4!6!) = {}_{10}C_4$을 보이고, 비둘기집의 원리를 이용하여라.

06 집합 A를 $\{1, 2, 3, \cdots, 149, 150\}$ 중의 25개 원소로 구성된 부분집합이라면, 이 부분집합에는 합이 같고 공통원소가 없는 서로 다른 두 개의 쌍의 수가 반드시 있음을 보여라. (예를 들어, $\{3, 89\}$와 $\{41, 51\}$은 공통원소가 없고 합이 같은 두 개의 쌍이다.)

도움말

S를 A의 2개 원소로 구성된 부분집합의 모임이라고 하고, $f(B)$를 2개의 원소집합 B의 원소의 합이라고 하면 $f: S \to \{3, 4, 5, \cdots, 299\}$, $|S| = 300$을 보이고, 비둘기집의 원리를 이용하여라.

07 양의 정수 n에 대하여 $\{1, 2, 3, \cdots, 2n\}$ 중의 $n+1$개의 원소를 갖는 부분집합을 S라 하면 다음의 물음에 답하여라.

(1) 집합 S는 반드시 서로소인 두 수를 포함하고 있음을 보여라.

(2) 집합 S는 반드시 서로 나누어떨어지는(한 수가 다른 수를 나누어떨어지는) 두 수를 포함하고 있음을 보여라.

(3) 집합 S가 n개의 원소를 포함하면 (1)는 반드시 성립하지 않음을 보여라.

(4) 집합 S가 n개의 원소를 포함하면 (2)는 반드시 성립하지 않음을 보여라.

08 학생이 21명이 있는 반에서 7개의 분야그룹으로 나누어 공부를 하고자 한다. 각 학생은 반드시 2개 그룹에 포함되어야 한다.

(1) 각 그룹의 평균 학생의 수는 6명이 됨을 보여라.

(2) 각 그룹이 정확히 6명의 학생을 포함하도록 하려면 어떻게 배정을 해야 하는가를 설명하여라.

09 m마리의 비둘기가 n개의 집에 들어가야 한다면 적어도 한 집에는 $\left\lceil \frac{m}{n} \right\rceil$마리 이상의 비둘기가 들어가야 함을 보여라(비둘기집의 원리 2). 단, $\left\lceil \frac{m}{n} \right\rceil$은 $\frac{m}{n}$보다 크거나 같은 최소의 정수를 의미한다.

10 (1) 원소를 n개를 갖는 집합 A에 대하여 전단사함수 $f : A \to A$를 정의한다. 이때 모든 원소의 함수에 대한 사영이 자신이 되지 않는 전단사함수의 개수는 몇 가지인가? 즉 모든 $a \in A$에 대하여 $f(a) \neq a$로 정의되는 전단사함수의 개수는 몇 가지인가?

(2) 위의 (1)에서 n개 중에 m개를 고정, 즉 $|\{a \in A \mid f(a) = a\}| = m$이 되도록 정의되는 전단사함수의 개수는 모두 몇 개인가?

11 5,000만 대의 전화에 10자리 수의 전화번호 $0{*}{*}{*}-N{*}{*}-{*}{*}{*}{*}$를 부여한다. 번호의 처음 3자리 수는 지역번호, 다음 3자리는 구역 전화번호이며 남은 4자리는 전화기 고유번호이다. N은 0과 1이 될 수 없을 때 모든 전화에 번호를 부여하기 위해서는 몇 개의 지역번호가 필요한가?

12 6사람이 모이면 그중에는 서로가 친구인 3사람이 있든가, 서로가 친구가 아닌 3사람이 반드시 있음을 보여라.

13 2,004개의 임의의 자연수들 중에서 총합이 반드시 2,004로 나누어 떨어지는 자연수들을 선택할 수 있음을 보여라.

14 임의의 $n+2$개의 정수들 중에는 합 또는 차가 $2n$의 배수인 정수가 적어도 2개는 반드시 존재함을 보여라.

15 (1) 1부터 20까지의 수들 중에서 임의로 11개의 수를 선택하면 이 수들 중에는 $2^n a = b$가 되는 두 정수 a, b가 존재하는가?

(2) 1부터 100까지의 자연수들에서 선택한 51개의 수들 중에는 약수, 배수관계인 쌍이 반드시 존재하는가?

16 양의 정수 n에 대하여 집합 S를 집합 $\{1, 2, 3, \cdots, 2n-1, 2n\}$의 $n+1$개의 원소로 구성된 부분집합이라고 하면 집합 S는 $a \mid b$가 되는 두 원소 a와 b를 반드시 포함하고 있음을 보여라.

17 양의 정수 N에 대하여 t개의 정수의 모든 리스트 $A = (a_1, a_2, \dots, a_t)$가 $a_i + a_j = a_k + a_m \pmod{N}$, $i \neq j$, $k \neq m$이 되는 원소들을 갖게 되려면 t는 얼마나 큰 수가 되어야 하는가? 예를 들어, $N=5$, $A=(1, 2, 5, 8)$이면 $1+2=5+8 \pmod{5}$이므로 $N=5$에 대해서는 $t \leq 4$인 정수이다.

18 $|S|=k$인 집합 $\{1, 2, \cdots, 16\}$의 모든 부분집합 S가 S와 같지 않고, 원소들의 합이 같은 두 부분집합 P, Q $(P \neq Q)$가 항상 존재하게 되는 최소의 k는 얼마인가?

3.2 순열과 조합

3.2.1 순열

▌순열(permutations)

사건의 순서를 고려한 경우의 수를 다루는 문제를 예를 들어 설명하기로 하자.

예제 3.2.1

n명의 사람이 일렬로 나열된 n개의 의자에 앉을 수 있는 방법은 몇 가지인가?

풀이 처음 자리에 앉을 사람을 선택하는 방법은 n가지이며, 그 후 두 번째의 자리에 앉을 사람을 선택하는 방법은 $n-1$가지, 세 번째의 자리에 앉을 사람을 선택하는 방법은 $n-2$가지이다. 이와 같이 반복하면 마지막 n번째의 자리에 앉을 사람은 1사람밖에 없으므로 1가지의 방법밖에 없다. 따라서 곱셈의 법칙에 의해 모두 $n\times(n-1)\times(n-2)\times\cdots\times2\times1=n!$가지의 방법이 있다. ■

예제 3.2.2

빨강, 파랑, 노랑 3가지의 색깔로 된 공을 1번에서 10번까지 적힌 상자에 담으려고 한다. 각 상자는 공을 한 개까지만 담을 수 있을 때 상자들에 공을 담을 수 있는 방법의 수는 얼마나 되겠는가?

풀이 우선 빨간색인 공부터 상자에 담아보자. 빨간색의 공이 들어갈 수 있는 상자는 1번에서 10번까지 10가지의 경우가 있고, 빨간색을 담은 후 파란색을 나머지 9개의 상자 중의 하나에 담을 수 있다. 또한 마지막의 노란색의 공은 빨간색과 파란색의 공이 담겨져 있는 상자를 제외한 8개의 상자 중의 하나에 담을 수 있으므로 3개의 공을 담을 수 있는 방법의 총 경우의 수는 $10\times9\times8=720$이 된다. ■

위의 예제에서와 같이 일반적으로 **공이 한 개씩만 들어갈 수 있는 n개의 번호가 적힌 상자에 r개의 서로 다른 색깔의 공을 넣을 수 있는 방법의 수**를 구할 수 있다. 즉, 첫 번째의 공을

n개의 상자 중의 하나에 넣을 수 있는 방법은 n가지이고, 두 번째의 공은 첫 번째의 공을 넣은 상자를 제외한 $n-1$개의 상자 중의 하나에 넣을 수 있으므로 그 방법은 $n-1$가지이다. 이렇게 하여 마지막 r번째의 공은 $r-1$개의 공을 넣은 상자를 제외한 상자 $n-r+1$개 중의 하나에 넣을 수 있으므로 그 방법은 $n-r+1$가지이다. 따라서 공이 한 개까지만 들어갈 수 있는 n개의 번호가 적힌 상자에 r개의 서로 다른 색깔의 공을 넣을 수 있는 모든 방법의 수는 곱셈의 법칙에 의해

$$n(n-1)(n-2)\cdots\ (n-r+1)$$

임을 알 수 있다. 위의 식을 간단히 $\boldsymbol{P(n,\ r)}$이라고 정의하여 즉,

$$P(n,\ r)=n(n-1)(n-2)\cdots\ (n-r+1) \tag{3.2.1}$$

와 같이 나타내면

$$P(n,\ r)=\frac{n(n-1)(n-2)\cdots\ 2\times 1}{r(r-1)(r-2)\cdots\ 2\times 1}=\frac{n!}{(n-r)!} \tag{3.2.2}$$

가 된다.

다음 예제를 해결해보면서 위에서 언급한 경우의 수 $P(n,\ r)$에 대한 개념을 익혀보기로 하자.

예제 3.2.3

하루에 한 과목만 치러지는 시험이 있다. 시험 3과목을 최대 5일에 걸쳐 볼 수 있도록 배정하는 방법의 수는 시험 3과목을 앞의 예제 3.2.2에서 3개의 서로 다른 색깔의 공이라고 생각하고, 5일을 5개의 수가 적혀 있는 상자라고 생각하면 $5\times 4\times 3=60$가지가 있다. 즉,

$$P(5,\ 3)=\frac{5!}{2!}=5\times 4\times 3=60$$

가지의 방법이 있다. ■

예제 3.2.4

7개의 사무실 중에 4개의 사무실은 컴퓨터 프로그램의 작업을 하는 4사람의 사무실로 사용하고, 나머지 3개의 사무실은 컴퓨터를 설치하는 방으로 꾸미기 위해 남겨 놓으려고

한다. 4사람의 사무실을 배치하는 방법의 수는 컴퓨터 프로그램을 하는 4사람을 앞의 예제 3.2.2에서 4개의 서로 다른 색깔의 공이라고 생각하고 7개의 사무실을 7개의 수가 적혀있는 상자라고 생각하면 $7\times6\times5\times4=840$가지가 된다. 즉,

$$P(7,\ 4)=\frac{7!}{(7-4)!}=\frac{7!}{3!}=7\times6\times5\times4=840$$

가지의 방법의 수가 있다. ■

위의 예제 3.2.3과 예제 3.2.4처럼 $P(n,\ r)$, 즉 번호가 적힌 상자(n)들에 다른 색깔의 공(r)들을 넣는 방법의 수를 구하는 문제는 서로 다른 물건(번호가 적힌 상자들)이나 사람들을 순서 있게 배정(다른 색깔의 공에게 배정)하거나 배열하는 문제와 같다.

예를 들어 예제 3.2.3에서는 5일 중에 3일을 3개의 시험과목에 순서 있게 배정하는 문제이고, 예제 3.2.4에서는 사무실 7개 중에 4개를 4사람의 프로그래머에 순서 있게 배열하는 문제이다. 즉, 7개 중에 4개를 뽑아 순서 있게 나열하는 문제와 같다.

이렇게 **서로 다른 n개의 원소를 가진 집합에서 r개를 뽑아 일렬로 순서 있게 나열**하는 것을 그 집합의 **$r-$순열($r-$permutations)** 또는 **순열(permutations)**이라고 한다.

이때 서로 다른 $r-$순열의 수는 앞에서 언급한 바와 같이 $n(n-1)(n-2)\ \cdots\ (n-r+1)$이고 $P(n,\ r)$로 표기한다. 즉, 식 (3.2.2)로 부터 $r-$순열의 수는

$$\boldsymbol{P(n,\ r)=\frac{n!}{(n-r)!}}$$

이다. $P(n,\ r)$을 때로는 ${}_nP_r$, P_r^n 등으로 표시하기도 한다.

예를 들어, 7개 중에 4개를 뽑아 나열하는 순열의 수는 $P(7,\ 4)=840$이고, 이 수는 **1개씩만 담을 수 있는 서로 다른 7개의 상자에 4개의 서로 다른 색깔의 공을 담는 방법의 수**와 같다.

$r>n$이면 한 개씩만 들어갈 수 있는 서로 다른 n개의 상자에 r개의 서로 다른 색깔의 공을 넣을 수 있는 방법은 없으므로 $P(n,\ r)=0$이다. 또한 특수한 경우로 $P(n,\ 0)=1$이 되고, 서로 다른 n개의 원소를 가진 집합을 일렬로 나열하는 순열의 수는 $P(n,\ n)=\frac{n!}{0!}=n!$이며, 이는 예제 3.2.1의 결과와도 일치한다. $P(n,\ r)$에서 $n\geq r$일 때 0이 아닌 의미 있는 값이 되므로 n을 r보다 먼저 표기하고 있다.

▌중복순열(permutation with repetitions)

만약 번호가 적힌 서로 다른 10개의 각 상자에 서로 다른 색깔 3개의 공을 가지고 **한 개 이상**의 공을 넣을 수가 있다면 그 결과는 확연히 달라진다. 먼저 빨간색의 공을 10개 상자 중 하나에 넣을 수 있고 그 다음에 파란색, 노란색의 공도 10개 상자 중 하나에 각각 넣을 수 있다. 따라서 공을 넣을 수 있는 방법의 수는

$$10 \times 10 \times 10 = 1000$$

이다.

일반적으로 **한 개 이상의 공을 담을 수 있는 서로 다른 n개의 상자에 r개의 서로 다른 색깔의 공을 넣는 방법의 수**는 n을 r번 곱한 $\boldsymbol{n^r}$이 된다.

이 수는 n개의 서로 다른 개체가 개체별로 충분히 많이 있다면 n개 중에 중복을 허락하며 r개를 뽑아 순서 있게 나열하는 방법의 수와 같다. 즉, r개 중의 첫 번째로 선택되는 가짓수는 n가지, 두 번째로 선택되는 가짓수도 n가지이다. 이렇게 하여 마지막으로 r번째로 선택되는 가짓수도 n가지이다. 따라서 모든 경우의 수는 n^r이다(수학적 귀납법에 의해 증명할 수 있음).

이러한 나열을 **서로 다른 n개의 원소를 가진 집합에서 중복을 허용하며 r개를 뽑아 나열**하는 **중복순열** 또는 **r – 중복순열**이라 하고, 그 순열의 수를

$$\Pi(n,\ r) = n^r$$

로 나타낸다. 때로는 r–중복순열을 ${}_n\Pi_r$로 나타내기도 한다.

예를 들어, 4자리 이하의 수의 개수는 모두 ${}_{10}\Pi_4 = 10^4$이다. 이 중 모든 자리 수가 서로 다른 수의 개수는 $P(10,\ 4)$이고, 자리의 수가 1번 이상 반복되는 4자리의 수의 개수는 $10^4 - P(10,\ 4) = 4960$가 된다.

▌전사함수의 개수 $O(r,\ n)$

위에서는 한 개 이상의 공을 담을 수 있는 서로 다른 n개의 상자에 r개의 서로 다른 색깔의 공을 담을 때, 비어 있는 상자도 허용하고 있다. 하지만 모든 상자가 반드시 1개 이상의 공을 포함하도록 한다면 경우의 수는 달라진다. 이 경우의 수, 즉 **서로 다른 r개의 공을 1개 이상 담을 수 있는 서로 다른 n개의 각 상자에 1개 이상씩 담는 방법의 수**를 $O(r,\ n)$

로 나타낸다. 이 수는

r개의 원소를 갖는 집합을 n개의 부분집합으로 나누어 나열하는 방법의 수
r개 원소의 집합과 n개 원소의 집합이 이루는 전사함수의 개수

와도 같다.

이때 **1개 이상의 공을 담으려면 공의 수 r이 상자의 수 n보다 커야 $O(r, n)$이 의미가 있는 값이 되므로 큰 수 r을 먼저 표기하였다.** 즉, O(공의 수, 상자의 수)로 표기함을 유의하자. 하지만 서로 다른 r개의 공을 공의 수보다 많은 서로 다른 $n(r < n)$개의 상자에 각 1개 이상 담을 수 있는 방법은 없으므로 $r < n$일 때는 $O(r, n) = 0$으로 정의할 수 있다. $r \geq n$일 때의 $O(r, n)$의 값은 다음 절에서 정확하게 계산하기로 한다.

이 절에서 지금까지 언급한 서로 다른 n개의 상자에 서로 다른 r개의 공을 담는 여러 가지의 경우의 수를 요약하면 다음의 표 3.2.1과 같다.

담는 방법의 수	서로 다른 공 r개					
	상자에 담는 공의 수					
	최대 1개		0개 이상		1개 이상	
	$r \leq n$	$r > n$	$r < n$	$r \geq n$	$r < n$	$r \geq n$
서로 다른 상자 n개	$P(n, r)$	0	${}_n\Pi_r = n^r$	${}_n\Pi_r = n^r$	0	$O(r, n)$

표 3.2.1 서로 다른 n개의 상자에 서로 다른 공 r개를 담는 방법의 수

부분중복순열

다시 공과 상자의 문제를 또 약간 변형시켜 보자. 서로 다른 각 상자에 한 개의 공을 넣을 수가 있다. 그런데 이번에는 빨간색의 공이 2개, 파란색의 공은 1개, 노란색의 공은 1개가 있다. 2개의 빨간색 중에 하나는 옅은 빨간색이고 하나는 진한 빨간색으로 구별이 가능하다고 하자. 앞에서 배운 바와 같이 이러한 4개의 공을 1번에서 10번까지 적힌 상자에 넣을 수 있는 방법의 수는 $P(10, 4) = 5040$가 된다. 이러한 5,040가지의 경우 중에 아래와 같이

옅은 빨강			파랑		노랑	진한 빨강			
진한 빨강			파랑		노랑	옅은 빨강			

그림 3.2.1

담은 두 경우는 서로 다른 경우이나 옅은 빨간색과 진한 빨간색을 서로 구별할 수 없는 같은 빨간색이라면 위의 두 경우는 같은 경우이다. 따라서 빨간색의 공 2개, 파란색의 공 1개, 노란색의 공 1개를 10개의 번호가 적힌 상자에 따로따로 넣을 수 있는 방법의 수는 위의 5040의 가짓수에서 위의 경우와 같은 모든 경우는 같은 경우이고 그런 경우는 각 2개씩 있으므로 $P(10,4)/2 = 5040/2 = 2520$가지가 된다.

위의 문제에서 빨간색의 공이 3개, 파란색의 공이 2개, 노란색의 공은 1개가 있다면 이러한 6개의 공을 1번에서 10번까지 적힌 상자에 넣을 수 있는 방법의 수는 위의 설명에서와 같이 $P(10,\ 6)$가지 중에서 3개의 구별되는 빨간색의 공을 3개의 상자에 담는 가짓수 $3\times2\times1$만큼 씩은 각각 같은 경우이고, 2개의 구별되는 파란색의 공을 2개의 상자에 담는 가짓수 2×1만큼 씩은 각각 같은 경우이므로 이 경우들을 제외한 모든 방법의 수는 $\dfrac{P(10,\ 6)}{3!\times2!}$가 된다.

따라서 일반적으로 $r_1,\ r_2,\ \cdots,\ r_k$**개씩이 같은 색이며 모두 r개인 공을 1개씩만 담을 수 있는 서로 다른 n개의 상자에 담는 방법의 수는**

$$\frac{P(n,\ r)}{r_1!\times r_2!\times\ \cdots\ \times r_k!}$$

이 됨을 알 수 있다.

한편, 위의 문제에서 상자가 6개만 있다면 모든 공을 6개의 상자에 담는 경우의 수는, 즉 6개의 공을 일렬로 나열하는 중복순열의 수(3가지의 공을 빨간색은 3번 중복, 파란색은 2번 중복하고, 노란색 1개와 함께 나열하는 중복순열의 수)는 $\dfrac{6!}{3!\times2!}$와 같다.

일반적으로 집합 A의 원소 중 $n_1,\ n_2,\ n_3,\ \cdots,\ n_k$개씩이 서로 같은 값을 갖는 원소일 때, 모든 원소를 일렬로 나열하는 중복순열의 수는

$$\frac{(n_1+n_2+\cdots+n_k)!}{n_1!\times n_2!\times\cdots\times n_k!} \tag{3.2.3}$$

와 같다. 이는 서로 다른 k개의 개체를 각 개체별로 n_1, n_2, n_3, $\cdots$, n_k번씩 중복을 허용하면서 일렬로 나열하는 중복순열의 수라고 설명할 수도 있다.

▌원 순열

때로는 일렬이 아닌 원의 모양으로 나열된 의자에 앉는 경우의 수를 구할 때가 있다. 이때에는 의자가 나열된 원의 모양이 회전된 경우는 모두 같은 경우로 취급됨을 유의해야 한다. 예를 들어 그림 3.2.2에 3개의 물건을 원의 모양으로 나열된 3가지의 경우는 모두 A에서 보면 A의 오른쪽에 B, 왼쪽에 C가 위치하고 있고, B와 C를 기준으로 보아도 다른 두 개는 모두 같은 방향에 위치하고 있으므로 3가지의 방법은 모두 같은 나열 방법이 된다.

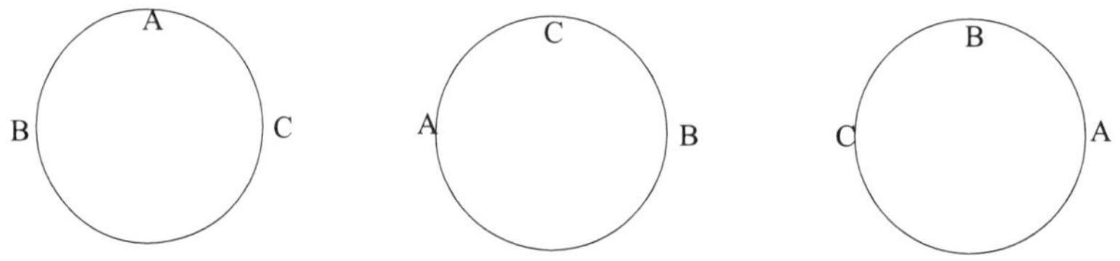

그림 3.2.2

한편 A를 기준으로의 반영(거울에 비친 모습)은 그림 3.2.3과 같이

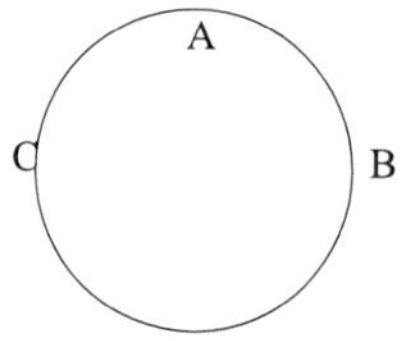

그림 3.2.3

B가 A의 왼쪽에 위치하고 있으므로 앞의 3가지의 경우와 다르다. 따라서 3개의 물건을 원의 모양으로 나열하는 방법은 두 가지뿐이다.

일반적으로 **n개의 물건을 원의 모양으로 나열된 n개의 자리에 구별되게 나열**하는 방법을 **원순열**이라고 하며, 이 방법의 수를 구하기 위해서는 먼저 앞에서 다룬 바와 같이 일렬로 나열하는 $n!$가지의 방법 중에서는 원으로 나열된 방법 하나를 n번 회전시킨 나열을 모두 같게 취급하고 있으므로 이것을 감안하기 위해서는 $n!$을 n으로 나누어 주면 된다. 즉 **n개의 물건을 원의 모양으로 나열된 n개의 자리에 나열하는 방법의 수**는

$$\frac{n!}{n}=(n-1)!$$

가 된다.

원순열과 앞에서 다룬 모든 순열과 혼합되어 나타날 수도 있다. 즉 n개의 서로 다른 물건 중에서 r개를 뽑아 원의 모양으로 나열하는 방법의 수는 $\frac{P(n,\ r)}{r}$이 된다.

서로 다른 3개의 열쇠를 열쇠고리에 나열하는 방법의 수를 조사하는 경우에는 3개의 물건을 원의 모양의 위치에 나열한 방법 중에서 열쇠고리가 회전하거나 뒤집히면 같은 경우가 될 수 있음을 생각하여야 한다. 예를 들어, 위의 그림 3.2.2와 3.2.3에 나타나는 두 가지의 다른 경우가 이러한 열쇠고리에 나열하는 상황에서는 같은 경우가 된다. 즉 3개의 물건을 열쇠고리 모양에 나열하는 방법의 수는 1가지가 된다. 따라서 원의 모양에 나열된 방법 중에서 서로 반영(거울의 비친 모습)의 관계가 있는 모든 두 쌍의 경우는 열쇠고리에 나열하게 되면 같은 나열이 되므로 서로 다른 나열의 수를 구하기 위해서는 원의 모양에 나열되는 방법의 수를 2로 나누어 주어야 한다.

일반적으로 **n개의 물건을 열쇠고리의 모양에 꿰어 나열하는 방법의 수**는 원의 모양에 나열된 방법 중에서 서로 반영(거울의 비친 모습)의 관계가 있는 모든 한 쌍의 경우는 열쇠고리에 나열하게 되면 같은 나열이 되므로 원의 모양에 나열되는 방법의 수를 2로 나누어 준

$$\frac{(n-1)!}{2}$$

가 된다.

3.2.1 | 연습문제

01 어떤 회사에서 인터넷 홈페이지를 만들어 회원을 모으고 있다. 회원이 되기 위해서는 회원가입을 해야 하는 데 회원의 로그인 이름은 영문자 4개와 숫자 3개를 섞어서 7자리를 요구하기로 하였다.

(1) 이 회사의 인터넷 홈페이지에서는 회원으로 모두 몇 명이 가입할 수가 있는가?

(2) 만약 처음 4자리는 서로 다른 영문자가 되고 다음 3자리는 서로 다른 숫자가 되어야 한다면 회원으로 모두 몇 명이 가입할 수 있는가?

02 같은 숫자가 반복되지 않는 4자리의 수를 만드는 방법의 수는 얼마인가?

03 시험 3과목을 5일에 걸쳐 볼 수 있도록 배정하는 방법은 몇 가지인가? 하루에 치러지는 시험의 과목 수에는 제한이 없다.

04 0과 1로 구성된 r자리의 이진수(binary number) 중에 짝수개의 1이 포함된 수의 개수를 구하여라.

05 숫자를 적을 수 있는 카드에 0에서 9까지 3개의 수를 출력하려고 한다. 예를 들어, 하나의 카드에 128, 995, 044, 007과 같은 수를 출력하고자 한다. 다음의 물음에 답하여라.

(1) 몇 개의 카드를 만들 수 있는가?

(2) 0에서 9까지의 수 중에 0, 1, 6, 8, 9는 위아래를 뒤집어서 보면 0, 1, 9, 8, 6이기 때문에 같은 수가 다른 수를 나타낼 수도 있다. 예를 들면, 990은 위아래를 뒤집어서 보면 066이므로 두 가지 중에 하나만 출력하면 990과 066을 모두 나타낼 수 있다. 이와 같이 3자리까지의 모든 수를 나타내기 위해서는 몇 개의 카드가 필요한가?

06 종이 한 장에 0에서 9까지 숫자 하나씩을 프린터로 인쇄하여 5자리의 모든 수를 만들려고 한다. 하지만 0, 1, 6, 8, 9는 아래 위를 돌려보면 0, 1, 9, 8, 6이 되므로 89166과 99168처럼 한 개의 5자리 수가 또 다른 5자리의 수를 나타낼 수 있다. 5자리의 모든 수를 만들어 놓을려고 하면 몇 장의 종이가 필요한가?

07 생물체 유전자의 기본요소인 DNA(deoxyribo nucleic acid)는 화학물질로 된 4가지 염기 T(thymine/티민), C(cytosine/시토신), A(adenine/아데닌), 그리고 G(guanine/구아닌)들의 사슬로 되어 특정한 유전정보가 담겨져 있다. 이러한 염기의 나열이 모여 20가지 종류의 아미노산이란 DNA열을 만들고, 이러한 아미노산이 모여 단백질이 된다. 또한 RNA는 A, C, G 와 U(urasil/우라실)이란 4개 염기의 사슬로 되어 DNA로부터 유전정보를 받아 단백질을 합성한다.

(1) 20가지의 아미노산을 구별하기 위한 DNA열은 최소한 몇 개의 염기로 구성되어야 하는가?

(2) 사람의 기본 DNA열은 $2.1 \cdot 10^{10}$개의 연기로 구성되어 있다고 한다. 사람의 DNA의 개수는 최대 몇 개가 되는가?

(3) 6가지의 염기열 U, GAC, GAC, C, C, C로 나열된 RNA열은 최대 몇 개가 되는가?

08 0～9까지의 수로 4자리의 수를 만들려고 한다. 제일 앞의 숫자가 0이 되면 0이 아닌 숫자부터 읽으면 된다. 즉 0024는 24이고 0000은 0이다.

(1) 4자리의 수는 몇 가지가 있는가?

(2) 위의 4자리의 수 가운데 숫자가 중복되는 경우는 몇 가지인가?

09 (1) 0과 1을 사용하여 다음의 모양을 만들 수 있는 방법의 수는 몇 가지인가?

x
x x x x x
x
x
x

(2) 좌우가 대칭이 되는 모양은 몇 가지인가?

10 12개의 사무실에 페인트 칠을 하려고 한다. 만약 12개의 사무실 중에 3개는 초록색, 2개는 분홍색, 2개는 노란색, 나머지는 흰색으로 칠하고 싶다면 사무실 모두를 칠할 수 있는 방법의 수는 몇 가지인가?

11 부호 +를 3개, 부호 −를 2개 사용하여 5자리의 암호를 만들 수 있는 방법은 몇 가지인가?

12 일차방정식 $x_1 + x_2 + \cdots + x_n = k$의 음이 아닌 정수해의 개수는 얼마인가?

13 6개의 서로 다른 열쇠를 열쇠고리에 끼울 수 있는 방법의 수는 몇 가지인가?

3.2.2 조합

조합(combination)

다시 공과 상자의 문제를 약간 변형시켜 보자. 원래의 문제와 같이 번호가 적힌 각 상자에 한 개씩만의 공을 넣을 수가 있다. 그런데 이번에는 구별되지 않는 빨간색의 공만 3개가 있다고 가정하자. 이 빨간색의 3개의 공을 1번에서 10번까지 적힌 상자에 담을 수 있는 방법은 중복순열의 경우의 수와 같이 $\dfrac{P(10,\ 3)}{3!}=\dfrac{10\times 9\times 8}{3!}$가지이다.

일반적으로 **1개까지만 담을 수 있는 서로 다른 n개의 상자에 r개의 구별되지 않는 공을 담는 방법의 수는**

$$\frac{P(n,\ r)}{r!}$$

이다.

이 문제는 n개의 번호가 적힌 상자에서 r개를 뽑기만 하면 그 안에 공을 1개씩 넣으면 되므로, **서로 다른 n개의 개체 중에 r개를 뽑는 데 순서를 상관하지 않는**(색깔이 구분 없으므로) **방법의 수**를 구하는 문제와 같다.

이렇게 **서로 다른 n개의 개체 중에 r개를 뽑는 방법을 $r-$조합($r-$combinations)** 또는 **조합(combinations)**이라고 한다. 그리고 이 방법의 수를 $C(n,\ r)$ 또는 ${}_nC_r$, C_r^n로 표시한다. 따라서

$$C(n,\ r)=\frac{P(n,\ r)}{r!}=\frac{n!}{r!\,(n-r)!} \tag{3.2.4}$$

이고, 이는 제2장의 식 (2.1.1)의 이항계수 $\binom{n}{r}$의 값과도 같다. 때로는 조합의 수 $C(n,\ r)$와 이항계수 $\binom{n}{r}$을 혼용하기도 한다.

서로 다른 n개의 원소로 구성된 집합 중 $r\ (r\le n)$개로 구성된 부분집합의 개수는 $C(n,\ r)$이다. 이때 $n<r$에 대해서는 더 큰 부분집합이 없으므로 $C(n,\ r)=0$이다. 또 $C(n,\ n)=1$이고, 서로 다른 n개의 원소 중 r개를 뽑는 것과 $n-r$개를 뽑는 방법은 같으므로

$$C(n,\ r)=C(n,\ n-r)$$

이다.

예제 3.2.5

어머니가 일주일에 세 번, 저녁으로 스파게티를 요리하려고 한다면 그 방법은 몇 가지인가?

풀이 일주일에 스파게티를 먹게 되는 세 번의 저녁을 공과 상자의 문제에서 3개의 같은 공이라고 생각하고 일주일, 즉 7일을 7개의 번호가 적힌 상자로 생각하면 쉽게 그 방법의 수는 7일 중 3일을 뽑기만 하면 되므로 $C(7,\ 3)=\dfrac{P(7,\ 3)}{3!}=\dfrac{7!}{3!\ 4!}=35$방법이 있다. ■

중복조합(combinations with repetition)

다시 공과 상자의 문제를 약간 변형시켜 보자. 만약 번호가 적힌 각 상자에 **한 개 이상의 공을 넣을 수가 있을 때**, 3개의 서로 **다른 번호가 적힌 상자**에 5개의 빨간색의 같은 공을 담는 방법의 수는 앞에서 언급한 경우와는 확연히 다르다. 이는 중복순열의 수를 구하는 방법으로 계산하면 되는 데, 3개, 1개, 1개로 구분하여 세 상자에 담는 것을

○○○	I	○	I	○
상자1	칸막이	상자2	칸막이	상자3

그림 3.2.4

그림 3.2.4와 같이 나타내면, 즉 같은 공 5개와 구분해주는 칸막이 2개(상자 3개−1)를 합해 모두 7개를 일렬로 나열한 것으로 표현하여 칸막이를 공들을 분리하여 상자에 담는 것으로 생각하면, 공을 상자에 담는 모든 방법의 수는 5개의 같은 공과 2개의 같은 칸막이를 일렬로 나열하는 경우의 수와 같으므로

$$\frac{(5+2)!}{5!\ 2!}=21$$

가지의 방법이 있다.

이 문제는 3개의 서로 다른 물건을 중복을 허용하여 5개로 만드는 방법의 수를 구하는 문제와 같다. 예를 들어, 위의 3개, 1개, 1개의 공을 담은 세 상자의 경우는 상자 1, 2, 3의 중복을 허용하여 아래와 같이 5개로 만드는 경우와 같다.

$$1,\ 1,\ 1,\ 2,\ 3$$

일반적으로 **한 개 이상의 공을 담을 수 있는 서로 다른 n개의 상자에 r개의 같은 공을 넣는 방법의 수**는 위에서 언급한 바와 같이 r개의 같은 색깔의 공과 $n-1$개의 칸막이를 일렬로 나열하는 방법과 같고, 또 **n개의 서로 다른 물건의 중복을 허용하여 r개로 만들어 선택하는 방법의 수**와 같다. 이러한 방법을 **중복조합**이라고 하고, 그 방법의 수를 $\boldsymbol{H(n,\ r)}$ 또는 ${}_n\boldsymbol{H}_r$로 나타낸다. 이때는 중복을 허용하며 선택하는 경우이므로 n과 r의 크고 작음에 관계없이 $H(n,\ r)$의 값은 0이 아니다.

또한 위에서 언급한 예로부터

$$H(n,\ r)=\frac{(n+r-1)!}{r!\ (n-1)!} \tag{3.2.5}$$

임을 알 수 있다.

따라서 위의 문제, 3개의 서로 다른 상자에 5개의 구별되지 않는 공을 담는 방법의 수, 또는 3개의 서로 다른 물건의 중복을 허용하여 5개로 선택하는 중복조합의 수는 $H(3,\ 5)=21$이다.

위의 식 (3.2.5)를 조합으로 표현하면

$$H(n,\ r)=\frac{(n+r-1)!}{r!\ (n-1)!}=C(n+r-1,\ r)$$

과 같음을 알 수 있다.

예제 3.2.6

(1) 중복을 허용하며 일주일 중에 3일을 선택하는 방법의 수는 중복조합에 의해

$$H(7,\ 3)=\frac{(7+3-1)!}{3!\ (7-1)!}=C(7+3-1,\ 3)=C(9,\ 3)=84$$

방법이 있다.

(2) 중복을 허용하며 월, 수, 금요일을 순서 관계없이 7회 모임으로 만드는 방법의 수는 중복조합에 의해

$$H(3,\ 7)=\frac{(3+7-1)!}{7!\ (3-1)!}=C(3+7-1,\ 7)=C(9,\ 7)=36$$

방법이 있다. ■

이 절에서 지금까지 언급한 서로 다른 n개의 상자에 구별되지 않는 공 r개를 담는 여러 가지의 경우에 대한 방법의 수를 요약하면 다음의 표 3.2.2와 같다. 1개 이상 담는 경우의 수는 다음 절 3.3에서 다루기로 한다.

담는 방법의 수	구별되지 않는 공 r개			
	상자에 담는 공의 수			
	최대 1개		0개 이상	
	$r \le n$	$r > n$	$r < n$	$r \ge n$
서로 다른 상자 n개	$C(n, r)$	0	$H(n, r)$	$H(n, r)$

표 3.2.2 서로 다른 n개의 상자에 구별되지 않는 공 r개를 담는 방법의 수

이제 앞 절에서 언급한 전사함수의 개수 $O(n, r)$를 계산하는 방법을 알아보자.

정리 3.2.1

집합 A, B에 대하여 함수 $f: A \to B$는 $f(A) = B$를 만족하는 전사함수(onto function)이다. $r \ge n$일 때 자연수의 집합 $A = \{1, 2, 3, \cdots, r\}$이 정의역이고, 자연수의 집합 $B = \{1, 2, 3, \cdots, n\}$이 치역인 **전사함수의 개수**를 $O(r, n)$라 하면,

$$O(r, n) = \sum_{i=0}^{n} (-1)^i C(n, i)(n-i)^r \tag{3.2.6}$$

이다.

증명 먼저 함수 $f: A \to B$의 개수는 $|A| = r$개의 서로 다른 공을 $|B| = n$개의 서로 다른 상자에 중복을 허용하며 넣는 중복순열의 수와 같으므로 n^r개가 된다. 하지만 전사함수가 되기 위해서는 이 중에서 $f(A) \subset B$인 경우는 제외해야 한다. 원소 $i \in B$가 치역, 즉 $f(A)$에 속하지 않는 함수 $f: A \to B$들의 집합을 B_i라 하자. 즉,

$$B_i = \{f \mid f: A \to B,\ i \in B - f(A)\}$$

라 하면 구하고자 하는 전사함수의 개수는

$$O(r,\ n) = n^r - |\cup_{i=1}^{n} B_i| \tag{3.2.7}$$

이 된다. 한편, $|\cup_{i=1}^{n} B_i|$는 정리 3.1.1의 포함 배제의 원리로부터

$$|\cup_{i=1}^{n} B_i| = \sum_{i=1}^{n} |B_i| - \sum_{1 \le i < j \le n} |B_i \cap B_j| \tag{3.2.8}$$

$$+ \sum_{i<j<k}^{n} |B_i \cap B_j \cap B_k| - \cdots + (-1)^{n-1} |\cap_{i=1}^{n} B_i|$$

가 되며,

$$\begin{aligned}
&|B_i| = (n-1)^r,\ i = 1,\ 2,\ \cdots,\ n \\
&|B_i \cap B_j| = (n-2)^r,\ i,\ j = 1,\ 2,\ \cdots,\ n,\ i < j \\
&|B_i \cap B_j \cap B_k| = (n-3)^r,\ i,\ j,\ k = 1,\ 2,\ \cdots,\ n,\ i < j < k \\
&\quad \vdots \\
&|\cap_{i=1}^{n} B_i| = (n-n)^r = 0
\end{aligned} \tag{3.2.9}$$

이고, n개 원소의 집합에서 i개 원소를 갖는 부분집합의 수는 $C(n,\ i)$이므로 이 수와 식 (3.2.8), (3.2.9)를 식 (3.2.7)에 대입하면

$$O(r,\ n) = n^r - \sum_{i=1}^{n} (-1)^{i-1} C(n,\ i)(n-i)^r$$

$$= \sum_{i=0}^{n} (-1)^i C(n,\ i)(n-i)^r \tag{3.2.10}$$

이 된다. ■

예제 3.2.7

과자 세 종류를 2명의 어린이에게 1가지 이상씩 나누어 주는 방법의 수

$$\begin{aligned}
O(3,\ 2) &= \sum_{i=0}^{2} (-1)^i C(2,\ i)(2-i)^3 \\
&= (-1)^0 \times C(2,\ 0) \times 2^3 + (-1)^1 \\
&\quad \times C(2,\ 1) \times 1^3 + (-1)^2 \times C(2,\ 2) \times 0^3 \\
&= 8 - 2 + 0 = 6
\end{aligned}$$

이다. 즉, 1, 2, 3종류의 과자를 어린이 A, B에게

$$\begin{array}{cc} A & B \\ \{1\} & \{2,3\} \\ \{2,3\} & \{1\} \\ \{2\} & \{1,3\} \\ \{1,3\} & \{2\} \\ \{3\} & \{1,2\} \\ \{1,2\} & \{3\} \end{array}$$

와 같이 6가지의 방법이 있다. ■

정리 3.2.1에서 구한 전사함수 $f : A \to B$, $|A| = r$, $|B| = n$의 개수 $O(r, n)$은 3.2.1절에서 언급한 바와 같이 서로 다른 r개의 공을 서로 다른 n개의 각 상자에 1개 이상씩 담는 방법의 수와 같다.

3.2.2 연습문제

01 7명의 남자와 5명의 여자로 구성된 그룹에서 3명의 남자와 2명의 여자로 구성된 위원회를 만드는 방법의 수는 얼마인가?

02 12명에서 회장 1명과 위원 4명을 뽑는 방법의 수를 구하여라.

03 다음 10각형에 관하여 물음에 답하여라.

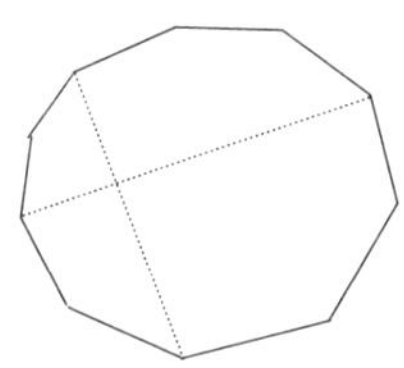

(1) 10각형 내부의 대각선의 개수를 구하여라.

(2) 위의 10각형의 어떤 3개의 대각선도 내부의 한 점에서 만나지 않는다면 위의 그림에서와 같은 대각선이 만나는 점은 내부에 몇 개가 존재하는가?

(3) 다각형의 모든 대각선을 아래의 그림과 같이 그리면 모든 대각선은 모두 몇 조각으로 나누어지는가? 예를 들어, 아래에서 모두 여섯 개의 꼭지점을 연결하면 세 개의 대각선을 그릴 수 있고 그 세 개의 대각선은 모두 9개의 선분조각이 생긴다.

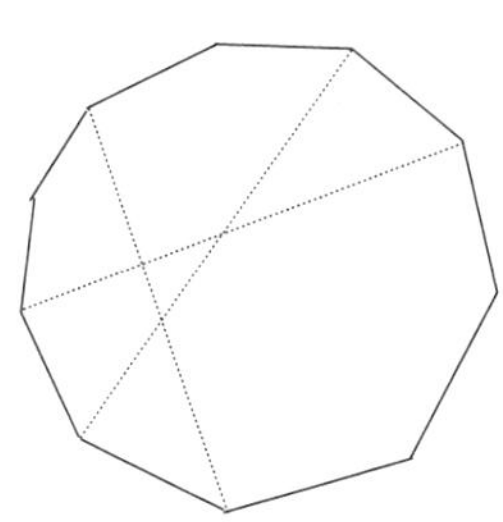

04 일차방정식 $x_1 + x_2 + \cdots + x_6 = 15$의 양의 정수해의 개수는 얼마인가?

05 1에서 6까지 적힌 3개의 주사위를 던져 나오는 서로 다른 결과는 몇 가지가 있는가?

06 수평 7개와 수직 7개로 된 체스 게임 판의 남서쪽 코너에서 북동쪽 코너까지 단지 동쪽과 북쪽으로만 움직이며 가고자 한다.

(1) 갈 수 있는 방법의 종류는 모두 몇 가지인가?

(2) 이 방법들 중 동쪽으로 4번, 북쪽으로 3번 방향을 바꾼 방법은 모두 몇 가지인가? 단, 처음 움직일 때도 방향을 바꾼 것으로 간주한다.

07 (1) 5명의 남학생이 12개의 의자로 된 일렬에 앉는 방법의 수는 얼마인가?

(2) 어떤 두 남학생도 서로 옆에 앉지 않는 방법의 수는 얼마인가?

08 (1) 정수 1, 2, $\cdots$, 100에서 두 수를 뽑아 합한 값이 짝수가 되는 경우의 수는 얼마인가? 홀수가 되는 경우의 수는 얼마인가?

(2) 조합의 이론 및 경우의 수를 이용하여 다음을 보여라.

$$C(2n,\ 2) = 2\,C(n,\ 2) + n^2$$

09 정수 1, 2, $\cdots$, 100에서 세 수를 뽑아 합한 값이 4로 나누어지는 경우의 수는 얼마인가?

10 정수 1, 2, $\cdots$, $n-1$에서 두 수를 뽑아 합한 값이 n보다 큰 경우의 수는 얼마인가?

11 빨간색, 파란색, 초록색의 상자가 1개씩 있고, 빨간공, 파란공, 초록공이 10개씩 있다. 같은 색의 공은 구별되지 않는다. 다음의 조건에 대해 30개의 공을 3개의 상자에 담는

경우의 수를 구하여라.

조건 1. 어떤 상자에도 상자와 같은 색의 공을 담지 않는다.
조건 2. 어떤 상자도 비어 있지 않다.

(1) 위의 두 조건을 모두 만족할 필요가 없는 경우
(2) 조건 1만 만족하는 경우
(3) 조건 2만 만족하는 경우
(4) 조건 1, 2를 모두 만족하는 경우

12 $2n$개 중에 n개가 같은 구슬이 있다. 이 $2n$중에 n개를 뽑는 방법의 수는 얼마인가?

13 7자리의 십진수 중에 세 개의 9가 들어가는 수는 몇 개인가?

14 연속된 k개의 정수의 곱은 $k!$로 나누어짐을 보여라.

도움말

$n+k$개 중에 k를 뽑는 경우의 수를 이용하여라.

15 모든 n자리의 수 중에서 2와 7은 포함하고, 0, 1, 8, 9는 포함하지 않는 수는 모두 몇 개인가?

16 1에서 백만까지 모든 수를 적을 때, 9는 모두 몇 번을 쓰게 되는가?

17 집합 A를 집합 $\{1, 2, 3, \cdots, 50\}$ 중에 어떤 10개의 원소로 구성된 부분집합이라고 하자. 집합 A는 5개씩 구성되고, 합이 같고, 서로 다른 부분집합 2개는 항상 가짐을 보여라.

3.2.3 순열과 조합의 생성

▌순열의 생성

임의의 n개 원소의 집합을 $\{1,\ 2,\ \cdots,\ n\}$로 표현하고, 이 원소들을 일렬로 나열한 어떤 순열을 $(v_1,\ v_2,\ v_3,\ \cdots,\ v_n)$ 또는 $(v_1\, v_2\, v_3\ \cdots\ v_n)$로 표현하자. 예를 들어, 순열 (253614)는 집합 $\{1,\ 2,\ 3,\ 4,\ 5,\ 6\}$의 원소들을 일렬로 나열한 하나의 순열이다. 때로는 이 순열을 나타낼 때, 자연수의 집합 $\{1,\ 2,\ 3,\ 4,\ 5,\ 6\}$을 정의역으로 하고,

$$\sigma(1)=2,\ \ \sigma(2)=5,\ \ \sigma(3)=3,\ \ \sigma(4)=6,\ \ \sigma(5)=1,\ \ \sigma(6)=4$$

로 대응하는 함수 σ를 정의역과 치역을 한꺼번에 표기하여

$$\sigma=\begin{pmatrix}1 & 2 & 3 & 4 & 5 & 6\\ 2 & 5 & 3 & 6 & 1 & 4\end{pmatrix}$$

와 같이 표현하기도 한다. 또한, 이 함수 σ의 대응관계를 $\{\sigma(1)=2,\ \sigma(2)=5,\ \sigma(5)=1\}$, $\{\sigma(3)=3\}$, $\{\sigma(4)=6,\ \sigma(6)=4\}$로 사이클을 갖는 관계끼리 구분하여 각 집합을 사이클 (1 2 5), (3), (4 6)과 같이 나타낸 후 함께 모아

$$\sigma=(1\ \ 2\ \ 5)(3)(4\ \ 6)$$

로 표현하기도 한다.

순열은 행렬로도 표현이 가능하다. 주어진 순열을 위와 같이 함수 σ로 표현 하였을 때 $(1,\sigma(1))$성분, $(2,\sigma(2))$성분, $\cdots$, $(n,\sigma(n))$성분은 값이 1이고 나머지 성분은 0인 $n\times n$행렬을 찾을 수 있고 이를 **치환행렬(permutation matrix)**이라고 부르며 주어진 순열을 표현하는 행렬이다. 예를 들어 순열 (4123)을 나타내는 함수 σ는 정의역이 $\{1,2,3,4\}$이고

$$\sigma(1)=4,\ \ \sigma(2)=1,\ \ \sigma(3)=2,\ \ \sigma(4)=3$$

을 만족한다. 즉 주어진 순열 (4123)은 (1,4)성분, (2,1)성분, (3,2)성분, (4,3)성분만 1이고 나머지 성분은 0인 치환행렬

$$\begin{bmatrix}0 & 0 & 0 & 1\\ 1 & 0 & 0 & 0\\ 0 & 1 & 0 & 0\\ 0 & 0 & 1 & 0\end{bmatrix}$$

에 대응된다. 반대로 어떤 치환행렬이 주어졌을 때 각 행에 있는 1이 있는 열의 번호를 차례대로 나열하면 원래 순열을 얻을 수 있다.

만약 n개의 서로 다른 물건을 일렬로 나열하는 $n!$가지 경우의 순열의 모든 방법을 모두 기록하고자 할 때, n이 작은 경우는 쉽게 할 수 있지만 $n=5$인 경우만 하더라도 120가지이므로 큰 n에 대해서 반복이나 빠짐없이 모두 나열하는 것은 전혀 쉬운 일이 아니다. 따라서 정확히 나열하는 방법을 찾아내는 것은 흥미로운 일이 될 수 있으며, 이산수학뿐만 아니라 데이터베이스 작업, 컴퓨터 하드웨어 디자인 등 많은 분야에 적용되기도 한다.

모든 순열을 빠짐없고 반복됨이 없이 확실하게 생성하는 방법으로는 순열에 어떤 순서를 부여하고, 처음 순열과 마지막 순열을 주어 이 순서의 규칙에 따라 모든 순열을 생성하는 것이다. 여기에서 부여할 수 있는 순서의 하나로 사전편집 순서(lexicographic order)를 들 수 있는데 이 순서는 정의 3.2.1과 같다.

정의 3.2.1

n개로 구성된 집합의 원소를 일렬로 정렬한 $n!$개의 모든 순열 중에 임의의 두 순열 $T_1=(v_1,\ v_2,\ v_3,\ \cdots,\ v_n)$와 $T_2=(w_1,\ w_2,\ w_3,\ \cdots,\ w_n)$에 대하여

$$v_1=w_1,\ v_2=w_2,\ \cdots,\ v_{m-1}=w_{m-1},\ v_m<w_m,\ 1\le m\le n$$

를 만족하는 m이 존재하면 T_1이 T_2보다 앞서는 순서를 **사전편집 순서**(lexicographic order)라고 한다. 이때 $T_1<T_2$로 순서를 표시한다.

위의 정의에서 $T_1<T_2$의 의미는 두 순열에서 처음으로 숫자가 다른 자리에 있는 T_1의 수가 T_2의 수보다 작음을 의미한다. 예를 들어, 서로 다른 6개의 원소를 갖는 집합 $\{1,\ 2,\ 3,\ 4,\ 5,\ 6\}$의 순열들의 사전편집 순서에서는 순열 (132456)의 4번째의 수인 4가 (132645)의 4번째의 수인 6보다 작고, 1~3번째 수들은 같으므로 $(125346)<(125634)$가 된다. 일반적으로 n개로 구성된 집합은 $\{1,\ 2,\ 3,\ \cdots,\ n\}$로 나타낼 수 있고, 이 원소들을 나열한 모든 순열들을 빠짐이나 반복 없이 모두 기록하기 위해서는 사전편집 순서에서

주어진 순열 $T_1 = (v_1,\ v_2,\ v_3,\ \cdots,\ v_n)$의 다음 차례의 순열 $T_2 = (w_1,\ w_2,\ w_3,\ \cdots,\ w_n)$를 찾는 방법이 필요하며 그 방법은 다음의 알고리즘으로 요약하여 설명할 수 있다.

(1) $v_m < v_{m+1}$가 되는 가장 큰 m을 찾는다.

(2) w_m은 $v_{m+1},\ v_{m+2},\ \cdots,\ v_n$ 중에서 v_m보다 크면서 제일 작은 수 v_p로 잡는다.

(3) $w_i = v_i$, $1 \le i \le m-1$로 하며, 나머지 수들은 $w_{m+1} < w_{m+2} < \cdots < w_n$와 같이 되도록 나열한다.

예를 들어, 사전편집 순서에서 $T_1 = (134652)$의 다음 순서를 구하기 위해 위의 방법을 사용하면, 먼저 위의 알고리즘의

(1)단계에서 $1<3,\ 3<4,\ 4<6,\ 6>5$이므로 $m=3$이다.

(2)단계로부터 6, 5, 2에서 $v_3=4$보다 크면서 가장 작은 수가 5이므로 $w_3=5$이다.

(3)단계로부터 $w_1=v_1=1$, $w_2=v_2=3$이고, 나머지 수 2, 4, 6을 순서대로 나열하면 된다. 따라서 T_1의 다음 순서는 $T_2=(135246)$이 된다.

위의 방법의 (2)단계와 (3)단계를 프로그램으로 구현하기 위해 조금 변형할 수 있다. 우선, (1)단계에서 결정된 m에 대하여 순열 T_1은 $v_{m+1} > v_{m+2} > \cdots > v_n$의 성질을 갖고 있고, (2)단계에서는 $v_{m+1},\ v_{m+2},\ \cdots,\ v_n$ 중에서 v_p가 결정되어 w_m이 되고, (3)단계에서 나머지 수들을 $v_{m+1} > v_{m+2} > \cdots > v_n$이 되도록 모아(즉 v_p가 나간 자리에 v_m이 들어온다.) 순서를 거꾸로 나열하면 $w_{m+1} < w_{m+2} < \cdots < w_n$와 같이 된다. 다음은 이와 같은 방법으로 구현하여 모든 순열을 나열하는 알고리즘이다.

알고리즘 3.2.1 : 순열의 생성(generation of permutations)

입력 : $T_1 = (1,\ 2,\ 3,\ \cdots,\ n)$

출력 : 사전편집 순서로 나열된 $n!$개의 순열

1. $k=1$; $T_k = (v_1,\ v_2,\ v_3,\ \cdots,\ v_n) = (1,\ 2,\ 3,\ \cdots,\ n)$ 출력
2. $v_m < v_{m+1}$, $m=1,\ \cdots,\ n-1$가 되는 가장 큰 m을 찾는다.
3. $j=n,\ n-1,\ \cdots,\ m+1$에서 $v_m < v_j$가 되는 처음 v_j를 v_p라 한다.
4. $v_m \leftrightarrow v_p$ (서로 교환한다.)

5. $v_{m+i} \leftrightarrow v_{n-i+1}$, $i = 1, 2, \cdots, h$,

h는 $\dfrac{n-m}{2}$보다 작은 가장 큰 정수

6. $k = k+1$; $T_k = (v_1, v_2, v_3, \cdots, v_n)$를 출력하고 k가 $n!$이면 종료하고, 아니면 2단계로 간다.

위의 알고리즘을 이용하여 4개의 물건을 일렬로 나열하는, 즉 집합 1, 2, 3, 4의 원소들을 일렬로 나열하는 모든 순열을 사전편집 순서로 구하면 다음과 같다.

$$1234 \to 1243 \to 1324 \to 1342 \to 1423 \to 1432 \to 2134 \to 2143 \to$$
$$2314 \to 2341 \to 2413 \to 2431 \to 3124 \to 3142 \to 3214 \to 3241 \to$$
$$3412 \to 3421 \to 4123 \to 4132 \to 4213 \to 4231 \to 4312 \to 4321$$

예제 3.2.8

집합 $\{1, 2, 3, 4, 5, 6, 7\}$의 원소들의 모든 순열을 사전편집 순서로 나열할 때 순열 $T = (5163247)$는 몇 번째 나타나는가?

풀이 먼저 순열 $T = (5163247)$보다 앞서 나타나는 모든 순열의 수를 다음의 경우들로 구분하여 구해보자.

(1) 처음 자리의 수가 5이므로 사전편집 순서의 정의에 의하여 처음 자리에 5보다 작은 수 $\{1, 2, 3, 4\}$가 오고 나머지 6개의 수는 임의로 정렬되는 모든 순열은 T보다 앞서 나타난다. 이러한 순열은 모두 $4 \cdot 6!$개가 있다.

(2) 두 번째의 자리의 수는 1이므로 1보다 작은 수는 없으므로 이 자리의 수로 사전편집 순서에서 앞서는 순열은 없다.

(3) $T = (51*****)$이면서 $T = (516****)$보다 셋째 자리 수로만 사전편집 순서에서 앞서는 순열은 세 번째 자리가 $\{2, 3, 4\}$이고, 나머지 4개의 수는 임의로 정렬되는 순열이다. 이 순열의 모든 개수는 $3 \cdot 4!$ 개다.

(4) $T = (516****)$이면서 $T = (5163***)$보다 넷째 자리 수로만 사전편집 순서에서 앞서는 순열은 네 번째 자리가 2이고, 나머지 3개의 수는 임의로 정렬되는 순열이다. 이 순열의 모든 개수는 $1 \cdot 3!$개다.

(5) $T = (5163***)$이면서 $T = (51632**)$보다 다섯째 자리 수로만 사전편집

집 순서에서 앞서는 순열은 없다.

(6) $T=(51632**)$이면서 $T=(516324*)$보다 여섯째 자리 수로만 사전편집 순서에서 앞서는 순열은 없다.

따라서 사전편집 순서로 나열된 순열에서 순열 T는 위의 (1)~(6) 경우를 모두 합한 값보다 1이 많은 $4 \cdot 6!+3 \cdot 4!+1 \cdot 3!+1=2959$번째 나타난다. ■

알고리즘 3.2.1을 Python으로 구현한 코드는 다음과 같다.

```
import math
import numpy as np

def print_perm(T):
    for i in range(len(T)):
        print(T[i],end='')


def generation_permutation(T1):
    n = len(T1)
    T = T1
    print_perm(T)
    for k in range(math.factorial(n)-1):
        print('->',end='')
        for m in range(n-2,-1,-1):
            if T[m] < T[m+1] :
                break;
        for j in range(n-1,m,-1):
            if T[m] < T[j]:
                p = j
                break
        Temp = T[m]
        T[m] = T[p]
        T[p] = Temp
        h = math.floor((n-m-1)/2)
        for j in range(1,h+1):
            Temp = T[m+j]
            T[m+j] = T[n-j]
            T[n-j] = Temp
        print_perm(T)
```

간단한 순열 $T1=(1,2,3)$을 입력하여 실행시킨 결과는 다음과 같다.

```
T1 = [1,2,3]
generation_permutation(T1)

123->132->213->231->312->321
```

크기가 큰 순열을 넣는 경우 손으로 전부 작성하기 어렵지만 위 코드를 이용하면 쉽게 나열한 결과를 볼 수 있다.

조합의 생성

이제 집합 $\{1, 2, \cdots, n\}$의 모든 $k-$조합, 즉 k개의 원소를 갖는 모든 부분집합을 생성하는 방법을 조사해 보자. 각 부분집합은 원소들을 증가하는 순서로 표현하고 모든 부분집합들은 사전편집 순서로 나열하기로 한다. 즉, 두 부분집합

$$T_1 = (v_1, v_2, v_3, \cdots, v_k)$$
$$T_2 = (w_1, w_2, w_3, \cdots, w_k),\ v_i < v_j,\ w_i < w_j,\ i < j$$

가 사전편집 순서에서 $T_1 < T_2$이면, 정의 3.2.1에 의하여

$$v_1 = w_1,\ v_2 = w_2,\ \cdots,\ v_{m-1} = w_{m-1},\ v_m < w_m$$

인 m, $1 \le m \le k$이 존재한다.

일반적으로 n개로 구성된 집합 $\{1, 2, 3, \cdots, n\}$의 $k-$조합들을 빠짐이나 반복 없이 모두 기록하기 위해서는 사전편집 순서에서 주어진 임의의 $k-$조합 $T_1 = (v_1, v_2, v_3, \cdots, v_k)$의 다음에 나타나는 $k-$조합을 찾는 방법이 필요한데 그 방법은 다음의 알고리즘을 이용하여 구할 수 있다. 이 알고리즘은 모든 $C(n, k)$개의 $k-$조합을 사전편집 순서로 나열하여 출력하고 있다.

알고리즘 3.2.2 : $k-$조합의 생성(generation of $k-$combinations)

입력 : 집합 $\{1, 2, 3, \cdots, n\}$과 초기의 $k-$조합 $(1, 2, 3, \cdots, k)$
출력 : 사전편집 순서로 나열된 $C(n, k)$개의 $k-$조합

1. $j=1$; $T_j = (v_1, v_2, v_3, \cdots, v_k) = (1, 2, 3, \cdots, k)$ 출력
2. $v_m + 1 \ne v_{m+1}$, $m = 1, 2, \cdots, k$가 되는 가장 큰 m을 찾는다.
   이때, $v_{k+1} = n+1$이라 한다.
3. $i = n, n-1, \cdots, 2, 1$에 대하여 다음을 실행한다.
   (1) $i = m$이면 $v_i = v_i + 1$
   (2) $i > m$이면 $v_i = v_m + (i-m) + 1$
4. $j = j+1$; $T_j = (v_1, v_2, v_3, \cdots, v_k)$를 출력하고 j가 $C(n, k)$이면 종료하고, 아니면 2단계로 간다.

알고리즘 3.2.2를 요약하여 설명하면 k−조합 내의 수를 다른 수와 중복되지 않게 1만큼 증가시킬 수 있는 자리 중에 가장 뒷자리를 선택하여 1만큼 증가하고, 그 다음 자리는 순서대로 1씩 증가하여 구성한다.

예를 들면, 6개의 원소로 된 집합의 4-조합을 사전편집 순서로 나열할 때 현재의 4-조합이 (1256)이라면 이 조합의 두 번째 자리의 수 2는 다른 원소 1, 5, 6과 중복없는 3으로 증가할 수 있는 가장 뒷자리이다. 따라서 2는 3으로 증가하고, 나머지 3, 4번째 자리는 3에서 하나씩 증가한 4, 5가 되어 사전편집 순서에서 다음 차례의 조합은 (1345)가 된다.

알고리즘 3.2.2를 이용하여 6개의 물건 중 4개를 선택하는 모든 조합, 즉 집합 {1, 2, 3, 4, 5, 6}의 4개의 원소로 구성된 모든 부분집합들을 사전편집 순서로 나열하면 다음과 같다.

$$(1234)\to(1235)\to(1236)\to(1245)\to(1246)\to(1256)\to(1345)\to$$
$$(1346)\to(1356)\to(1456)\to(2345)\to(2346)\to(2356)\to(2456)\to$$
$$(3456)$$

예제 3.2.9

11개의 원소로 구성된 집합의 6개 원소의 부분집합, 즉 6-조합들을 사전편집 순서로 나열할 때 $T=(2,\ 3,\ 6,\ 7,\ 10,\ 11)$앞에 오는 6-조합의 수는 모두 몇 개인가?

풀이 11개의 원소 중에 T에 포함되지 않은 수를 중심으로 작은 수로부터 조사해보자.

(1) 6-조합 $T=(2,\ 3,\ 6,\ 7,\ 10,\ 11)$에는 1이 포함되지 않았으므로 1을 포함하는 6-조합의 수는 $C(10,5)$개이다. 이 모든 6-조합은 사전편집 순서에서 앞서 나온다.

(2) 6-조합 $T=(2,\ 3,\ 6,\ 7,\ 10,\ 11)$에는 4와 5가 포함되지 않았으므로 1을 제외하고 2, 3, 4 또는 2, 3, 5를 포함하는 6-조합은 T보다 사전편집 순서에서 앞서 나온다. 이 6-조합의 수는 각 경우에 2, 3, 4, 5가 포함된 6-조합이 중복되어 있으므로

$$2\cdot C(7,\ 3)-C(6,\ 2)$$

개가 된다.

(3) 6-조합 $T=(2,\ 3,\ 6,\ 7,\ 10,\ 11)$에는 8과 9가 포함되지 않았으므로 1, 4, 5를 제외하고 2, 3, 6, 7, 8 또는 2, 3, 6, 7, 9를 포함하는 6-조합은 T보다 사전편

집 순서에서 앞서 나온다. 이 6-조합의 수는 각 경우에 2, 3, 6, 7, 8, 9가 포함된 6-조합이 중복되어 있으므로

$$2 \cdot C(3,\ 1) - 1$$

개가 된다.

따라서 사전편집 순서로 나열된 6-조합의 리스트에서 T보다 앞서 나오는 6-조합의 수는 위의 (1)-(3)인 경우를 모두 합한 값인

$$C(10,\ 5) + 2 \cdot C(7,\ 3) - C(6,\ 2) + 2 \cdot C(3,\ 1) - 1 = 312$$

개가 있다. ■

알고리즘 3.2.2 역시 Python을 이용하면 다음과 같은 코드로 변환된다.

```
def print_comb(T):
    print("(",end='')
    for i in range(len(T)):
        print(T[i],end='')
    print(")",end='')

def generation_k_combination(T1,n):
    k = len(T1)
    nCk = math.floor(math.factorial(n)/(math.factorial(k)*math.factorial(n-k)))
    T = T1
    print_comb(T)
    for j in range(nCk-1):
        print('->',end='')
        if T[k-1]+1 != n+1:
            m = k-1
        else:
            for m in range(k-2,-1,-1):
                if T[m]+1 != T[m+1] :
                    break;
        for i in range(k-1,m-1,-1):
            if i == m:
                T[i] = T[i]+1
            if i > m:
                T[i] = T[m] + (i-m) + 1
        print_comb(T)
```

집합 $\{1,2,3,4\}$에 대해 모든 4-조합을 순서대로 나열한 결과를 얻기 위해 위 알고리즘을 적용하면 다음과 같은 결과를 얻을 수 있다.

```
T1 = [1,2,3,4]
generation_k_combination(T1,6)

(1234)->(1235)->(1236)->(1245)->(1246)->(1256)->(1345)->(1346)->(1356)->(1456)->(2345)->(2346)->(2356)->(2456)->(3456)
```

마찬가지로 크기가 큰 집합에서 얻는 $k-$조합을 사전편집 순서로 나열하기 위해서 위 코드를 이용하면 쉽게 결과를 얻을 수 있다.

3.2.3 | 연습문제

01 집합 $\{1, 2, 3\}$의 원소들의 모든 순열을 사전편집 순서로 나열하여라.

02 집합 $\{1, 2, 3, 4, 5, 6\}$의 원소들의 모든 순열을 사전편집 순서로 나열할 때 순열 $T = (613245)$는 몇 번째 나타나는가?

03 n개로 구성된 집합 $\{1, 2, 3, \cdots, n\}$의 원소를 일렬로 정렬한 순열 $\sigma = (v_1 v_2 v_3 \cdots v_n)$가 모든 순열을 사전편집 순서로 나열된 리스트에서 나타나는 순서를 $rank(\sigma)$라고 한다.

$$rank(\sigma) = 1 + \sum_{i=1}^{n-1} K_i \cdot (n-i)!$$

$$K_i = |\{v_j \mid v_j < v_i,\ j > i\}|$$

임을 보여라.

도움말

예제 3.2.8을 이용하여라.

04 집합 $\{1, 2, 3, 4, 5\}$의 원소들의 모든 순열을 사전편집 순서로 나열할 때, 74번째 나타나는 순열을 구하여라.

05 위의 문제 3번을 이용하여 다음을 증명하여라.

$$1 \cdot (1!) + 2 \cdot (2!) + 3 \cdot (3!) + \cdots + n \cdot (n!) = (n+1)! - 1$$

도움말

집합 A를 $n+1$개를 정렬한 모든 순열의 집합이라고 하고, 집합 B를 $n+1$개를 정렬한 모든 순열을 사전편집 순서로 나열할 때 각 순열이 리스트에 나타나는 순서, 즉 $rank(\sigma)$의 정수 값들의 모임이라고 하면, 두 집합은 원소의 개수가 같다. 각 집합의 개수를 구하여라.

06 $1 \le m \le (n+1)!$인 m은 다음과 같이 유일하게 나타낼 수 있음을 보여라.

$$m = 1 + \sum_{i=1}^{n} K_i \cdot (i)!, \ 0 \le K_i \le i$$

도움말

위의 3번과 5번을 이용하여라.

07 5개의 원소로 구성된 집합의 3개 원소의 모든 부분집합, 즉 모든 5-조합들을 사전편집 순서로 나열하여라.

08 11개의 원소로 구성된 집합의 6개 원소의 부분집합, 즉 6-조합들을 사전편집 순서로 나열할 때 $T = (1,\ 3,\ 5,\ 7,\ 8,\ 11)$ 앞에 오는 6-조합의 개수를 구하여라.

09 n개로 구성된 집합의 원소를 일렬로 정렬한 $n!$개의 모든 순열들을 colexicographic 순서에서는 임의의 순열 $T_1 = (v_1,\ v_2,\ v_3,\ \cdots,\ v_n)$가 $T_2 = (w_1, w_2,\ w_3,\ \cdots,\ w_n)$보다 순서가 앞선다면, 어떤 $m,\ 1 \le m \le n$에 대하여

$$v_n = w_n,\ v_{n-1} = w_{n-1},\ \cdots,\ v_{m+1} = w_{m+1},\ v_m < w_m$$

를 만족한다고 하자. 예를 들어, (132546)은 (213546)보다 colexicographic 순서에서 앞에 나타난다.

(1) 집합 $\{1,\ 2,\ 3,\ 4\}$의 원소들의 모든 순열을 (4321)로부터 시작하여 colexicographic 순서로 나열하여라.

(2) 집합 $\{1,\ 2,\ \cdots,\ n\}$의 모든 $k-$조합, 즉 k개의 원소를 갖는 모든 부분집합을 생성하는 방법을 조사하고자 한다. 각 부분집합은 원소들을 증가하는 순서로 표현하

고 모든 부분집합들은 colexicographic 순서로 나열하기로 한다. 즉, 두 부분집합

$$T_1 = (v_1,\ v_2,\ v_3,\ \cdots,\ v_k)$$
$$T_2 = (w_1,\ w_2,\ w_3,\ \cdots,\ w_k),\ v_i < v_j,\ w_i < w_j,\ i < j$$

가 colexicographic 순서에서 $T_1 < T_2$이면, 정의에 의하여 어떤 $m,\ 1 \le m \le k$에 대하여

$$v_k = w_k,\ v_{k-1} = w_{k-1},\ \cdots,\ v_{m+1} = w_{m+1},\ v_m < w_m$$

이다. colexicographic 순서에서 주어진 임의의 $k-$조합 $T_1 = (v_1,\ v_2,\ v_3,\ \cdots,\ v_k)$의 다음에 나타나는 $k-$조합을 찾는 방법을 구하여라.

(3) 일반적으로 n개 원소 집합의 k개 원소를 갖는 모든 부분집합, 즉 $C(n,\ k)$개의 $k-$조합을 빠짐이나 반복 없이 모두 colexicographic 순서로 기록하는 알고리즘을 알고리즘 3.2.2와 같이 구하여라.

(4) 위 (3)의 알고리즘을 이용하여 5개의 물건 중 3개를 선택하는 모든 조합, 즉 집합 $\{1,\ 2,\ 3,\ 4,\ 5\}$의 3개의 원소로 구성된 모든 부분집합들을 colexicographic 순서로 나열하여라.

(5) n개로 구성된 집합 $\{1,\ 2,\ 3,\ \cdots,\ n\}$의 $k-$조합 $\sigma = (v_1 v_2 v_3 \cdots v_k)$가 모든 $k-$조합을 colexicographic 순서로 나열된 리스트에서 나타나는 순서를 $rank(\sigma)$라고 한다. 11개의 원소 집합의 6-조합 $\sigma = (1,\ 2,\ 7,\ 8,\ 9,\ 10)$의 $rank(\sigma)$를 구하여라.

(6) n개의 원소 집합의 $k-$조합 $\sigma = (v_1 v_2 v_3 \cdots v_k)$의 colexicographic 순서 리스트의 $rank(\sigma)$는

$$rank(\sigma) = 1 + \sum_{i=1}^{k} C(v_i - 1,\ i)$$

임을 보여라.

도움말

위의 문제 (5)를 일반화시켜라.

(7) n개의 원소 집합의 4-조합들의 colexicographic 순서 리스트에서 98번째 오는 4-조합을 구하여라. 단, $n > 4$이다.

(8) n개의 원소 집합의 4-조합들의 colexicographic 순서 리스트에서 71번째 오는 4-조합을 구하여라. 단, $n > 4$이다.

3.3 분배와 분할

3.3.1 제 2 스털링 수(Stirling numbers of the second kind)

앞 절에서는 여러 가지의 조건하에서 n개의 서로 다른 상자에 r개의 서로 다른 공 또는 같은 공을 담는 방법의 수를 구하였다. 각 경우에 대한 방법의 수를 요약하여 한 눈에 볼 수 있도록 표를 만들어 보자.

일반적으로 **한 개 이상의 공을 담을 수 있는 서로 다른** n개의 **상자**에 r개의 **서로 다른 공**을 넣는 방법의 수는 중복순열의 수 $\Pi(n,\ r)$ 또는 ${}_n\Pi_r = n^r$가 된다. 이러한 중복순열의 조건에는 상자에 공이 한 개도 담겨지지 않는 경우도 포함되어 있다.

만약 모든 n개의 상자에 공이 적어도 1개 이상은 담겨져야 한다는 조건이 있다면 담는 방법의 수는 다르다. 즉 $r \geq n$일 때, r개의 **서로 다른 공**을 **서로 다른** n개의 각 상자에 **1개 이상씩** 담는 방법의 수는 3.2.1절에서 다룬 바와 같이 r개의 원소의 집합에서 n개의 원소의 집합으로 정의되는 전사함수의 개수인 $O(r,\ n)$과 같으며, 이 값은 정리 3.2.1의 식 (3.2.6)에서 다룬 바와 같이

$$O(r,\ n) = \sum_{i=0}^{n} (-1)^i C(n,\ i)(n-i)^r$$

을 이용하여 구할 수 있다. 또 이 값은 r개의 원소의 집합을 n개의 그룹으로 분할하여 n개의 서로 다른 개체에 **분배(distributions)**하는 방법의 수와 같다.

그러나 모든 상자에 1개까지만 담을 수 있다면 담는 경우의 수는 $r > n$이면 0가지이고, $r \leq n$이면 $P(n,\ r) = n!/(n-r)!$ 방법의 수가 있다.

한편, r개의 구별되지 않는 **공을 한 개 이상의 공을 담을 수 있는** n개의 서로 다른 **상자**에 넣는 방법의 수는 중복조합의 수

$$H(n,\ r) = \frac{(n+r-1)!}{r!\ (n-1)!} = C(n+r-1,\ r)$$

가 된다. 이러한 중복조합의 조건에는 상자에 공이 한 개도 담겨지지 않는 경우도 포함되어 있다.

만약 모든 n개의 상자에 공이 적어도 1개 이상은 담겨져야 한다는 조건이 있다면 담는

방법의 수는 달라진다. 즉 $r \geq n$일 때, r개의 구별되지 않는 공을 n개의 서로 다른 **상자에 1개 이상씩** 담는 방법의 수는 먼저 각 상자에 1개씩 넣은 후, $r-n$개의 같은 공을 n개의 상자에 넣는 중복조합의 수를 구하면 되므로 구하는 방법의 수는

$$H(n,\ r-n) = C(r-n+n-1,\ r-n) = C(r-1,\ r-n)$$

이 됨을 알 수 있다. 그러나 모든 상자에 1개까지만 담을 수 있다면, 담는 경우의 수는 $r > n$이면 0가지이고, $r \leq n$일 때의 방법의 수는 $C(n,\ r)$이 된다.

위의 모든 경우에 대한 방법의 수를 다시 한번 요약하여 나열하면 다음의 표와 같다.

담는 방법의 수	서로 다른 공 r개					
	상자에 담는 공의 수					
	최대 1개		0개 이상		1개 이상	
	$r \leq n$	$r > n$	$r < n$	$r \geq n$	$r < n$	$r \geq n$
서로 다른 상자 n개	$P(n,\ r)$	0	${}_n\Pi_r = n^r$	${}_n\Pi_r = n^r$	0	$O(r,\ n)$

표 3.3.1 서로 다른 n개의 상자에 서로 다른 공 r개를 담는 방법의 수

담는 방법의 수	구별되지 않는 공 r개					
	상자에 담는 공의 수					
	최대 1개		0개 이상		1개 이상	
	$r \leq n$	$r > n$	$r < n$	$r \geq n$	$r < n$	$r \geq n$
서로 다른 상자 n개	$C(n,\ r)$	0	$H(n,\ r)$	$H(n,\ r)$	0	$H(n,\ r-n)$

표 3.3.2 서로 다른 n개의 상자에 구별되지 않는 공 r개를 담는 방법의 수

위의 모든 경우는 상자가 모두 서로 구별되는 경우이다. 이제 상자가 모두 같은 경우를 생각해보자. 즉 구별되지 않는 n개의 상자에 서로 다른 공 r개를 각 상자에 1개씩 이상 담는 방법의 수를 구하고자 한다. 이것은 r명의 사람을 n개 그룹으로 나누는 방법의 수와 같다. 이 수는 18세기 스코틀랜드 수학자 제임스 스털링(James Stirling)에 의해 소개된 두 가지의 스털링의 수 즉, 제1 또는 제2 스털링의 수(Stirling number) 가운데 제2 스

털링의 수와 같다. 먼저 제2 스털링의 수를 다음과 같이 정의한다.

정의 3.3.1

음이 아닌 두 정수 r과 n에 대하여 **r개의 서로 다른 공을 n개의 구별되지 않는 상자에 1개 이상씩 담는 방법의 수를 제2 스털링의 수**(Stirling number of the second kind)라고 하고 $S(r,\ n)$로 표기한다. (S(공의 수, 상자수)로 표기함.)

이때 1개 **이상의 공을 담으려면 공의 수 r이 상자의 수 n보다 커야 $S(r,\ n)$이 의미가 있는 값이 되므로 큰 수 r을 먼저 표기하였다.** 즉, S(공의 수, 상자의 수)로 표기함을 유의하자.

일반적으로 제2의 스털링의 수 $S(r,\ n)$의 값은 r개의 원소(공)를 갖는 집합을 공집합이 아니며 공통부분이 없는 n개의 부분집합(상자)들로 **분할(partitions)**하는 방법의 수를 말한다. 즉, 제 2스털링의 수는 r개의 서로다른 공을 n개의 그룹으로 나누는 방법의 수로 이해할 수도 있다.

예제 3.3.1

집합 $A = \{a,b,c\}$가 주어졌다고 하자. 집합 A를 2개의 부분집합으로 분할하는 방법은 $(\{a\}, \{b,c\})$, $(\{b\}, \{a,c\})$, $(\{c\}, \{a,b\})$로 총 3가지이다. 그러므로 $S(3,2) = 3$이다. 집합 A를 3개의 부분집합으로 분할하는 방법은 $(\{a\}, \{b\}, \{c\})$ 하나뿐이므로 $S(3,3) = 1$이다. ■

정의에 의하면 모든 $r \geq 1$에 대하여 $S(r,\ 1) = 1$이고, $S(r,\ r) = 1$이다. 또, $n > r \geq 1$에 대해서는 r명을 n개의 그룹으로 나눌 수 없으므로 $S(r,\ n) = 0$이다.

또한, 0개의 그룹으로 나눌 수 없으므로 $S(r,\ 0) = 0$이다. $S(r,\ 2)$의 일반식은 다음과 같이 구할 수 있다.

정리 3.3.1

$$S(r, 2) = (2^r - 2)/2 = 2^{r-1} - 1, \quad r \geq 2$$

증명 $S(r, 2)$는 r개의 서로 다른 공을 구별되지 않는 2개의 상자에 1개 이상씩 담는 방법의 수, 즉 r개의 서로 다른 공을 2개의 그룹으로 분할하는 방법의 수를 의미한다. 표 3.3.1에서 나타낸 바와 같이 r개의 서로 다른 공을 2개의 다른 상자에 담는 방법의 수는 모두 ${}_2\Pi_r = 2^r$이다. 하지만 이 수에는 상자가 비어 있는 경우도 포함하고 있으므로 이 경우의 수에 2개의 서로 다른 상자가 비어 있는 두 가지 경우를 빼면 $2^r - 2$이다. 또한, 상자가 구별되지 않으면 경우의 수가 또 반으로 줄게 되어 모두 $(2^r - 2)/2 = 2^{r-1} - 1$의 방법이 있다. ■

일반적으로 r개의 서로 다른 공을 n개의 구별되지 않는 상자에 1개 이상 담는 방법의 수인 제2의 스털링의 수 $S(r, n)$의 각 경우에 대하여 n개의 상자를 나열하여 구별되도록 하는 방법의 수 즉, n개의 그룹으로 분할($S(r, n)$)하여 n개의 서로 다른 개체에 분배($n!$)하는 방법의 수는 $S(r, n)n!$이다. 이 값은 서로 다른 r개 공을 서로 다른 n개 상자에 1개 이상씩 분배하는 방법의 수 $O(r, n)$와 같다. 또한 정리 3.2.1로부터 다음의 정리를 얻는다.

정리 3.3.2

(1) $S(r, n)n! = O(r, n)$

(2) $S(r, n) = \dfrac{1}{n!} \displaystyle\sum_{i=0}^{n} (-1)^i C(n, i)(n-i)^r$

예제 3.3.2

한 교수가 6가지의 실험을 4명의 조교한테 한 명의 조교가 1가지 이상 맡도록 분배하는 방법은 6개 원소의 집합에서 4개 원소의 집합으로 보내는 전사함수의 수와 같으므로 위의 정리 3.3.2로부터 $O(6, 4) = S(6, 4)4!$와 같다. ■

제2의 스털링의 수를 계산하는 데는 정리 3.3.2의 방법 이외에 다음과 같은 편리한 재귀 함수의 관계를 이용할 수도 있다.

정리 3.3.3

$r > n \geq 1$인 정수 r, n에 대하여

$$S(r, n) = S(r-1, n-1) + n\, S(r-1, n) \tag{3.3.1}$$

이 성립한다.

증명 등호의 왼쪽 식은 r개의 서로 다른 공을 n개의 구별되지 않는 상자에 1개 이상씩 담는 방법의 수를 나타낸다. 한편, 이 방법의 수를 다르게 구하기 위해 마지막 r번째 공이 상자에 유일하게 담겨지는 경우와 그렇지 않은 경우를 나누어 생각해보자.

처음의 경우는 $r-1$개의 서로 다른 공을 $n-1$개의 구별되지 않는 상자에 1개 이상씩 담고 나머지 하나의 상자에는 마지막 r번째 공을 담으면 되므로 방법의 수는 $S(r-1, n-1)$가지가 된다.

두 번째의 경우는 $r-1$개의 서로 다른 공을 n개의 구별되지 않는 상자에 1개 이상씩 담고 마지막 r번째 공을 n개의 상자 중 하나에 담으면 되므로 방법의 수는 곱셈의 법칙에 의해 $n \cdot S(r-1, n)$가지가 된다.

따라서 이 두 경우의 수를 합한

$$S(r-1, n-1) + n \cdot S(r-1, n)$$

는 r개의 서로 다른 공을 n개의 구별되지 않는 상자에 1개 이상씩 담는 방법의 수와 같으므로 위의 등식이 성립한다. ■

$S(r, 1) = 1$이고, $S(r, r) = 1$이므로 정리 3.3.3에서 증명한 재귀 함수식을 이용하면 모든 $S(r, n)$을 구할 수 있는 **스털링 삼각형(Stirling's triangle)**을 다음과 같이 만들 수 있다. 즉 $S(r, n)$은 열 번호 n과 바로 위의 행의 같은 열의 원소 $S(r-1, n)$를 곱하여 위의 행의 앞 열의 원소 $S(r-1, n-1)$와의 합을 구하면 된다. 예를 들면 다음의 그림 3.3.1에서 제3열 6행의 값 90은 제3열을 나타내는 3과 제3열 5행의 원소 25를 곱하여, 제2열 5행의 원소 15와 합하여 나온 값이다. 즉,

$$S(6,\ 3) = 90 = S(5,\ 2) + 3S(5,\ 3) = 15 + 3 \cdot 25$$

이다.

$S(r,\ n)$	$n=1$	2	3	4	5	6	⋯
$r=1$	1						
2	1	1					
3	1	3	1				
4	1	7	6	1			
5	1	15	25	10	1		
6	1	31	90	65	15		
⋮	⋮	⋮	⋮	⋮	⋮	⋮	⋱

$90 = 15 + 3 \cdot 25$

그림 3.3.1 제2 스털링의 수 $S(r,\ n)$의 삼각형(Stirling's Triangle) (행렬)

제2의 스털링의 수 $S(r,\ n)$를 이용하면 n개의 구별되지 않는 상자에 r개의 서로 다른 공을 (0개 이상씩) 담는 방법(분할)의 수는 $\sum_{i=1}^{n} S(r,\ i)$임을 알 수 있다(연습문제 참조). 또한 각 상자에 최대 1개까지 담을 수 있는 방법의 수는 $r > n$이면 0가지이고, 그렇지 않으면 1가지이다. 따라서 상자가 구별되지 않는 각 경우에 대한 서로 다른 공들을 분할하는 방법의 수를 요약하여 나타내면 다음 표 3.3.3과 같다.

담는 방법의 수	서로 다른 공 r개					
	상자에 담는 공의 수					
	최대 1개		0개 이상		1개 이상	
	$r \le n$	$r > n$	$r < n$	$r \ge n$	$r < n$	$r \ge n$
구별되지 않는 상자 n개	1	0	$\sum_{i=1}^{n} S(r,\ i)$		0	$S(r,\ n)$

표 3.3.3 n개의 구별되지 않는 상자에 서로 다른 공 r개를 담는 방법의 수

위의 표 3.3.3에서 보는 바와 같이 $r \le n$일 때, r개의 서로 다른 공을 n개의 구별되지 않는 상자에 (0개 이상) 담는 방법의 수는 $\sum_{i=1}^{n} S(r,\ i)$이며, 또한 $r < i$이면 $S(r,\ i) = 0$이므로

$$\sum_{i=1}^{n} S(r,\ i) = \sum_{i=1}^{r} S(r,\ i)$$

이 된다.

위의 식을 다르게 표현하여, r개의 서로 다른 공을 상자의 수에 제한하지 않고 여러 개의 상자에 빈 상자가 없이 담는 경우는 상자 1개에서 r개까지 사용할 수 있으므로 그 방법의 수는 $\sum_{i=1}^{r} S(r,\ i)$가 된다. 이 수는 **r명을 여러 개의 그룹으로 분할하는 방법의 수**와 같고, 또 r개 원소의 집합을 r개 이하의 서로소인 부분집합으로 나누는 방법의 수와 같다. 이러한 방법의 수를 **Bell 수(Bell numbers)**라고 하고 B_r로 표시한다. 즉

$$B_r = S(r,\ 0) + S(r,\ 1) + S(r,\ 2) + \cdots + S(r,\ r) \tag{3.3.2}$$

이다. 위의 식 (3.3.2)에 의하면 그림 3.3.1의 스털링의 삼각형으로부터 이 Bell 수 B_r는 스털링의 삼각형의 r번째 행의 원소들의 합과 같다. Bell 수는 다음 점화식

$$B_n = \sum_{j=0}^{n-1} C(n-1,\ j)\, B_j$$

을 만족한다. (연습문제 3.3.5 참고)

3.3.2 자연수의 분할(partitions)

지금까지 n개의 상자에 공 r개를 담는 경우 중에 아직 고려하지 못한 경우는 상자와 공이 모두 구별되지 않는 경우이다. 즉, n개의 구별되지 않는 상자에 구별되지 않는 공 r개를 담는 방법의 수를 구하는 것이다. 이것은 자연수 r을 n개의 음이 아닌 정수항의 합으로 표현하는 방법과 같다. 만약 빈 상자를 허용한다면 최대 n개의 항의 합으로 표현하는 방법이 된다. 이 방법의 수를 빈 상자를 허용하고 또는 허용하지 않음에 따라 각각 **자연수 r의 최대 n개의 자연수 합으로 분할(partitions)** 또는 **자연수 r의 n개의 자연수 합으로 분할(partitions)**이라고 한다. 이러한 분할은 이산수학과 정수론에서 많이 다뤄지고 있다. 예를 들어, 자연수 10은 $10 = 5 + 3 + 2 + 0$으로 표현될 수 있으므로 이것은 각 상자에 5개, 3개, 2개, 0개를 담는 경우를 나타낸다.

자연수 r의 n개의 자연수 합으로 분할(partitions)하는 방법의 수를 $p(r,\ n)$로 표시한다. 즉, **n개의 구별되지 않는 상자에 구별되지 않는 공 r개를 1개 이상씩 분할하는 방법의 수**를 의미하고 partition의 첫 자 p를 사용하여 p(상자수, 공의 수)로 나타낸다.

예를 들어, 6를 3개의 자연수의 합으로 표시하는 방법은

$$6=1+1+4, \quad 6=1+2+3, \quad 6=2+2+2$$

과 같이 3가지가 있으므로 $p(6,\ 3)=3$이 된다.

r개의 구별되지 않는 공을 1개의 상자에 1개 이상 담는 방법은 1가지이므로 $p(r,\ 1)=1$이고, r개의 구별되지 않는 공을 r개의 상자에 1개 이상씩 담는 방법도 1가지이므로 $p(r,\ r)=1$이다. 또, $r<n$일 때 r개의 구별되지 않는 공을 n개의 구별되지 않는 상자에 1개 이상씩 담을 수 없으므로 0이다.

일반적으로 자연수 분할의 방법의 수 $\boldsymbol{p(r,\ n)}$에 관한 재귀 함수식의 관계는 다음과 같다.

정리 3.3.4

$r>n>1$인 정수 $r,\ n$에 대하여

$$p(r,\ n)=p(r-n,\ 1)+p(r-n,\ 2)+\ \cdots\ +p(r-n,\ n) \qquad (3.3.3)$$

이 성립한다.

증명 등호의 왼쪽은 n개의 구별되지 않는 상자에 구별되지 않는 공 r개를 1개 이상씩 담는(분할하는) 방법의 수와 같으므로 우선 공을 1개씩 n개의 상자에 넣고 나머지 $r-n$개를 n개의 구별되지 않는 상자에 담으면 되는데, 이 방법의 수는 $r-n$개의 같은 공을 1개의 상자에 담는 방법의 수, 2개, 3개, $\cdots$, n개의 상자에 담는 방법의 수를 모두 합한 수, 즉 $p(r-n,\ 1)+p(r-n,\ 2)+\ \cdots\ +p(r-n,\ n)$과 같다. 따라서 식 (3.3.3)은 항상 성립한다. ■

위의 정리에 의하면

$$p(r,\ r-1)=p(1,\ 1)+p(1,\ 2)+\ \cdots\ +p(1,\ r-2)+p(1,\ r-1)$$
$$p(r,\ r-2)=p(2,\ 1)+p(2,\ 2)+\ \cdots\ +p(2,\ r-2)$$
$$\vdots$$
$$p(r,\ 2)=p(r-2,\ 1)+p(r-2,\ 2)$$
$$p(r,\ 1)=p(r-1,\ 1)$$

이 된다. 한편, $r<n$일 때는 $p(n,\ r)=0$이므로 위의 관계식으로부터

$$
\begin{aligned}
r=2 &: p(2,\ 1)=p(1,\ 1)=1 \\
r=3 &: p(3,\ 2)=p(1,\ 1) \\
& \quad p(3,\ 1)=p(2,\ 1) \\
r=4 &: p(4,\ 3)=p(1,\ 1) \\
& \quad p(4,\ 2)=p(2,\ 1)+p(2,\ 2) \\
& \quad p(4,\ 1)=p(3,\ 1) \\
r=5 &: p(5,\ 4)=p(1,\ 1) \\
& \quad p(5,\ 3)=p(2,\ 1)+p(2,\ 2) \\
& \quad p(5,\ 2)=p(3,\ 1)+p(3,\ 2) \\
& \quad p(5,\ 1)=p(4,\ 1) \\
\vdots & \qquad\qquad \vdots \\
r=r &: p(r,\ r-1)=p(1,\ 1) \\
& \quad p(r,\ r-2)=p(2,\ 1)+p(2,\ 2) \\
& \qquad\qquad \vdots \\
& \quad p\left(r,\ \left\lfloor \frac{r}{2} \right\rfloor+1\right)=p(k-1,\ 1)+p(k-1,\ 2)+\ \cdots\ +p\left(k-1,\ \left\lfloor \frac{r}{2} \right\rfloor\right) \\
& \quad p\left(r,\ \left\lfloor \frac{r}{2} \right\rfloor\right)=p(k,\ 1)+p(k,\ 2)+\ \cdots\ +p\left(k,\ \left\lfloor \frac{r}{2} \right\rfloor\right), \quad k=r-\left\lfloor \frac{r}{2} \right\rfloor \\
& \quad p\left(r,\ \left\lfloor \frac{r}{2} \right\rfloor-1\right)=p(k+1,\ 1)+p(k+1,\ 2)+\ \cdots\ +p\left(k+1,\ \left\lfloor \frac{r}{2} \right\rfloor-1\right) \\
& \qquad\qquad \vdots \\
& \quad p(r,\ 2)=p(r-2,\ 1)+p(r-2,\ 2) \\
& \quad p(r,\ 1)=p(r-1,\ 1)
\end{aligned}
$$

와 같이 모든 $p(r,\ n)$의 값을 구할 수 있다. 위의 방법을 이용하여 다음 그림 3.3.2와 같이 $p(1,\ 1)$에서 $p(6,\ 6)$까지 구한 표에서 점선으로 표시한 대각선의 좌측 상단에서 각 행의 합들을 역순으로 나열하면 $p(7,\ 1)$에서 $p(7,\ 6)$을 모두 구할 수 있다. 이러한 방법으로 모든 자연수의 분할 $p(r,\ n)$값으로 만든 삼각형을 만들 수 있다.

$p(r,\ n)$		$n=1$	2	3	4	5	6	$\cdots$
$r=1$	1	= 1						
2	2	= 1	+ 1					
3	3	= 1	+ 1	+1				
4	4	= 1	+ 2	+1	1			
5	3	= 1	+ 2	2	1	1		
6	1	= 1	3	3	2	1	1	
7	↳	1	3	4	3	2	1	1

그림 3.3.2 $p(r,\ n)$값의 삼각형 행렬

n개의 구별되지 않는 상자에 구별되지 않는 공 r개를 (0개 이상) 담는 방법의 수는 정리 3.3.4의 증명에서와 같이 빈 상자를 허용하고 있으므로 r개의 구별되지 않는 공을 1개의 상자에 담는 방법의 수, 2개, 3개, $\cdots$, n개의 상자에 담는 방법의 수를 모두 합한 수, 즉

$$p(r,\ 1)+p(r,\ 2)+\ \cdots\ +p(r,\ n)$$

과 같다. 이 방법은 자연수 r을 n개 이하의 자연수들의 합으로 표현하는 방법과 같으므로 **자연수 r의 최대 n개의 자연수 합으로 분할(partitions)의 수**는 $\sum_{i=1}^{n} p(r,\ i)$와 같다. 또한 각 상자에 최대 1개까지 담을 수 있는 방법의 수는 $r>n$일 때는 담을 수 있는 방법이 없으므로 0가지이고, $r \le n$일 때는 1가지뿐이다. 따라서 공과 상자가 구별되지 않는 경우에 대한 결과를 나타내면 다음 표 3.3.4와 같다

담는 방법의 수	구별되지 않는 공 r개					
	상자에 담는 공의 수					
	최대 1개		0개 이상		1개 이상	
	$r \le n$	$r > n$	$r < n$	$r \ge n$	$r < n$	$r \ge n$
구별되지 않는 상자 n개	1	0	$\sum_{i=1}^{n} p(r,\ i)$		0	$p(r,\ n)$

표 3.3.4 n개의 구별되지 않는 상자에 구별되지 않는 공 r개를 담는 방법의 수

예제 3.3.3

빨간 공 8개를 파란 상자 4개에 담는 방법의 수를 구하여라.

풀이 (i) 빈 상자를 허용하지 않으면 자연수 8을 4개의 자연수의 합으로 분할하는 방법의 수와 같으므로 $\{1\,1\,1\,5\}$, $\{1\,1\,2\,4\}$, $\{1\,1\,3\,3\}$, $\{1\,2\,2\,3\}$, $\{2\,2\,2\,2\}$ 등 5가지의 경우가 있다. 즉 $p(8,\ 4)=5$가 된다. 이때 $p(8,\ 4)$의 값은 그림 3.3.2의 확장된 삼각형 행렬에서 구할 수 있다.

(ii) 빈 상자를 허용한다면 자연수 8을 4개 이하의 자연수의 합으로 분할하는 방법의 수와 같으므로

$$p(8,\ 4)+p(8,\ 3)+p(8,\ 2)+p(8,\ 1)=5+5+4+1=15$$

으로부터 15가지의 방법이 있다. ■

자연수의 분할과 페러즈 다이어그램(Ferrers Diagram)

자연수 r의 분할을 표현하기에 편리한 방법이 있다. 예를 들면, 15의 분할 $1+2+2+4+6$을 6개의 점, 4개의 점, 2개, 1개, 1개의 점을 각각 행별로 나타내어 그림 3.3.3으로 표현할 수 있다.

그림 3.3.3 15의 1+2+2+4+6 분할

위와 같이 자연수 r의 분할에서 각 항을 점의 개수로 행별로 표현하는 방법을 **페러즈 다이어그램(Ferrers diagram)**이라고 한다. 따라서 15의 다른 분할 $1+1+2+2+4+5$의 페러즈 다이어그램은 그림 3.3.4와 같이 표현된다.

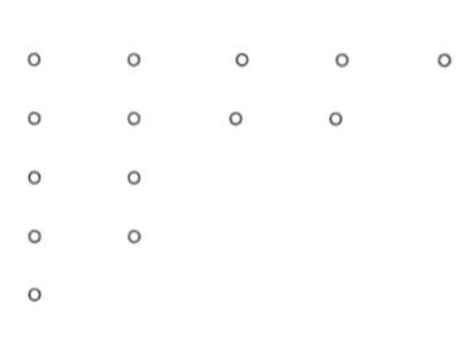

그림 3.3.4 15의 1+1+2+2+4+5 분할

그림 3.3.3과 그림 3.3.4에서 표현된 자연수 15에 관한 두 다이어그램은 행과 열을 바꾸면 서로를 얻을 수 있는 관계를 갖는데 이러한 관계를 **켤레관계(conjugate duality)**라고 한다.

15를 5개의 자연수의 합으로 표현된 $p(15,\ 5)$개의 모든 분할은 그림 3.3.3과 같이 5개의 행으로 된 페어즈 다이어그램을 만들 수 있다. 또한 이 모든 페어즈 다이어그램의 행과 열을 바꾼 켤레 페어즈 다이어그램 역시 15의 분할이 된다. 또 이러한 켤레 페어즈 다이어그램의 모든 분할에서는 그림 3.3.4와 같이 점을 가장 많이 포함하는 행이 5개의 점을 갖게 된다. 즉 이 켤레 페어즈 다이어그램의 모임은 최대 5인 자연수들의 합으로 표현되는 자연수 15의 분할의 집합이다. 따라서 다음과 같은 정리를 얻을 수 있다.

정리 3.3.5

자연수 r을 n개의 자연수 합으로 분할하는 방법의 수는 최대 n인 자연수들의 합으로 자연수 r을 분할하는 방법의 수와 같다.

예제 3.3.4

(1) 자연수 8을 5개의 자연수의 합으로 표현하는 방법을 모두 구하여라.

(2) 최대 5인 자연수들의 합으로 자연수 8을 분할하는 방법의 수를 구하고, (1)의 결과의 수와 비교하여라.

풀이 (1) 자연수 8을 5개의 자연수의 합으로 분할하는 방법은 $\{1\ 1\ 1\ 1\ 4\}$, $\{1\ 1\ 1\ 2\ 3\}$, $\{1\ 1\ 2\ 2\ 2\}$ 등 3가지의 경우가 있다. 즉 $p(8,\ 5)=3$이다.

(2) 자연수 8을 최대 5인 자연수들의 합으로 분할하는 방법은 $\{5\ 3\}$, $\{5\ 2\ 1\}$, $\{5\ 1\ 1\ 1\}$ 등 3가지뿐이며, 이는 (1)의 결과와 같다. 즉 정리 3.3.5가 성립함을 알 수 있다. ■

3.3.3 제1 스털링의 수(Stirling numbers of the first kind)

기호 $[x]_r$을 다음과 같은 r차 다항식

$$[x]_r = x(x-1)(x-2)\cdots(x-r+1)$$

이라 하자. 이때 x가 자연수이면 위 등식의 오른쪽은 $\frac{x!}{(x-r)!}$로 나타낼 수 있으므로

$$[x]_r = \frac{x!}{(x-r)!} = \frac{x!}{r!\,(x-r)!}\, r! = r!\; C(x,\ r) \tag{3.3.4}$$

가 된다.

다음의 정리에서는 x의 각 거듭제곱 $x^0,\ x^1,\ \cdots,\ x^r$들이 다항식 $[x]_0,\ [x]_1,\ \cdots,\ [x]_r$들의 상수배의 합으로 표현되는데 그 상수들이 바로 제2 스털링의 수가 됨을 보여 준다.

정리 3.3.6

자연수 $x,\ r$에 대하여

$$x^r = \sum_{j=0}^{r} S(r,\ j)\,[x]_j \tag{3.3.5}$$

증명 정리 3.3.2에서 서로 다른 r개 공으로 서로 다른 n개 상자에 1개 이상씩 담는 방법의 수 $O(r,n)$는 r개의 서로 다른 공으로 n개의 구별되지 않는 상자에 1개 이상씩 담는 방법의 수인 제2의 스털링의 수 $S(r,\ n)$의 각 경우에 대하여 n개의 상자를 나열하여 구별되도록 하면 되므로 $S(r,\ n)\,n!$와 같음을 보였다.

식 (3.3.5)의 좌변은 서로 다른 x개 상자에 서로 다른 r개 공을 담는 방법의 수이다. 이 방법에는 빈 상자가 있는 경우도 포함된다. 따라서 이 방법의 수는 1개, 2개, $\cdots$, x개의 상자를 뽑아 그 상자에 서로 다른 r개 공을 1개 이상씩 담는 방법의 수를 모두 합한 값과 같다. 즉,

$$x^r = \sum_{j=1}^{x} C(x,\ j)\,O(r,\ j) = \sum_{j=1}^{x} C(x,\ j)\,S(r,\ j)\,j! \tag{3.3.6}$$

와 같고 식 (3.3.4)로부터

$$x^r = \sum_{j=1}^{x} C(x,\ j)S(r,\ j)\, j! = \sum_{j=1}^{x} S(r,\ j)\,[x]_j \tag{3.3.7}$$

가 된다. $S(r,\ 0) = 0$이고, $[x]_j = 0,\ j > x$이므로 식 (3.3.7)은

$$x^r = \sum_{j=0}^{r} S(r,\ j)\,[x]_j$$

가 된다. ■

위의 정리는 모든 r차 이하의 실수계수 다항식은 $\{x^r,\ x^{r-1},\ \cdots,\ x,\ 1\}$들의 상수배의 합으로 나타낼 수 있듯이, 0차부터 r차까지 $r+1$개의 다항식의 집합 $\{[x]_r,\ [x]_{r-1},\ [x]_{r-2},\ \cdots,\ [x]_1,\ [x]_0 = 1\}$는 r차 이하의 모든 실수계수 다항식의 백터공간의 기저(basis)가 됨을 보여준다.

정의 3.3.2

r차 다항식 $[x]_r$을 전개할 때 각 차수의 계수, 즉

$$\begin{aligned}[x]_r &= x(x-1)(x-2)\cdots(x-r+1) \\ &= s(r,\ r)x^r + s(r,\ r-1)x^{r-1} + \cdots + s(r,\ 1)x + s(r,\ 0)\end{aligned} \tag{3.3.8}$$

의 정수 계수 $s(r,\ j),\ j = 0,\ 1,\ \cdots,\ r$을 **제1 스털링의 수(Stirling numbers of the first kind)**라고 한다. 제1 스털링의 수는 제2 스털링의 수와 구별하여 소문자 s를 사용한다.

위의 식 (3.3.8)은

$$[x]_r = \sum_{j=0}^{r} s(r,\ j)\, x^j$$

와 같이 표현되며, 이는 식 (3.3.5)와 비교해보면 $[x]_j$, x^j는 서로를 생성하는 의미를 갖는다.

어떤 문헌에서는 제1 스털링의 수를 r개의 원소 집합의 순열에서 n개의 사이클로 표

시되는 수라고 정의하기도 한다. 이렇게 정의된 제1 스털링의 수는 정의 3.3.2의 제1 스털링의 수의 절대값 $|s(r,\ n)|$와 같기도 하다(연습문제 참조).

이제 제1 스털링의 수 $s(r,\ n)$의 값을 구해보자. $[x]_0 = 1$, $[x]_1 = x$이므로 식 (3.3.8)로부터

$$s(0,\ 0) = 1,\ s(1,\ 1) = 1,\ s(1,\ 0) = 0$$

이다. 또 $[x]_2 = x(x-1) = x^2 - x$에서

$$s(2,\ 2) = 1,\ s(2,\ 1) = -1,\ s(2,\ 0) = 0$$

또한 $[x]_3 = (x-2)(x^2-x) = x^3 - 3x^2 + 2x$로부터

$$s(3,\ 3) = 1,\ s(3,\ 2) = -3,\ s(3,\ 1) = 2,\ s(3,\ 0) = 0$$

이며, $[x]_4 = (x-3)(x^3-3x^2+2x) = x^4 - 6x^3 + 11x^2 - 6x$로부터

$$s(4,\ 4) = 1,\ s(4,\ 3) = -6,\ s(4,\ 2) = 11,\ s(4,\ 1) = -6,\ s(4,\ 0) = 0$$

이다. 일반적으로 $s(r,\ n)$은 다음과 같은 재귀 함수식을 만족함을 보일 수 있다.

정리 3.3.7

제1 스털링의 수 $s(r,\ n)$는

$$s(r,\ 0) = 0,\ s(r,\ r) = 1,$$
$$s(r+1,\ n) = s(r,\ n-1) - r \cdot s(r,\ n),\ r \geq 1 \tag{3.3.9}$$

을 만족한다.

증명 모든 다항식 $[x]_r$의 최고 차 x^r 항의 계수는 1이고, 상수항이 없으므로 $s(r,\ 0) = 0$, $s(r,\ r) = 1$은 분명하다. $[x]_r$의 정의에 의하여 $[x]_{r+1} = [x]_r \cdot (x-r)$이므로 이 등식의 양변을 다시 쓰면

$$\begin{aligned} & s(r+1,\ r+1)x^{r+1} + \cdots + s(r+1,\ n)x^n + \cdots + s(r+1, 0) \\ & = (x-r)(s(r,\ r)x^r + \cdots + s(r,\ n)x^n + s(r,\ n-1)x^{n-1} + \cdots + s(r,\ 0)) \end{aligned}$$

이 된다. 이 등식의 오른쪽 변을 전개하여 양변의 x^n의 계수를 비교하면

$$s(r+1,\ n) = s(r,\ n-1) - r \cdot s(r,\ n),\ r \geq 1$$

이 된다. ■

모든 제1 스털링의 수 $s(r,\ n)$의 값은 정의 3.3.2에 의해 구할 수도 있지만, 위의 정리 3.3.7의 재귀 함수식을 이용하여 다음과 같이 구할 수 있다. 즉 $s(r,\ n)$은 바로 위의 $r-1$행의 같은 n열의 원소 $s(r-1,\ n)$에 그 행 번호 $r-1$을 곱하여, 위의 $r-1$행의 앞 $n-1$열의 원소 $s(r-1,\ n-1)$와의 차를 구하면 된다. 예를 들어 제5행의 2열의 원소 -50은 제4행을 의미하는 4와 제4행 2열의 원소 11을 곱하여 제4행 1열의 원소 -6에서 뺀 값이다. 즉 $s(5,\ 2) = -6 - 4 \cdot 11 = -50$이다.

행 \ 열	0	1	2	3	4	5
0	1	0	0	0	0	0
1	0	1	0	0	0	0
2	0	−1	1	0	0	0
3	0	2	−3	1	0	0
4	0	−6	11	−6	1	0
5	0	24	−50	35	−10	1

$$-50 = -6 - 4 \cdot 11$$

그림 3.3.5 제1 스털링의 수 $s(r,\ n)$의 삼각형(행렬)

정리 3.3.6의 $x^r = \sum_{j=0}^{r} S(r,\ j)\,[x]_j$에 정의 3.3.2의 $[x]_r = \sum_{m=0}^{r} s(r,\ m)\,x^m$을 대입하면

$$x^r = \sum_{j=0}^{r} S(r,\ j)\left(\sum_{m=0}^{j} s(j,\ m)x^m\right) \tag{3.3.10}$$

이고, $S(k,\ j) = s(k,\ j) = 0,\ j > k$이므로 식 (3.3.10)에서 양변의 각 항의 계수를 비교하면

$$\sum_{j=0}^{r} S(r,\ j)s(j,\ m) = \begin{cases} 1, & r = m \\ 0, & r \neq m \end{cases} \tag{3.3.11}$$

가 된다. 따라서 제1 스털링 삼각형(행렬)과 제2 스털링의 삼각형(행렬)은 서로 곱셈에 관한 역행렬임을 알 수 있다.

예제 3.3.5

스털링의 수 $s(5, n)$와 $S(5, n)$를 구하여라.

풀이 그림 3.3.5와 같이 제1 스털링의 삼각형(행렬)을 구한 후, 그 역행렬을 구하면 다음과 같이 제1 스털링의 삼각형의 행렬과 그 역행렬인 제2 스털링의 삼각형 행렬을 각각 얻을 수 있고, 각 행렬의 마지막 행의 원소들의 값들이 각각 $s(5, n)$와 $S(5, n)$의 값을 이루게 된다. 이렇게 역행렬의 계산을 통해 얻은 제2 스털링의 삼각형은 앞에서 다룬 그림 3.3.1의 삼각행렬과 같다.

$$\begin{pmatrix} 1 & 0 & 0 & 0 & 0 & 0 \\ 0 & 1 & 0 & 0 & 0 & 0 \\ 0 & -1 & 1 & 0 & 0 & 0 \\ 0 & 2 & -3 & 1 & 0 & 0 \\ 0 & -6 & 11 & -6 & 1 & 0 \\ 0 & 24 & -50 & 35 & -10 & 1 \end{pmatrix} \begin{pmatrix} 1 & 0 & 0 & 0 & 0 & 0 \\ 0 & 1 & 0 & 0 & 0 & 0 \\ 0 & 1 & 1 & 0 & 0 & 0 \\ 0 & 1 & 3 & 1 & 0 & 0 \\ 0 & 1 & 7 & 6 & 1 & 0 \\ 0 & 1 & 15 & 25 & 10 & 1 \end{pmatrix}$$

■

3.3 연습문제

01 두 집합 $A=\{a_1, a_2, a_3, \cdots, a_6\}$와 $B=\{b_1, b_2, b_3, b_4\}$에 대하여 $f(a_6)=b_4$을 만족하는 전사함수(onto function) $f : A \rightarrow B$의 개수를 구하여라.

02 정리 3.2.1의 식 (3.2.6)에 의하면 $O(n, k)$는 두 집합 $A=\{a_1, a_2, a_3, \cdots, a_n\}$와 $B=\{b_1, b_2, b_3, \cdots, b_k\}$에 대한 전사함수(onto function) $f : A \rightarrow B$의 개수를 말한다. 다음 물음에 답하여라.

(1) $O(n, 1)=1,\ O(n, n)=n!$임을 보여라.

(2) $O(n, k)=0,\ k>n$임을 보여라.

(3) 정리 3.3.3의 증명과 유사하게

$$O(n, k)=k\,O(n-1, k-1)+k\,O(n-1, k)$$

를 증명하여라.

(4) 위의 문제(3)을 이용하여 전사함수 삼각형(onto triangle)을 $n=k=6$까지 만들어라.

03 r개의 서로 다른 공을 n개의 구별되지 않는 상자에 (0개 이상) 담는 방법의 수는 $\sum_{i=1}^{n} S(r, i)$임을 보여라.

도움말

정리 3.3.4와 유사하게 증명하여라.

04 자연수 r의 분배 중 각각 다른 자연수의 합으로 된 분배의 수는 1에서부터 어떤 j까지 빠짐없는 자연수의 합으로 된 분배의 수와 같음을 보여라.

05 자연수 n에 대하여 Bell 수는

$$B_n = \sum_{j=0}^{n-1} C(n-1,\ j)\, B_j$$

의 재귀 함수 관계식을 만족함을 보여라.

06 앞의 3.2.2절에서 다룬 바와 같이 순열을 사이클로 표현하기도 하는데, 즉 (253614) 순열은 $1\to 2,\ 2\to 5,\ 5\to 1,\ 3\to 3,\ 4\to 6,\ 6\to 4$와 같이 사이클과 같이 구분되어지는데 각 사이클을 모아 $\sigma=(1\ 2\ 5)(3)(4\ 6)$로 표현하기도 한다. 자연수의 집합 $\{1,\ 2,\ \cdots,\ r\}$의 순열 중 정확히 n 사이클을 갖는 순열의 수를 $c(r,\ n)$이라고 하자. $c(0,\ 0)=1$이다.

(1) 집합 $\{1,\ 2,\ 3,\ 4\}$의 순열 중 2개의 사이클을 갖는 순열을 모두 구하고, 그 순열의 수 $c(4,\ 2)$를 구하여라.

(2) $c(1,\ 1)=1,\ c(r,\ 0)=1,\ r\ge 1$임을 보여라.

(3) $c(r,\ n)=(r-1)c(r-1,\ n)+c(r-1,\ n-1),\ r\ge n\ge 1$의 관계식을 증명하여라.

(4) $[x]^r = x(x+1)\cdots(x+r-1)$이라고 하면

$$[x]^r = \sum_{n=0}^{r} c(r,\ n)\, x^n$$

임을 보여라.

(5) 제1 스털링의 수 $s(r,\ n)$와 $c(r,\ n)$는

$$s(r,\ n) = (-1)^{n+r}\, c(r,\ n)$$

의 관계가 있음을 보여라.

(6) $\sum_{n=1}^{r} n\ c(r,\ n) = c(r+1,\ 2)$를 증명하여라.

(7) $\sum_{n=m}^{r} c(r,\ n)\, C(n,\ m) = c(r+1,\ m+1)$임을 증명하여라.

07 좌표평면의 원점 $(0, 0)$에서 출발하여 $(1, 1)$, $(2, 2)$, $\cdots$, (n, n)을 거치지 않고 오른쪽 또는 위로 1씩 가면서 $(n+1, n+1)$에 이르는 최단 경로의 개수를 구하여라.

08 n개의 1과 n개의 -1을 나열하여 만든 순열 $(x_1\, x_2\, x_3 \cdots x_{2n})$ 중에 $x_1+x_2+x_3+\cdots+x_k \geq 0$, $k=1, 2, \cdots, 2n$를 만족하는 순열의 개수를 구하여라.

09 제 1스털링의 수를 표현한 행렬의 r번째 행의 합을 구하라.

3.4 확률

확률이론은 어떤 현상이 발생할 가능성을 수학적으로 표현하는 이론이다. 예를 들어 균형이 잘 잡힌 동전을 한 번 던져서는 앞면과 뒷면 중 어떤 면이 나올지 알 수 없지만 던지는 횟수가 많아지면 그 횟수에 대한 앞면 또는 뒷면이 나오는 상대적 빈도의 비율은 점점 50% 또는 1/2이란 안정된 값을 갖게 된다. 이와 같이 임의의 현상은 비록 어떤 실험의 특수한 시점에서는 발생할 결과는 잘 모르지만 수많은 실험에서 발생하는 비율은 정형화된다. 수학적 모델과 실험 과정의 통계학적인 신뢰도가 수반된 이러한 안정된 수학적 결과는 확률이론의 기초가 된다.

동전을 던져 나오는 앞면과 뒷면의 두 가지 종류의 집합 $S=\{앞면, 뒷면\}$와 같이, 확률실험에서 일어날 가능성이 있는 결과의 모든 종류의 유한 집합 S를 **표본 공간**(sample space)이라고 하며 표본 공간 S의 모든 부분집합 E를 **사건**(events)이라고 한다. 모든 사건은 집합이므로 집합의 여러 가지 연산을 적용하여 새로운 사건의 집합을 만들 수 있다.

정의 3.4.1

표본 공간 $S=\{a_1, a_2, \cdots, a_n\}$의 각 원소 a_i에 실수 값 $P(a_i)$를 다음의 관계

(1) $P(a_i) \geq 0$ (3.4.1)

(2) $P(a_1)+P(a_2)+ \cdots +P(a_n)=1$

가 만족하도록 대응할 때, $P(a_i)$를 원소 a_i의 **확률**(probabilty)이라고 하고, 표본공간 S와 확률함수 P를 함께 **확률공간**(probabilty space) 또는 **확률 모델**(probabilty model)이라고 한다. 사건 E에 대한 확률을 $P(E)$로 나타내며, $P(\{a_i\})=P(a_i)$로 표시한다.

위의 정의에 의하면 모나지 않고 균형이 잘 잡힌 동전을 던져 앞면이 나오는 확률과 뒷면이 나오는 확률은 각각 1/2이 된다. 이처럼 실험에서 얻은 모든 결과, 즉 표본 공간의 모든 원소의 확률이 모두 같은 확률 공간을 **균등 확률 공간**(uniform probabilty space)이라

고 한다. 균등 확률 공간에서는 표본 공간의 원소가 n개이면 임의의 원소가 발생할 확률은 $1/n$이고, 사건 E가 발생할 확률 $P(E)$는 표본 공간 S의 원소의 수와 사건 E의 원소의 수의 비율

$$P(E) = \frac{|E|}{|S|} \tag{3.4.2}$$

이 된다. 위의 확률 공식은 균등 확률 공간에서만 사용될 수 있다. 이해가 쉬울 뿐 아니라 이산수학의 여러 가지 방법을 설명하기에 가장 적합하므로 이 절에서는 균등 확률 공간만을 다룬다.

예제 3.4.1

동전 3번 던져 나오는 앞(H), 뒤(T) 결과의 표본 공간은 $S = \{HHH, HHT, HTH, THH, HTT, THT, TTH, TTT\}$이며, 적어도 두 번의 앞면이 나오는 사건 $A = \{HHH, HHT, HTH, THH\}$의 확률은 $P(A) = 4/8$이고 모두 다 같은 면이 나오는 사건 $B = \{HHH, TTT\}$의 확률은 $P(B) = 2/8$가 된다. ■

식 (3.4.2)로부터 $0 \le P(E) \le 1$, $P(S) = 1$이며, 표본 공간 S의 두 사건 A 또는 B가 발생할 확률은 $P(A \cup B)$이고,

$$P(A \cup B) = P(A) + P(B) - P(A \cap B) = \frac{|A| + |B| - |A \cap B|}{|S|}$$

이다. 또한, $1 = P(S) = P(E \cup E^c) = P(E) + P(E^c)$이므로 $P(E^c) = 1 - P(E)$가 된다.

A와 B가 표본 공간 S의 두 사건일 때, 사건 $B \neq \varnothing$가 발생한 후 사건 A가 발생할 확률을 사건 B에 대한 사건 A의 **조건 확률**(conditional probability)이라고 하고, $P(A|B)$로 표시하며,

$$P(A|B) = \frac{P(A \cap B)}{P(B)} \tag{3.4.3}$$

로 정의한다. 균등 확률 공간에서는

$$P(A|B) = \frac{P(A \cap B)}{P(B)} = \frac{|A \cap B|}{|B|}$$

가 된다.

예제 3.4.2

2개의 주사위를 던져 나오는 두 수 중에 하나가 4이면서 합이 6이 될 확률은 얼마인가?

풀이 합이 6이 되는 사건은 $B=\{(1, 5), (2, 4), (3, 3), (4, 2), (5, 1)\}$이고, 그 중에 4가 하나 나오는 사건은 $A=\{(2, 4), (4, 2)\}$이므로, 하나가 4이면서 합이 6이 될 확률은 $P(A|B)=|A\cap B|/|B|=2/5$가 된다. ■

식 (3.4.3)에서

$$P(A\cap B)=P(B)\cdot P(A|B) \tag{3.4.4}$$

이므로 사건 A, B가 모두 일어날 확률을 구할 수 있다. 또한 m개의 사건 $A_1, A_2, \cdots, A_m$이 모두 일어날 확률은

$$P(A_1\cap A_2\cap\cdots\cap A_m)=P(A_1)\cdot P(A_2|A_1)\cdots P(A_m|A_1\cap A_2\cap\cdots\cap A_{m-1}) \tag{3.4.5}$$

이 된다.

예제 3.4.3

주머니 속에 7개의 빨간색 공과 3개의 파란색 공이 있다. 3개의 공을 꺼낼 때 모두 빨간색 공일 확률을 구하여라.

풀이 처음 꺼낸 공이 빨간색일 확률 $P(A_1)$은 $\frac{7}{10}$, 첫 번째가 빨간색 공이고 두 번째 꺼낸 공이 또 빨간색 공일 확률 $P(A_2|A_1)$은 $\frac{6}{9}$, 첫 번째, 두 번째가 빨간 색 공이고 세 번째 꺼낸 공도 빨간색 공일 확률 $P(A_3|A_1\cap A_2)$은 $\frac{5}{8}$이다. 따라서 세 번 모두 빨간색 공일 확률 $P(A_1\cap A_2\cap A_3)$은 세 값의 곱 $\frac{7}{10}\frac{6}{9}\frac{5}{8}=\frac{7}{24}\approx 0.29$가 된다.

다른 풀이로, 표본 공간을 3개의 공의 종류의 집합을 S라 하고, 모두 빨간색인 사건을 E라 하면 모두 빨간색 공일 확률은

$$P(E)=\frac{|E|}{|S|}=\frac{C(7, 4)}{C(10, 3)}=\frac{7}{24}$$

이다. ■

사건 B에 대한 사건 A의 조건 확률 $P(A|B)$에서 사건 A가 발생하는 데 사건 B가 전혀 영향을 미치지 않을 때는 $P(A|B) = P(A)$와 같다. 이러한 두 사건 A, B를 서로 **독립 사건**(independent event)이라고 한다. 따라서 두 사건 A, B가 서로 독립 사건이면

$$P(A \cap B) = P(B) \cdot P(A|B) = P(A)P(B) \tag{3.4.6}$$

이 된다.

예제 3.4.4

주사위를 던져 3의 배수인 짝수가 나올 확률을 구하여라.

풀이 짝수가 나올 사건은 $A = \{2, 4, 6\}$, 3의 배수가 나올 사건은 $B = \{3, 6\}$이다. 이 두 사건은 서로 독립 사건이므로 3의 배수인 짝수가 나올 확률은 $P(A \cap B) = P(A)P(B) = \frac{1}{3}\frac{1}{2} = \frac{1}{6}$이다. 한편, $A \cap B = \{6\}$로부터 $P(A \cap B) = \frac{1}{6}$이므로 식 (3.4.6)이 성립함을 알 수 있다. ■

실험의 독립적인 결과가 2가지 A, B인 경우에 각 결과에 대한 확률을 p, q라 하면, $p + q = 1$이다. 이 실험을 n번 반복 시행할 때 하나의 결과 A가 k번 일어날 확률을 구하기 위해서는 먼저 n번 중에 k번 A가 일어나는 경우의 수는 $\binom{n}{k}$이고, 각 경우의 확률은 $p^k q^{n-k}$이므로 n번 중에 k번 A가 일어날 확률은 $\binom{n}{k} p^k q^{n-k}$가 된다. 이렇게 이항계수를 포함하는 확률을 **이항확률**(binomial probability)이라고 한다.

동전을 $n = 2m$번 독립적으로 반복하여 던질 때, n이 커지면 앞면 또는 뒷면이 나오는 수가 우연이 아니면 항상 같지 않을 것이다. 그러면 왜 우리는 나오는 수가 같다고 주장하는가? 다음의 **큰 수의 법칙**(Law of large numbers)이 다소 설명해주고 있다.

정리 3.4.1

$0 \le t \le m$일 때 동전을 $2m$번 독립적으로 던져 앞면이 나오는 수를 k라 하면, $k < m - t$ 또는 $m + t < k$일 확률은 최대 $\frac{m}{t^2}$이다.

증명 정확히 k번 동전의 앞면이 나오는 사건을 A_k라 하면 $P(A_k)=\dfrac{\binom{n}{k}}{2^n}$이다.
따라서 $k<m-t$ 또는 $m+t<k$일 확률은

$$\frac{1}{2^{2m}}\left(\binom{2m}{0}+\binom{2m}{1}+\cdots+\binom{2m}{m-t-1}+\binom{2m}{m+t+1}\right.$$
$$\left.+\cdots+\binom{2m}{2m-1}+\binom{2m}{2m}\right) \tag{3.4.7}$$

또한,

$$\binom{2m}{0}+\binom{2m}{1}+\cdots+\binom{2m}{m-t-1}<\frac{m}{2t^2}2^{2m} \text{ (연습문제 참조)}$$

이고, 파스칼의 삼각형의 $2m$번째의 행의 대칭성에 의해

$$\binom{2m}{m+t+1}+\cdots+\binom{2m}{2m-1}+\binom{2m}{2m}<\frac{m}{2t^2}2^{2m}$$

가 되므로 식 (3.4.7)의 확률은 $\dfrac{m}{t^2}$이다. ■

예제 3.4.5

동전을 $2m$번 독립적으로 던져 앞면이 나오는 수가 $m-10\sqrt{m}$과 $m+10\sqrt{m}$ 사이에 있을 최저 확률을 구하여라.

풀이 위의 정리 3.4.1에서 $t=10\sqrt{m}$이면 $m-10\sqrt{m}$보다 작고 $m+10\sqrt{m}$보다 클 확률이 최대 $\dfrac{m}{t^2}=\dfrac{m}{100(\sqrt{m})^2}=0.01$이므로 $m-10\sqrt{m}$과 $m+10\sqrt{m}$ 사이에 있을 확률은 99% 이상이다. ■

위의 정리에서 m이 매우 큰 수가 되면 t에 따라 $\dfrac{m}{t^2}$가 매우 작은 수가 될 수 있다. 위의 예제에서와 같이 $t=10\sqrt{m}$이면 $m=1{,}000{,}000$일 때 $t=10{,}000$이므로 2,000,000번 동전을 던져 앞면이 나오는 수가 990,000에서 1,010,000 사이가 될 확률이 99%가 됨을 말한다.

3.4 연습문제

01 임의의 두 사건 A, B에 대하여 $P(A\cap B)+P(A\cup B)=P(A)+P(B)$임을 보여라.

02 다음의 사건에 대하여 확률을 각각 구하여라.

(1) 클로버, 스페이스, 하트, 다이아몬드가 각각 13장씩이 포함된 52장의 카드에서 2장을 뽑을 때, 2장 모두 스페이스가 될 사건

(2) 1에서 100까지의 숫자가 각각 적힌 카드 100장에서 임의로 한 장의 카드를 뽑을 때, 3의 배수도 7의 배수도 아닌 수가 나오는 사건

(3) A, B 두 사람이 어떤 문제를 푸는데 A가 문제를 풀 확률이 $\frac{1}{3}$, 두 사람이 모두 풀지 못할 확률이 $\frac{1}{12}$일 때, B가 이 문제를 푸는 사건

(4) 사격에서 A와 B가 목표물을 명중할 확률은 각각 $\frac{1}{3}$과 $\frac{1}{5}$이다. 두 사람 중에 한 사람만 명중할 사건

(5) 공장에서 생산되는 상품이 불량품일 확률이 20%이다. 4개의 생산품을 검사하여 1개가 불량품인 사건

(6) 눈이 온 다음 날 눈이 올 확률은 p이고, 눈이 오지 않은 다음날 눈이 올 확률은 q이다. 월요일에 눈이 왔다면 이틀 후인 수요일에 눈이 오는 사건

(7) 두 개의 주사위를 던져서 나온 눈의 수를 각각 a, b라고 할 때, 직선 $ax+by-7=0$이 점 $P(1,\ 1)$을 지나지 않을 사건

03 우리 공장에서 생산되는 미사일은 명중률이 30%이다. 목표물을 향해 미사일을 발사할 때 적어도 80%를 명중하기 위해서는 미사일을 몇 발을 발사해야 하는가?

04 집합 $\{1,\ 2,\ 3,\ \cdots,\ n\}$에서 원소 하나를 뽑을 때, 그 원소가 짝수일 확률을 구하여라.

05 1번 주머니에는 3개의 빨간색 공과 4개의 파란색 공이 들어 있고, 2번 주머니에는 5개의 빨간색 공과 3개의 파란색 공이 들어 있다. 먼저 임의로 주머니를 선택한 후,

선택한 주머니에서 임의로 공 1개를 꺼내어 공이 빨간색일 때, 그 공이 1번 주머니에서 나왔을 확률을 구하여라.

06 대부분의 의료 검사는 질병이 없는 데 질병이 있다고 나타나는 허위 존재검사와 질병이 있는 데 질병이 없다고 나타나는 허위부재 검사 등 부정확한 결과를 보여준다. 1,000명 중 5명에게서 발생하는 질병을 발견하기 위한 스크린 검사를 실시한다고 하자. 의료검사에서 허위 존재 검사를 일으킬 확률은 3%이고, 허위 부재검사를 일으킬 확률은 1%라고 한다.

(1) 검사 결과 질병이 있다고 나타난 사람이 실제로 질병을 가지고 있을 확률을 구하여라.

(2) 검사 결과 질병이 없다고 나타난 사람이 실제로도 질병을 가지고 있지 않을 확률을 구하여라.

07 동전을 2번 던지는 실험에서 1번째 던진 동전이 앞면이 나오는 사건을 A, 2번째 던진 동전이 앞면이 나오는 사건을 B, 2번 모두 앞면이거나 뒷면인 사건을 C라 하면, A, B, C는 서로 독립적이지만 $P(A\cap B\cap C)\neq P(A)P(B)P(C)$을 보여라.

08 표본공간 S를 갖는 실험을 n, $n\geq 2$번 한다. $s\in S$라 하자. s가 실험의 제일 처음에 일어날 사건을 A, s가 실험의 제일 마지막에 일어날 사건을 B라 하면 이 두 사건은 서로 독립 사건이 됨을 보여라.

09 (1) 사건 $\varnothing$는 다른 모든 사건과 독립임을 보여라.

(2) 다른 모든 사건과 독립인 사건으로 $\varnothing$ 이외에 있는가?

10 $0\leq t\leq m$

$$\binom{2m}{0}+\binom{2m}{1}+\ \cdots\ +\binom{2m}{m-t-1}<\frac{m}{2t^2}2^{2m}$$

을 증명하여라.

11 오지 선다형 시험을 치고 있는 학생이 2문제에 대해서 답을 알 수가 없었다. 1번 문제에서는 5개의 항목 중에서 2개는 확실히 답이 아닌 것을 알고 있으나, 3개 중에서 어느 것이 정답인지를 모른다. 2번 문제에서는 정답을 전혀 알 수 없다. 2문제를 푸는 것은 서로 간에 아무런 영향을 주지 않는다고 가정하고 다음의 물음에 답하여라.

(1) 학생이 2문제를 모두 맞힐 확률을 구하여라.

(2) 2문제 중에서 1문제만 맞힐 확률을 구하여라.

(3) 2문제 모두 맞히지 못할 확률을 구하여라.

12 1에서 n까지 n개의 자연수의 각 숫자가 한 자씩 적힌 카드 n장이 들어 있는 상자가 있다. 이 상자에서 동시에 2장의 카드를 꺼낼 때 그 수의 합이 $n+1$보다 작아지는 확률을 구하여라.

13 주사위를 던질 때 1 또는 2가 나오면 오른쪽으로 한 칸, 3 또는 4가 나오면 위로 한 칸씩 움직이는 것으로 하고, 5 또는 6이 나오면 제자리에 멈춘다. A에서 출발하여 주사위를 3회 던졌을 때, 바둑알의 진행 행로의 확률이 가장 높은 지점을 점 A~점 P에서 선택하고 그 확률을 구하여라.

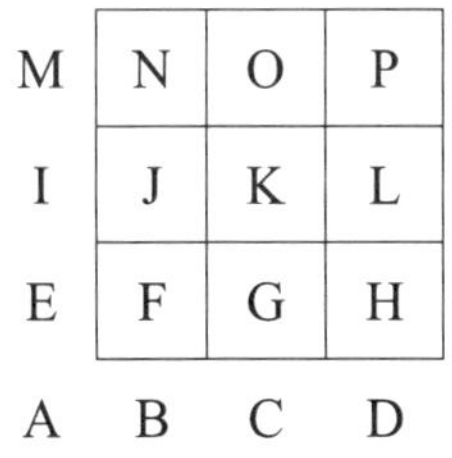

14 다음 그림의 점 A에서 출발하여 1초마다 이웃한 꼭지점으로 이동한다. 3초 후에 꼭지점 B에 있을 확률을 구하여라. 단, 이웃하는 어떤 꼭지점 쪽으로도 이동하는 확률은 같다.

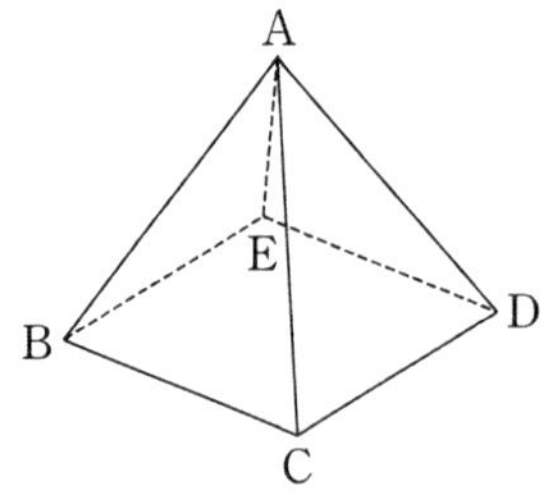

그림 3.4.1

15 제비집 안에는 15개의 제비가 들어 있으며 이 중에서 n개는 당첨제비이다. A, B, C 세 사람이 그 순으로 제비를 1개씩 꺼냈을 때, C가 당첨제비를 꺼낼 확률을 구하여라. 단 꺼낸 제비는 다시 넣지 않고, n은 3과 13 사이의 수이다.

16 주사위를 던져서 나온 눈의 수가 n일때, 10에서 20까지의 자연수를 n으로 나눈 나머지가 i일 때, $n \times i = 20$일 확률을 구하여라.

17 A, B 두 사람이 주사위를 한 번씩 던져 다음과 같은 게임을 하였다. A의 주사위의 눈을 a, B의 주사위의 눈을 b라 할 때, 다음과 같은 규칙이 있다.

(1) $a > b$일 때는 A가 이기고, A의 득점을 $(a-b)$점, B의 득점은 0점.
(2) $a = b$일 때는 비기고, A, B의 득점은 각각 0점
(3) $a < b$일 때는 B가 이기고, B의 득점을 $(b-a)$점, A의 득점은 0점.

이 게임을 2회 실행했을 때, A의 득점의 합계가 B의 득점의 합계보다 4점이 많을 확률을 구하여라.

18 상자 안에 숫자 0이 쓰여진 카드가 p장, 1이 쓰여진 카드가 m장, 2가 쓰여진 카드가 n장 있다고 한다. (모두 1장 이상) 상자 안에 들어 있는 카드가 모두 10장이고, 상자 안에서 두 장의 카드를 동시에 꺼냈을 때, 두 장의 카드의 합이 3 이상 되는 확률이 $\frac{1}{10}$ 이하가 되도록 p, m, n의 값은 몇 개가 있는가(몇 개의 $(p,\ m,\ n)$가 있는가)?

제4장

그래프

4.1 그래프와 성질

그래프는 어떤 상황을 쉽게 표현하는 도구로 많이 사용될 수 있다. 쉽게 접할 수 있는 예로는 도시 간을 연결하는 도로상황, 철도지도, 통신망, 전기네트워크, 컴퓨터회로 등에서 발생하는 많은 문제를 자연스럽게 그래프로 묘사하여 해결하는 데 도움을 받을 수 있다. 어떤 개체들 간의 관계를 정의한 상황을 그래프로도 묘사할 수 있다. 분자 속의 원자의 결합성, 뇌세포들 간의 관계, 생물학적 종들 간의 유전성 등 뿐만 아니라, 추상적이고 단계별로 추진되는 큰 프로젝트나 게임에서 단계들 간에 선후관계 등을 도식화해서 표현하여 난해한 상황의 이해와 풀이 및 적용에도 그래프는 유용하다. 먼저 그래프와 그 이론에 필요한 여러 가지의 용어를 정의하기로 하자.

정의 4.1.1 그래프(Graph)

그래프(graph) G는 다음의 두 개의 유한집합

(i) V : **점**(nodes, vertices, 또는 points)의 집합

(ii) E : 집합 V의 두 점으로 된 **쌍**(pairs)(또는 **변**(edges))의 집합

으로 구성된 집합의 순서쌍이다. 위의 두 집합을 함께 나타내기 위하여 일반적으로 그래프를 $G=(V,\ E)$로 나타낸다.

두 점 $u,\ v \in V$으로 된 쌍 $e=\{u,\ v\}=\{v,\ u\}$가 변의 집합 E의 원소이면 $u,\ v$는 **인접(adjacent)**하다고 하고, 변 e는 두 점 $u,\ v$를 **끝점(end points)**으로 **연결(connect)**되었다고 한다.

그래프 $G=(V,\ E)$는 V의 원소를 점으로 나타내고, E의 원소 e를 선분 또는 곡선으로 나타내어 다이어그램으로 표현할 수도 있다. 예를 들어, 두 집합

$$V=\{v_1,\ v_2,\ v_3,\ v_4,\ v_5\}$$

$$E=\{\{v_1,\ v_2\},\ \{v_1,\ v_3\},\ \{v_1,\ v_4\},\ \{v_2,\ v_5\},\ \{v_3,\ v_5\}\}$$

로 구성된 그래프 $G=(V, E)$는 그림 4.1.1과 같으며, 두 집합

$$V_1 = \{v_1, v_2, v_3, v_4, v_5\}$$
$$E_1 = \{\{v_1, v_3\}, \{v_1, v_4\}, \{v_2, v_3\}, \{v_2, v_3\}, \{v_2, v_4\}, \{v_4, v_4\}\}$$

으로 구성된 그래프 $G=(V_1, E_1)$는 그림 4.1.2와 같다.

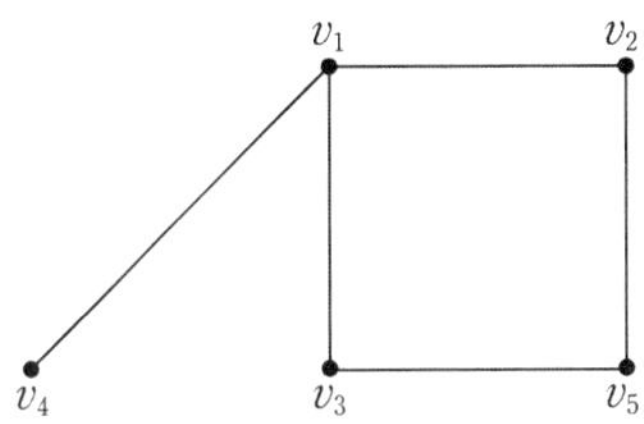

그림 4.1.1 $G=(V, E)$

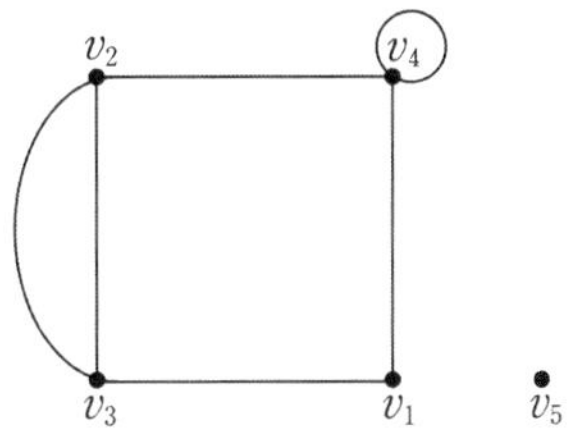

그림 4.1.2 $G=(V_1, E_1)$

특히 위의 그래프 $G=(V_1, E_1)$에서와 같이 두 점 v_2, v_3를 연결하는 두 변을 **다중 변(multiple edges)**이라 하며, 같은 점 v_4을 두 끝점으로 연결한 변을 **고리(loop/루프)**라고 한다. 다중 변 또는 고리를 포함하는 $G=(V_1, E_1)$와 같은 그래프를 **다중 그래프(multiple graph)**, 포함하지 않는 $G=(V, E)$와 같은 그래프를 **단순 그래프(simple graph)**라고 한다. 이 책에서 앞으로 특별히 다중 그래프로 언급하지 않으면, 그래프는 단순 그래프를 의미한다.

변에 음이 아닌 값, 즉 가중치를 부여한 그래프를 **가중 그래프(weighted graph)**라고 한다. 이때 임의의 두 점 사이의 가중치는 두 점을 연결하는 변들의 가중치를 모두 합한 값이 된다. 그래프의 주어진 두 점의 최소 가중치를 구하는 문제는 그래프이론의 중요한 문제가 된다.

주어진 그래프 $G=(V, E)$에서 점의 집합 V의 부분집합 V_1과 변의 집합 E의 부분집합 E_1으로 구성된 그래프 $H=(V_1, E_1)$을 G의 **부분그래프(subgraph)**라고 한다. 이때 E_1은 V_1의 점들이 연결된 변으로 구성된 집합이다. 즉, E_1의 변들은 $V-V_1$의 점들과는 연결되어 있지 않다.

한편, $H=(V_1, E_1)=(V-V_2, E-E_2)$와 같이 표현된 부분그래프는 집합 V와 집합 E로부터 일부 점들의 집합 V_2와 그 점들에 연결된 변을 포함하는 일부 변들의 집합 E_2를 삭제하여 얻은 그래프를 의미한다. 그래프 $G=(V, E)$에서 그래프 $K=(V_2, E_2)$를 삭제하여 만든 부분그래프를 간단히 $G-K$로 표현한다. e가 그래프의 한 변일 때,

$H+e$와 $H-e$는 그래프 H에 변 e를 추가 또는 삭제함을 의미한다.

그래프의 한 점 v에 연결된 변의 수를 점 v의 **차수(degree of node)**라 하고, $d(v)$로 나타낸다. 위의 그림 4.1.2의 그래프 $G=(V_1, E_1)$에서는

$$d(v_1)=2,\ d(v_2)=3,\ d(v_3)=3,\ d(v_5)=0$$

이며, 고리는 점 v_4에 한 변이 두 번 연결되어 있어 점의 차수에는 2가 합해져 $d(v_4)=4$가 된다. 차수가 0인 v_5와 같은 점을 **고립점**(isolated point)이라고 한다.

변이 없고 점만 포함하는 가장 간단한 그래프를 **빈 그래프**(empty graph)라고 한다.

그래프에서 모든 점의 차수를 구할 때, 각 변을 두 번씩 세게 되므로, 모든 점의 차수의 합은 변의 수의 2배가 되며, 모든 점의 차수의 합은 짝수임을 알 수 있다.

정리 4.1.1

그래프에서 점의 차수의 합은 변의 수의 두 배이다. 즉, 그래프 $G=(V, E)$에서

$$\sum_{i=1}^{|V|} d(v_i) = 2|E| \tag{4.1.1}$$

의 관계가 있다.

그래프 $G=(V_1, E_1)$에서와 같이 차수가 짝수인 v_1, v_4, v_5와 같은 점을 **짝수**(even)**점**, 홀수인 v_2, v_3와 같은 점을 **홀수**(odd)**점**이라고 한다.

정리 4.1.2

모든 그래프는 짝수개의 홀수점을 갖는다.

증명 위의 식 (4.1.1)에서 좌변은 짝수점들의 차수의 합과 홀수점들의 차수의 합으로 표현되고, 그 전체의 합은 짝수인 우변과 같다. 한편 짝수잠들의 차수의 합은 짝수가 되므로 좌변에서 나머지 홀수점들의 차수의 합도 짝수가 되어야 한다. 따라서 홀수점의 개수는 짝수가 되어야 한다. ■

정리 4.1.3

2개 이상의 점을 포함한 단순 그래프는 차수가 같은 점이 2개 이상 존재한다.

증명 주어진 단순그래프의 점의 수를 k라 하자. $k=2$인 경우는 단순그래프 정의에 의해서 성립한다. 만약 차수가 0인 고립점이 있다면 k에 대해서 수학적 귀납법에 의해 정리가 성립함을 알 수 있다. 차수가 0인 고립점이 없다고 하자. 점들을 $v_1, v_2, \cdots, v_k$라 하고 임의의 v_i는 $k-1$개의 나머지 점 중 1개 이상과 $k-1$개 이하와 인접한다. 즉, $1 \le d(v_i) \le k-1$, $(i=1, \cdots, k)$이다. 그러므로

$$\{d(v_1), \cdots, d(v_k)\} \subseteq \{1, 2, \cdots, k-1\}$$

이 성립하고 비둘기집의 원리에 의해 $d(v_i)=d(v_j)$인 서로 다른 i, j가 존재한다. ■

정의 4.1.2

집합 $V=\{v_1, v_2, \cdots, v_k\}$과 $E=\{\{v_{i-1}, v_i\}: 2 \le i \le k\}$로 구성된 그래프 $G=(V, E)$, 즉 k개의 점(중복 가능)을 일렬로 나열하여 $k-1$개의 변으로 연결한 그래프를 **경로(path)**라고 하며, 경로를 점의 나열 $(v_1, v_2, \cdots, v_k)$로 표기한다. 이때 변의 개수 $k-1$을 **경로의 길이**(length)라 한다.

k개의 서로 다른 점으로 구성된 경로를 **단순경로(simple path)**라 하며, 경로의 양 끝점이 같은, 즉 $v_1=v_k$인 경로를 **닫힌경로(closed path)**라 한다.

정의 4.1.3

경로를 구성하는 k개의 점 중에 양 끝점을 제외한 나머지 점들이 서로 다른 닫힌경로, 즉 단순 닫힌경로를 **사이클(cycle)**이라 하며, 모든 변이 서로 다른 닫힌경로를 **회로(circuit)**라고 한다.

예제 4.1.1

다음의 그래프에서 주어진 점의 나열이 경로, 닫힌경로, 사이클, 또는 회로가 되는지를 조사하여라.

$$\alpha=(a,\ b,\ d,\ f,\ e)$$
$$\beta=(c,\ b,\ a,\ d,\ e,\ f,\ d,\ c)$$
$$\gamma=(b,\ a,\ c,\ d,\ e,\ f,\ d,\ b)$$

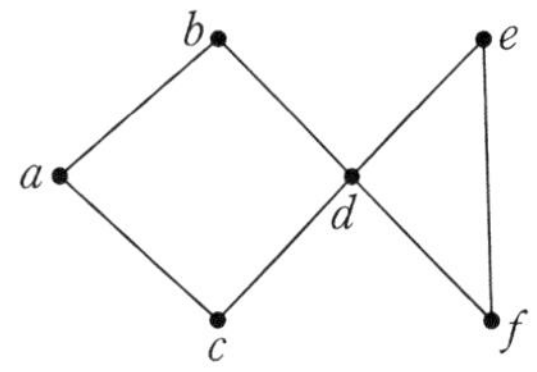

그림 4.1.3

풀이 점의 나열 α는 모든 점이 다른 단순경로이지만 양 끝점이 같지 않으므로 닫힌 경로가 아니며, 따라서 사이클 또는 회로가 될 수 없다. β는 $\{c,\ b\}$나 $\{a,\ d\}$로 된 변이 없으므로 경로가 아니다. γ는 닫힌 경로이며, 그래프의 모든 변을 오직 한 번만 포함하므로 회로가 되지만, 점 d를 두 번 통과하므로 사이클은 될 수가 없다. ■

정의 4.1.4

그래프 $G=(V,\ E)$의 모든 두 점 사이를 연결하는 경로가 존재하면 그래프 G는 **연결성(connectivity)**을 갖는다고 하며, **연결 그래프(connected graph)**라고 한다. 그래프 G의 연결된 부분그래프들 중에서 가장 큰(포함관계를 말함) 부분그래프를 **연결성분(connected component)**이라 한다.

연결그래프 G의 연결성분은 G 자신이며, 연결그래프가 아닌 그래프는 2개 이상의 연결성분을 갖는다. $|V|=1$인 그래프 G도 연결그래프이다.

예제 4.1.2

다음의 그래프 G는 점 D와 E 사이에는 경로가 없으므로 연결 그래프가 아니며, 점들의 세 개의 부분 집합 $\{A, C, D\}$, $\{E, F\}$, $\{B\}$로 각각 만들어지는 세 개의 G의 부분그래프, 즉 연결성분이 존재한다. ■

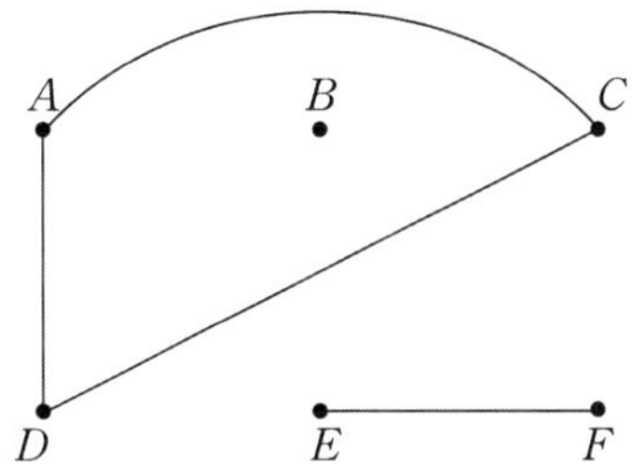

그림 4.1.4

점의 차수나 점과 점의 연결성이 같은 두 그래프를 같은 그래프로 고려하는 도구를 다음과 같이 정의하여 그래프의 복잡성을 단순화함으로써 문제해결에 많은 도움을 받을 수 있다.

정의 4.1.5

두 그래프 $G_1 = (V_1, E_1)$와 $G_2 = (V_2, E_2)$에 대하여 전단사함수(one-to-one correspondence) $f : V_1 \to V_2$가 존재하여

$$\{u, v\} \in E_1 \Leftrightarrow \{f(u), f(v)\} \in E_2$$

만족하면 두 그래프는 **동형(isomorphic)**이라고 한다.

위의 정의에서 f는 전단사함수이므로 $|V_1| = |V_2|$이다. 또한 그 두 그래프의 모든 변들은 함수 f에 의해 서로 대응하므로 $|E_1| = |E_2|$이다. 따라서 동형인 두 그래프는 우선적으로 점의 개수가 같고, 함수 f에 의해 대응하는 점들의 연결성이 같다. 즉, 두 개의 그래프 중에 하나의 그래프의 점의 위치를 재배치 또는 재명명하여 다른 하나의 그래프를 그릴 수 있으면 동형의 그래프라고 한다. 점의 차수와 연결성 등과 같은 구조적 정

보가 정확히 같은 두 그래프라고 할 수 있다. 따라서 두 그래프가 동형이 아님을 밝힐 때는 같지 않은 구조적 정보를 포함하고 있는지를 조사하면 된다.

예제 4.1.3

그림 4.1.5에서 그래프 G_2의 점 s, r, u, t를 a, b, c, d로 재명명하여 G_1 그래프와 비교하면 같은 구조를 가지므로 G_1와 G_2는 동형이다. 하지만 H_2가 차수가 4인 점을 갖고 있으나 H_1에는 없으므로 H_1와 H_2는 동형이 아니다. (또는 H_2에는 차수가 2인 점이 2개 있지만 H_1에는 1개만 있으므로 동형이 아니다.) ■

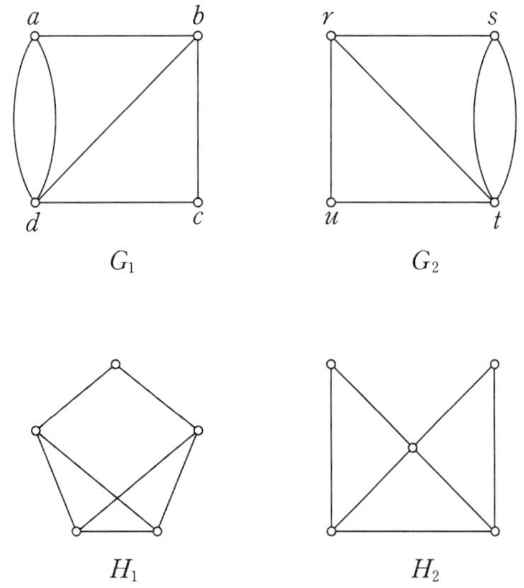

그림 4.1.5

정의 4.1.5로부터 동형인 두 그래프 $G_1 = (V_1, E_1)$와 $G_2 = (V_2, E_2)$에 대하여 점 $v \in V_1$의 차수가 k이면 $f(v) \in V_2$의 차수도 k가 되어야 한다. 즉, 점들의 차수는 모두 동형 불변이다.

정의 4.1.6

그래프 $G=(V, E)$, $V=\{v_1, v_2, \cdots, v_n\}$에 대하여 점의 차수들 집합 $\{d(v_1), d(v_2), \cdots, d(v_n)\}$을 크기순으로 나열한 감소수열을 **차수수열(degree sequence)**이라고 한다. 또한 차수수열 $a_1, a_2, \cdots, a_n$을 갖는 단순그래프가 존재하면 그 차수수열을 **그래픽 차수수열**(graphic degree sequence)이라고 한다.

예제 4.1.4

다음의 그래프는 차수수열 5, 3, 3, 3을 갖는다.

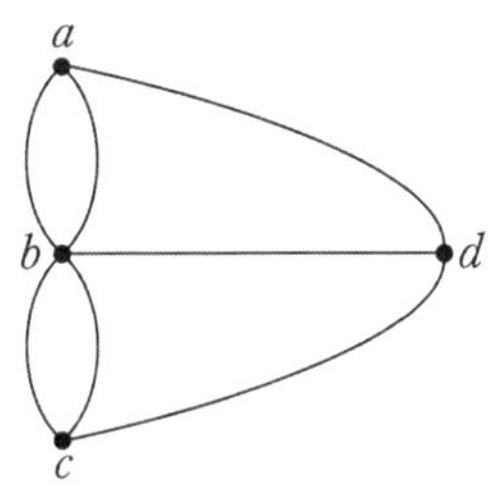

그림 4.1.6

그러나 수열 5, 3, 2, 2, 1은 그래픽 차수수열이 아니다. 왜냐하면 차수의 합 13은 짝수가 아니므로 정리 4.1.1에 어긋난다. ■

위에서 언급한 것처럼 점들의 차수는 모두 동형 불변이므로 동형인 두 그래프의 차수수열은 항상 같아야 한다. 따라서 다음의 정리가 성립한다.

정리 4.1.4

서로 다른 차수수열을 갖는 두 그래프는 동형이 아니다.

일반적으로 점의 집합 V를 갖는 두 그래프의 차수수열이 같지만 동형이 아닌 그래프는 존재한다. 즉, 그래프의 점의 차수가 그래프를 모두 결정하지는 않는다.

예제 4.1.5

다음 두 그래프는 모두 차수수열 3, 3, 2, 2를 갖지만 서로 동형은 아니다. 즉, 차수가 2인 그래프 G_1의 두 점 c와 d는 연결되어 있지 않지만 $f(c)=e$, $f(d)=g$는 G_2에서 연결되어 있다. 전단사함수 f에 대한 c와 d의 사영이 되는 선택이 e와 g 밖에 없다. ■

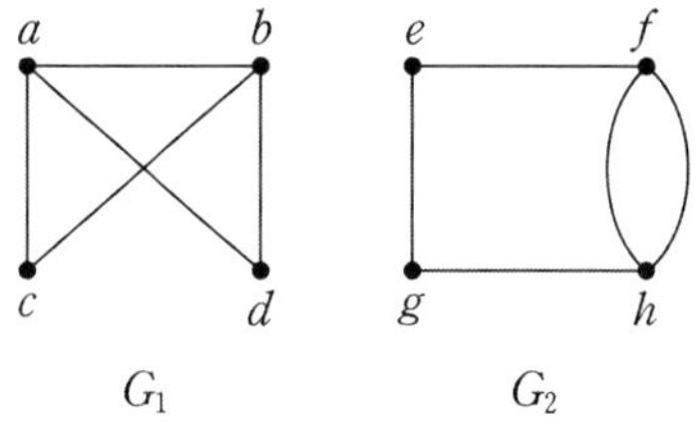

그림 4.1.7

동형이 아닌 두 그래프를 판별하기에는 차수수열이 유용하지만 위의 예제와 같이 차수수열이 같더라도 동형의 판단이 어려우므로 동형 불변인 회로나 사이클을 조사할 때도 있다.

일반적으로 두 그래프가 동형임을 보이는 것은 아주 어렵다. 유한개의 점으로 구성된 그래프가 동형임을 판별하는 알고리즘의 복잡도는 n개의 원소를 갖는 두 집합의 전단사함수의 개수 $n!$의 배수인 $\Omega(n!)$가 될 수 있는데 이러한 알고리즘은 실제적으로 상당히 큰 수이므로 유용하지 못하다.

동형인 두 그래프의 판별을 위한 다항식 복잡도를 갖는 알고리즘 즉, 다항식 시간 알고리즘(polynomial time algorithm: 1.2절 참조)은 아직 밝혀지지 않았으며 많은 사람들은 다항식 복잡도의 알고리즘은 존재하지 않는다고 믿고 있다.

정의 4.1.7

그래프의 정의에서 변 $\{v_i, v_j\}$와 변 $\{v_j, v_i\}$를 서로 다른 변으로 구별할 때, 즉 E가 V의 두 점의 **순서쌍의 집합**으로 나타내어 구성한 그래프 $G=(V, E)$를 **방향 그래프(directed graph)**라고 한다. 이때 순서쌍을 나타내기 위해 변을 화살표로 표현하여 다이어그램을 만들어 방향 그래프를 나타낸다.

예를 들어,

$$V=\{a,\ b,\ c,\ d\},\ E=\{\{a,\ b\},\{a,\ d\},\{b,\ d\},\{c,\ a\},\{c,\ b\},\{d,\ c\}\}$$

으로 구성된 방향그래프 $G=(V,\ E)$는 다음과 같은 다이어그램으로 표현한다.

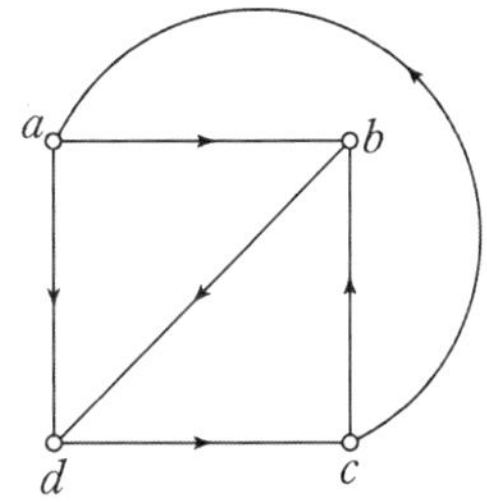

그림 4.1.8

방향그래프가 두 점 사이에 같은 방향을 가진 다중변이나 고리를 포함하지 않으면 **단순 방향그래프(simple directed graph)**라고 한다. 또 다중변이나 고리를 포함하는 방향그래프를 **다중방향그래프(directed multigraph)**라고 한다.

다음의 그림 4.1.9에서 점 x와 y를 잇는 순서쌍 $(x,\ y)$와 $(y,\ x)$는 서로 다르므로 방향그래프에서는 다중변이 아니다. 따라서 아래의 방향그래프 (a)는 단순방향그래프이다. 하지만 방향그래프 (b)는 점 x와 v 사이에는 다중변이 있고 루프가 점 z에 위치하고 있으므로 단순방향그래프가 아니고 다중방향그래프가 된다.

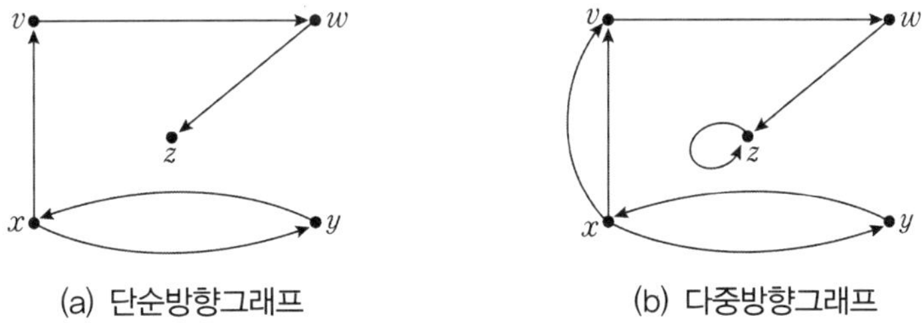

그림 4.1.9

방향그래프 G의 모든 방향을 고려하지 않고 방향만을 지워서 만든 그래프를 **방향그래프 G의 기초그래프(underlying graph)**라고 한다.

정의 4.1.8

방향그래프 G의 점 v를 향해 들어오는 방향을 갖는 변의 수를 **v의 입차수(indegree of v)**라고 하며, 점 v를 시작점으로 해서 나가는 방향을 갖는 변의 수를 **v의 출차수(outdegree of v)**라 한다.

방향을 가진 모든 변은 시작점과 끝점이 존재하므로 방향그래프의 모든 입차수와 출차수들의 관계는 항상 아래와 같음을 쉽게 증명할 수 있다.

정리 4.1.5

방향그래프의 모든 점의 출차수의 합은 모든 점의 입차수의 합과 같다.

정의 4.1.9

점의 집합 $V=\{v_0, v_1, \cdots, v_k\}$과 방향을 가진 변의 집합 $E=\{(v_{i-1}, v_i)\,;\, 1 \le i \le k\}$로 구성된 방향그래프 $G=(V, E)$, 즉 $k+1$개의 점(중복 가능)을 k개의 방향변으로 연결한 방향그래프를 **방향경로(directed path)**라고 하며, 길이(length)를 k라고 한다.

서로 다른 점으로 구성된 방향경로를 **단순 방향경로(simple directed path)**라고 하며, 방향경로의 양 끝점이 같은 방향경로를 **닫힌 방향경로(closed directed path)**라고 한다.

정의 4.1.10

양 끝점을 제외한 나머지 점들이 서로 다른 닫힌 방향경로를 **방향사이클(directed cycle)**이라고 하며, 모든 방향변이 서로 다른 닫힌 방향경로를 **방향회로(directed circuit)**라고 한다.

정의 4.1.11

방향그래프 G의 기초그래프가 연결성(connectivity)을 가진 그래프이면 G는 **약한 연결성(weak connectivity)**을 갖는다고 하며, 그래프 G가 모든 두 점 사이에 방향경로를 가지고 있으면 G는 **강한 연결성(strong connectivity)**을 갖는다고 한다.

4.1 | 연습문제

01 점을 2개, 3개, 4개를 갖는 모든 그래프를 각각 구하여라.

02 (1) 6개의 점의 차수가 2, 3, 3, 3, 3, 3인 그래프가 존재하는가? 이유를 설명하여라.

(2) 6개의 점의 차수가 0, 1, 2, 3, 4, 5인 그래프가 존재하는가? 이유를 설명하여라.

(3) 4개의 점의 차수가 1, 1, 2, 2인 그래프는 얼마나 많은가?

(4) 10개의 점의 차수가 1, 1, 1, 1, 1, 1, 1, 1, 1, 1인 그래프는 얼마나 많은가?

03 (1) 자연수 1, 2, ⋯, 10을 나타내는 10개의 점과 한 점이 다른 점을 나누어떨어지면 변으로 연결하는 그래프를 그려라.

(2) 자연수 1, 2, ⋯, 10을 나타내는 10개의 점과 두 개의 점이 서로소이면 변으로 연결하는 그래프를 그려라.

(3) 위의 (1)과 (2)의 그래프에서 변의 수와 점의 차수들을 구하여 정리 4.1.1과 정리 4.1.2가 성립하는지 조사하여라.

04 10개의 점을 갖는 그래프의 변의 수의 최대 얼마인가?

05 20개의 점을 갖는 그래프는 모두 몇 개인가?

06 n개의 점을 갖는 연결 그래프는 적어도 $n-1$개의 변을 반드시 가짐을 보여라.

07 1개 이상의 변을 갖고 사이클을 포함하지 않는 그래프는 점의 차수가 1인 점이 적어도 두 개를 포함하고 있음을 보여라.

도움말

가장 큰 단순경로를 생각하고, 그 경로의 양 끝점은 차수가 1임을 보여라.

08 다음 두 그래프가 동형임을 조사하여라. 이유를 설명하여라.

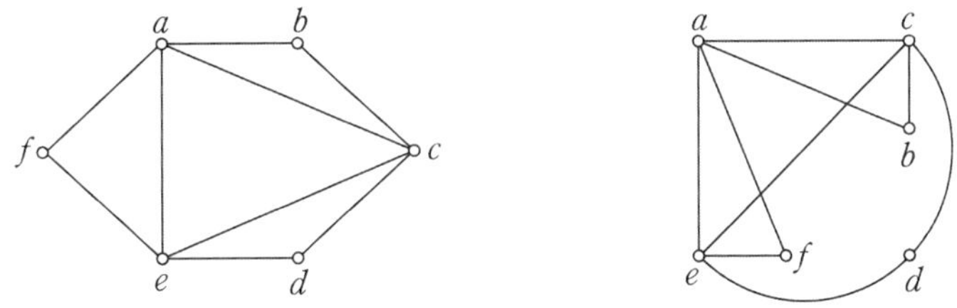

그림 4.1.10

09 다음 두 그래프가 동형임을 조사하여라. 이유를 설명하여라.

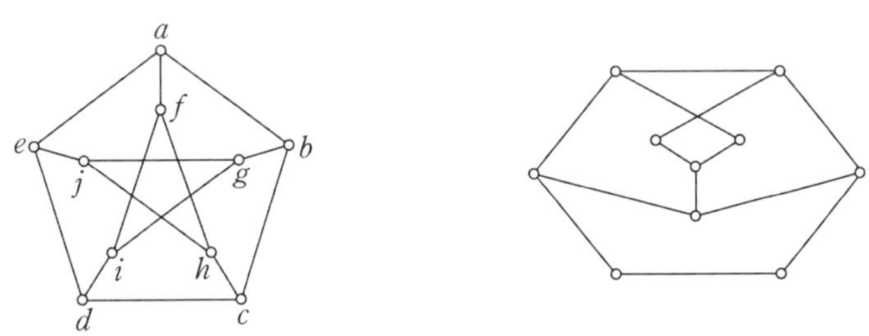

G_1 G_2

그림 4.1.11

10 다음 두 그래프가 동형임을 조사하여라. 이유를 설명하여라.

G_1 G_2

그림 4.1.12

11 두 그래프 $G=(V,\ E_G)$와 $H=(V,\ E_H)$가 서로 동형이 아니지만 모든 점 $v \in V$에 대하여 각 차수가 같은 $(d_G(V)=d_H(V))$ 그래프 G, H의 예를 그림 4.1.7과 다르게 만들어라.

4.2 완전 그래프와 평면형 그래프

4.2.1 완전 그래프와 이분 그래프

정의 4.2.1

n개의 점을 포함하고 모든 점이 서로 연결되어 있는 그래프를 **완전 그래프 (complete graph)**라 하며 K_n으로 표시한다.

$V=\{v_1, v_2, \cdots, v_n\}$, $E=\{\{v_i, v_j\}: 1 \le i < j \le n\}$로 구성된 그래프 $K_n=(V, E)$는 완전 그래프이다. 따라서 완전 그래프 K_n의 변의 수는

$$\binom{n}{2}=\frac{n(n-1)}{2}$$

이다. 또한 완전 그래프는 연결 그래프이며 모든 두 점을 연결하는 경로가 부분그래프가 된다. 다음 그림 4.2.1은 간단한 완전 그래프들을 다이어그램으로 나타내고 있다.

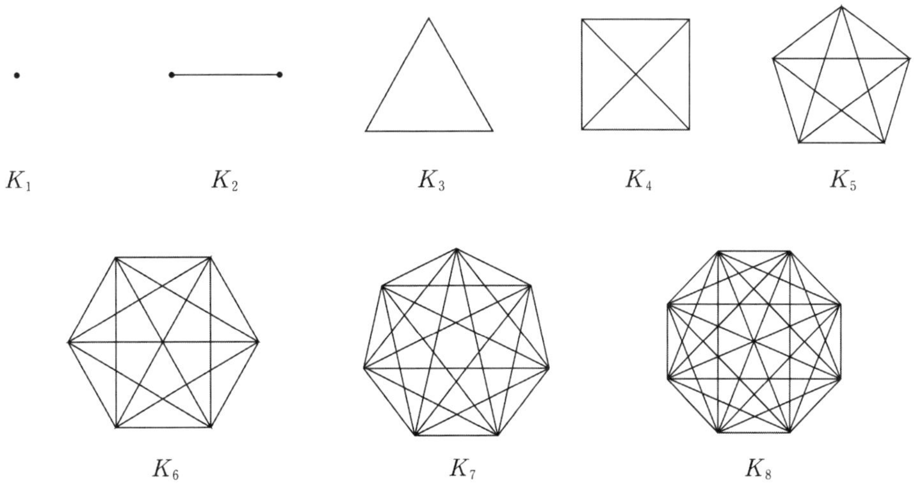

그림 4.2.1

위에서 n개의 점과 모든 점이 서로 연결되어 있는 그래프를 여러 가지로 표현할 수 있으나 모두 서로 동형인 완전그래프 K_n가 된다. 즉, 점의 집합이 어떤 원소들로 이루어졌는지와 점들이 어떤 관계로 서로 연결이 되어있는지에 상관없이 같은 완전 그래프 K_n으로 간주한다.

정의 4.2.2

점의 두 집합 M, N $(M \cap N = \phi)$과 M의 점과 N의 점을 연결한 변의 집합 E로 구성된 그래프 $G = (M \cup N,\ E)$를 **이분 그래프(bipartite graph)**라고 한다.

아래 그래프에서 전체 점의 집합을 이분화화여 $M = \{a,\ b,\ c\}$, $N = \{d,\ e\}$로 잡으면 M과 N의 각 내부에서는 변이 없고, M과 N만이 연결되며 $M \cap N = \phi$이므로 그래프 $G = (M \cup N,\ E)$는 이분 그래프이다.

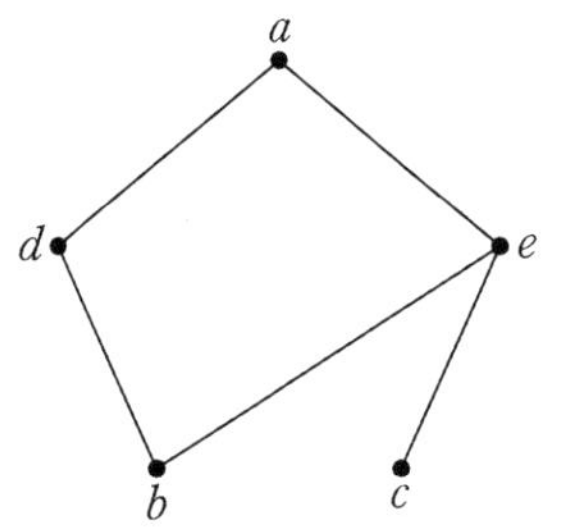

그림 4.2.2

정의 4.2.3

집합 E가 M의 점과 N의 점을 모두 각각 서로 연결한 변의 집합이면 이분그래프 $G = (M \cup N,\ E)$를 **완전 이분 그래프(complete bipartite graph)**라고 하며, M, N의 점의 개수가 각각 m, n인 완전 이분 그래프를 $K_{m,n}$으로 나타낸다.

두 그래프 $K_{m,n}$, $K_{n,m}$는 서로 동형인 그래프이고, mn개의 변을 갖는다. 아래 그림은

$K_{3,1}$, $K_{3,2}$, $K_{3,3}$를 나타낸 완전 이분 그래프이다.

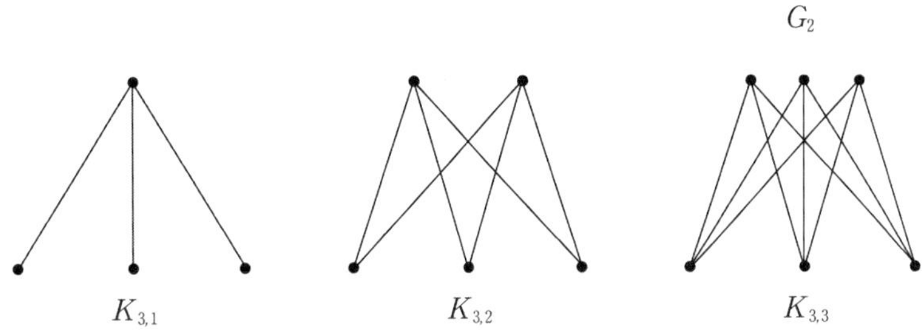

그림 4.2.3

4.2.2 평면형 그래프

도로 한편에 세 채의 집 a, b, c이 나란히 건축되고 있고, 도로의 건너편에 전기, 수도, 가스 파이프가 나란히 들어와 있어 세 집과 모두 연결하고자 한다. 이때, 모든 세 집은 전기, 수도, 가스파이프를 어떤 두 개의 파이프도 도면에서 교차하지 않도록 설비하는 방법은 있는가?

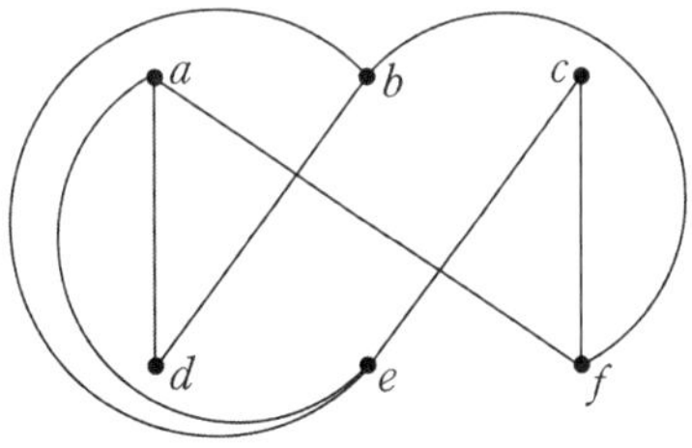

그림 4.2.4

위의 그림과 같이 세 집과 세 가지의 설비를 평면상의 점으로 표현하고, 변은 집에 전기, 수도, 또는 가스파이프가 설비됨을 표현하여 평면상의 그래프로 나타낸 후, 평면상에서 서로 교차하지 않고 점들을 연결할 수 있는지를 알아보는 문제와 같다. 그림에서와 같이 여러 가지 방법을 시도를 해보지만 어떤 방법도 존재하지 않음을 알 수 있다.

정의 4.2.4

평면상에서 점 이외에서는 어떤 변도 서로 교차하지 않고 그릴 수 있는 그래프와 동형인 그래프를 **평면형 그래프(planar graph)**라고 한다.

다음 그림 4.2.5의 두 그래프는 서로 동형으로 평면형 그래프이다.

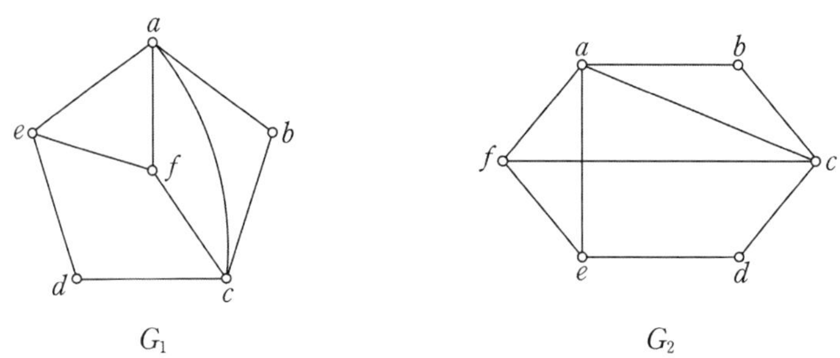

그림 4.2.5

예제 4.2.1

n개의 0 또는 1로 구성된 2^n개의 이진수를 점의 집합 V라 하고 이진수 중 한 자리의 수가 다르고 모든 자리가 같은 두 이진수를 연결된 변으로 하는 집합 E를 갖는 그래프 $H_n = (V, E)$를 **n차원의 Hypercube**라고 하며 병렬컴퓨터 $n-$Cube의 n개의 프로세서들의 연결구조로 사용되고 있다. 다음 그림 H_3에서 101과 111은 연결되었으며, 101과 110은 연결되어 있지 않다.

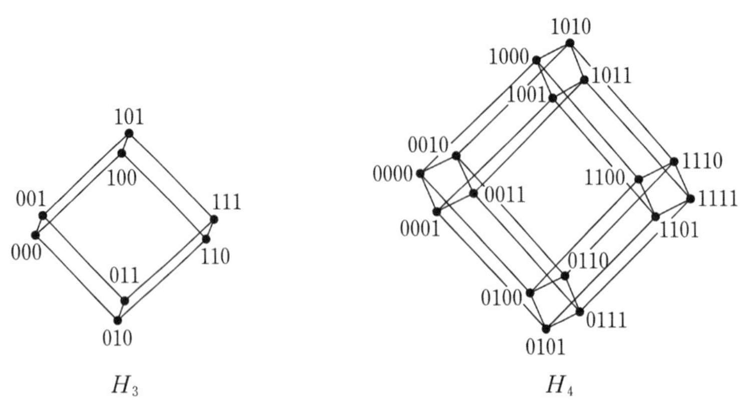

그림 4.2.6

그림에서 보는 바와 같이 H_n, $n \geq 4$의 그래프는 모두 평면형 그래프가 아니다. H_2는 사각형이므로 평면형 그래프이며, H_3는 아래 모양의 그래프와 같으므로 평면형 그래프이다.

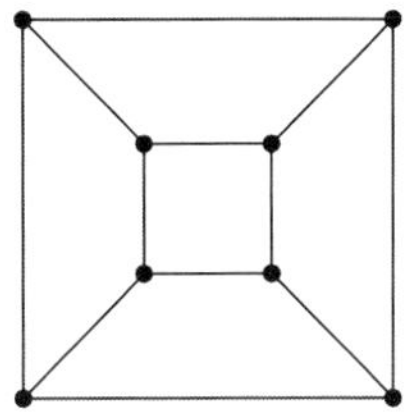

그림 4.2.7 ■

완전 그래프 K_5와 완전 이분 그래프 $K_{3,3}$은 평면형 그래프가 아니지만 그들의 모든 부분 그래프는 평면형 그래프이다(연습문제 참조).

앞의 그림 4.2.5의 G_1과 같이 동형인 평면형 그래프 중 변들이 서로 교차하지 않는 그래프는 중요한 아래의 성질을 갖는다.

정의 4.2.5

동형인 평면형 그래프 중 변들이 서로 교차하지 않는 그래프를 **평면 그래프(plane graph)** 또는 **지도 그래프(map graph)**라고 한다.

정의 4.2.6

평면 그래프는 변을 경계로 평면을 한 개의 무한 영역과 여러 개의 유한 부분 영역으로 나눈다. 이때 더 이상 작게 나누어지지 않는 영역을 그래프 G의 **면(face)**또는 **영역(region)**이라고 한다.

다음 그림의 그래프에서는 6개의 점과 9개의 변이 평면을 5개의 영역 r_1, r_2, r_3, r_4, r_5으로 나누고 있다.

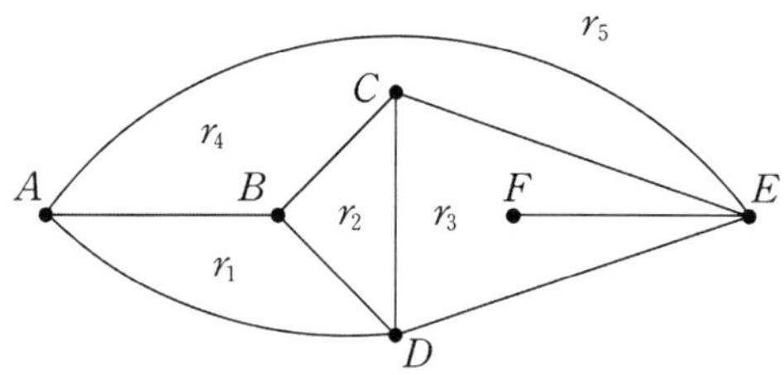

그림 4.2.8

주어진 그래프 G의 점의 개수를 v, 변의 개수를 e, 면의 개수를 f이라 하면 다음의 널리 알려진 오일러 정리는 연결된 평면형 그래프의 v, e, f 사이의 관계, 즉 **오일러(Euler) 공식**을 보여준다.

> **정리 4.2.1** **오일러(Euler)의 공식**
> 연결된 평면형 그래프에서는 항상 $v - e + f = 2$ 가 된다.

증명 변의 수에 관한 수학적 귀납법을 이용하여 증명한다. 우선 변의 수가 하나인 그래프는 아래의 두 가지의 경우이며 모두 위의 관계를 성립한다.

그림 4.2.9

귀납법의 증명방법에 따라 만약 $n-1$개의 변을 갖는 모든 평면형 그래프가 주어진 관계를 만족한다고 가정하자. 이제 n개의 변을 갖는 평면형 그래프 G에 대해 $v - e + f = 2$의 관계식이 만족됨을 증명하자. 먼저 그래프 G가 차수가 1인 점을 포함하는 경우에 그 점과 그 점에 연결된 변을 제거하여 만든 새로운 부분 그래프 G_1은 연결된 평면형 그래프이고, $n-1$개의 변을 가지므로 가정에 의해 주어진 관계식을 만족한다. 새로운 그래프 G_1에 제거된 점과 변을 다시 추가하면 원래의 그래프 G가 되며, 점의 수와 변의 수가 하나씩 증가하나 면의 수는 변하지 않으므로 $v - e + f = 2$이 성립한다. 다음으로 그래프 G가 차수가 1인 점을 포함하지 않는 경우에는 그래프 G의 유한 영역(면)을 이루고 있는 한 변을 제거하여 만든 새로운 부분 그래프 G_2를 만들면 G_2는 연결된 평면형 그래프가 되고, $n-1$개의 변을 가지므로 가정에 의해 주어진 관계식을 만족한다. 이제 새로운 그래프 G_2에 제거된 변을 다시 추가하면 원래의 그래프 G가 되며, 면의 수와 변의 수가 하나씩 증가하나 점의 수는 변하지 않으므로 $v-e+f=2$이 성립한다. 따라서 모든 연결된 평면형 그래프에서 관계식이 성립한다. ■

모든 정다면체는 한 면에 구멍을 내어 펼쳐 만든 그래프는 평면그래프가 되므로 평면형 그래프이다. 위의 오일러 공식을 이용하여 가능한 정다면체의 성질을 분류할 수 있다 (연습문제 4번 참조).

따름정리 4.2.2

연결된 평면형 그래프는 어떻게 그리든지 상관없이 항상 면의 수는 일정하다. 즉 $f=e-v+2$이다.

다음은 그래프가 평면형 그래프가 아님을 보이기 위해 자주 이용되는 정리이다.

정리 4.2.3

$n \geq 3$개의 점을 갖는 연결된 평면형 단순 그래프에서는 $e \leq 3v-6$의 관계를 갖는다.

증명 연결된 평면형 그래프의 각 면은 3개 이상의 변을 갖고 있다. 각 면을 따라 중복을 허용하며 모든 변의 수를 세어 나온 값(각 면을 이루는 변의 수의 총합: 면의 차수의 합)을 A라 하면 $3f \leq A$가 된다. 이제 각 변을 중심으로 생각하면 각 변은 두 면의 경계가 되므로 두 번 세게 된다. 차수가 1인 점에 대한 변도 두 면의 경계라고 하면 $A=2e$가 된다. 따라서 $3f \leq 2e$가 된다. 이 부등식을 오일러 공식에 적용하면

$$v-e+\frac{2}{3}e \geq 2$$

즉, $e \leq 3v-6$이 된다. ■

위의 정리에서 $e \le 3v-6$를 만족하는 연결 그래프가 평면형 그래프가 된다는 의미는 아니다. 예를 들어, 다음의 그래프는 $e \le 3v-6$의 관계를 만족하지만 평면형 그래프는 아니다.

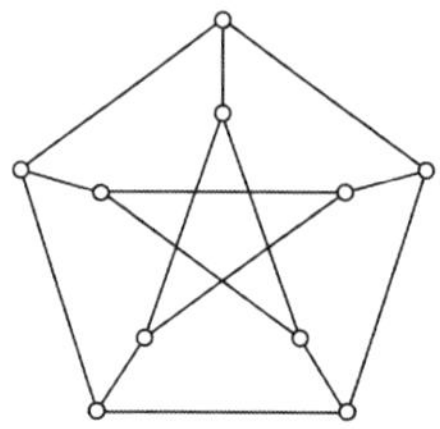

그림 4.2.10 Petersen graph

> **따름정리 4.2.4**
>
> 연결된 평면형 단순 그래프는 차수가 5이하인 점이 존재한다.

증명 $n \le 2$인 경우는 자명하게 성립한다. $n \ge 3$인 경우 정리 4.2.3에 의해 $e \le 3v-6$이 성립하고, 이를 바꿔 쓰면 $v - \frac{e}{3} \ge 2$가 성립한다. 즉, $v - \frac{e}{3} > 0$이므로

$$\frac{e}{3} < v \Leftrightarrow \frac{e}{v} < 3 \Leftrightarrow \frac{2e}{v} < 6$$

이 성립한다. 정리 4.1.1에 의해 $\sum_{i=1}^{v} d(v_i) = 2e$이므로

$$\frac{1}{v}\sum_{i=1}^{v} d(v_i) < 6$$

이 된다. 즉 점의 평균 차수가 6미만이기 때문에 주어진 그래프에는 차수가 5이하인 점이 존재한다. ■

예제 4.2.2

완전 그래프 K_5는 평면형 그래프가 아님을 보여라.

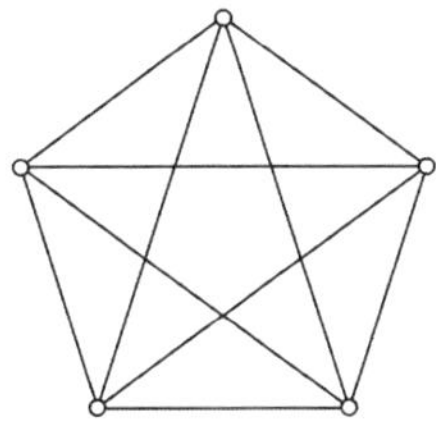

K_5

그림 4.2.11

풀이 만약 K_5가 평면형 그래프라면, 정리 4.2.3에 의해 $e \leq 3v-6$, 즉 $e \leq 9$이다. 그러나 K_5는 항상 10개의 변을 가지므로 모순이다. 따라서 K_5는 평면형 그래프가 될 수 없다. ■

4.2.3 그래프 채색

보기에 좋은 지도를 만들려면 인접한 나라와 해양 등은 서로 다른 색깔을 칠하여 각각의 경계를 구분하여야 한다. 1850년 영국의 수학전공 학생인 프랜시스 거쓰리(Francis Guthrie)는 '모든 지도를 인접한 나라와 해양을 서로 다르게 채색할 수 있는 색의 수는 존재하는가?', '존재하면 그 수는 얼마인가?'에 의문을 갖고 많은 지도를 조사하여 모든 지도는 그림 4.2.12와 같이 4가지의 색 이하로 칠할 수 있을 것이라고 추정을 했다.

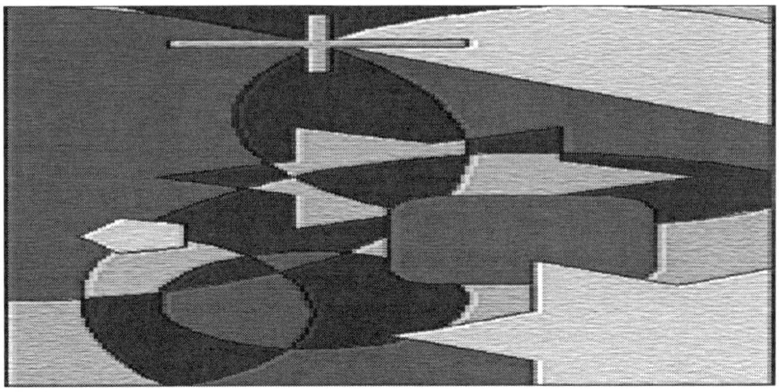

그림 4.2.12

이 추정은 그의 형 프레데릭(Frederick)과 형의 선생인 드모르간(De Morgan)을 거쳐 해밀턴(Hamilton)에게까지 알려졌지만 28년 동안 증명되지 못하고 무관심에 묻혀 있었다. 이러한 사실이 1878년 수학자 케일리(Cayley)의 세미나 발표로 널리 알려진 후, 1879년 켐프(Kempe)는 모든 지도는 4가지 이하의 색으로 채색될 수 있다는 사색정리(four color theorem)의 증명을 제시하게 되었다. 하지만 1890년 히우드(Heawood)는 켐프(Kempe)의 증명에 오류가 있음을 발견하였으나 사색정리의 올바른 증명은 하지 못하고, 모든 지도는 5가지 이하의 색으로 칠할 수 있다(5-채색 가능)는 오색정리(five color theorem)를 증명하였다. 따라서 사색문제는 추론으로 남게 되고, 많은 사람의 노력이 시도되었으나 실패하여 수학의 가장 유명하고 어려운 문제로 수십년 동안 남게 되었다.

1976년 마침내 아펠(Appel)과 하켄(Haken)은 그들이 개발한 알고리즘을 이용하여 5가지 색이 요구되는 하나의 그래프에 대해 2000가지 이상의 경우를 매우 복잡한 컴퓨터 계산(IBM 360 컴퓨터를 사용하여 1000시간 이상의 계산)을 통한 사색정리의 증명을 제시하였고, 1996년에는 Robertson, Sanders, Symour와 Thomas가 633가지의 경우로 축소하여 증명하였지만 여전히 복잡한 컴퓨터 계산에 의존해야 했다.

이러한 사색문제의 증명은 인간이 모두 확인할 수 없을 정도의 많은 계산으로 수학자들은 만족을 못하고 있지만 아직 오류가 발견되지 않고 있다. 따라서 사색문제는 추론이 아니라 사색정리로 남게 되었다.

지도에서 나라 또는 해양을 점으로 보고, 나라와 나라와의 인접성을 점과 점을 연결한 변으로 보면 위에서 언급한 지도의 채색 문제는 다음의 그림 4.2.13과 같이 그래프에서 인접한 두 점을 다른 색으로 칠하는 점의 채색 문제와 동치인 그래프(dual graph)가 된다.

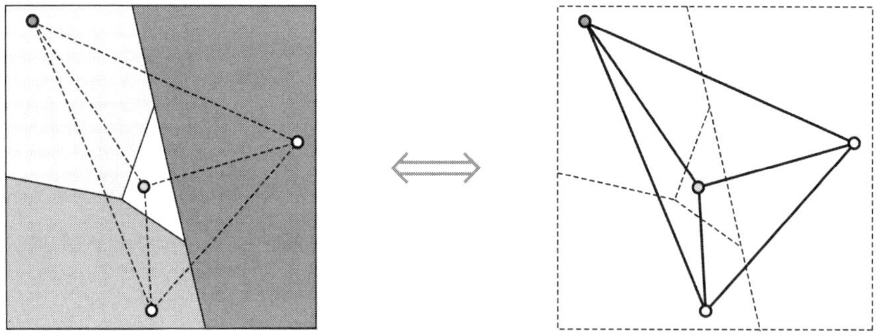

그림 4.2.13

또한 이러한 개념을 일반적인 그래프로 확장하여 다음의 용어를 정의한다.

정의 4.2.7

그래프에서 인접한 두 점이 같은 색이 되지 않도록 모든 점에 색깔을 부여하는 것을 **그래프 채색(graph colorings)**이라고 한다.
주어진 그래프 G를 k가지 이하의 색으로 그래프 채색을 할 수 있으면 **k−채색 가능(k−colorable)**하다고 하며, 채색 가능한 최소의 색의 수 k를 그래프 G의 **채색수(chromatic number)**라 하고 $\chi(G)$로 표시한다.

예를 들어 완전 그래프의 채색수는 $\chi(K_n)=n$이 된다. 일반적인 그래프의 채색수는 한계가 없다. 고리(loop)를 포함하는 그래프의 채색은 불가능하며 다중변은 그래프 채색과는 관련이 없다.

예제 4.2.3

두 점 이상으로 구성되고 연결된 이분형 그래프의 채색수는 2이다.

풀이 이분형 그래프를 $G=(M\cup N,\ E)$, $M\cap N=\varnothing$이라고 하자. E의 모든 변은 M의 한 점과 N의 한 점으로 연결되어 있다. 따라서 M의 모든 점을 하나의 색으로, N의 모든 점을 다른 색으로 칠하면 M의 점들과는 서로 연결되어 있지 않고, N의 점들과는 서로 연결되어 있지 않으므로 연결된 두 점이 같은 색으로 지정되지 않는다. 따라서 $\chi(G)\le 2$이다. 또한 $E\ne\varnothing$이므로 M과 N의 점들은 서로 다른 색이 칠해져야 한다. 그러므로 $\chi(G)=2$이다. ■

우리가 자주 접하는 모든 지도는 평면형 그래프(평면 그래프)가 되므로 지도에 관한 사색정리는 일반적인 평면형 그래프에 그대로 적용되어 다음과 같이 정리된다. 앞에서도 언급한 바와 같이 증명은 복잡한 컴퓨터 계산으로 되었으므로 생략하기로 한다.

정리 4.2.5 **사색정리(four color theorem, Appel and Haken)**

모든 단순 평면형 그래프는 4가지 이하의 색으로 칠할 수 있다(4-채색 가능하다).

일반적으로 주어진 임의의 그래프가 $k-$채색 가능한지의 여부 또는 채색수를 결정하는 간단한 방법은 없다. 이 절에서는 주어진 그래프의 채색수를 구하는 데 이용되는 알리고즘을 소개하고, 오색정리의 증명을 해본다.

다음은 웰치(Welch)와 파웰(Powell)에 의해 개발된 그래프 채색을 위한 알고리즘이다. 그래프의 채색을 위한 색의 수를 구하며 그 값이 채색수 $\chi(G)$와 항상 같지는 않다. 즉 알고리즘이 채색 가능한 최소의 색의 수를 구하지 못할 수도 있음을 뜻한다.

알고리즘 4.2.1 : 웰치-파웰(Welch-Powell) 알고리즘

입력 : 그래프 G

출력 : 그래프 채색을 위한 색의 수 k

1. 그래프 G의 모든 점을 차수가 높은 점에서 낮은 점의 순서로 나열한다. (동일한 차수의 점들은 순서에 상관없이 나열한다.)
2. 나열된 처음 점에 첫 색깔 C_1을 부여한다. 이미 색깔 C_1을 부여한 점과 인접하지 않는 점에 같은 색 C_1을 부여한다. $k=1$라 한다.
3. 나열된 점들 중 색이 부여되지 않은 점의 나열을 가지고 위의 2단계와 같은 방법으로 색깔 C_{k+1}을 부여한다. $k=k+1$라 한다.
4. 나열된 모든 점에 색이 부여되면 k를 출력하고 종료한다. 부여되지 않은 점이 있으면 3단계로 간다.

예제 4.2.4

다음 그래프에 웰치-파웰(Welch-Powell) 알고리즘을 적용하여 그래프의 채색수 $\chi(G)$를 구하여라.

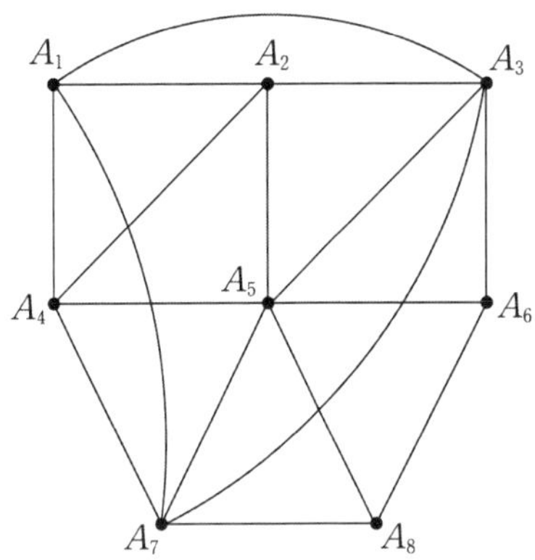

그림 4.2.14

풀이 그래프 G의 모든 점을 차수가 높은 점에서 낮은 점의 순서로 나열하면,

$$A_5,\ A_3,\ A_7,\ A_1,\ A_2,\ A_4,\ A_6,\ A_8$$

이다. 알고리즘의 2단계에 따라 첫 색깔을 A_5, A_1에 부여하고, 두 번째 색을 A_3, A_4, A_8에 부여하며, 세 번째 색을 A_7, A_2, A_6에 할당하므로써 그래프 G는 3-채색 가능함을 알 수 있다. 하지만 세 점 A_1, A_2, A_4는 서로 연결되어 있으므로 서로 다른 색이 부여되어야 한다. 따라서 2-채색 가능할 수는 없으므로 위의 그래프 G의 채색수, 즉 $\chi(G)=3$이다. ■

히우드는 켐프가 주장한 사색정리의 오류를 찾아 밝혔으나 그는 오류를 수정하여 올바른 증명을 하지 못하고, 1890년경에 평면형 그래프는 5가지 색으로 충분히 색을 칠할 수 있음을 증명하였다. 그가 증명한 다음의 오색정리를 참고로 소개한다.

정리 4.2.6 **오색정리(five color theorem)**

모든 단순 평면형 그래프는 5-채색 가능하다.

증명 그래프 G의 점의 수 n에 관해 수학적 귀납법으로 증명하자. $n \le 5$이면 분명히 5-채색 가능하므로 $n > 5$일 때 귀납법에 의해 n개보다 적은 점의 수를 포함하는 그래프는 5-채색 가능하다고 가정하자. 3개 이상의 점을 포함하는 그래프에서는 차수가 5 이하인 점 a가 반드시 존재한다(따름정리 4.2.4). 한편 $G-a$는 $n-1$개의 점을 포함

하므로 귀납법에 의해 5-채색 가능하다. 채색된 그래프 G에서 첫 번째로 점 a에 인접한 점들에 5 미만의 색의 수가 부여되었으면 점 a에 나머지 색 중 하나를 칠하면 그래프 G는 5-채색 가능하다. 두 번째로 점 a에 인접한 5개의 점 a_1, a_2, a_3,a_4, a_5에 5가지 색 c_1, c_2, c_3, c_4, c_5이 각각 부여되어 있고, 이 점들의 상대적 위치가 아래 그림과 같다고 하자.

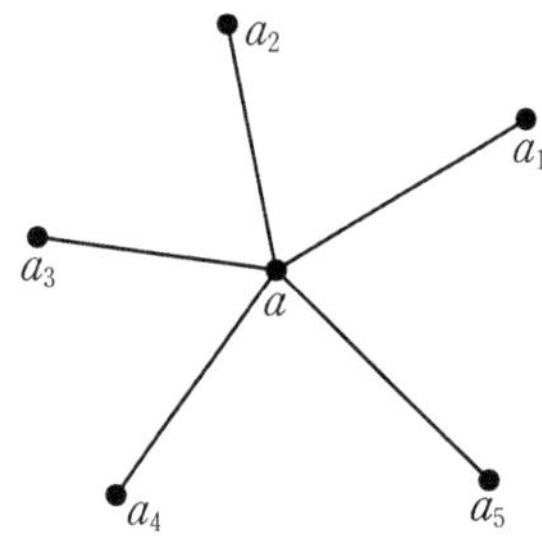

그림 4.2.15

그래프 $G-a$에서 c_1, c_3색이 칠해진 모든 점으로 생성된 부분그래프를 H_{13}이라 하고, c_2, c_4 색이 칠해진 모든 점으로 생성된 부분그래프를 H_{24}라 하자. 분명히 a_1, a_3는 H_{13}의 점이 된다. 이제 a_1, a_3가 H_{13}의 하나의 연결성분 또는 다른 두 개의 연결성분에 있는 경우에 따라 구분하여 생각해보자.

(i) a_1, a_3가 H_{13}의 하나의 연결성분에 포함되어 있으면, a_1, a_3를 잇는 경로가 있고, 변$\{a, a_1\}$, $\{a, a_3\}$와 함께 사이클을 형성한다. 또 이 사이클은 내부와 외부에 a_2, a_4를 하나씩 갖고 있다. 즉 a_2, a_4는 H_{24}의 두 개의 연결성분에 포함되어 있다. 점 a_2가 포함되어 있는 연결성분의 점의 색 c_2, c_4을 서로 바꾸면 a_1, a_2, a_3, a_4, a_5에 4가지 색 c_1, c_4, c_3, c_4, c_5이 칠해지므로 추가될 점 a에는 색 c_2를 아래 그림과 같이 칠하면 그래프 G는 5-채색 가능하다.

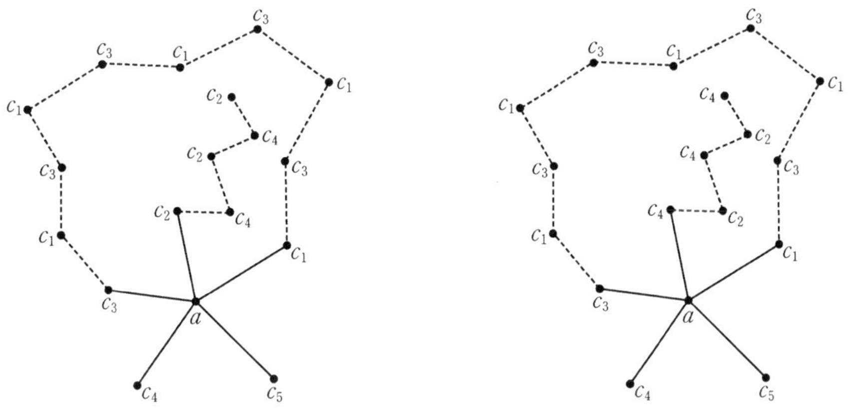

그림 4.2.16

(ii) a_1, a_3가 H_{13}의 다른 두 개의 연결성분에 포함되어 있으면, (i)의 경우와 유사하게 a_1이 포함되어 있는 연결성분의 점의 색 c_1, c_3을 서로 바꾸면 a_1, a_2, a_3, a_4, a_5에 4가지 색 c_3, c_2, c_3, c_4, c_5이 칠해지므로 추가될 점 a에는 색 c_1을 칠하면 그래프 G는 5-채색 가능하다. ∎

4.2 | 연습문제

01 아래의 두 그래프가 평면형 그래프가 되는지를 조사하여라. 평면형 그래프이면 변이 교차하지 않는 평면 그래프를 그리고, 평면형 그래프가 아니면 그 이유를 설명하여라.

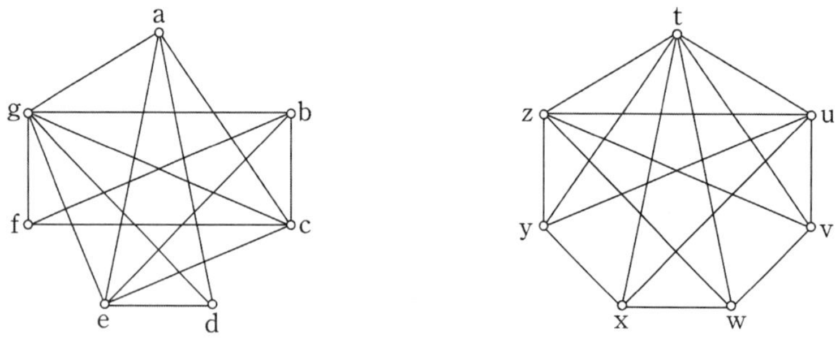

그림 4.2.17

02 다음의 그래프는 평면형 그래프가 아님을 보이고, 모든 부분그래프는 평면형 그래프가 됨을 보여라.

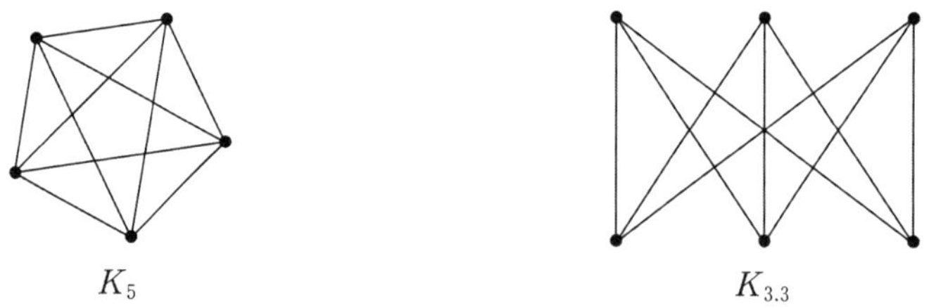

K_5

(1)

$K_{3.3}$

(2)

그림 4.2.18

03 오일러 공식을 이용하여 정다면체의 종류를 모두 구하여라.

04 다음 그래프에 대해서는 오일러 공식이 성립하지 않는다. 이유를 설명하여라.

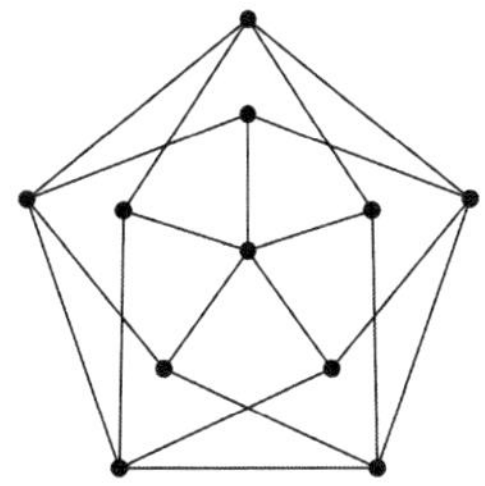

그림 4.2.19

05 그림 4.2.20에서 그래프의 채색수 $\chi(G)$를 구하여라.

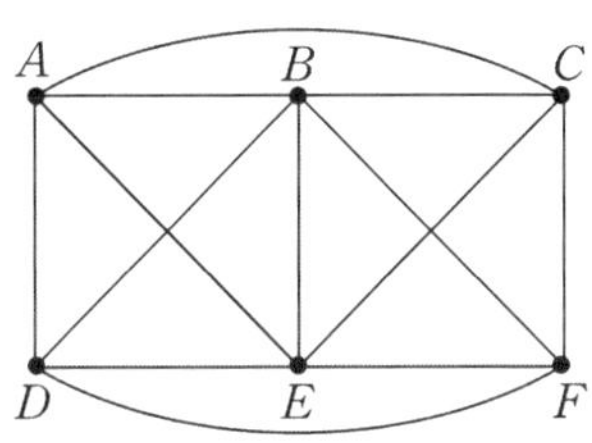

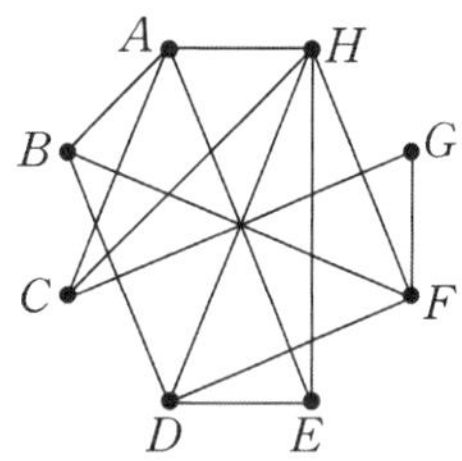

그림 4.2.20

06 6개의 점을 갖고 각 점의 차수가 4이며 $\chi(G)=3$가 되는 그래프 G를 그려라.

07 다음 명제는 모두 동치임을 보여라.

(1) 그래프 G는 2-채색 가능하다.

(2) 그래프 G는 이분 그래프이다.

(3) G의 모든 사이클의 길이는 짝수이다.

08 6개의 점과 12개의 변을 가진 연결된 단순 평면형 그래프의 모든 영역(면)은 3개의 변으로 싸여 있음을 보여라.

09 다음의 각 그래프의 채색수를 구하여라. 또 그 이유를 설명하여라.

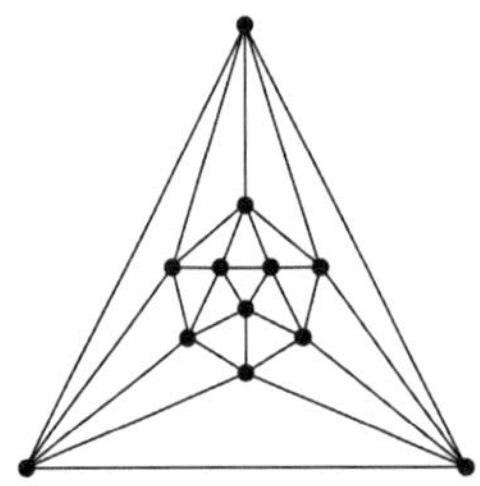

(1) icosahedron 그래프

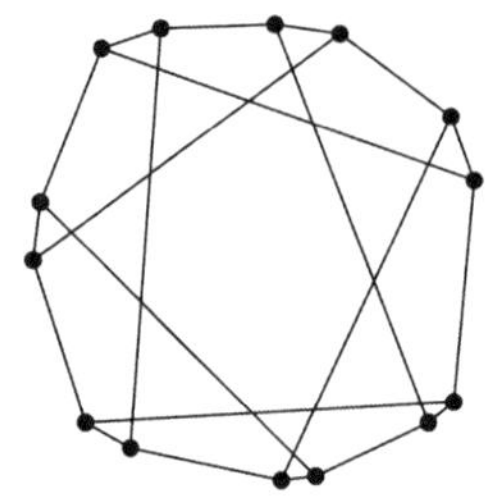

(2) Heawood 그래프

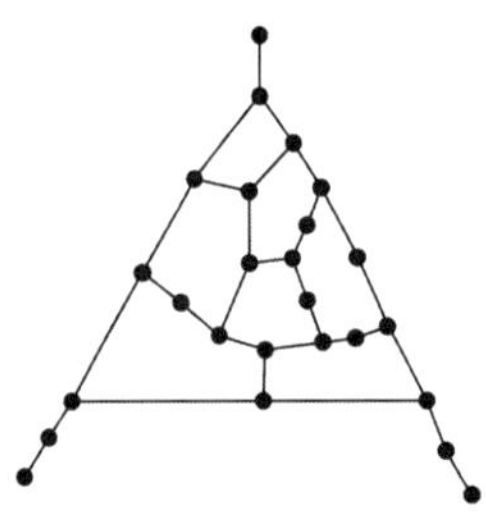

(3) Walther 그래프

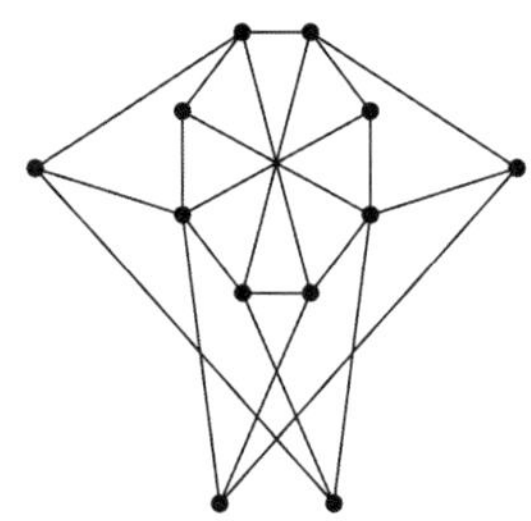

(4) alien spaceship 그래프

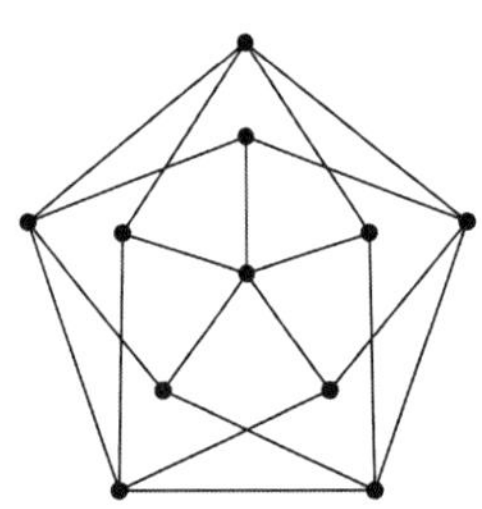

(5) Grotztsch 그래프

그림 4.2.21

4.3 트리(Tree) 그래프

4.3.1 트리 그래프의 정의 및 성질

모든 점이 연결되어 있고 사이클을 포함하지 않는 그래프를 **트리 그래프(tree graph)**라고 한다. 다음 그림 4.3.1은 여러 가지의 트리 그래프를 보여준다.

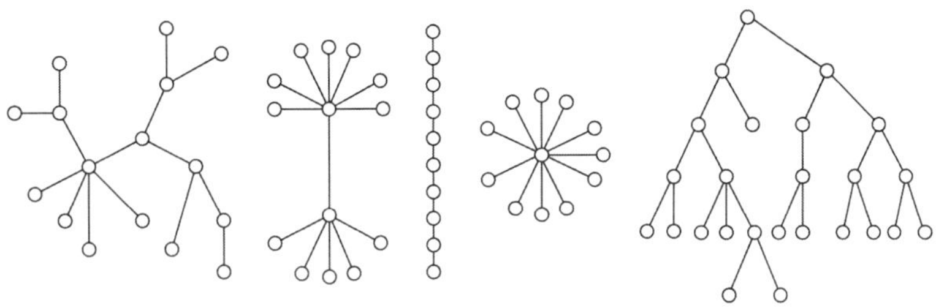

그림 4.3.1

트리 그래프 T의 두 점 사이에는 유일한 단순경로가 존재한다. 두 개 이상의 단순경로를 그래프 T가 포함하면 그래프 T의 부분그래프가 되는 사이클을 만들 수 있어 T는 트리 그래프가 될 수 없기 때문이다. 역으로 모든 두 점 사이에 유일한 단순경로가 존재하는 그래프 T는 트리가 된다.

트리 그래프 T의 두 점 a, b가 인접하지 않을 때, 변 $e=\{a, b\}$를 추가한 그래프 $T+e$는 T에 존재하는 a, b의 유일한 단순 경로와 e로 만들어지는 사이클을 포함하게 되므로 더 이상 트리 그래프가 될 수 없다. 반면에, 트리 그래프 T의 두 점 a, b가 인접할 때, 변 $e=\{a, b\}$를 제거한 그래프 $T-e$는 더 이상 연결 그래프가 아니므로($T-e$가 연결 그래프라면 $T-e$의 두 점 a, b 사이에는 연결 경로 H가 존재하여, $T-e$에 다시 변 e를 추가한 그래프 T은 변 $e=\{a, b\}$와 경로 H로 이루어진 사이클을 포함하게 되므로 T가 트리 그래프임에 모순이다.) 트리 그래프가 될 수 없다.

다음 정리는 n개의 점을 갖는 트리 그래프 T는 $n-1$개의 변을 포함하고 있음을 보여주고 있다.

정리 4.3.1

n개의 점을 갖는 그래프 T에 대하여 아래의 각 명제는 서로 동치이다.

(1) T는 트리 그래프이다.

(2) T는 사이클을 포함하지 않으며 $n-1$개의 변을 갖는다.

(3) T는 연결그래프이며 $n-1$개의 변을 갖는다.

증명 n에 대하여 수학적 귀납법을 적용하여 증명하자. $n=1$이면 위의 정리의 모든 내용은 성립하므로 $n>1$이고 n보다 적은 점의 수를 갖는 그래프에 대하여 모든 명제가 성립한다고 가정하자.

(1) ⇒ (2) : T가 트리 그래프이라면 정의에 의하여 사이클을 포함하지 않으므로 $n-1$개의 변을 가짐을 보이면 된다. T가 사이클을 포함하지 않으므로 차수가 1인 점이 존재한다(연습문제 참조). 이 점과 변을 제거하여 $n-1$개의 점을 갖는 트리 그래프 H를 만들 수 있으므로 가정에 의하여 H 에 대하여 위의 명제는 모두 동치이고 H는 $n-2$개의 변을 갖는다. 따라서 H에 한 점과 한 변이 추가된 T는 $n-1$개의 변을 가진다.

(2) ⇒ (3) : 사이클을 포함하지 않으며 $n-1$개의 변을 갖는 T가 연결 그래프임을 보이면 된다. T가 연결 그래프가 아니면, 즉 k개의 연결성분 T_1, T_2, $\cdots$, T_k, $k>1$을 갖는다면, 모든 T_i는 연결 그래프이고 T의 부분그래프이므로 사이클을 포함하지 않는다. 따라서 정의에 의해 모든 T_i는 트리 그래프이다. 또한 T_i의 점의 개수가 $n_i<n$이므로 가정에 의해 모든 T_i는 n_i-1개의 변을 가진다. 한편, 모든 T_i의 변의 개수의 합, 즉

$$n_1-1+n_2-1+\cdots+n_k-1=n_1+\cdots+n_k-k=n-k$$

은 T의 변의 개수 $n-1$와 같아야 한다. 따라서 $k=1$이 되며, 이는 $k>1$에 모순이 된다. 그러므로 T는 연결 그래프이다.

(3) ⇒ (1) : $n-1$개의 변을 갖는 연결 그래프 T가 트리 그래프임을 보이려면 T가 사이클을 포함하지 않음을 보이기만 하면 된다. 만약 T가 변 e를 포함하는 사이클을 갖는다면 부분 그래프 $T-e$는 n개의 점을 갖는 연결 그래프이고 $n-2$개의 변을 갖는다. 하지만 n개의 점을 갖는 모든 연결 그래프는 적어도 $n-1$개의 변은 포함해야 하므로(연습문제 참조) 모순이 된다. 따라서 이 연결 그래프 T는 사이클을 포함하지 않는 트리 그래프이다. ■

4.3.2 신장(spanning) 트리

연결 그래프(또는 다중 그래프) G의 모든 점을 포함하는 G의 부분그래프이면서 트리가 되는 그래프 T를 연결 그래프 G의 **신장 트리(spanning tree)**라고 한다. 그림 4.3.2의 (b)는 그래프 G의 신장 트리가 아니며 (c)는 신장 트리가 된다.

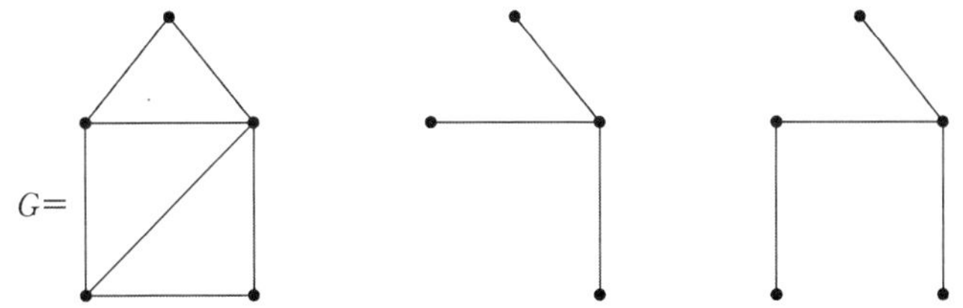

(a) (b) (c)

그림 4.3.2

모든 연결 그래프는 항상 한 개 이상의 신장 트리를 포함한다. 연결 그래프가 어떤 회로도 포함하지 않으면 그 그래프는 트리 그래프이다. 연결 그래프가 1개 이상의 회로를 포함하면 그 회로의 변들을 제거하여 신장 트리를 만들 수 있다. 이는 신장 트리는 연결 그래프의 최소의 연결된 부분그래프임을 의미한다. 또한 신장 트리가 아닌 연결된 부분그래프는 변을 제거하여 더 작은 연결 그래프를 만들 수 있음을 의미하며, 신장 트리는 어떤 변을 제거해도 연결된 부분 그래프를 만들 수 없음을 뜻한다.

주어진 연결 그래프의 신장 트리를 구하는 Greedy **알고리즘**을 소개한다.

알고리즘 4.3.1 : 신장 트리(spanning tree)를 구하는 Greedy 알고리즘

입력 : 연결그래프 $G=(V, E)$
출력 : G의 신장 트리 $T=(V_T, E_T)$

1. V의 점 v를 택하여 초기의 트리 그래프 $T=(\{v\}, \varnothing)=(V_T, E_T)$를 만든다.
2. V_T의 점과 연결하여 트리 그래프가 되도록 하는 $V-V_T$의 점과 그 연결된 $E-E_T$의 변을 한 번에 하나씩 선택하여 V_T, E_T에 추가한다.
3. V의 모든 점이 V_T에 포함되었으면 신장 트리 $T=(V_T, E_T)$를 출력하고 종료한다.

연결 그래프 $G=(V, E)$의 신장 트리 T는 유일하지 않으므로 위의 알고리즘의 결과는 항상 같지는 않다. 또, 위의 Greedy 알고리즘은 연결 그래프 G의 신장 트리 T가 생성될 때까지 실행된다. 이를 보이기 위해, 알고리즘의 중간 과정까지 생성한 트리의 모든 점의 집합을 S라고 하자. 알고리즘에서 초기의 한 점은 선택이 가능하므로 $S \neq \varnothing$이다. 만약 $S \neq V$인데 V의 새로운 점을 생성하는 트리 T에 추가할 수 없다면, S의 한 점과 $V-S$의 한 점을 연결하는 변이 변의 집합 E에 존재하지 않음을 의미한다. 즉 S와 $V-S$ 사이에 경로가 없으므로 그래프 G가 연결 그래프가 되지 않아 모순이 된다. 즉, 알고리즘은 항상 성립한다.

예제 4.3.1

다음은 연결 그래프의 신장 트리를 Greedy 알고리즘에 의해 구한 결과이다. 점 5에서 출발하여 변 $\{4, 5\}$, $\{2, 5\}$, $\{2, 3\}$, $\{1, 4\}$, $\{3, 6\}$을 순서대로 추가하여 마지막 그림에서 이중선으로 표시한 신장 트리 T를 구한다.

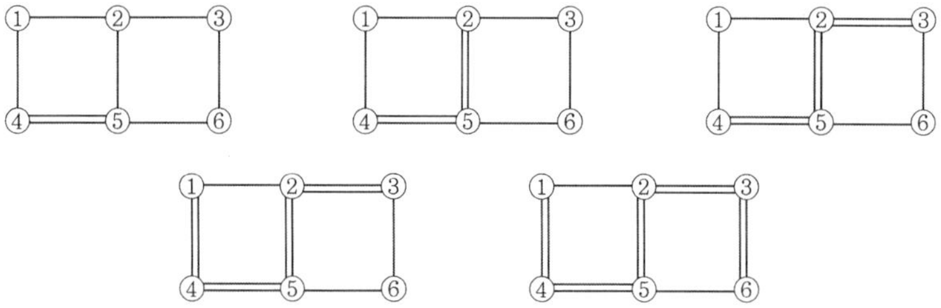

그림 4.3.3

신장 트리를 구하는 Greedy 알고리즘은 2단계에서 한 변을 선택할 때 그 변이 현재의 트리 그래프 T에 추가되어 사이클을 만드는지 확인이 되어야 한다. 일반적으로 크기가 매우 큰 그래프에서는 사이클을 확인하는 것이 쉽지 않기 때문에 Greedy 알고리즘이 효과적인 방법이 되지 않는다.

사이클을 확인하는 과정을 피하고, 사이클을 만들지도 않는 효과적인 방법으로 깊이 우선 탐색(Depth-First search) 방법과 너비 우선 탐색(Breadth-First search) 방법이 있는데 이 두 방법은 다음 4.4절에서 다루기로 한다.

4.3.3 최소 신장 트리

연결 그래프의 각 변들이 가중치(weight)를 갖고 있는 가중 그래프(weighted graph)에 대한 신장 트리(spanning tree)를 알아보자.

가중치 함수 $w : E \rightarrow N$(N: 양의 실수)가 정의된 그래프 $G=(V, E)$를 가중 그래프라고 정의하면 연결 그래프 G의 신장 트리 **T에 대한 가중치**(weight of spanning tree) $w(T)$를 T에 포함된 변의 가중치의 합, 즉

$$w(T) = \sum_{e \in T} w(e)$$

로 정의한다.

연결 그래프 G는 유한 개의 신장 트리 T가 존재하며, T의 가중치는 양의 수이므로 모든 신장 트리 중 가중치가 최소인 트리는 반드시 존재한다. 즉 가중 연결 그래프 G의 신장 트리 중 최소 가중치 $w(T)$를 갖는 신장 트리 T를 연결 그래프 **G의 최소 신장 트리**(minimal spanning tree of G)라고 한다. 이때, 최소 신장 트리는 유일하지 않을 수도 있다. 예를 들어 모든 변의 가중치가 같은 가중 연결 그래프에서는 모든 신장 트리가 최소 신장 트리가 된다. 주어진 가중 연결 그래프의 최소 신장 트리를 찾는 두 개의 알고리즘을 소개한다.

알고리즘 4.3.2 : 최소 신장 트리(minimal spanning tree)를 구하는 **프림(Prim) 알고리즘**

입력 : 가중 연결 그래프 $G=(V, E)$, $w : E \rightarrow N$
출력 : G의 최소 신장 트리 $T=(V_T, E_T)$

1. V의 점 v를 택하여 초기의 트리 그래프
   $T=(\{v\}, \varnothing)=(V_T, E_T)$를 만든다.
2. V_T의 점과 연결하여 트리 그래프가 되도록 하는 $V-V_T$의 점과 그 연결된 $E-E_T$의 가장 작은 가중치를 갖는 변을 한 번에 하나씩 선택하여 V_T, E_T에 추가한다.
3. V의 모든 점이 V_T에 포함되었으면 최소 신장 트리 $T=(V_T, E_T)$를 출력하고 종료한다.

가중 연결 그래프 $G=(V, E)$의 최소 신장 트리 T는 유일하지 않으므로 위의 프림 알고리즘의 결과는 항상 같지는 않다(그림 4.3.5 (b)). 또, 유한개의 유한부분집합은 최소원을 갖고, 그래프 G가 연결 그래프이므로, 위의 프림 알고리즘은 가중 연결 그래프 G의 최소 신장 트리 T가 생성될 때까지 항상 실행된다.

예제 4.3.2

프림 알고리즘을 이용하여 다음 가중 연결 그래프의 최소 신장 트리를 구하여라.

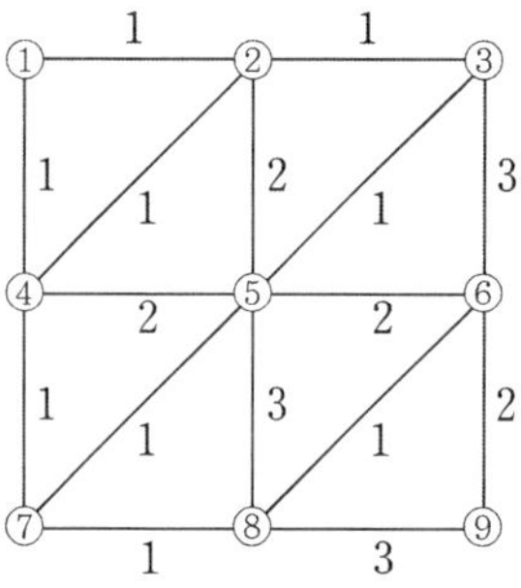

그림 4.3.4

풀이 점 9를 가지고 알고리즘을 실행하면, 2단계에서 $\{6, 9\}$, $\{6, 8\}$, $\{7, 8\}$ 순으로 트리 T에 추가된다. 다음에 변 $\{4, 7\}$, $\{5, 7\}$이 최소의 가중치로 같으므로 두 변 중 한 변이 추가된다. 즉 변 $\{4, 7\}$을 추가한다. 그 후, 변 $\{5, 7\}$과 $\{1, 4\}$, $\{2, 4\}$가 최소의 가중치로 같으므로 그 중 한 변 $\{5, 7\}$을 추가 한다. 이와 같이, 변 $\{1, 4\}$, $\{2, 4\}$가 추가된다. 다음으로 변 $\{1, 2\}$, $\{2, 3\}$, $\{5, 3\}$이 최소 가중치 1을 가지나, 변 $\{1, 2\}$는 두 점 1과 점 2가 이미 트리 T에 포함되어 있으므로 추가될 수 없다. 따라서 변 $\{2, 3\}$ 또는 변 $\{5, 3\}$ 중 한 변 $\{2, 3\}$을 추가 하면 그래프 G의 모든 점을 포함하는 신장 트리 T가 아래 그림 4.3.5의 (a)와 같이 만들어 진다. 가중치가 같은 여러 변 중에 선택 여하에 따라 (b)와 같은 최소 신장 트리를 얻을 수도 있다. ■

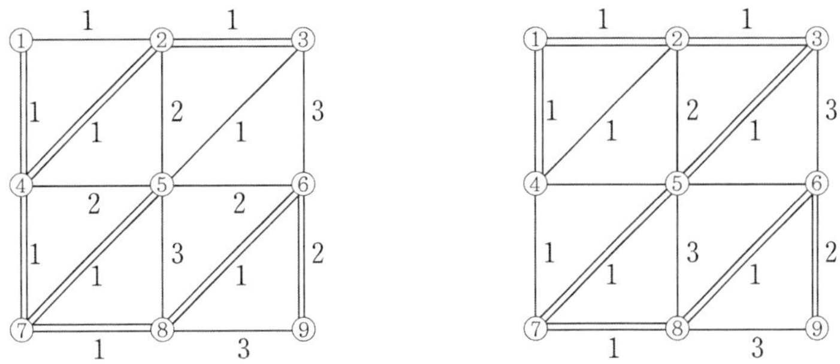

(a) (b)

그림 4.3.5

알고리즘 4.3.3 : 최소 신장 트리(minimal spanning tree)를 구하는 크루스칼(Kruskal) 알고리즘

> **입력** : 가중 연결 그래프 $G=(V,\ E)$, $w : E \rightarrow N$, N : 양의 실수
> **출력** : G의 최소 신장 트리 T
>
> 1. 최소의 가중치를 갖는 E의 변 하나를 택하여 트리 T를 만든다.
> 2. E의 변들 중에 T에 추가하여 사이클을 만들지 않는 가장 작은 가중치의 변을 한 번에 하나씩 선택하여 T에 추가한다.
> 3. E에서 선택할 변이 없으면 T를 출력하고 종료한다.

가중 연결 그래프 $G=(V,\ E)$의 최소 신장 트리 T는 유일하지 않으므로 위의 크루스칼 알고리즘의 결과는 항상 같지는 않다. 위의 크루스칼 알고리즘은 가중 연결 그래프 G의 최소 신장 트리 T가 생성될 때까지 항상 실행됨을 보일 수 있다.

정리 4.3.2

주어진 가중 연결 그래프 G에 대하여 크루스칼(Kruskal) 알고리즘이 구한 신장 트리는 항상 G의 최소 신장 트리이다.

증명 T를 가중 연결 그래프 $G=(V,\ E)$, $|V|=n$에 대하여 크루스칼 알고리즘을 실행하여 얻은 신장 트리라 하고, T를 생성할 때 차례대로 추가 된 변을 e_1, e_2, $\cdots$, e_{n-1}라 하

자. 이제 G의 임의의 최소 신장 트리 U가 $U \neq T$라 하면, $\{e_1,\ e_2,\ \cdots,\ e_{k-1}\} \subset U$이고 $e_k \in T-U$인 변 e_k, $k \geq 1$가 존재한다. 이 변 e_k을 U에 추가하면 U가 최소 신장 트리이므로 사이클을 만든다. 이 사이클에서 e_k 대신 변 $\overline{e}$를 삭제하면 또 다른 신장 트리 U_1이 되며, 알고리즘에 의해 $w(e_k) \leq w(\overline{e})$이므로

$$w(U_1) = w(U) - w(\overline{e}) + w(e_k) \leq w(U)$$

이 되나, U가 G의 최소 신장 트리이므로 $w(U_1) = w(U)$, 즉 U_1는 G의 최소 신장 트리가 된다. 또한 $e_1,\ e_2,\ \cdots,\ e_{k-1},\ e_k \in U_1$이다. 이때, $U_1 \neq T$라 하면, 위의 과정을 다시 반복하여 T의 변을 더 많이 포함하는 G의 최소 신장 트리 $U_2,\ U_3,\ \cdots$를 만들 수 있고, 유한 개의 변을 갖는 T와 같은 최소 신장 트리 U_m을 반드시 얻게 된다. 따라서, 크루스칼 알고리즘에서 구한 신장 트리 T는 가중 연결 그래프 G의 최소 신장 트리가 된다. ■

예제 4.3.3

크루스칼 알고리즘을 이용하여 그림 4.3.4에 주어진 가중 연결 그래프의 최소 신장 트리를 구하여라.

풀이 최소 가중치 1을 가지며 사이클을 만들지 않는 변 $\{1,\ 2\}$, $\{3,\ 5\}$, $\{6,\ 8\}$, $\{2,\ 4\}$, $\{4,\ 7\}$, $\{2,\ 3\}$을 차례로 트리 T에 추가하며 알고리즘을 실행한다. 변 $\{1,\ 4\}$, $\{5,\ 7\}$은 트리 T에 사이클을 만들게 되므로 변 $\{7,\ 8\}$을 추가하고, 마지막으로 변 $\{6,\ 9\}$를 추가하여 아래 그림 4.3.6과 같은 최소 신장 트리 T를 구한다. ■

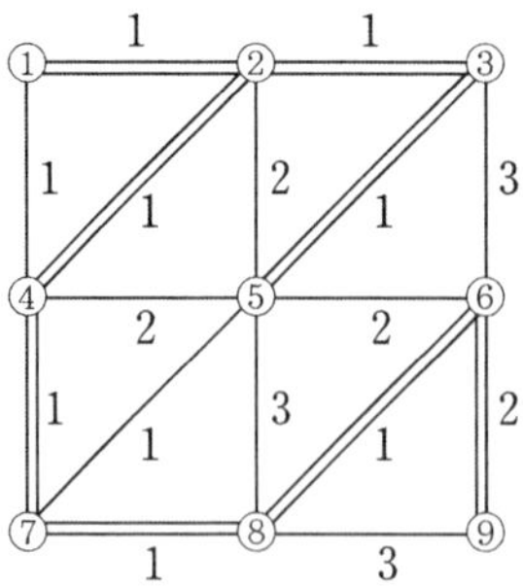

그림 4.3.6

위의 두 알고리즘은 그래프가 비교적 작은 경우에는 쉽게 적용되어 실행될 수 있지만, 수백 개의 점과 변으로 구성된 큰 그래프는 연결되었는지 또는 사이클을 만들고 있지 않는지 조차도 알 수 없는 경우도 있다. 따라서 위의 알고리즘은 다음 절에서 소개되는 그래프의 연결성을 조사하는 여러 가지의 다른 알고리즘과 연계되어 사용된다.

4.3 연습문제

01 완전그래프 K_5의 신장 트리는 125가지가 있음을 보여라.

02 Greedy 알고리즘을 이용하여 다음 연결 그래프의 신장 트리를 구하여라.

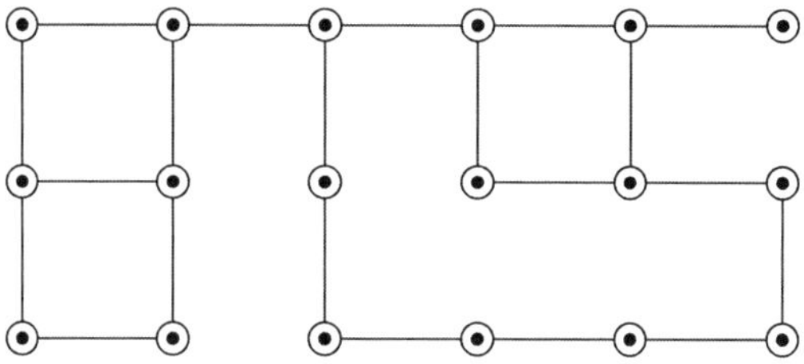

그림 4.3.7

03 다음에 주어진 그래프의 신장 트리는 몇 개인가?

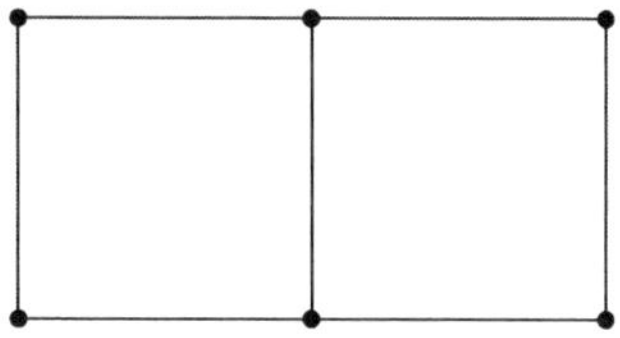

그림 4.3.8

04 크루스칼 알고리즘을 이용하여 다음에 주어진 가중 연결 그래프의 최소 신장 트리를 구하여라.

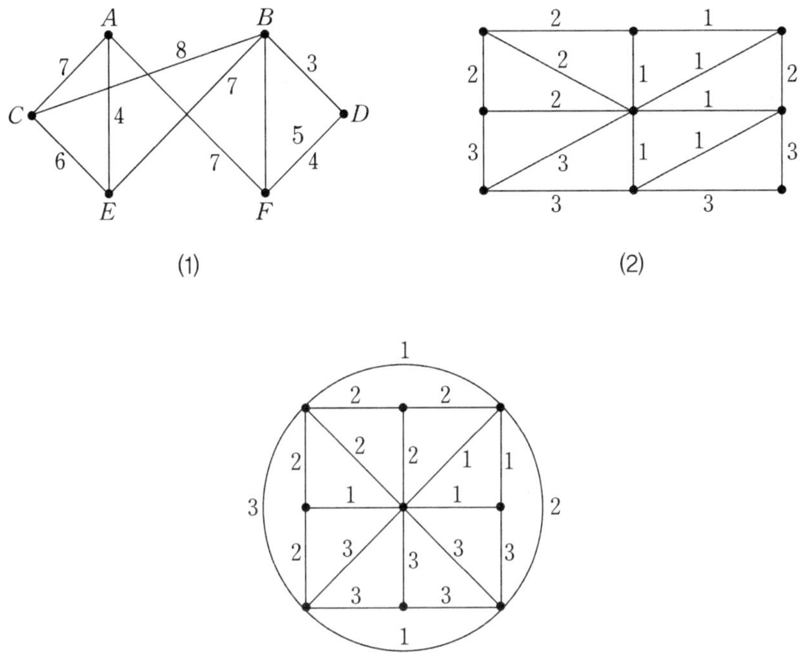

(1) (2) (3)

그림 4.3.9

05 크루스칼 알고리즘과 프림 알고리즘을 각각 이용하여 다음에 주어진 가중 연결 그래프의 최소 신장 트리를 구하여라.

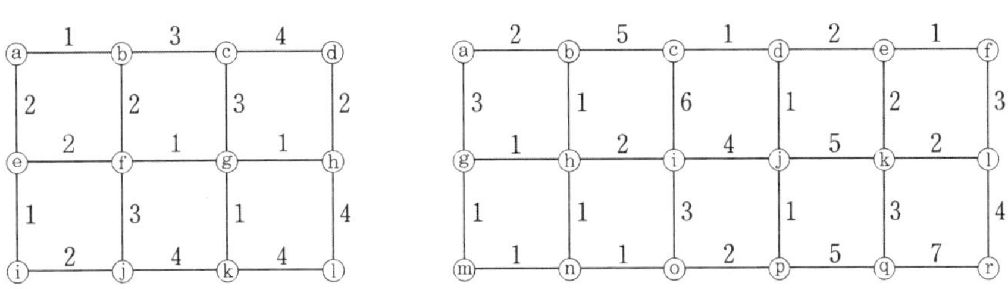

(1) (2)

그림 4.3.10

06 (1) 사이클을 포함하지 않는 그래프는 차수가 1인 점을 1개 이상 가짐을 보여라.
(2) n개의 점을 갖는 모든 연결 그래프는 적어도 $n-1$개의 변을 가짐을 보여라.

07 다음 그래프에 대하여 프림 알고리즘과 크루스칼 알고리즘을 이용하여 최소 신장 트리를 구하여라. 추가되는 변을 순서대로 번호를 매겨라.

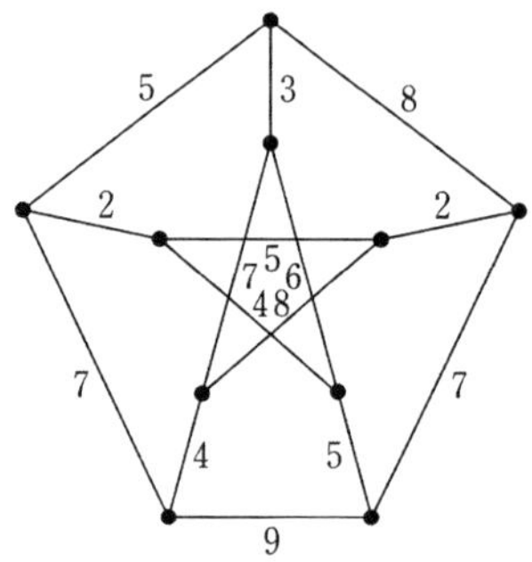

그림 4.3.11 Petersen 그래프

08 다음 그래프에 대한 신장 트리를 Greedy 알고리즘을 사용하여 구하여라.

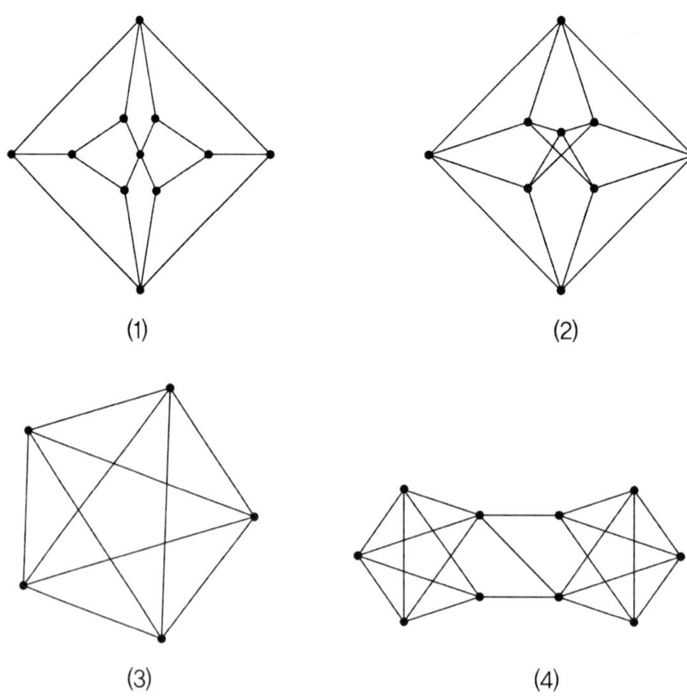

그림 4.3.11

09 다음 가중 그래프에 대하여 프림 알고리즘과 크루스칼 알고리즘을 이용하여 최소 신장 트리를 구하여라. 추가되는 변을 순서대로 번호를 매겨라.

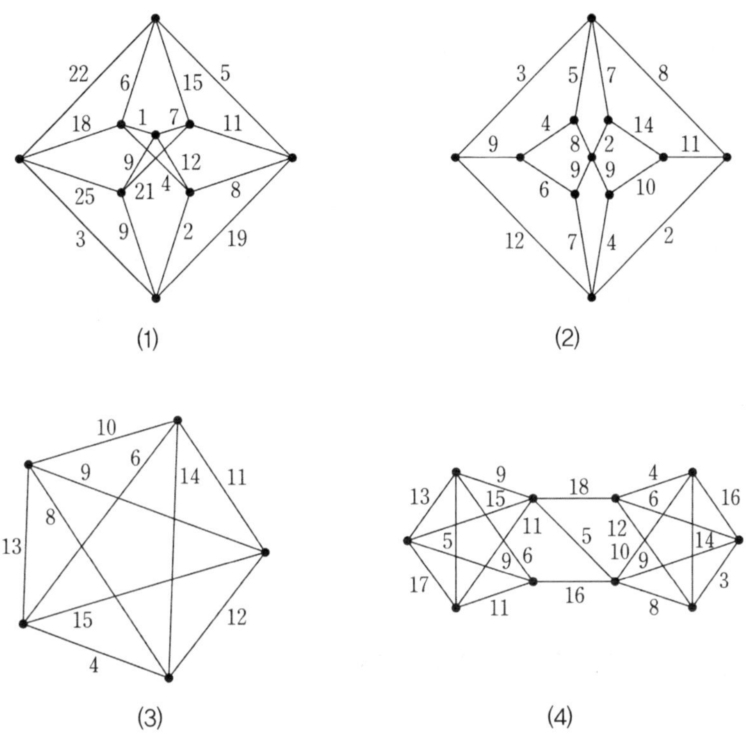

그림 4.3.12

4.4 경로 검색 알고리즘

그래프 G의 한 점에서 경로가 존재하는 모든 점을 찾는 방법, 한 점을 포함하는 연결성분(component)의 신장 트리(spanning tree)를 찾는 방법, 주어진 그래프 G의 연결성분의 수를 구하는 방법에 관해 알아본다. 즉, 방향 그래프 G의 한 점에서 도달할 수 있는 모든 점을 찾는 방법, 한 점에서 도달할 수 있는 모든 점으로 구성되는 G의 부분 방향 그래프의 신장 트리(spanning tree)를 찾는 방법에 관해 알아본다.

이러한 문제를 해결하는 데는 깊이 우선 탐색(depth-first search)와 너비 우선 탐색(breadth-first search) 등 두 가지의 방법을 대표적으로 들 수 있다.

먼저 깊이 우선 탐색(depth-first search) 방법을 소개한다. 또, 가중 연결 그래프 $G=(V, E)$의 서로 다른 두 점 $x, y \in V$ 사이의 경로의 최소 가중치를 구하는 최단 경로 문제(shortest path problem)를 해결하기 위한 알고리즘을 알아본다.

4.4.1 깊이 우선 탐색(Depth-First Search)

다음의 예제를 통하여 알고리즘의 개념을 먼저 이해하도록 하자.

예제 4.4.1

다음의 그래프 G의 점 1을 포함하는 연결성분의 신장 트리와 점 1과 연결된 경로가 존재하는 모든 점을 구하여라.

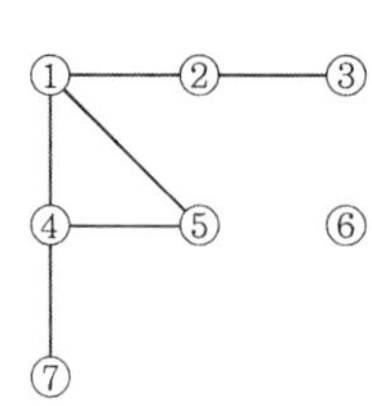

그림 4.4.1

풀이 다음의 순서로 문제를 해결해보자.

(1) 점 1을 시작으로 인접한 점 2를 추가하고, 또 점 2와 인접한 점 3을 추가한다. 따라서 점 1과 점 2, 또는 점 3은 연결된 경로가 존재한다.
(2) 점 3에서 새로 추가할 인접한 점이 존재하지 않으므로 진행되었던 역순서의 점 2로 되돌아간다. 점 2에서도 새로 추가할 인접한 점이 존재하지 않으므로 점 1로 되돌아간다.
(3) 점 1에서 새로 추가할 인접한 점 4가 있어 추가하고, 점 4에서 새로운 인접 점 7을 추가한다. 따라서 점 1과 점 2, 점 3, 점 4, 점 7은 연결된 경로가 존재한다.
(4) 점 7에서 추가될 인접한 점이 존재하지 않으므로 진행된 역순서의 점 4로 되돌아간다. 점 4에서 새로 추가될 인접 점 5가 존재하므로 추가한다. 현재 점 1과 점 2, 3, 4, 7, 5는 연결된 경로가 존재한다.
(5) 점 5에서 새로이 추가될 점이 존재하지 않으므로 점 4로 돌아가고, 점 4 역시 새로이 추가될 점이 존재하지 않으므로 점 1로 되돌아간다. 이제 점 1에서 새로이 추가될 인접한 점이 존재하지 않으므로 더 이상 진행될 수 없고 종료한다. 따라서 점 1과 점 2, 3, 4, 7, 5는 연결된 경로가 존재하며, 점 1과 점 6은 경로가 존재하지 않는다.

위의 과정에서 구한 점 1, 2, 3, 4, 7, 5를 포함하는 연결성분의 신장 트리는 그림 4.4.2와 같으며, 그래프 G의 연결성분의 수는 2개이다. ■

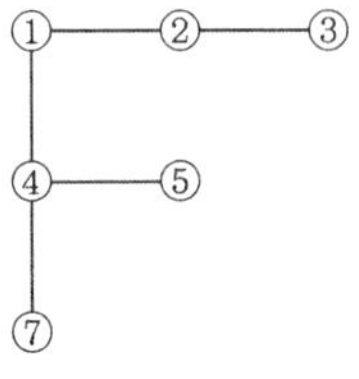

그림 4.4.2

위의 예제에서 진행된 과정은 점과 변을 추가하여 **트리를 만드는 방법**(tree growing method)으로 한 점에 연결된 다른 변을 먼저 검색하기보다 추가된 점에 연결된 점을 먼저 검색한다고 하여 **깊이 우선 탐색(depth-first search: DFS)**이라고 한다. 이 방법은 모든 과정에서 트리를 유지하게 되며 사이클 확인의 필요성이나 사이클을 만드는 우려성이 전혀 없다. 깊이 우선 탐색 알고리즘을 요약하여 소개한다.

알고리즘 4.4.1 : 깊이 우선 탐색(Depth-First Search : DFS) 알고리즘

> **입력** : 그래프 $G=(V, E)$
>
> **출력** : $v \in V$ 를 포함하는 연결성분의 신장 트리 T, 또는 $v \in V$와 연결된 경로가 존재하는 모든 점의 집합
>
> 1. $x=v$, $W=\varnothing$
> 2. x와 인접하며 W에 포함되지 않는 새로운 점이 있다면 **3단계**, 없다면 **4단계**로 간다.
> 3. 새로 추가될 인접한 점 y를 선택한다. $W=W \cup \{x, y\}$, $x=y$ **2단계**로 간다.
> 4. $x=v$이면(첫 시작 점이면) **6단계**로 가고, 그렇지 않으면 **5단계**로 간다.
> 5. $\{z, x\} \in W$인 점 z를 선택하여 $x=z$라 하고 **2단계**로 간다.
> 6. $T=W$를 출력하고 종료한다.

위의 알고리즘에서 입력된 그래프가 연결된 그래프이면 신장 트리를 찾는 알고리즘으로 앞 절에서 다룬 Greedy 알고리즘보다 더욱 효과적이다.

예제 4.4.2

아래의 Walter 그래프에 대하여 깊이 우선 탐색 알고리즘을 이용하여 구한 신장 트리 하나를 구하고 변이 추가되는 순서를 입력하면 다음과 같다.

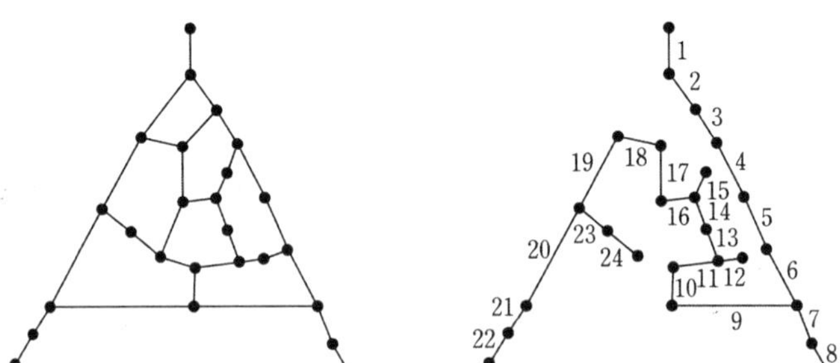

Walter 그래프　　　　깊이 우선 탐색의 결과 신장 트리

또한 위의 알고리즘에서 입력된 그래프가 방향 그래프이면 모든 단계에서 선택하는 인접한 점은 화살표가 들어가는 인접한 점(순서쌍)이어야 한다. 또한 알고리즘의 출력은

$v \in V$에서 도달할 수 있는 모든 점으로 구성되는 부분 방향 그래프의 신장 트리가 된다 (아래 예제 4.4.3 참조).

주어진 그래프 $G=(V, E)$에 대하여 위의 깊이 우선 탐색 알고리즘을 실행하여 얻은 $T \subset E$는 점 v를 포함하는 G의 연결성분의 신장 트리가 됨을 보일 수 있다(연습문제 참조). ■

예제 4.4.3

깊이 우선 탐색 알고리즘을 이용하여 다음 방향 그래프의 점 J에서 도달할 수 있는 모든 점으로 구성된 G의 부분 방향 그래프의 신장 트리를 구하여라.

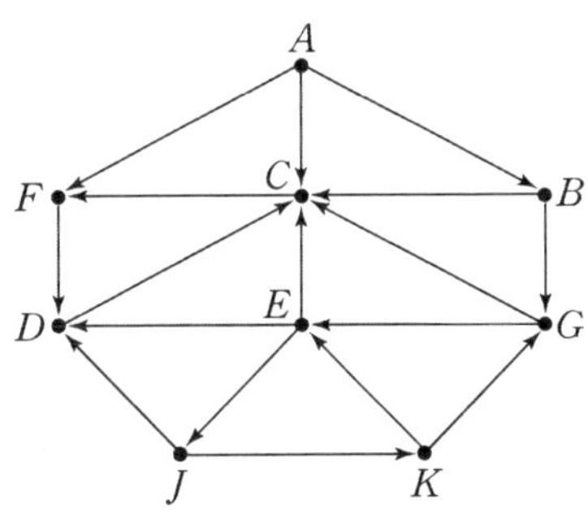

그림 4.4.3

풀이 예제 4.4.1과 유사하게 방향 그래프 G에 깊이 우선 탐색 알고리즘을 실행하면 그림 4.4.4와 같은 신장 트리를 얻는다. ■

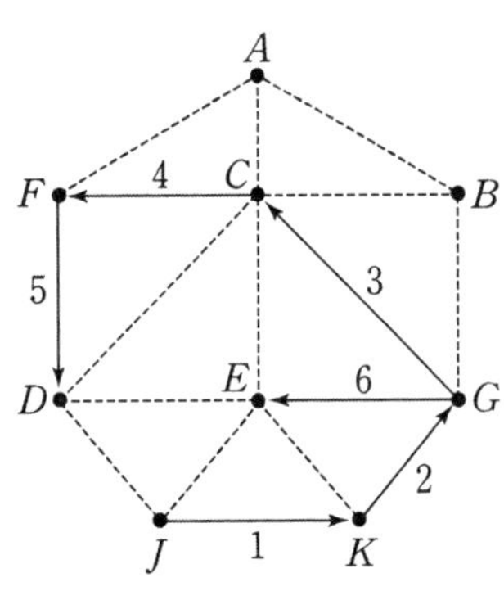

그림 4.4.4

4.4.2 너비 우선 탐색(Breadth-First Search)

앞의 절에서와 같이 다음의 예제를 통하여 알고리즘의 개념을 먼저 이해하도록 하자.

예제 4.4.4

다음 그래프 G의 점 1을 포함하는 연결성분의 신장 트리와 점 1과 연결된 경로가 존재하는 모든 점을 구하여라.

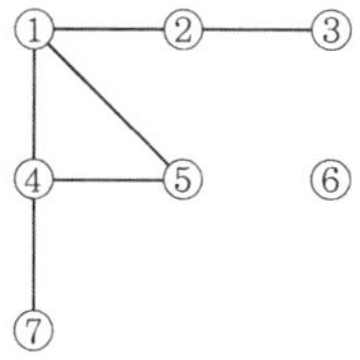

그림 4.4.5

풀이 다음의 순서로 문제를 해결해보자.

(1) 점 1을 시작으로 인접한 점 2, 점 4, 점 5를 추가한다. 현재 점 1에서 도달할 수 있는 점은 점 2, 점 4, 점 5이다. 이들 점의 집합을 List= {1,2, 4, 5}이라 하자.

(2) 점 2와 인접한 새로운 모든 점, 즉 점 3을 추가한다. List= {1, 2, 4, 5, 3}이다.

(3) 점 4와 인접한 새로운 모든 점, 즉 점 7을 추가한다. 현재 점 1에서 도달할 수 있는 점은 점 2, 4, 5, 3, 7이다. List= {1, 2, 4, 5, 3, 7}이다.

(4) 점 5와 인접한 새로운 모든 점을 추가할 수 있으나 인접하며 새로운 점이 없다.

(5) 점 3과 인접한 새로운 모든 점을 추가할 수 있으나 인접하며 새로운 점이 없다.

(6) 점 7과 인접한 새로운 모든 점을 추가할 수 있으나 인접하며 새로운 점이 없다.

(7) 점 1에서 도달할 수 있는 List의 모든 점 2, 4, 5, 3, 7을 모두 조사하였으며 추가할 점이 더 이상 없으므로 종료한다.

위의 과정에서 구한 점 1, 2, 4, 5, 3, 7로 구성되는 G의 부분그래프의 신장 트리는 그림 4.4.6과 같다. ■

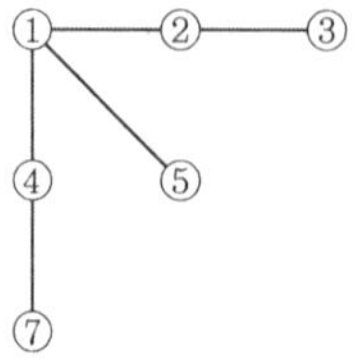

그림 4.4.6

위의 예제 4.4.4에서 진행된 과정은 추가된 점에 연결된 점을 먼저 검색하기보다 한 점에 연결된 모든 변을 먼저 검색한다고 하여 **너비 우선 검색(breadth-first search: BFS)**이라고 한다. 너비 우선 탐색 알고리즘을 요약하여 소개한다.

알고리즘 4.4.2 : 너비 우선 탐색(Breadth-First Search : BFS) 알고리즘

입력 : 그래프 $G=(V, E)$

출력 : $v\in V$를 포함하는 연결성분의 신장 트리 T, 또는 $v\in V$와 연결된 경로가 존재하는 모든 점의 집합

1. $x=v$, $W=\varnothing$, $List=x$
2. x와 인접하며 W에 포함되지 않는 새로운 점이 있다면 **3단계**, 없다면 **4단계**로 간다.
3. 새로 추가될 인접한 점 y를 선택한다.
   $List=List\cup y$, $W=W\cup\{x, y\}$, **2단계**로 간다.
4. 점 x가 $List$의 마지막 점이면 **6단계**로 가고, 그렇지 않으면 **5단계**로 간다.
5. $List$의 x다음 점 z를 선택하여 $x=z$라 하고 **2단계**로 간다.
6. $T=W$를 출력하고 종료한다.

이 방법 역시 모든 과정에서 트리를 항상 유지하며, 사이클 확인의 필요성이나 사이클을 만드는 우려성이 전혀 없다. 따라서 연결 그래프에 대해서는 앞절에서 다룬 Greedy 알고리즘보다 효과적이다.

예제 4.4.5

앞 예제 4.4.2의 Walter 그래프에 대하여 너비 우선 탐색 알고리즘을 이용하여 구한 신장 트리 중 하나를 제일 위의 점을 시작으로 변이 추가되는 순서를 입력하면 다음과 같다. 비교를 위하여 예제 4.4.2의 결과를 함께 나열한다.

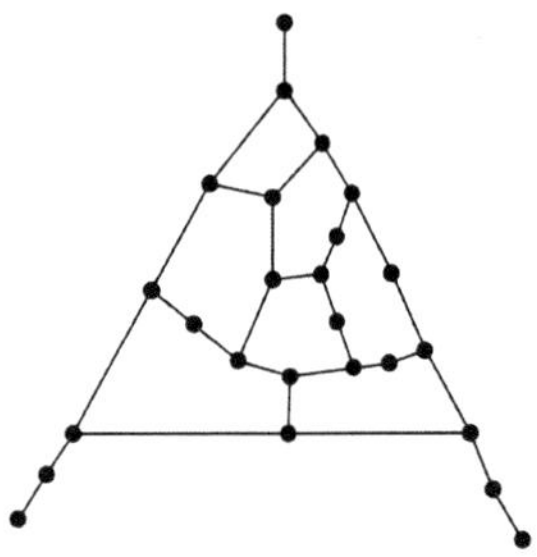

Walter 그래프

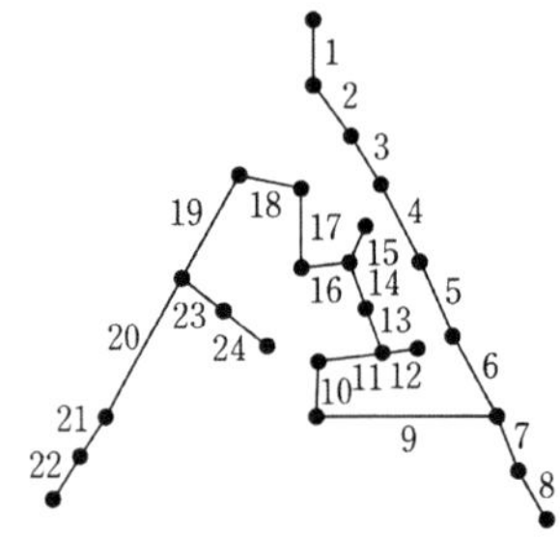

깊이 우선 탐색의 결과 신장 트리

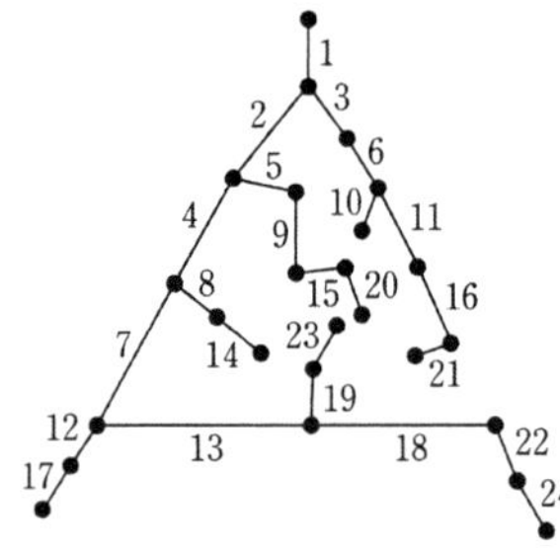

너비 우선 탐색의 결과 신장 트리

앞의 알고리즘에서 입력된 그래프가 방향 그래프이면 모든 단계에서 선택하는 인접한 점은 화살표가 들어가는 인접한 점(순서쌍)이어야 한다. 또한 알고리즘의 출력은 $v \in V$에서 도달할 수 있는 모든 점으로 구성되는 부분 방향 그래프의 신장 트리가 된다(아래 예제 4.4.6 참조).

주어진 그래프 $G=(V, E)$에 대하여 위의 너비 우선 탐색(breath-first search) 알고리즘을 실행하여 얻은 $T \subset E$는 점 v를 포함하는 G의 연결성분의 신장 트리가 됨을 보일 수 있다(연습문제 참조).

예제 4.4.6

너비 우선 탐색(breadth-first search) 알고리즘을 이용하여 예제 4.4.3의 방향그래프의 점 J에서 도달할 수 있는 모든 점으로 구성된 G의 부분 방향 그래프의 신장 트리를 구하여라.

풀이 예제 4.4.4와 유사하게 방향 그래프 G에 너비 우선 탐색 알고리즘을 실행하면 그림 4.4.7과 같은 신장 트리를 얻는다. ■

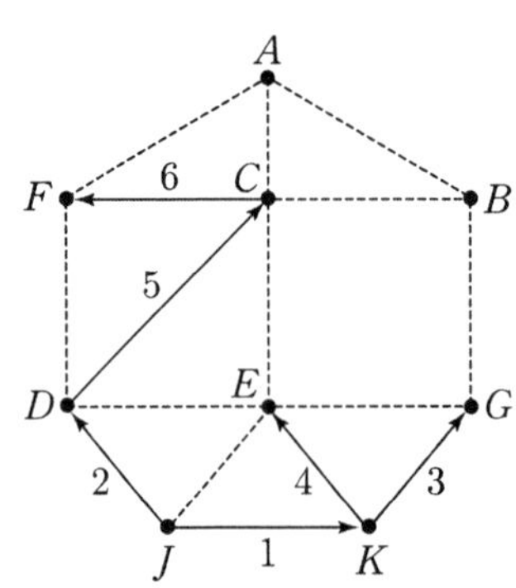

그림 4.4.7

4.4.3 Dijkstra 최단 경로 알고리즘

가중 연결 그래프 $G=(V,\ E)$의 서로 다른 두 점 $x,\ y \in V$ 사이의 경로의 최소 가중치를 구하고자 한다. 변의 가중치를 변의 길이라고 생각하면 경로의 최소 가중치는 최단 경로를 의미하므로 그래프의 주어진 두 점 사이의 경로의 최소 가중치를 구하는 문제는 **최단 경로 문제**(shortest path problem)가 된다. 이러한 문제는 여러 도시 간의 고속도로 건설, 복잡한 교통 속에 안전하고 빠른 길 안내, 송수관 설치, 인터넷 고속 케이블 설치 등에 응용된다.

최단 경로 문제를 해결하는 데 사용되는 여러 가지의 알고리즘 중에서 널리 알려진 Dijkstra 알고리즘과 방향 그래프의 최단 경로를 구하는 데 이용되는 Warshall 알고리즘을 소개한다.

먼저 Dijkstra 최단 경로 알고리즘은 너비 우선 탐색 알고리즘의 변형으로 단순 그래프뿐 아니라 방향 그래프에도 적용될 수 있는 알고리즘이다. 알고리즘을 소개하기 전에 먼저 필요한 몇 가지의 개념을 설명한다.

가중 연결 그래프 $G=(V,\ E)$에서 $P \subset V$, $v \in V-P$인 부분 집합 P가 있다. 점 v에서 점 $t \in P$까지 P의 점을 포함하지 않는(점 t 제외) 경로의 최소 가중치를 $l(t)$라 하자. 이때, 점 v에서 점 t에 이르는 경로 중에 P의 점을 포함하는 경로도 있으므로 $l(t)$가 항상 점 v에서 점 t에 이르는 최단 경로(최소 가중치의 경로)가 되지는 않을 수도 있다. 예를 들어, 아래 그래프의 점 v에 대한 부분 집합 $P=\{c,\ d,\ e,\ f\}$의 각 점 t에 대한 $l(t)$의 값은 다음과 같다. 이때 점 v에서 e까지 e 외에 P의 점을 포함하지 않는 경로 최소가중치는 경로 $(v,\ b,\ e)$이므로 $l(e)=6$이다. 하지만 점 v에서 e까지의 최단경로는 $(v,\ b,\ c,\ e)$이고 그 가중치는 4이므로 $l(e)$보다 작다. 따라서 $l(e)$가 그래프 전체의 최단 경로 가중치는 아닐 수 있다.

$l(c)$	$l(d)$	$l(e)$	$l(f)$
3	3	6	∞

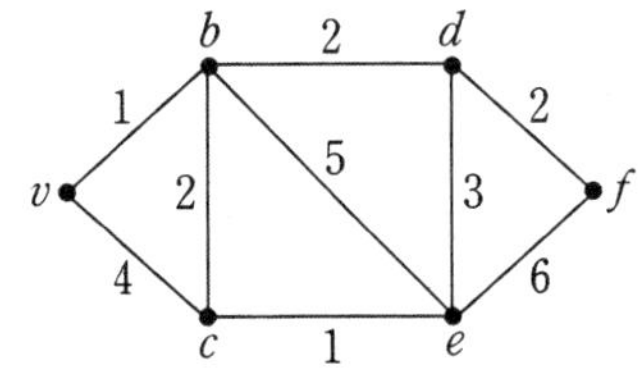

그림 4.4.8

또한, 부분집합이 $P = V - \{v\}$일 경우는 각 점 $t \in P$에 대해 $l(t) = w(\{v, t\})$, 즉 변 $\{v, t\}$의 가중치와 같다.

정리 4.4.1

집합 $\{l(t) | t \in P\}$의 가장 작은 값이 $l(c)$이라면 그래프에서 점 v와 점 c의 최단 경로의 가중치는 $l(c)$이다.

증명 만약 그래프 $G = (V, E)$에서 점 v와 점 c의 최단 경로의 가중치가 $l(c)$보다 작은 값을 갖는다면, $l(c)$는 P의 점을 포함하지 않는(점 c 제외) 최단 경로의 가중치이므로, 그 경로는 $P - \{c\}$ 내의 점을 하나 이상 포함하고 있다. 이 점들 중 점 v를 출발하여 경로를 따라가면서 가장 먼저 만나는 점을 y라고 하자. 이때 $y \in P$이므로 $l(y) \le l(c)$가 된다. 이는 $l(c)$가 집합 $\{l(t) | t \in P\}$의 가장 작은 값, 즉 $l(c) \le l(y)$에 위배된다. 따라서 점 v와 점 c의 최단 경로의 가중치는 $l(c)$와 같다. ■

위의 그림 4.4.8의 그래프에서 집합 $\{l(t) | t \in P\}$의 가장 작은 값이 $l(c) = 3$이므로 점 v와 점 c의 최단 경로의 가중치는 $l(c) = 3$이 되며 그래프의 그림에서 그 경로는 (v, b, c)로 확인된다.

이제 $P = V - \{v\}$에서 $l(t)$의 값이 가장 작은 한 점씩 제거할 때 새로운 $l(t)$를 구하는 방법을 알아보자.

정리 4.4.2

집합 $\{l(t) | t \in P\}$ 중에 최소의 값을 갖는 점 $x \in P$를 택하여 $P_1 = P - \{x\}$라 하면, 각 점 $t \in P_1$에 대한 새로운 값 $l(t)$, 즉 점 v와 t 사이에 P_1의 점을 포함하지 않는 최단 경로의 가중치는

$$l(t) = \min\{l(t),\ l(x) + w(\{x, t\})\}$$

가 된다. 단, 중괄호 안의 $l(t)$와 $l(x)$는 점 v와 t, v와 x 사이에 P의 점을 포함하지 않는 최단 경로의 최소 가중치이다.

증명 점 v와 t 사이에 P_1의 점을 포함하지 않는 최단 경로는 점 x를 지나는 경우와 지나지 않는 경우의 두 가지가 있다.

(i) 점 x를 지나지 않는 경우의 새로운 $l(t)$의 값은 이미 구한 원래의 $l(t)$의 값과 같다.

(ii) 점 v와 t 사이에 점 x를 지나는 최단 경로의 경우는 다시 다음과 같이 두 가지가 있다.

(ii-i) 점 v와 x의 최단 경로에 변 $\{x, t\}$를 합한 경우로써, 이때의 $l(t)$의 값은 $l(x)+w(x, t)$가 된다.

(ii-ii) 점 v와 x의 최단 경로에 점 x에서 $V-P$의 한 점 p를 지나 t로 가는 최단 경로의 경우의 새로운 $l(t)$의 값은 정리 4.4.1에 의하여 점 v와 p의 최단 경로는 x를 지나지 않는 경로이므로 (p는 x보다 먼저 집합 P에서 제거되었으므로 p가 제거될 때 x는 집합 P에 있었다.) 위의 (i)의 경우와 같이 $l(t)$가 된다.

따라서 점 v와 t 사이에 P_1의 점을 포함하지 않는(t는 제외) 최단 경로의 가중치의 새로운 값 $l(t)$는 두 경우 중의 작은 값인 $\min\{l(t), l(x)+w(x, t)\}$이 된다. ■

이제 그래프 $G=(V, E)$에서 집합 $P=V-\{v\}$로 알고리즘을 시작하여 $l(t)$의 값이 가장 작은 한 점씩 뽑은 후 새로운 $l(t)$를 위의 정리 4.4.2를 이용하여 구하고, v와 그래프 $G=(V, E)$의 모든 점의 최단 경로를 정리 4.4.1을 이용하여 결정하는 것을 집합 P가 공집합이 될 때까지 반복하면 점 v에서 모든 점까지의 최단 경로의 가중치 계산이 가능하다. 또한 그래프 G의 신장 트리도 찾을 수 있다. 알고리즘을 나열하면 다음과 같다.

알고리즘 4.4.3 : Dijkstra 최단 경로 알고리즘(Dijkstra's shortest path algorithm)

입력 : 가중 연결 그래프 $G=(V, E)$, $w: E \to N$, (N:양의 실수)

출력 : 점 v와 $x \neq v$인 모든 $x \in V$ 사이의 최단 경로의 가중치, 그래프 G의 신장 트리(spanning tree) T

1. $P=V-\{v\}$, $l(t)=w(v, t)$, $t \in P$, (점 v와 t가 인접하지 않으면 $l(t)=\infty$)
   $T=\{v\}$.
2. $l(x) \equiv \min\{l(t) \mid t \in P\}$.

3. $l(x)$값을 갖는 경로에서 x에 인접한 점을 v_1라 한다.

4. $T = T + \{v_1,\ x\}$, (T에 변 $\{v_1,\ x\}$를 추가)

5. $P = P - \{x\}$

6. $P = \varnothing$면 모든 최단 경로의 가중치와 신장 트리 T를 출력하고 종료한다.

7. $P \neq \varnothing$면 모든 $t \in P$에 대하여 $l(t)$를 정리 4.4.2를 이용하여 계산한다.
   $l(t) = \min\{l(t),\ l(x) + w(x,\ t)\}$

8. 2단계로 간다.

위의 Dijkstra 최단 경로 알고리즘은 가중 연결 그래프 $G = (V,\ E)$의 한 점 $v \in V$와 나머지 모든 점 사이의 최단 경로의 가중치를 계산하여 종료 단계에서 $l(x)$에 담아 주며, 그래프 G의 신장 트리를 T에 저장하여 준다. 또한 그래프 G가 연결 그래프가 아닌 경우에도 알고리즘을 적용할 수 있는 데 이 경우에는 한 점 $v \in V$를 포함하는 연결성분의 신장 트리와 $v \in V$와 연결된 모든 점까지의 최단 경로를 구할 수 있으며, 그래프의 연결성 여부를 조사하는 방법으로 활용할 수도 있다.

위의 그림 4.4.8에 주어진 그래프의 점 v에서 각 점까지의 최단 경로의 가중치를 구하기 위해 위의 Dijkstra 최단 경로 알고리즘을 적용할 때 각 반복되는 단계마다 일어나는 현상을 조사하며 알고리즘의 개념을 익히도록 하자.

먼저 1단계에서 $P = V - \{v\} = \{b,\ c,\ d,\ e,\ f\}$이며 $T = \{v\}$이고, 각 점에 대한 $l(t)$의 값은

$l(b)$	$l(c)$	$l(d)$	$l(e)$	$l(f)$
1	4	∞	∞	∞

이다. 이 가운데 가장 작은 값은 $l(b)$이고, $l(b)$값을 갖는 점 b의 인접한 점은 점 v이므로 4단계에서 현재까지의 트리는 $T = (v,\ b)$이다. 5단계에서 $P = P - \{b\} = \{c,\ d, e,\ f\}$가 된다. 7단계에서 P의 각 점의 새로운 $l(t)$값을 정리 4.4.2에 의해 구하면 다음과 같다.

$$l(c) = \min\{l(c),\ l(b) + w(b,\ c)\} = \min\{4,\ 1+2\} = 3$$
$$l(d) = \min\{l(d),\ l(b) + w(b,\ d)\} = \min\{\infty,\ 1+2\} = 3$$
$$l(e) = \min\{l(e),\ l(b) + w(b,\ e)\} = \min\{\infty,\ 1+5\} = 6$$
$$l(f) = \min\{l(f),\ l(b) + w(b,\ f)\} = \min\{\infty,\ 1+\infty\} = \infty$$

다시 2단계에서 이 중의 최소인 $l(c)=3$을 갖는 점 c를 택하고 $l(c)=3$을 갖게 하는 경로에서 c와 인접한 점 b 사이의 변 $\{b, c\}$를 T에 추가하여 현재의 트리 $T=(v, b, c)$를 만든다. 이와 같은 과정을 $P = \varnothing$가 될 때까지 반복하여 다음과 같은 표로 나타낼 수 있다.

$l(b)$	$l(c)$	$l(d)$	$l(e)$	$l(f)$	x	추가변	T (신장트리)
(1)	4	∞	∞	∞	b	$\{v, b\}$	(v, b)
	(3)	3	6	∞	c	$\{b, c\}$	(v, b, c)
		(3)	4	∞	d	$\{b, d\}$	(b, d), (v, b, c)
			(4)	5	e	$\{c, e\}$	(b, d), (v, b, c, e)
				(5)	f	$\{d, f\}$	(b, d, f), (v, b, c, e)

표 4.4.1

표 4.4.1에서 $l(t)$값 중 괄호 속에 있는 값은 점 v에서 점 t까지 최단 경로의 가중치를 나타내며, 최단 경로는 신장 트리 T에 포함되어 있어 쉽게 찾을 수 있다. 즉, 점 v에서 점 f까지 최단 경로는 (v, b, d, f)이며, 그 가중치는 5임을 알 수 있다. 알고리즘에 의해 구한 신장 트리 T는 항상 최소 신장 트리(minimum spanning tree)가 되지는 않는다(연습문제 참조).

위의 알고리즘에서 입력된 그래프가 방향 그래프이면 모든 단계에서 선택하는 인접한 점은 화살표가 들어가는 인접한 점(순서쌍)이어야 한다. 또한 알고리즘의 출력은 $v \in V$에서 도달할 수 있는 모든 점으로 구성되는 부분 방향 그래프의 신장 트리가 된다.

예제 4.4.7

Dijkstra 최단 경로 알고리즘을 이용하여 다음 방향 그래프의 신장 트리와 점 v_1에서 각 점까지의 최단 경로와 가중치를 구하여라.

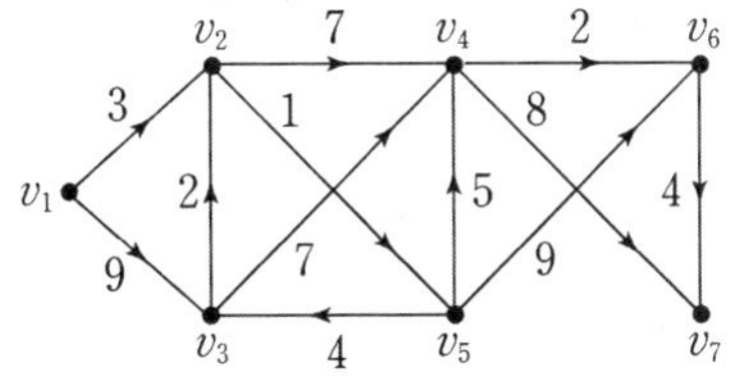

그림 4.4.9

풀이 알고리즘을 반복하여 다음과 같은 표를 얻는다. ■

$l(v_2)$	$l(v_3)$	$l(v_4)$	$l(v_5)$	$l(v_6)$	$l(v_7)$	x	추가변	T (신장 트리)
(3)	9	∞	∞	∞	∞	v_2	$\{v_1, v_2\}$	(v_1, v_2)
	9	10	(4)	∞	∞	v_5	$\{v_2, v_5\}$	(v_1, v_2, v_5)
	(8)	9		13	∞	v_3	$\{v_5, v_3\}$	(v_1, v_2, v_5, v_3)
		(9)		13	∞	v_4	$\{v_5, v_4\}$	(v_5, v_4), (v_1, v_2, v_5, v_3)
				(11)	17	v_6	$\{v_4, v_6\}$	(v_5, v_4, v_6), (v_1, v_2, v_5, v_3)
					(15)	v_7	$\{v_6, v_7\}$	(v_5, v_4, v_6, v_7), (v_1, v_2, v_5, v_3)

표 4.4.2

4.4.4 인접 행렬과 연결성

그래프를 컴퓨터에 저장하여 관리하는 방법의 하나로 행렬을 사용할 수 있다. 또한 행렬과 선형대수를 이용하여 그래프 이론의 많은 문제를 해결할 수도 있다.

m개의 점 $v_1, v_2, \cdots, v_m$을 갖는 그래프(또는 방향 그래프) $G=(V, E)$에 대한 다음과 같은 $m \times m$ 행렬 $A=[a_{ij}]$;

$$a_{ij} = \begin{cases} 1, & \{v_i, v_j\} \in E \\ 0, & \{v_i, v_j\} \notin E \end{cases}$$

를 그래프 G의 **인접 행렬(adjacency matrix)**이라고 한다.

그래프 **G가 다중 그래프**(multiple graph)인 경우에는 a_{ij}=**변** $\{v_i, v_j\}$ **의 수**, 그래프 G**가 가중 그래프**(weighted graph)인 경우에는 a_{ij}=**변** $\{v_i, v_j\}$ **의 가중치**로 하며 인접행렬 A를 정의하는 데 이때 A를 **가중 행렬(weighted matrix)**이라고도 한다.

방향 그래프가 아닌 단순 그래프에서는 $a_{ij}=a_{ji}$이므로 인접 행렬 A는 대칭행렬이다. 행렬 A의 i행의 성분의 합 또는 i열의 성분의 합은 점 i의 차수가 된다. 방향 그래프에서 i행의 합은 점 i의 출차수(outdegree), i열의 합은 점 i의 입차수(indegree)가 된다. 행렬 A의 대각성분은 다중 그래프에서 점의 고리의 수를 나타낸다.

한편, 그래프 G가 **다중 방향 그래프**(multiple digraph)인 경우, 즉 어떤 두 점 사이의 순서쌍이 두 개 이상인 방향 그래프의 경우에는 a_{ij}=**순서쌍** $\{v_i,\ v_j\}$ **의 수**로 하며 인접행렬 A를 정의한다. 이때의 행렬 A는 대칭행렬이 아닐 수도 있다.

그래프를 인접행렬로 표현할 때 점들의 인접성으로 행렬을 구성하였다면 점과 변의 관계를 이용하여 표현할 수도 있다. 그래프 G가 m개의 점 $v_1,\ v_2,\ \cdots,\ v_m$과 k개의 변 $e_1, e_2, \cdots, e_k$을 갖는다고 하자. 이때 다음과 같은 $m \times k$행렬 $M = [m_{ij}]$:

$$m_{ij} = \begin{cases} 1, & v_i \in e_j \\ 0, & v_i \notin e_j \end{cases}$$

를 그래프 G의 **결합 행렬(incidence matrix)**이라고 한다.

예제 4.4.8

다음의 그래프 G의 인접 행렬과 결합 행렬(방향그래프가 아닌 경우)을 구하여라.

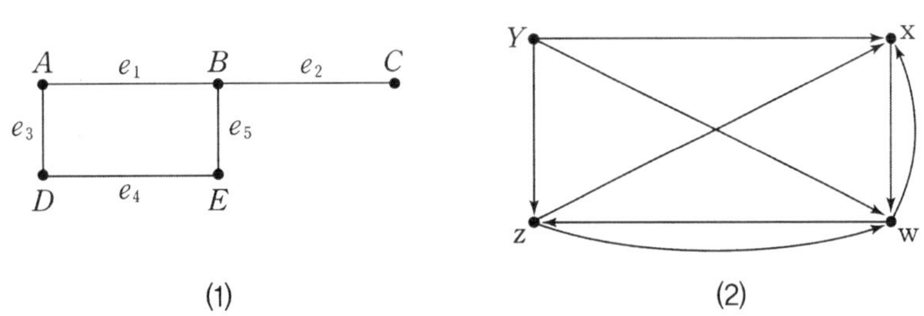

그림 4.4.10

풀이 위의 단순 그래프 (1)과 방향 그래프 (2)의 인접 행렬은 다음과 같다.

$$\begin{array}{c} \\ A \\ B \\ C \\ D \\ E \end{array} \begin{array}{c} \begin{array}{ccccc} A & B & C & D & E \end{array} \\ \begin{bmatrix} 0 & 1 & 0 & 1 & 0 \\ 1 & 0 & 1 & 0 & 1 \\ 0 & 1 & 0 & 0 & 0 \\ 1 & 0 & 0 & 0 & 1 \\ 0 & 1 & 0 & 1 & 0 \end{bmatrix} \end{array} \qquad \begin{array}{c} \\ X \\ Y \\ Z \\ W \end{array} \begin{array}{c} \begin{array}{cccc} X & Y & Z & W \end{array} \\ \begin{bmatrix} 0 & 0 & 0 & 1 \\ 1 & 0 & 1 & 1 \\ 1 & 0 & 0 & 1 \\ 1 & 0 & 1 & 0 \end{bmatrix} \end{array}$$

(1) (2)

(2)는 방향그래프이므로 단순 그래프 (1)의 결합행렬만 구하면 다음과 같다.

$$\begin{array}{c} \\ A \\ B \\ C \\ D \\ E \end{array} \begin{array}{c} \begin{array}{ccccc} e_1 & e_2 & e_3 & e_4 & e_5 \end{array} \\ \begin{bmatrix} 1 & 0 & 1 & 0 & 0 \\ 1 & 1 & 0 & 0 & 1 \\ 0 & 1 & 0 & 0 & 0 \\ 0 & 0 & 1 & 1 & 0 \\ 0 & 0 & 0 & 1 & 1 \end{bmatrix} \end{array}$$

■

그래프 G의 인접 행렬 A의 거듭 곱행렬 $A^k = [a_{ij}^k]$은 다음의 성질을 갖는다. 이때 a_{ij}^k는 a_{ij}의 k거듭제곱이 아니라 A^k의 ij 성분을 의미한다.

정리 4.4.3

그래프(또는 방향 그래프) $G = (V, E)$의 인접 행렬 A의 거듭 곱의 행렬 $A^k = [a_{ij}^k]$의 ij 성분 a_{ij}^k는 점 v_i와 점 v_j(또는 점 v_i에서 점 v_j까지)의 길이가 k인 경로의 수를 나타낸다.

증명 행렬 곱의 거듭 수 k에 관해 수학적 귀납법을 이용하여 증명하자. 점 v_i와 점 v_j(또는 점 v_i에서 점 v_j까지)의 길이 1인 경로는 변 $\{v_i, v_j\}$이다. 인접 행렬 A의 정의에 의하여 a_{ij}^1는 점 v_i와 점 v_j(또는 점 v_j 에서 점 v_j 까지)의 변의 수이므로 $k=1$인 경우에는 위의 정리가 성립한다. 귀납법에 의하여 $k-1$까지 위의 정리가 성립한다고 가정하자. $k>1$인 경우, $A^k = A^{k-1}A$ 이므로

$$a_{ij}^k = \sum_{s=1}^{|V|} a_{is}^{k-1} a_{sj}^1$$

이다. 귀납법의 가정에 의하여 a_{is}^{k-1}은 점 v_j와 점 v_s(또는 점 v_j에서 점 v_s까지)의 길이 $k-1$인 경로의 수를 나타내고, a_{sj}^1는 점 v_s와 점 v_j(또는 점 v_s에서 점 v_j까지)의 길이 1인 경로의 수를 나타내므로 $a_{is}^{k-1} a_{sj}^1$는 점 v_s를 통과하며, 점 v_i와 점 v_j(또는 점 v_i에서 점 v_s를 통과하여 점 v_j까지)의 길이 k인 경로의 수를 나타낸다. 따라서 점 v_i와 점 v_j(또는 점 v_i에서 점 v_j까지)의 길이 k인 모든 경로는 모든 s에 대하여 $a_{is}^{k-1} a_{sj}^1$를 모두 합하면 된다. 즉, a_{ij}^k는 점 v_i와 점 v_j(또는 점 v_i에서 점 v_j까지)의 길이 k인 경로의 수를 나타내어 k일 때도 위의 정리가 성립된다. ■

예제 4.4.9

앞의 예제 4.4.8 (2)에 주어진 방향 그래프의 인접 행렬 A의 거듭제곱 A^2, A^3, A^4의 각 성분이 정리 4.4.3의 내용과 일치하는지 조사하여라.

풀이

$$A^2 = \begin{pmatrix} 1 & 0 & 1 & 0 \\ 2 & 0 & 1 & 2 \\ 1 & 0 & 1 & 1 \\ 1 & 0 & 0 & 2 \end{pmatrix}, \quad A^3 = \begin{pmatrix} 1 & 0 & 0 & 2 \\ 3 & 0 & 2 & 3 \\ 2 & 0 & 1 & 2 \\ 2 & 0 & 2 & 1 \end{pmatrix}, \quad A^4 = \begin{pmatrix} 2 & 0 & 2 & 1 \\ 5 & 0 & 3 & 5 \\ 3 & 0 & 2 & 3 \\ 3 & 0 & 1 & 4 \end{pmatrix}$$

$a_{24}^2 = 2$이므로 점 Y에서 점 W까지의 길이 2인 경로의 수는 2개이고, $a_{21}^3 = 3$이므로 점 Y에서 점 X까지의 길이 3인 경로의 수는 3개이다. $a_{44}^4 = 4$이므로 점W에서 점 W까지의 길이 4인 경로(사이클)의 수는 모두 4개임을 알 수 있다. ■

m개의 점을 가진 그래프(또는 방향 그래프) G의 점 v_i와 점 v_i(또는 점 v_i에서 점 v_j까지)의 경로가 존재한다는 의미는, $v_i \neq v_j$이면 길이가 $m-1$ 이하인 점 v_i와 점 v_j(또는 점 v_i에서 점v_j까지)의 단순 경로가 존재하며, $v_i = v_j$이면 길이가 m 이하인 점 v_i와 점 v_j(또는 점 v_i에서 점 v_j까지)의 사이클이 존재한다는 뜻이다. 따라서 정리 4.4.3에 의하여 점 v_i와 점 v_j(또는 점 v_i에서 점 v_j까지)의 경로가 존재한다는 의미는 인접 행렬 A의 거듭제곱의 합의 행렬

$$C_m = A + A^2 + A^3 + \cdots + A^m$$

의 ij 성분이 0이 아님을 뜻한다.

4.1절에서 정의한 바와 같이 임의의 두 점 사이의 경로가 존재하는 그래프 G는 연결 그래프이다. 특히, 방향 그래프의 임의의 한 점에서 다른 한 점까지 방향경로가 존재하면, 그 방향 그래프 G는 강한 연결(strongly connected) 그래프이다. 따라서 그래프(또는 방향 그래프) G의 행렬 C_m의 모든 성분이 0이 아닌 양의 성분이면, 그래프(또는 방향 그래프) G가 연결 그래프(또는 강한 연결 그래프)임을 의미한다. 때로는 연결(또는 강한 연결) 그래프의 여부를 조사하기 위해 계산하는 행렬 C_m를 0과 1(양의 성분)로 표시한다. 즉 논리 행렬로 나타낸 행렬을 **경로 행렬(path matrix)**이라고 한다.

예제 4.4.10

앞의 예제 4.4.8 (2)에 주어진 방향 그래프 G의 인접 행렬 A에 대한 행렬 $C_4 = A + A^2 + A^3 + A^4$를 구하고, C_4의 양의 성분은 1로 바꾸고, 0은 그대로 두어 0과 1로 표시한 논리 행렬, 즉 G의 경로 행렬(path matrix) P는 다음과 같다.

$$C_4 = \begin{pmatrix} 4 & 0 & 3 & 4 \\ 11 & 0 & 7 & 11 \\ 7 & 0 & 4 & 7 \\ 7 & 0 & 4 & 7 \end{pmatrix}, \qquad P = \begin{pmatrix} 1 & 0 & 1 & 1 \\ 1 & 0 & 1 & 1 \\ 1 & 0 & 1 & 1 \\ 1 & 0 & 1 & 1 \end{pmatrix}$$

위의 행렬 C_4 또는 경로 행렬 P는 0인 성분을 포함하고 있다. 따라서 방향 그래프 G는 강한 연결 그래프가 아니다. 즉 방향 그래프 G의 점 Y로 들어가는 경로가 없음을 나타내고 있으며 이는 예제 4.4.8 (2)에서 주어진 방향 그래프 G가 보여주는 것과 같다. ■

4.4.5 Warshall 알고리즘과 최단 경로 알고리즘

주어진 가중 방향 그래프(weighted directed graph)의 한 점에서 최단 경로의 가중치를 구하는 방법으로 Dijkstra 최단 경로 알고리즘을 소개하였다. 하지만 만약 모든 두 점의 최단 경로를 구하기 원한다면 Dijkstra 최단 경로 알고리즘을 점의 수만큼 실행해야 한다.

또한 임의의 두 점의 연결성을 조사하기 위해 인접 행렬 A의 거듭제곱의 합의 행렬

$$C_m = A + A^2 + A^3 + \cdots + A^m$$

를 0과 1(양의 성분)로 표시한 경로 행렬(path matrix)을 구하려면 인접 행렬 A의 거듭제곱을 점의 수만큼 하여야 한다.

한편, 그래프 $G = (V, E)$에서 각 점 $v \in V$와 연결된 경로가 존재하는 모든 점의 집합들을 모두 구하려면 너비 우선 탐색 알고리즘을 점의 수만큼 실행하여야 한다.

이 절에서는 위에서 언급한 모든 문제의 해결을 위해 효과적인 방법인 **Warshall 알고리즘**과 그와 유사한 최단 경로 알고리즘을 소개한다. 먼저 Warshall 알고리즘은 방향 그래프의 세 점 p, q, r에 대하여 p, q 사이에 경로가 존재하고, q, r 사이에 경로가 존재하면, p, r 사이에 경로가 존재한다는 아주 간단한 개념을 지닌다.

알고리즘에서 0과 1로 표현된 논리(대수/Boolean) 행렬의 논리 연산 $\vee$(또는 $\wedge$)는 논리의 'or(또는 and)' 연산과 같다. 즉

$$0 \vee 0 = 0,\ 0 \vee 1 = 1 \vee 0 = 1 \vee 1 = 1,$$

$$0 \wedge 0 = 1 \wedge 0 = 0 \wedge 1 = 0,\ 1 \wedge 1 = 1$$

이다.

알고리즘 4.4.4 : Warshall 알고리즘

> **입력** : 방향 그래프 $G=(V, E)$의 인접 행렬 A, $|V|=n$
> **출력** : 그래프 G의 경로 행렬(path matrix) P
>
> 1. $P = A$
> 2. $k=1, 2, \ldots, n$에 대하여 아래 제3, 4단계를 실행한다.
> 3. $i=1, 2, \ldots, n$에 대하여 아래 제4단계를 실행한다.
> 4. $j=1, 2, \ldots, n$에 대하여 아래를 실행한다.
>
> $$P(i, j) = P(i, j) \vee (P(i, k) \wedge P(k, j))$$

위의 알고리즘의 어떤 단계에서 $P(i, j)=0$이면 점 i에서 점 j로 가는 경로가 있는지 아직 알 수가 없고, $P(i, j)=1$이면 점 i에서 점 j로 가는 경로가 있음을 의미한다. 또, 위의 알고리즘의 4단계에서 실행되는 식은 $P(i, k)=1$이고 $P(k, j)=1$이면 즉, 점 i에서 점 k로 가는 경로가 있고 점 k에서 점 j로 가는 경로가 있으면, 점 i에서 점 k로 가는 경로가 있으므로 $P(i, j)=1$로 되어 있지 않으면 1로 수정함을 의미한다.

따라서 위의 제2, 3, 4단계는 $k=1, \ldots, n$에 대하여

> "행렬 P의 k번째의 행을 k번째의 열의 성분이 1인 모든 행에 논리합 연산을 하여 P에 저장한다."

를 반복하여 실행한 결과의 행렬 P가 경로 행렬이 됨을 나타낸다.

예제 4.4.11

Warshall 알고리즘을 이용하여 다음 방향 그래프의 경로 행렬 P를 구하여라.

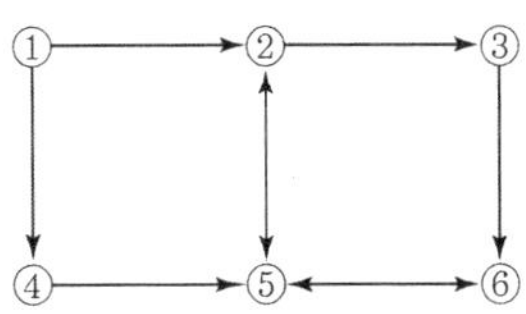

풀이 주어진 그래프의 인접 행렬 A는

$$A = \begin{pmatrix} 0 & 1 & 0 & 1 & 0 & 0 \\ 0 & 0 & 1 & 0 & 1 & 0 \\ 0 & 0 & 0 & 0 & 0 & 1 \\ 0 & 0 & 0 & 0 & 1 & 0 \\ 0 & 1 & 0 & 0 & 0 & 1 \\ 0 & 0 & 0 & 0 & 1 & 0 \end{pmatrix}$$

이며 1단계에서 $P = A$이다. 우선 제1열의 원소 중 1이 없으므로 $k = 1$인 경우는 실행되지 않는다. $k = 2$일 때는 제2열의 1, 5성분이 1이므로 제2행을 제 1, 5행과 논리 합연산을 하여 제 1, 5행에 각각 저장하면 다음의 행렬을 얻는다.

$$P = \begin{pmatrix} 0 & 1 & 1 & 1 & 1 & 0 \\ 0 & 0 & 1 & 0 & 1 & 0 \\ 0 & 0 & 0 & 0 & 0 & 1 \\ 0 & 0 & 0 & 0 & 1 & 0 \\ 0 & 1 & 1 & 0 & 1 & 1 \\ 0 & 0 & 0 & 0 & 1 & 0 \end{pmatrix}$$

$k = 3$일 때는 제3열의 1, 2, 5성분이 1이므로 제3행을 제 1, 2, 5행과 논리 합연산을 하여 제 1, 2, 5행에 각각 저장하면 다음의 행렬을 얻는다.

$$P = \begin{pmatrix} 0 & 1 & 1 & 1 & 1 & 1 \\ 0 & 0 & 1 & 0 & 1 & 1 \\ 0 & 0 & 0 & 0 & 0 & 1 \\ 0 & 0 & 0 & 0 & 1 & 0 \\ 0 & 1 & 1 & 0 & 1 & 1 \\ 0 & 0 & 0 & 0 & 1 & 0 \end{pmatrix}$$

$k = 4$일 때는 제4열의 1성분이 1이므로 제4행을 제1행과 논리 합연산을 하여 제1행에 저장하면 행렬은 변함이 없다. 또, $k = 5$일 때는 제5열의 1, 2, 4, 5, 6성분이 1이므로 제5행을 제 1, 2, 4, 5, 6행과 논리 합연산을 각각하여 제 1, 2, 4, 5, 6행에 저장하면 다음의 행렬을 얻는다.

$$P = \begin{pmatrix} 0 & 1 & 1 & 1 & 1 & 1 \\ 0 & 1 & 1 & 0 & 1 & 1 \\ 0 & 0 & 0 & 0 & 0 & 1 \\ 0 & 1 & 1 & 0 & 1 & 1 \\ 0 & 1 & 1 & 0 & 1 & 1 \\ 0 & 1 & 1 & 0 & 1 & 1 \end{pmatrix}$$

마지막으로 $k = 6$일 때는 제6열의 모든 성분이 1이므로 제6행을 모든 행과 논리 합연산을 각각하여 각 행에 저장하면 다음의 행렬을 얻는다.

$$P = \begin{pmatrix} 0 & 1 & 1 & 1 & 1 & 1 \\ 0 & 1 & 1 & 0 & 1 & 1 \\ 0 & 1 & 1 & 0 & 1 & 1 \\ 0 & 1 & 1 & 0 & 1 & 1 \\ 0 & 1 & 1 & 0 & 1 & 1 \\ 0 & 1 & 1 & 0 & 1 & 1 \end{pmatrix}$$

따라서 알고리즘은 종료되고 위의 행렬은 경로 행렬이 된다. ■

그래프 $G=(V, E)$가 가중 방향 그래프일 경우에 임의의 두 점 사이의 최단 경로(최소의 가중치를 갖는 경로)를 구하기 위해서는 Warshall 알고리즘과 유사한 방법을 이용할 수 있다. 즉 행렬 $Q=[q_{ij}]$의 원소 q_{ij}가 점 i에서 점 j로 가는 최단 경로의 가중치를 나타낼 수 있는 효과적인 방법을 Warshall 알고리즘을 수정하여 만들어 보자.

알고리즘 4.4.5 : Warshall 최단 경로 알고리즘

입력 : 가중 방향 그래프 $G=(V, E)$의 가중 행렬(인접 행렬) A(인접하지 않는 두 점의 가중치는 ∞로 한다.), $|V|=n$

출력 : 그래프 G의 최단 경로 행렬(shortest path matrix) Q

1. $Q = A$
2. $k=1, 2, \ldots, n$에 대하여 아래 제 3, 4단계를 실행한다.
3. $i=1, 2, \ldots, n$에 대하여 아래 제 4단계를 실행한다.
4. $j=1, 2, \ldots, n$에 대하여 아래를 실행한다.

$$Q(i, j) = \min\{Q(i, j), Q(i, k)+Q(k, j)\}$$

위의 알고리즘의 제 2, 3, 4단계의 의미는 행렬 Q의 모든 원소 $Q(i, j)$의 값이, 즉 점 i에서 점 j로 가는 경로의 가중치가 현재의 $Q(i, j)$의 값과 점 i에서 점 k로 가는 경로의 가중치와 점 k에서 점 j로 가는 경로의 가중치의 합($k=1, \cdots, n$)의 값 중에서 작은 값과 같음을 나타낸다.

따라서 제 2, 3, 4단계는 $k=1, \cdots, n$에 대하여

> "행렬 Q의 k번째의 행의 i성분과 k번째의 열의 j 성분의 합과, $Q(i, j)$값 중 작은 값을 $Q(i, j)$에 저장한다."

를 반복하여 실행한 결과의 행렬 Q가 **최단 경로 행렬**이 됨을 나타낸다.

예제 4.4.12

Warshall 최단 경로 알고리즘을 이용하여 다음 방향 그래프의 최단 경로 행렬(shortest path matrix) Q를 구하여라.

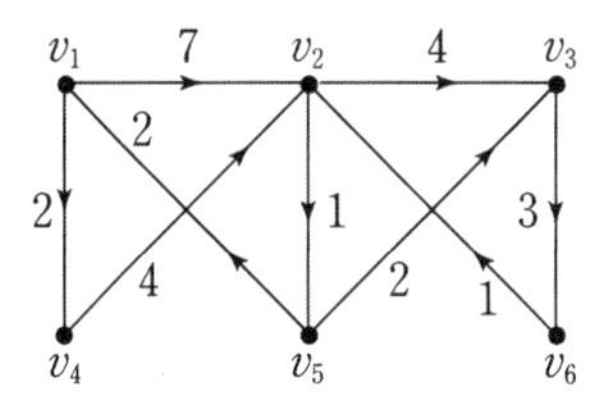

풀이 주어진 그래프의 인접 행렬(가중 행렬) A는

$$A = \begin{pmatrix} \infty & 7 & \infty & 2 & \infty & \infty \\ \infty & \infty & 4 & \infty & 1 & \infty \\ \infty & \infty & \infty & \infty & \infty & 3 \\ \infty & 4 & \infty & \infty & \infty & \infty \\ 2 & \infty & 2 & \infty & \infty & \infty \\ \infty & 1 & \infty & \infty & \infty & \infty \end{pmatrix}$$

이며 1단계에서 $Q = A$이다. 우선 $k = 1$인 경우는 제1열 $(\infty\ \ \infty\ \ \infty\ \ \infty 2\ \ \infty)^T$과 제1행 $(\infty\ 7\ \infty\ 2\ \ \infty\ \ \infty)$의 성분에 따른 합

$$S = Q(i,\ k) + Q(k,\ j),\ (i,\ j = 1,\ 2,\ \ldots,\ n)$$

으로부터

$$S = \begin{pmatrix} \infty & \infty & \infty & \infty & \infty & \infty \\ \infty & \infty & \infty & \infty & \infty & \infty \\ \infty & \infty & \infty & \infty & \infty & \infty \\ \infty & \infty & \infty & \infty & \infty & \infty \\ \infty & 9 & \infty & 4 & \infty & \infty \\ \infty & \infty & \infty & \infty & \infty & \infty \end{pmatrix}$$

와 행렬 $Q = A$와의 성분별 최소값의 행렬이 새로운 Q가 되어 다음과 같은 행렬을 얻는다. 즉

$$Q=\min\{Q, S\}=\begin{pmatrix} \infty & 7 & \infty & 2 & \infty & \infty \\ \infty & \infty & 4 & \infty & 1 & \infty \\ \infty & \infty & \infty & \infty & \infty & 3 \\ \infty & 4 & \infty & \infty & \infty & \infty \\ 2 & 9 & 2 & 4 & \infty & \infty \\ \infty & 1 & \infty & \infty & \infty & \infty \end{pmatrix}$$

다음 $k=2$인 경우는 Q의 제2열 $(7\ \infty\ \infty\ 4\ 9\ 1)^T$과 제2행 $(\infty\ \infty\ 4\ \infty\ 1\ \infty)$의 성분에 따른 합

$$S=Q(i,\ k)+Q(k,\ j),\ (i,\ j=1,\ 2,\ \ldots,\ n)$$

으로부터

$$S=\begin{pmatrix} \infty & \infty & 11 & \infty & 8 & \infty \\ \infty & \infty & \infty & \infty & \infty & \infty \\ \infty & \infty & \infty & \infty & \infty & \infty \\ \infty & \infty & 8 & \infty & 5 & \infty \\ \infty & \infty & 13 & \infty & 10 & \infty \\ \infty & \infty & 5 & \infty & 2 & \infty \end{pmatrix}$$

와 행렬 Q와의 성분별 최소값의 행렬이 새로운 Q가 되어 다음과 같은 행렬을 얻는다. 즉

$$Q=\min\{Q,\ S\}=\begin{pmatrix} \infty & 7 & 11 & 2 & 8 & \infty \\ \infty & \infty & 4 & \infty & 1 & \infty \\ \infty & \infty & \infty & \infty & \infty & 3 \\ \infty & 4 & 8 & \infty & 5 & \infty \\ 2 & 9 & 2 & 4 & 10 & \infty \\ \infty & 1 & 5 & \infty & 2 & \infty \end{pmatrix}$$

이와 같이 반복하면

$$k=3,\ Q=\begin{pmatrix} \infty & 7 & 11 & 2 & 8 & 14 \\ \infty & \infty & 4 & \infty & 1 & 7 \\ \infty & \infty & \infty & \infty & \infty & 3 \\ \infty & 4 & 8 & \infty & 5 & 11 \\ 2 & 9 & 2 & 4 & 10 & 5 \\ \infty & 1 & 5 & \infty & 2 & 8 \end{pmatrix};\quad k=4,\ Q=\begin{pmatrix} \infty & 6 & 10 & 2 & 7 & 13 \\ \infty & \infty & 4 & \infty & 1 & 7 \\ \infty & \infty & \infty & \infty & \infty & 3 \\ \infty & 4 & 8 & \infty & 5 & 11 \\ 2 & 8 & 2 & 4 & 9 & 5 \\ \infty & 1 & 5 & \infty & 2 & 8 \end{pmatrix}$$

$$k=5,\ Q=\begin{pmatrix} 9 & 6 & 9 & 2 & 7 & 12 \\ 3 & 9 & 3 & 5 & 1 & 6 \\ \infty & \infty & \infty & \infty & \infty & 3 \\ 7 & 4 & 7 & 9 & 5 & 10 \\ 2 & 8 & 2 & 4 & 9 & 5 \\ 4 & 1 & 4 & 6 & 2 & 7 \end{pmatrix};\quad k=6,\ Q=\begin{pmatrix} 9 & 6 & 9 & 2 & 7 & 12 \\ 3 & 7 & 3 & 5 & 1 & 6 \\ 7 & 4 & 7 & 9 & 5 & 3 \\ 7 & 4 & 7 & 9 & 5 & 10 \\ 2 & 6 & 2 & 4 & 7 & 5 \\ 4 & 1 & 4 & 6 & 2 & 7 \end{pmatrix}$$

와 같은 행렬을 얻는다. 따라서 위의 마지막 행렬 Q는 임의의 두 점 사이의 최단 경

로의 가중치를 포함하는 최단 경로 행렬이다. 예를 들어, 점 v_3에서 점 v_4로 가는 최단 경로의 가중치는 위의 그래프에서 눈으로 확인할 수 있는 바와 같이 $Q(3,\ 4)$의 값은 9가 된다. ■

4.4 연습문제

01 주어진 그래프 $G=(V,\ E)$에 대하여 깊이 우선 탐색 알고리즘과 너비 우선 탐색 알고리즘을 각각 실행하여 얻은 $T \subset E$는 점 v를 포함하는 G의 연결성분의 신장 트리가 됨을 보여라.

02 깊이 우선 탐색, 너비 우선 탐색 알고리즘을 각각 이용하여 다음의 그래프의 연결성분의 수를 구하고, 각 연결성분의 신장 트리를 구하여라.

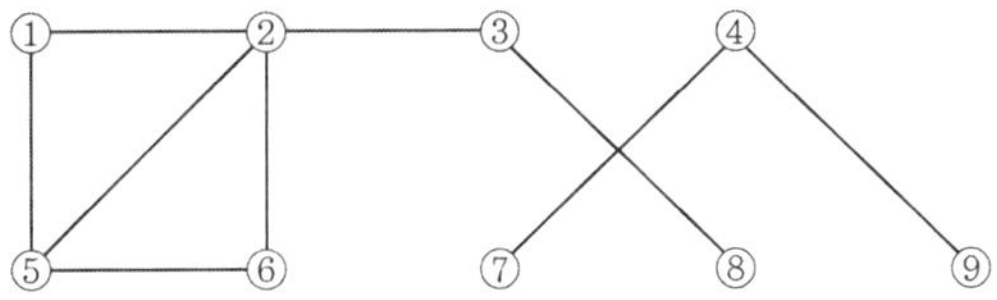

03 다음은 그래프가 인접표(각 점에 연결된 점의 리스트)로 주어졌다. 깊이 우선 탐색, 너비 우선 탐색 알고리즘을 각각 이용하여 그래프의 연결성분의 수를 구하고, 각 연결성분의 신장 트리를 구하여라.

1	2	3	4	5	6	7	8
2	1	2	1	2	7	3	1
4	3	4	2			6	7
8	4	7	3			8	
	5						

04 다음 주어진 그래프의 인접표를 이용하여 위의 문제를 반복하여라.

1	2	3	4	5	6	7	8	9
5	4	5	2	1	3	2	2	1
9	7	6	7	3	5	4	4	3
	8	9	8	6	9			6

05 다음은 한국항공의 매일 운행되는 9개의 항공 일정이다. 다음의 물음에 답하여라.

103 : 서울 → 부산	203 : 청주 → 제주	305 : 대구 → 강릉
106 : 부산 → 서울	204 : 제주 → 청주	308 : 강릉 → 청주
201 : 청주 → 대구	301 : 제주 → 광주	401 : 광주 → 대구

(1) 위의 데이터를 방향 그래프 G로 나타내어라.

(2) 위의 방향 그래프 G를 인접 행렬로 표현하여라.

(3) 한국항공의 비행기로 서울에서 강릉으로 갈 수 있는가?

(4) 어떤 도시에서 다른 도시로 가는 비행기편을 구성할 수 있는지를 알아볼 수 있는 방법은 무엇인가?

(5) 어떤 도시에서 다른 도시로 가는 가장 적은 수의 비행기편을 계산하는 방법은 무엇인가?

06 다음의 주어진 그래프에 대한 물음에 답하여라.

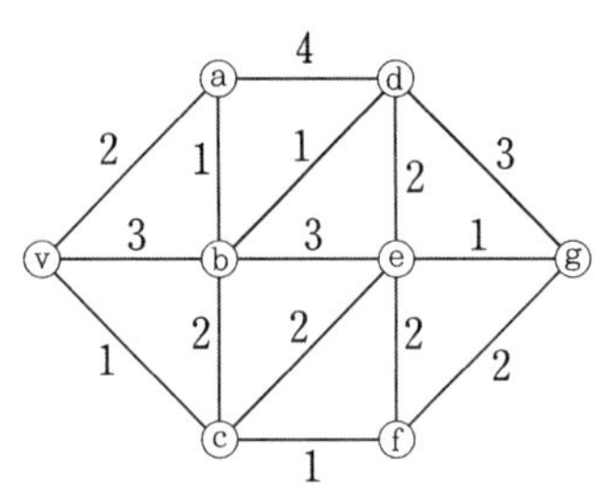

(1) Dijkstra 최단 경로 알고리즘을 이용하여 신장 트리와 점 v에서 각 점까지의 최단 경로와 가중치를 구하여라.

(2) (1)에서 구한 신장 트리(spanning tree)는 그래프의 최소 신장 트리(minimum spanning tree)인가?

07 다음 가중 연결 그래프의 점 a에서 점 z까지의 최단 경로와 가중치를 구하여라.

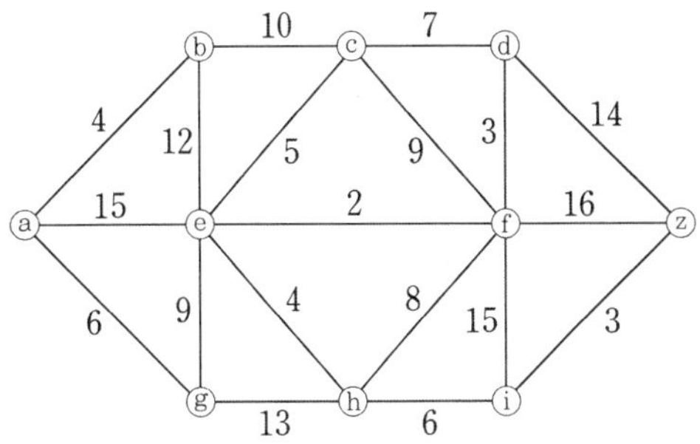

08 Dijkstra 최단 경로 알고리즘을 이용하여 다음 그래프의 신장 트리와 점 a에서 점 z까지의 최단 경로와 가중치를 구하여라.

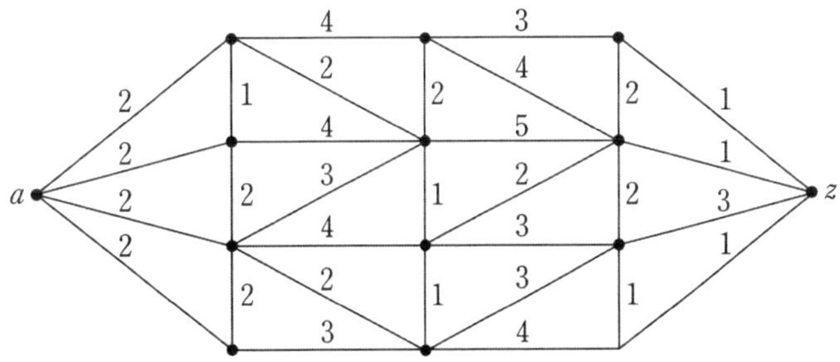

09 Dijkstra 최단 경로 알고리즘을 이용하여 다음 그래프의 신장 트리와 점 a에서 각 점까지의 최단 경로와 가중치를 구하여라.

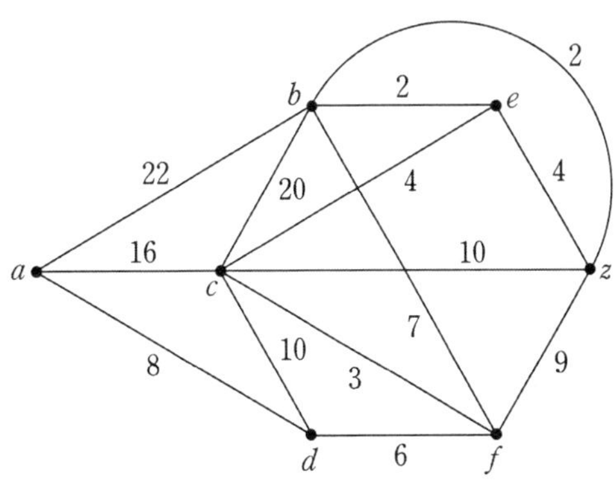

10 Dijkstra 최단 경로 알고리즘을 이용하여 다음 그래프의 신장 트리와 점 a에서 점 z까지의 최단 경로와 가중치를 구하여라.

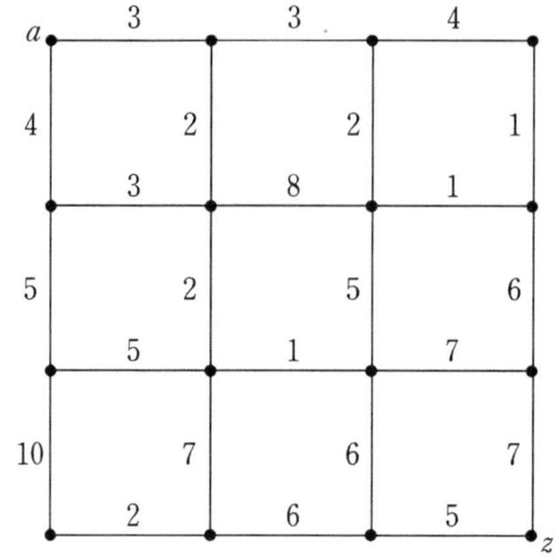

11 Dijkstra 최단 경로 알고리즘을 이용하여 다음 방향 그래프의 신장 트리와 점 v_1에서 각 점까지의 최단 경로와 가중치를 구하여라.

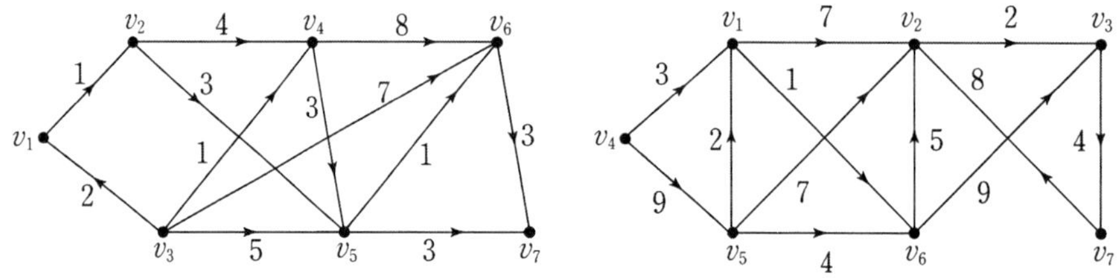

12 다음의 방향 그래프에 대하여 물음에 답하여라.

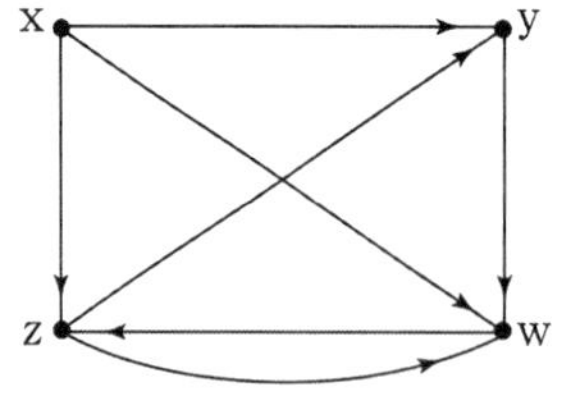

(1) 방향 그래프의 인접 행렬 A를 구하여라.

(2) 인접 행렬 A의 거듭제곱을 이용하여 경로 행렬(path matrix)을 구하여라.

(3) 그래프 G가 포함하는 모든 사이클을 구하여라.

(4) 주어진 방향 그래프는 강한 연결 그래프인가? 이유를 설명하여라.

13 다음의 방향 그래프에 대하여 물음에 답하여라.

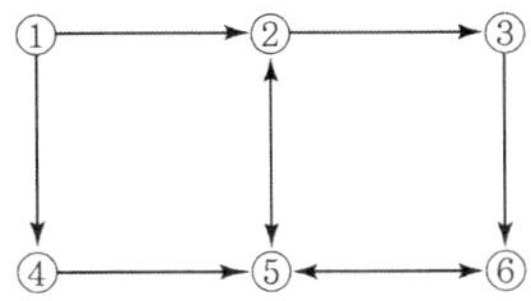

(1) 방향 그래프의 인접 행렬 A를 구하여라.

(2) 인접 행렬 A의 거듭제곱을 이용하여 경로 행렬(path matrix) Q를 구하여라.

(3) 그래프 G가 포함하는 모든 사이클을 구하여라.

(4) 주어진 방향 그래프는 강한 연결 그래프인가? 이유를 설명하여라.

14 다음의 그래프에 대하여 물음에 답하여라.

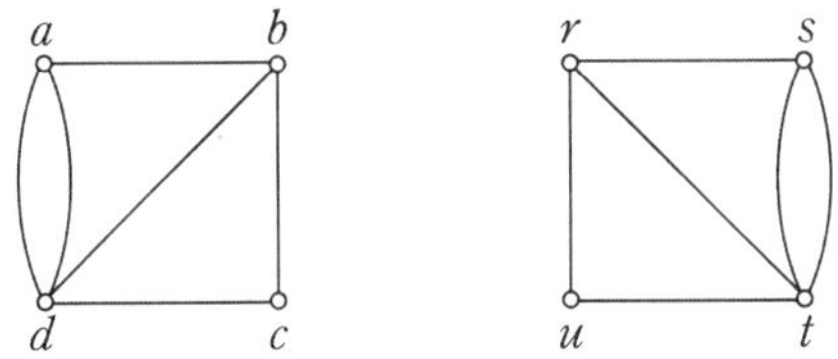

(1) 그래프의 인접 행렬 A와 결합행렬 M을 구하여라.

(2) 주어진 그래프는 연결 그래프인가? 이유를 설명하여라.

15 다음 4개의 점 v_1, v_2, v_3, v_4으로 구성된 그래프 G에 대한 인접 행렬 A의 성분에 가중치가 데이터로 입력되어 있다. 이 데이터가 나타내는 그래프를 그려라. 또 그래프 G의 연결성(또는 강한 연결성)을 조사하여라.

$$A = \begin{pmatrix} 0 & 0 & 3 & 0 \\ 5 & 0 & 1 & 7 \\ 2 & 0 & 0 & 4 \\ 0 & 6 & 8 & 0 \end{pmatrix}$$

16 (1) Dijkstra 최단 경로 알고리즘을 이용하여 다음 방향 그래프의 신장 트리와 점 v_1에서 각 점까지의 최단 경로와 가중치를 구하여라.

(2) Warshall 알고리즘을 이용하여 최단 경로의 길이를 구하여라.

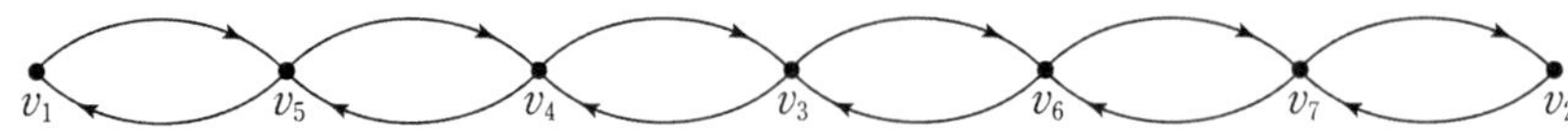

17 다음 그래프에 대하여 3가지의 알고리즘

(1) Greedy 알고리즘

(2) 깊이 우선 탐색 알고리즘

(3) 너비 우선 탐색 알고리즘

을 이용하여 신장 트리를 구하여라. 추가되는 변을 순서대로 번호를 매겨라.

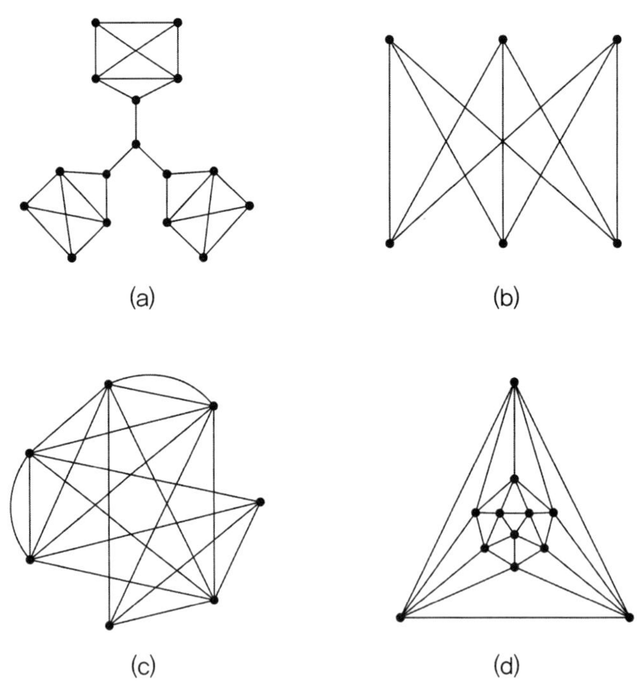

4.5 오일러 회로와 해밀턴 사이클

4.5.1 오일러 회로

스위스의 위대한 수학자 레오나르드 오일러에 의해 그래프이론이 수학의 한 분야로 출발하게 되었다. 18세기 초반 동페르시아의 프레겔 강으로 둘러싸인 두 개의 섬과 강변에 위치한 도시 쾨니스버그는 아래 그림 4.5.1 (a)와 같이 7개의 다리로 연결되어 있었는데, 그 시절의 도시 사람들에게는 한 곳에서 출발하여 모든 7개의 다리를 반드시 한 번만 건너서 도시를 순회하여 원래의 출발점으로 돌아올 수 있는가라는 수수께끼, 즉 쾨니스버그 다리의 문제가 회자되고 있었다. 마침내 1736년 오일러는 위와 같이 도시를 순회할 수 있는 방법이 없음을 증명하고, 주어진 그래프의 모든 변으로 이루어진 회로, 즉 오일러 회로의 존재성 여부에 대한 일반적인 문제해결에 적용하였다.

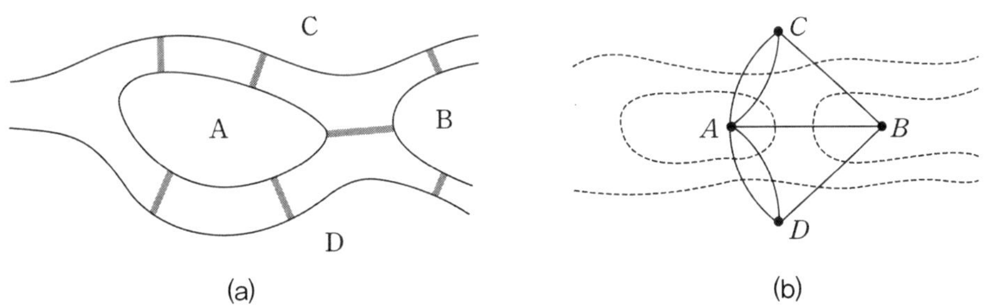

그림 4.5.1

오일러는 도시가 분리된 세 부분을 각각 점으로, 프레겔 강의 다리를 그래프의 변으로 표현하여 위의 그림 4.5.1 (b)와 같은 그래프를 얻었다. 또한 그래프의 한 점에서 출발하여 모든 변을 한 번만 지나 돌아오는 회로가 존재하기 위해서는 반드시 모든 점은 들어가는 변의 수와 나오는 변의 수가 같은 성질, 즉 모든 점의 차수는 짝수라는 성질을 가져야 하는 데, 쾨니스버그 다리의 문제는 그 성질을 갖고 있지 않으므로 그러한 회로의 존재는 불가능함을 보여 해결하였다.

주어진 단순 또는 다중 그래프의 모든 변을 오직 한 번만 지나는 경로를 **오일러 경로** (Euler trail)라 하며, 닫힌 오일러 경로, 즉 경로의 양 끝점이 동일한 회로를 **오일러 회로** (Euler circuit)라고 한다. 다음은 1736년 오일러에 의해 증명된 정리로 그 증명을 요약하여 개략적으로 소개한다.

정리 4.5.1

그래프가 오일러 회로를 갖기 위한 필요충분조건은 모든 점이 연결되어 있으며 모든 점의 차수가 짝수이다.

증명 $\Rightarrow$ 그래프 G가 오일러 회로를 갖는다면, 정의에 의해 그래프 G의 모든 점은 연결되어 있다. 또한 그 오일러 회로는 G의 모든 변을 오직 한 번만 포함하는 회로이므로 모든 점으로 들어가는 변의 수와 나오는 변의 수는 동일하다. 따라서 모든 점의 차수는 짝수가 된다.

$\Leftarrow$ G가 연결 그래프이고 모든 점의 차수가 짝수이면 오일러 회로를 만들 수 있음을 보이면 된다. 하나의 변으로 된 경로 T_1을 시작으로 그래프 G의 변을 하나씩 추가한다. 만약 어떤 단계에서 T_1이 닫힌경로가 안되면, 즉 T_1의 시작점과 끝점을 각각 u, $v \neq u$라 하면, 경로 T_1에서 점 v의 차수는 홀수이다. 한편 그래프 G의 모든 점의 차수는 짝수이므로 점 v에 그래프 G의 변을 추가하여 경로 T_1을 더욱 확장할 수 있다. 이 과정을 반복하면 궁극적으로 시작점인 u로 돌아와 끝나는 닫힌 경로 T_1을 얻을 수 있다. 이때 T_1이 그래프 G의 모든 변을 포함하면 닫힌 경로 T_1은 오일러 회로가 된다. 하지만 T_1이 그래프 G의 모든 변을 포함하지 않는다면, 그래프 G에서 T_1의 모든 변을 삭제하여 남은 부분그래프를 H라고 하자. T_1의 모든 점의 차수가 짝수이므로 H의 모든 점의 차수도 짝수이다. 한편 G는 연결 그래프이므로 T_1의 한 점 u_1을 끝점으로 하고 H의 점과 연결되는 한 변이 반드시 존재한다. u_1을 시작점으로 하는 이 변을 경로 T_2라 하고, T_1의 경우처럼 T_2에 H의 변의 추가를 점 u_1으로 돌아와 T_2가 닫힌 경로가 될 때까지 반복한다.

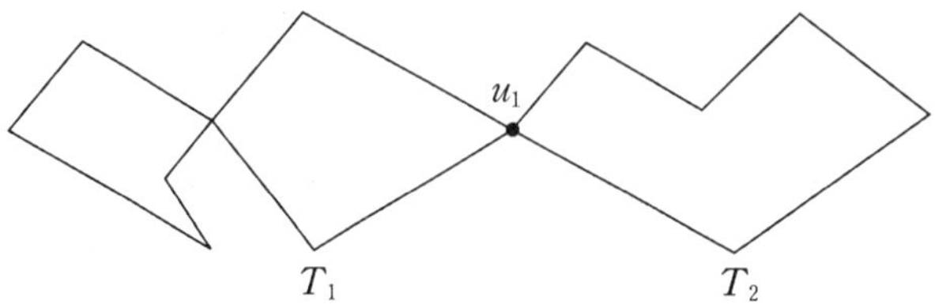

그림 4.5.2

이제 그림 4.5.2와 같이 T_1와 T_2를 함께 모아서 보다 큰 닫힌 경로를 만든다. 이러한 과정을 유한개의 변의 집합을 갖는 그래프 G의 모든 변을 추가할 때까지 계속하면 마침내 오일러 회로를 만들 수 있다. ■

> **따름정리 4.5.2**
>
> 2개의 홀수 점을 갖는 (다중)연결 그래프는 오일러 경로를 갖는다. 이때의 오일러 경로는 2개의 홀수 점을 양 끝점으로 한다.

증명 주어진 그래프 G의 2개의 홀수 점을 u, $v \neq u$라 하고, 두 점을 잇는 변 e를 그래프 G에 추가하여 만든 연결 그래프를 H라 하자. 그래프 H의 모든 점의 차수는 짝수가 되고 정리 4.5.1에 의해 H는 오일러 회로 T를 갖는다. 이제 오일러 회로 T에서 변 e를 삭제한 부분그래프 $T-e$는 두 점 u, $v \neq u$을 양 끝점으로 하는 오일러 경로가 된다. ■

아래의 예제 4.5.1은 정리 4.5.1의 증명을 이용하여 오일러 회로를 찾는 방법을 제시하고 있다.

예제 4.5.1

아래의 그래프는 모든 점의 차수가 짝수인 연결 그래프이므로 오일러 회로를 갖는 그래프이다. 오일러 회로를 찾아라.

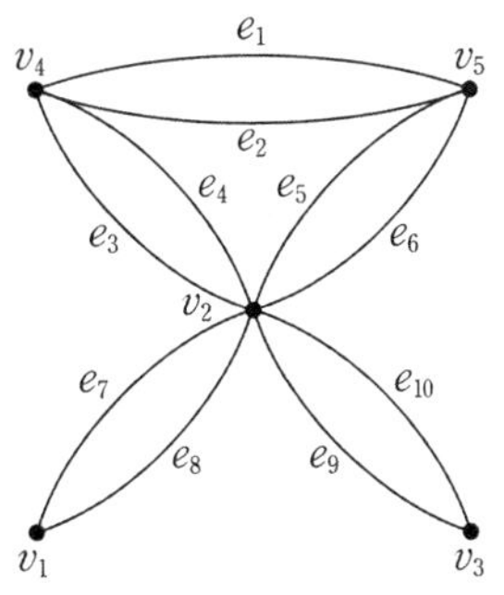

풀이 하나의 오일러 회로를 찾기 위해 정리 4.5.1의 증명 내용을 이용한다. 임의의 점(예로 v_1)에서 시작하여 회로가 되는 부분그래프를 먼저 구한다. 즉 $v_1 e_7 v_2 e_6 v_5 e_5 v_2 e_8 v_1$인 회로를 찾으면 남는 변들과 그 변들로 연결되는 점들을 그리면 다음과 같다.

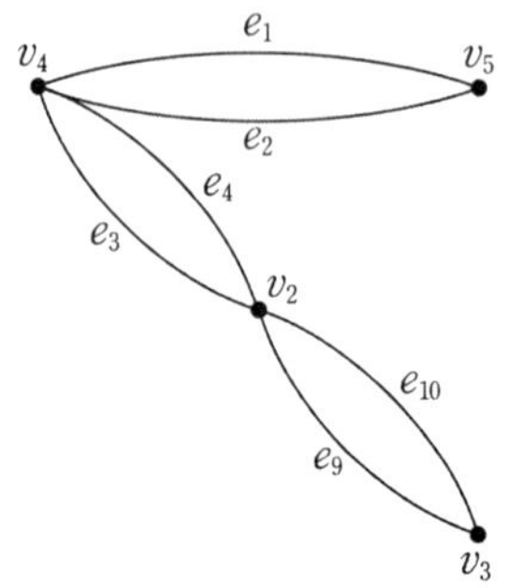

위에서 구한 회로 내의 점 중에 위의 남은 그래프에 속하는 점 v_2 또는 v_5에서 시작하는 회로를 위의 남은 그래프에서 찾는다. 즉 v_2에서 시작하면 $v_2 e_3 v_4 e_4 v_2 e_9 v_3 e_{10} v_2$인 회로를 찾는다. 이 회로와 먼저 구한 회로를 합하기 위해 먼저 구한 회로를 순환시켜 v_2에서 시작하는 회로로 변경한다. 즉 $v_2 e_6 v_5 e_5 v_2 e_8 v_1 e_7 v_2$ 회로가 되고, 이 회로와 나중에 구한 회로를 합치면

$$v_2 e_6 v_5 e_5 v_2 e_8 v_1 e_7 v_2 e_3 v_4 e_4 v_2 e_9 v_3 e_{10} v_2$$

인 회로가 된다. 아직 이 회로에 포함되지 않은 변이 있으므로 남은 변과 점을 그리면

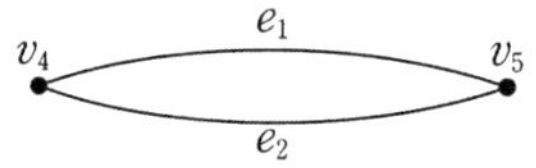

가 된다. 두 번째로 구한 회로와 연결된 점은 v_4이므로 v_4에서 시작하는 회로는 $v_4 e_2 v_5 e_1 v_4$이다. 또한 현재까지 합쳐진 큰 회로와 합하기 위해 현재의 회로를 v_4에서 시작하도록 변경한다. 즉

$$v_4 e_4 v_2 e_9 v_3 e_{10} v_2 e_6 v_5 e_5 v_2 e_8 v_1 e_7 v_2 e_3 v_4$$

이 되고, 이 회로와 마지막으로 구한 회로 $v_4 e_2 v_5 e_1 v_4$와 합하면

$$v_4 e_2 v_5 e_1 v_4 e_4 v_2 e_9 v_3 e_{10} v_2 e_6 v_5 e_5 v_2 e_8 v_1 e_7 v_2 e_3 v_4$$

인 오일러 회로를 찾는다. ■

4.5.2 해밀턴 사이클

18세기 아일랜드의 수학자 윌리엄 해밀턴(William Hamilton)은 1857년에 오일러의 쾨니스버그 다리 문제와 유사한 문제를 제시하였다. 즉 그림 4.5.3과 같은 나무로 된 12면체(wooden dodecahedron)의 모서리 변을 지나면서 20개의 꼭지점을 꼭 한 번만 방문하고 출발한 자리로 다시 돌아올 수 있는가하는 문제를 내놓았다. 이 12면체는 그림 4.5.3의 (b)와 같이 평면형 그래프로 표현할 수 있고, 이 문제는 그래프 (b)에서 모든 점을 한 번만 지나는 사이클을 구하는 문제와 같다. 이 퍼즐을 **해밀턴 퍼즐**(Hamilton puzzle)이라고 한다.

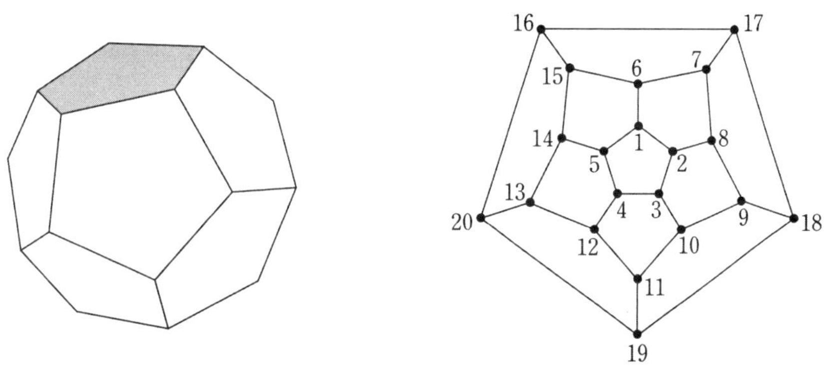

(a) 12면체 (b) 12면체의 평면형 그래프

그림 4.5.3

일반적인 그래프에서 해밀턴의 이름을 따서 명명된 **해밀턴 경로**(Hamilton path)는 그래프의 모든 점을 오직 한 번만 지나는 경로를 말한다. 또한 양 끝점을 제외한 모든 점을 오직 한 번 지나는 닫힌 경로를 **해밀턴 사이클**(Hamilton cycle)이라고 한다. 또 해밀턴 사이클을 포함하는 그래프를 **해밀턴 그래프**(Hamiltonian graph)라고 한다. 모든 변을 오직 한 번 지나지만 점은 두 번 이상 반복하여 회로에 포함될 수 있는 오일러 회로와는 대조적인 의미를 갖는다. 이 해밀턴 퍼즐은 오일러 회로를 가지는 그래프를 분류할 수 있는 것처럼 해밀턴 그래프도 필요충분조건을 찾아 분류할 수 있을까 하는 문제를 야기하였지만 그 방법은 아직 알려지지 않고 있다.

예제 4.5.2

한 그룹의 사람들을 원탁 주위에 앉히려고 한다. 사람을 그래프의 점으로 표현하며, 두 사람이 친한 친구의 관계가 있으면 그래프의 두 점을 잇는 변으로 표현한다. 이 그래프의 해밀턴 사이클은 모든 사람의 한 쪽에 친한 친구가 앉도록 하는 하나의 방법이 된다. ■

해밀턴 사이클 또는 경로의 존재성을 결정하는 문제는 오일러 회로나 경로의 존재성을 결정하는 문제만큼 쉬운 듯 보이지만 위에서 언급한 것처럼 아직 간단한 필요충분조건은 알려지지 않고 있으나 아래 그림과 같이 주어진 그래프에서 해밀턴 사이클(굵은 선)을 정확하게 찾아내는 것도 해밀턴 사이클의 존재성을 밝히는 하나의 방법이 될 수 있다. 하지만 복잡한 그래프에서는 적용이 거의 불가능하다.

완전 그래프 K_n, $n \geq 3$은 모든 점이 서로 연결되어 있으므로 항상 해밀턴 경로뿐만 아니라 해밀턴 사이클을 갖는 해밀턴 그래프이다.

아래의 그림 4.5.4는 해밀턴 사이클을 포함하는 해밀턴 그래프들의 예이다. 굵은 선이 해밀턴 사이클을 나타내고 있다. (a)는 해밀턴 퍼즐의 하나의 해답이다.

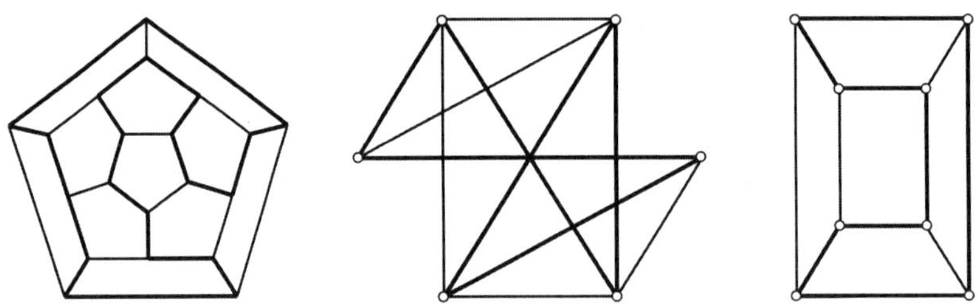

(a) (b) (c)

그림 4.5.4

예제 4.5.3

아래의 9개의 점을 가진 그래프 G가 있다.

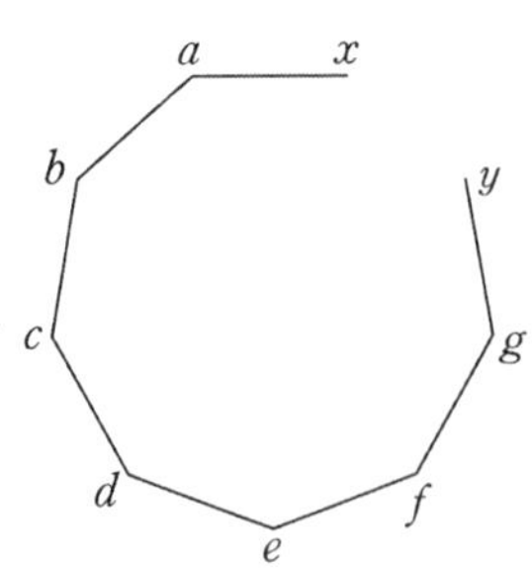

(1) 변 $(x,\ c)$와 변 $(y,\ b)$를 추가한 그래프는 해밀턴 사이클 $(x,\ a,\ b,\ y,\ g,\ f,\ e,\ d,\ c,\ x)$을 포함하므로 해밀턴 그래프가 된다.

(2) 변 $(x,\ g)$와 변 $(y,\ f)$를 추가한 그래프는 해밀턴 사이클 $(x,\ a,\ b,\ c,\ d,\ e,\ f,\ y,\ g,\ x)$을 포함하므로 해밀턴 그래프가 된다.

(3) 위의 (1), (2)와 같이 두 점 x, y와 연결된 새로운 두 변을 추가하여 해밀턴 그래프가 되도록 하는 쌍의 변을 모두 구하면

변 $(x,\ b)$와 변 $(y,\ a)$, 변 $(x,\ c)$와 변 $(y,\ b)$, 변 $(x,\ d)$와 변 $(y,\ c)$
변 $(x,\ e)$와 변 $(y,\ d)$, 변 $(x,\ f)$와 변 $(y,\ e)$, 변 $(x,\ g)$와 변 $(y,\ f)$

모두 6개 (G의 점의 수$-3=9-3=6$)의 쌍이 있다.

(4) 그래프 G에 변을 계속 추가하더라도 해밀턴이 되지 않는 그래프의 $d(x)+d(y)$ 값은 사이클 위의 변 $(x,\ b)$와 위의 (3)에서 만든 쌍 중 나머지 다섯 쌍의 y를 포함하는 한 변씩을 포함할 때가 최대이므로 $d(x)+d(y)\le 2+6=8$이 된다. ■

위의 예제의 풀이를 이용하여 증명되는 아래의 정리에서는 주어진 그래프가 해밀턴임을 판별하는 충분조건을 제시하고 있다. $d(v)$는 그래프 G에서 점 v의 차수이다.

정리 4.5.3 (Ore, 1960)

$n\ge 3$개의 점을 가지는 단순 연결 그래프 G가 인접하지 않는 모든 두 점 u, v에 대하여 $d(u)+d(v)\ge n$을 만족하면 G는 해밀턴 그래프이다.

증명 대우 명제가 참임을 증명하는 간접 증명법을 이용한다. 즉 그래프 G가 해밀턴 그래프가 아니라면 $d(u)+d(v)<n$을 만족하는 이웃하지 않는 두 점 u, v가 그래프 G에 있음을 보인다. 그래프 G가 해밀턴 그래프가 아니므로 해밀턴이 될 때까지 변을 하나씩 계속 추가해 나간다. 완전 그래프가 해밀턴이므로 이 과정은 항상 가능하다. 그래프 G가 해밀턴이 되기 바로 전의 그래프를 H라 하고, G가 해밀턴이 되도록 마지막으로 추가한 변을 $(u,\ v)$라 하면 그래프 H는 변 $(u,\ v)$을 포함하지 않으며 두 점 u, v는 그래프 H에서 서로 이웃하지 않는다. 또 변 $(u,\ v)$을 추가하여 만든 해밀턴 그래프의 해밀턴 사이클에는 변 $(u,\ v)$가 반드시 포함된다. 이 n개의 점으로 구성한 해밀턴 사이클을 $(u,\ p_1,\ p_2,\ \cdots,\ p_{n-2},\ v,\ u)$라 하자. 이 사이클은 그래프 H에

변 (u, v)를 추가하여 만들어진 것이므로 변 (u, v)를 제외한 사이클의 모든 변은 그래프 H에 포함되어 있다. 또 그래프 H는 변 (u, v)를 제외한 해밀턴 경로 $(u, p_1, p_2, \cdots, p_{n-2}, v)$와 다른 변들로 구성되어 있다.

이제 그래프 H에서 $d(u)+d(v)$의 값을 조사해보자. 위에서 얻은 해밀턴 경로에서는 $d(u)+d(v)=2$의 관계가 있고, 그래프 H에 해밀턴 경로가 포함되어 있으므로 $2 \le d(u)+d(v)$가 된다. 만약 그래프 H에 해밀턴 경로 외에 그림 4.5.5와 같이 변 (u, p_{i+1})와 (p_i, v)이 포함되어 있다면 그래프 H에 변 (u, v)를 추가하지 않아도 해밀턴 사이클 $(u, p_1, p_2, \cdots, p_i, v, p_{n-2}, p_{n-3}, \cdots, p_{i+1}, u)$이 존재하여 그래프 H가 해밀턴이 되므로 모순이다.

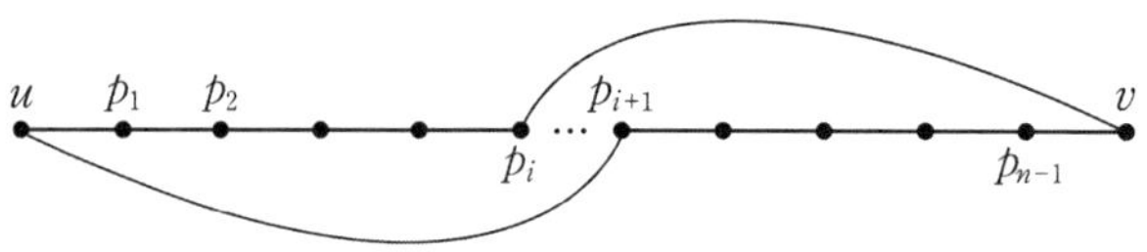

그림 4.5.5

즉 그래프 H에는 두 개의 변 (u, p_{i+1})와 (p_i, v)이 동시에 포함될 수 없고 둘 중 하나는 포함될 수 있다. 반대로 두 점 중 하나만 그 사이의 최대 $n-3$개의 점과 연결될 수 있음을 의미한다. 따라서 그래프 H에서 두 점 u, v는 $d(u)+d(v) \le 2+(n-3) = n-1 < n$의 관계를 갖는다. 그래프 G에 변을 추가하여 그래프 H를 만들었으므로 그래프 G에서도 두 점 u, v는 $d(u)+d(v) < n$의 관계를 갖는다. ■

위의 정리의 조건은 해밀턴 사이클의 존재성에 대한 충분조건이지만 필요조건은 아니다. 예를 들어 5각형 모양의 그래프는 해밀턴 사이클을 갖지만 어떤 두 점의 차수의 합도 4가 되어 5 이상이 되지 않는다.

정의 4.5.3에 의하여 다음의 따름정리가 증명된다.

따름정리 4.5.4

단순연결그래프 $G=(V, E)$, $|V| \ge 3$에 대하여

$$\delta = \min_{v \in V} d(v)$$

일 때, $\delta \ge \frac{n}{2}$이면 그래프 G는 해밀턴 사이클을 갖는다.

아래의 정리는 주어진 그래프가 해밀턴 그래프이기 위한 필요조건을 제시하고 있다. 정리의 조건은 해밀턴 사이클의 존재성에 대한 필요조건이지만 충분조건은 되지 않는다(연습문제 참조).

정리 4.5.5

단순 연결 그래프 G가 해밀턴 그래프이면 그래프 G는 어떤 하나의 변을 삭제하더라도 다시 연결 그래프가 된다.

증명 그래프 G의 n개의 모든 점을 포함하는 해밀턴 사이클을 $(p_1, p_2, \cdots, p_n, p_1)$이라 하고, G의 어떤 한 변을 삭제하여 만든 그래프를 G_1이라 하면 그래프 G_1이 연결 그래프임을 보이면 된다. 그래프 G_1의 임의의 두 점 p_i, p_j는 그래프 G의 두 점이고, 해밀턴 사이클은 그래프 G의 모든 점을 포함하고 있으므로 두 점은 해밀턴 사이클 위의 점들이며, 두 점은 경로 $(p_i, p_{i+1}, \cdots, p_j)$과 $(p_j, p_{j+1}, \cdots, p_n, p_1, \cdots, p_i)$로 연결이 되어 있다. 한편 그래프 G_1은 그래프 G에서 한 변만을 삭제하여 만들었으므로 삭제된 변이 사이클 위의 변이든 아니든 상관없이 두 점 p_i, p_j는 경로 $(p_i, p_{i+1}, \cdots, p_j)$ 또는 $(p_j, p_{j+1}, \cdots, p_n, p_1, \cdots, p_i)$로 연결이 되어 있다. 따라서 G_1은 연결 그래프이다. ■

4.5.3 세일즈맨의 여행문제

주어진 그래프의 해밀턴 사이클을 찾는 문제의 중요한 응용으로 세일즈맨의 여행문제를 들 수 있다. 아래의 그림 4.5.6과 같이 각 점은 세일즈맨이 방문하는 도시를 표현하고, 점과 점을 연결하는 변은 직접 연결되는 도로 또는 항공로를 의미하며, 변에 주어진 가중치는 그 도로 또는 항공로를 따라 이동하는 거리, 여행시간, 또는 비용 등을 값으로 표현하여 가중치가 작으면 편리성이 높음을 나타낸다.

이렇게 주어진 조건에서 세일즈맨이 한 도시, 즉 한 점에서 출발하여 모든 도시를 방문한 후 다시 출발했던 도시로 돌아오는 길 중에 가장 효과적인, 즉 가중치가 작은 길(사이클)을 찾는 문제가 **세일즈맨의 여행문제**(travelling salesman problem, TSP)라고 한다. 이

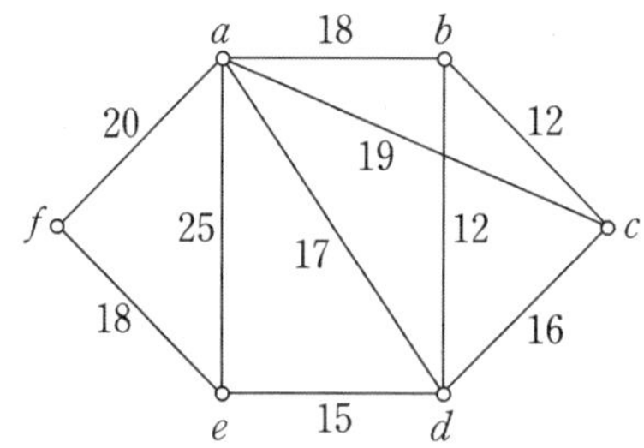

그림 4.5.6

미 방문한 도시를 다시 방문하는 방법은 거리, 시간 또는 비용을 줄이는 방법이 아니므로 그래프가 포함하는 해밀턴 사이클 중 가중치가 가장 적은 길을 따라 방문해야 전체의 효과를 높일 수 있다. 예를 들어, 위의 그림에서 두 개의 사이클 $(a,\ b,\ c,\ d,\ e, f,\ a)$, $(a,\ c,\ b,\ d,\ e,\ f,\ a)$는 가중치를 각각 99와 96을 나타내므로 해밀턴 사이클 $(a,\ c,\ b,\ d,\ e,\ f,\ a)$가 위의 세일즈맨의 여행문제의 해가 된다.

세일즈맨의 여행 문제의 해결 방법은 수백 개의 버스의 정류장, 항공 경유지, 급속 우편 송부지 등을 결정하는 교통 네트워크 문제, 수천 개의 기지국사이의 케이블을 효과적으로 설치하는 통신 문제, 뇌파가 전달되는 신경회로 문제 등 많은 분야에 응용될 수 있다.

예제 4.5.4

다음 그래프는 5개의 점을 모두 연결한 완전 그래프 K_5이다. 세일즈맨이 도시 A에 살고 있고 나머지 4개의 도시를 모두 한 번만 방문하고 자기의 도시로 돌아오는 데 가장 적은 비용이 드는 길을 구하여라. 단위는 만 원이다.

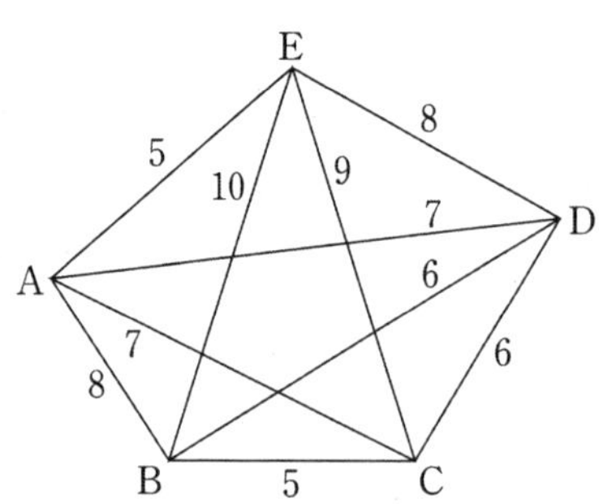

그림 4.5.7

풀이 완전 그래프는 모든 점이 서로 연결되어 있으므로 항상 여러 개의 해밀턴 사이클을 포함한다. 위의 주어진 그래프에 대한 세일즈맨의 여행 문제를 해결하기 위해서는 포함된 모든 해밀턴 사이클 중에 가장 비용 또는 가중치가 적은 사이클을 구하면 된다. 도시 A에서 출발하는 해밀턴 사이클과 그 가중치를 모두 나열하면 다음 표와 같다. 하나의 사이클의 역순은 같은 가중치를 가지므로 각 사이클의 역 경로는 나타내지 않았다.

해밀턴 사이클	비용	해밀턴 사이클	비용
(A, B, C, D, E, A)	32	(A, C, B, D, E, A)	31
(A, B, C, E, D, A)	37	(A, C, B, E, D, A)	37
(A, B, D, C, E, A)	34	(A, C, D, B, E, A)	34
(A, B, D, E, C, A)	38	(A, C, E, B, D, A)	39
(A, B, E, C, D, A)	40	(A, D, B, C, E, A)	32
(A, B, E, D, C, A)	39	(A, D, C, B, E, A)	33

표 4.5.1 완전 그래프 K_5의 해밀턴 사이클과 가중치

위의 표에서 최소의 비용(가중치)으로 모든 도시를 방문하여 돌아올 수 있는 길은 (A, C, B, D, E, A)가 되며 그 최소 비용은 31만 원이다. 이 최소의 비용은 어떤 도시에서 출발하더라도 같은 해밀턴 사이클을 만들게 되므로 변하지 않는다. ■

위의 예제에서 보여 주는 세일즈맨의 여행 문제에 대한 해결 방법은 지극히 원시적인 방법이다. 완전 그래프 K_n의 경우 출발 도시에서 다른 도시로 처음 방문할 수 있는 경우의 수는 $n-1$가지이고, 두 번째 도시에서 세 번째 도시로 갈 수 있는 방법은 다시 $n-2$이다. 이를 반복하면 순열에 의하여 $(n-1)!$개의 사이클을 얻고, 이 중에 반은 서로 반대 방향의 길이 되므로 예제 4.5.4와 같이 $\frac{(n-1)!}{2}$개의 해밀턴 사이클의 비용을 조사하여야 한다. 알고리즘의 복잡도는 $O(n^n)$와 같다(예제 1.2.4). 많은 응용문제에서는 수백 또는 수천 개의 점을 포함하는 그래프, 즉 K_{100}보다 더 큰 완전 그래프가 대상이 되는 데, 이 완전 그래프 K_{100}에 대해서도 예제 4.5.4와 같이 해결하려면 $\frac{(100-1)!}{2}=4.67\times10^{156}$개의 해밀턴 사이클을 조사하여야 한다. 이 수는 우주의 모든 분자의 수만큼 되는 엄청난 수이므로 거의 불가능하다. 즉 수십억 년이 걸릴 수 있다. 따라서 다른 해결 방법을 찾아야 한다. 하지만 불행히도 세일즈맨의 여행문제를 해결하는, 즉 최소 가중치의 해밀턴 사

이클을 구하는 알고리즘을 개발하고 있으나 아직 빠르고 효과적인 알고리즘은 없다. 실제 앞서 제1장의 예제 1.2.4에서 언급한 바와 같이 세일즈맨의 여행 문제는 다루기 쉬운지 어려운지도 알 수 없는 문제의 집합, NP 완전 문제(NP complete problem)로 분류되고 있다. 따라서 이 문제에 적용되고 있는 알고리즘은 해에 근사한 최소 가중치의 해밀턴 사이클을 구하고 있는 실정이다. 대표적으로 사용되는 알고리즘으로 4.3.3절에서 다룬 최소 신장 트리(minimum spanning tree)를 구할 때 적용하는 greedy 알고리즘 또는 prim 알고리즘과 유사한 방법을 들 수 있다.

알고리즘 4.5.1 : 세일즈맨의 여행 문제(TSP)의 근사해를 구하는 **vertex-greedy 알고리즘**

입력 : 가중 완전 그래프 $K_n = (V,\ E)$, $\quad w : E \rightarrow N$

출력 : TSP의 근사해인 해밀턴 사이클

1. V의 점 v_1를 택하여 출발점으로 한다. $C = \{v_1\}$. $i = 1$.
2. $\min\{w(v_i,\ v_j) \mid (v_i,\ v_j) \in E,\ v_j \in V\}$이 되는 변 $(v_i,\ v_k)$의 점 v_k, 즉 v_i와 연결된 변 중에 가중치가 가장 적은 변의 끝점이고, 아직 C에 포함되지 않은 점 v_k를 택하여 C에 추가한다.
3. $i = i+1$, $v_i = v_k$라 한다.
4. V의 모든 점이 C에 포함되었으면 해밀턴 사이틀 $(v_1,\ v_2,\ \cdots,\ v_n,\ v_1)$과 가중치를 출력하고 종료한다. 아니면 제2단계로 간다.

예제 4.5.5

알고리즘 4.5.1 vertex-greedy 알고리즘을 이용하여 예제 4.5.4에 주어진 가중 그래프에 대한 세일즈맨의 여행 문제의 근사해(점 A에서 출발하는 해밀턴 사이클)를 구하여라.

풀이 점 A에서 출발하여 알고리즘을 수행하면 다음의 표와 같이 각 반복되는 회에 따라 기록된다.

반복회	현재 경로(C)	조사할 변	최소 가중 변	현재 가중치
1	A	$(A,\ E),(A,\ D),(A,\ C),(A,\ B)$	$(A,\ E)$	5
2	$A,\ E$	$(E,\ B),(E,\ C),(E,\ D)$	$(E,\ D)$	13
3	$A,\ E,\ D$	$(D,\ C),(D,\ B)$	$(D,\ C)$	19
4	$A,\ E,\ D,\ C$	$(C,\ B)$	$(C,\ B)$	24
5	$A,\ E,\ D,\ C,\ B$		$(B,\ A)$	32

표 4.5.2 완전 그래프 K_5에 대한 vertex-greedy 알고리즘의 실행 결과

따라서 vertex-greedy 알고리즘의 실행 결과로 얻은 세일즈맨의 여행 문제의 근사해 해밀턴 사이클은 $(A,\ E,\ D,\ C,\ B,\ A)$이며 사이클의 가중치는 32이다. 이 결과는 예제 4.5.3에서 구한 정확한 해와는 차이가 있음을 알 수 있다. 참고로 위의 표 4.5.2의 3번째의 반복회에서 두 변 $(D,\ C)$, $(D,\ B)$의 가중치가 6으로 같은 데, 표와 다르게 변 $(D,\ C)$ 대신 $(D,\ B)$을 택할 경우에는 정확한 해 $(A,\ C,\ B,\ D,\ E,\ A)$를 얻게 된다. ■

TSP의 근사해를 구해주는 위의 vertex-greedy 알고리즘의 복잡도를 계산하면 먼저 첫 회에서는 출발점 v_1에서 연결된 $n-1$개의 변 중에서 최소의 가중치를 선택해야 한다. 따라서 주요 연산이 되는 비교연산(comparison)의 회수는 $n-2$가 된다. 같은 방법으로 제2회에서는 대상이 되는 점이 $n-2$개이므로 $n-3$의 비교연산이 필요하다. 이와 같이 하여 모든 점이 선택되기까지의 필요한 비교연산의 수와 복잡도는

$$\sum_{i=1}^{n-2} i = \frac{(n-1)(n-2)}{2} \in \Theta(n^2)$$

가 된다.

예제 4.5.5와 같이 알고리즘은 근사해를 구해주므로 좀 더 해에 가까운 근사해를 구하기 위해서는 v_1뿐만 아니라 모든 n개의 점을 각각 출발점으로 하여 알고리즘을 실행한 후에 최소 가중치의 해밀턴 사이클을 구할 수 있다. 이 경우에는 복잡도가 $\Theta(n^3)$으로 늘어나지만 예제 4.5.4와 같이 모든 사이클을 조사하는 방법의 복잡도 $O(n^n)$와 비교하면 훨씬 효율적이다.

다음의 그림 4.5.8은 1998년에 미국에서 인구 500명 이상인 13,509개의 도시에 대한

세일즈맨의 문제의 해를 구한 결과이다.

그림 4.5.8

2001년에는 독일의 15,112개의 타운에 대한 세일즈맨의 문제에 대해 선형계획이론과 미국 라이스 대학과 프린스턴 대학의 110개의 프로세스를 구성된 네트워크를 이용하여 정확한 해를 구했는데, 총 계산은 500MHz 알파 프로세스 하나로 계산한다면 22.6년이 소요된다고 한다. 또한 2006년에는 85,900개의 점에 대한 문제를 CONCORDE방법을 사용하여 136 CPU년의 소요 시간으로 해결하였다.

4.5 연습문제

01 오일러 경로를 갖는 연결 그래프는 두 개의 홀수점을 포함하고 있음을 보여라.

02 다음 주어진 그래프에 대하여 물음에 답하여라.

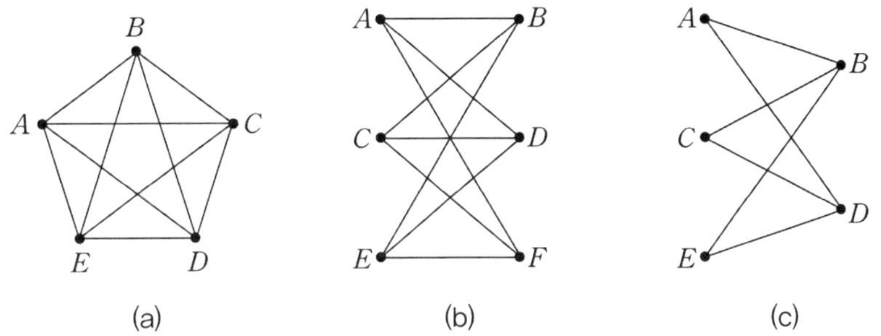

(1) 각각의 그래프의 해밀턴 사이클, 해밀턴 경로의 존재성을 조사하여라.

(2) 각각의 그래프의 오일러 회로와 오일러 경로의 존재성을 조사하여라.

(3) 그래프 (a)의 해밀턴 사이클의 개수를 구하여라.

03 (1) 완전 이분 그래프 $K_{m,n}$에서 m, n이 어떤 값일 때 오일러 경로를 갖게 되는가?

(2) 어떤 $K_{m,n}$이 서로 동형이 되는가?

04 완전 그래프 K_n에 대하여 물음에 답하여라.

(1) 완전 그래프 K_n의 변의 수를 구하여라.

(2) 완전 그래프 K_n의 각 점의 차수를 구하여라.

(3) 어떤 n에 대한 완전 그래프 K_n가 오일러 경로를 갖는가?

05 다음의 두 그래프에 대하여 오일러 회로가 있으면 찾고, 없으면 오일러 경로를 찾아라. 두 가지 다 없으면 이유를 설명하여라.

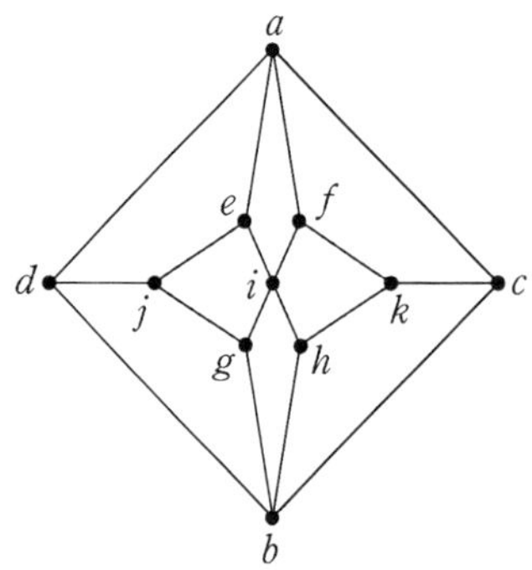

(a) Herschel 그래프

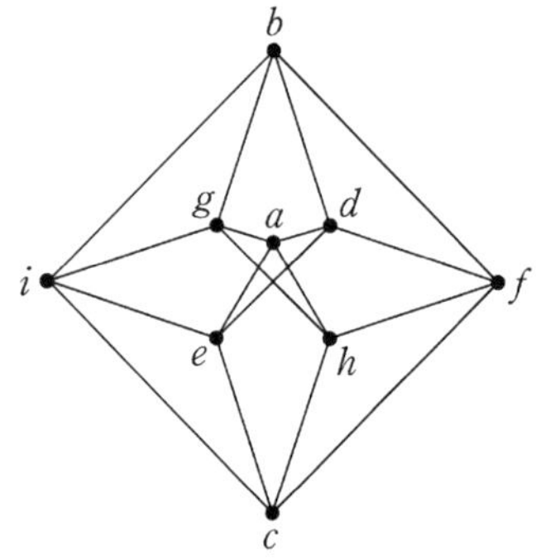

(b)

06 다음의 (a) Hyper cube H_3 **그래프**와 (b) Petersen **그래프**에 대하여 물음에 답하여라.

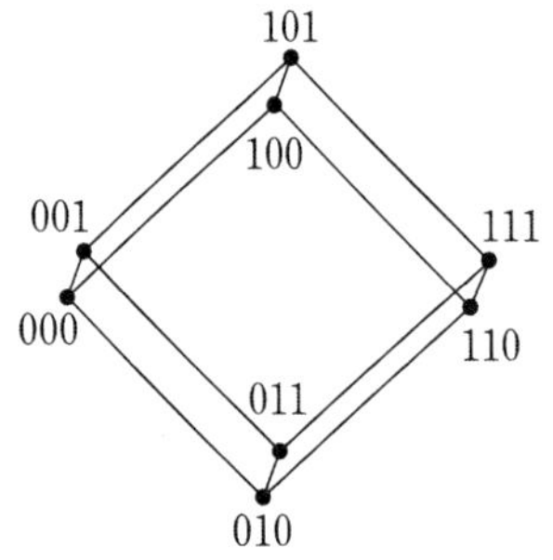

(a)

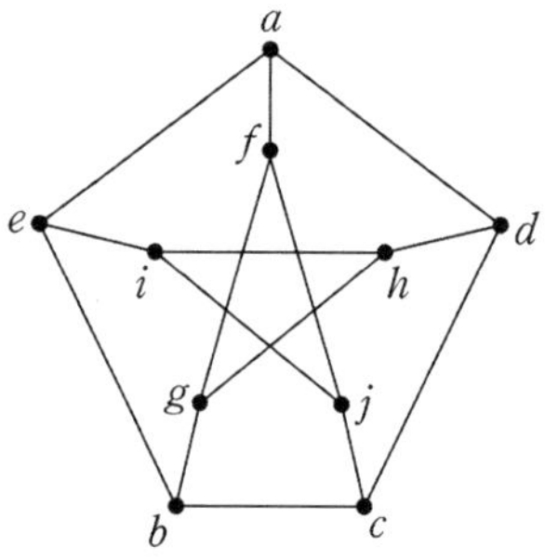

(b)

(1) 오일러 회로를 갖는지 조사하고 가지지 않으면 이유를 설명하여라.

(2) 해밀턴 사이클을 가지면 변이 지나가는 순서를 매기면서 그리고, 그렇지 않으면 해밀턴 경로를 찾아라.

07 (1) 완전 이분 그래프 $K_{4,4}$, $K_{4,5}$, $K_{4,6}$은 각각 해밀턴 사이클을 갖는가?

(2) 완전 이분 그래프 $K_{4,4}$, $K_{4,5}$, $K_{4,6}$은 각각 해밀턴 경로를 갖는가?

(3) 완전 이분 그래프 $K_{m,n}$이 해밀턴 사이클을 가질 필요충분조건은 무엇인가?

(4) 완전 이분 그래프 $K_{m,n}$이 해밀턴 경로를 가질 필요충분조건은 무엇인가?

08 (Dirac, 1952) $n \geq 3$개의 점을 가지고 모든 점의 차수가 $\frac{1}{2}n$ 이상인 단순 연결 그래프는 해밀턴 사이클을 가짐을 보여라.

09 (Erdos and Gallai, 1959) $n \geq 3$개의 점 중의 하나의 차수는 2 이상이고, 나머지 모든 점의 차수가 $\frac{1}{2}n$ 이상인 단순 연결 그래프는 해밀턴 사이클을 가짐을 증명하여라.

10 다음의 그래프가 해밀턴 사이클을 갖는지 조사하여라.

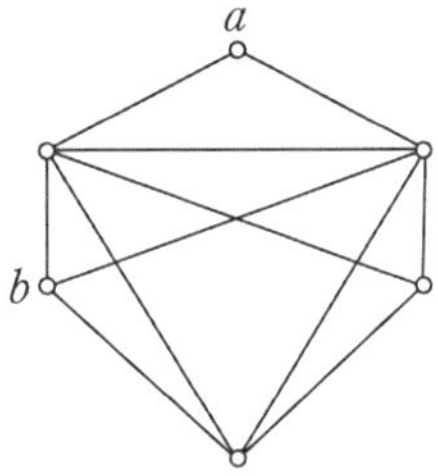

G_1

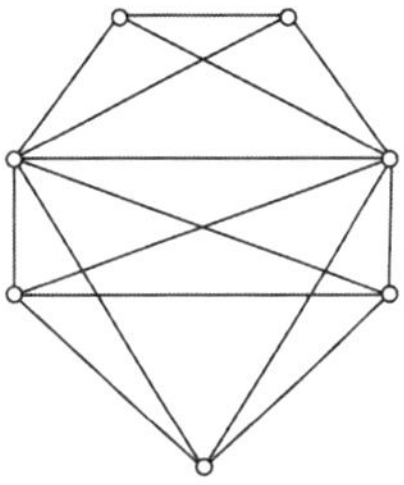

G_2

11 7과목을 매일 한 과목씩 7일간 시험을 보는 전형방법을 만들고자 한다. 같은 강사가 연속해서 2일 간 시험을 보지 않도록 하며 모든 강사는 네 과목까지 시험을 볼 수 있다. 이 조건을 만족하는 전형방법은 항상 존재함을 보여라.

12 정리 4.5.5의 역이 성립하지 않는 반례를 구하여라.

13 n개의 점을 포함하는 그래프 G에서 모든 두 점의 차수의 합이 $n-1$ 이상이면 그래프 G는 항상 해밀턴 경로를 포함함을 증명하여라.

14 위의 문제 13의 역이 성립하지 않는 반례를 구하여라.

15 아래 그림에 주어진 그래프의 해밀턴 사이클을 찾아보아라.

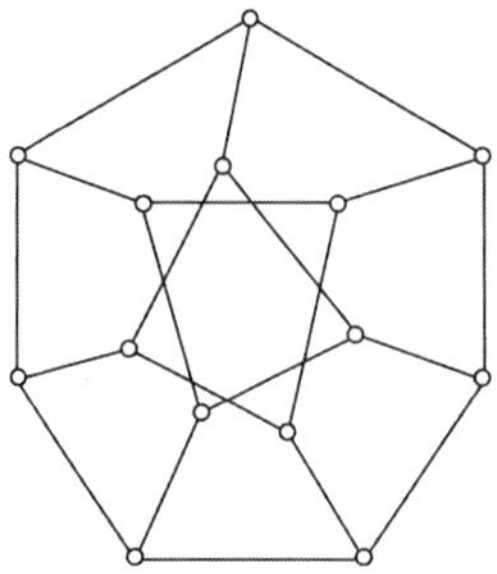

16 아래 그림에 주어진 그래프에 대한 세일즈맨의 여행문제를 풀어보아라. 즉 최소 가중치 해밀턴 사이클을 구하여라.

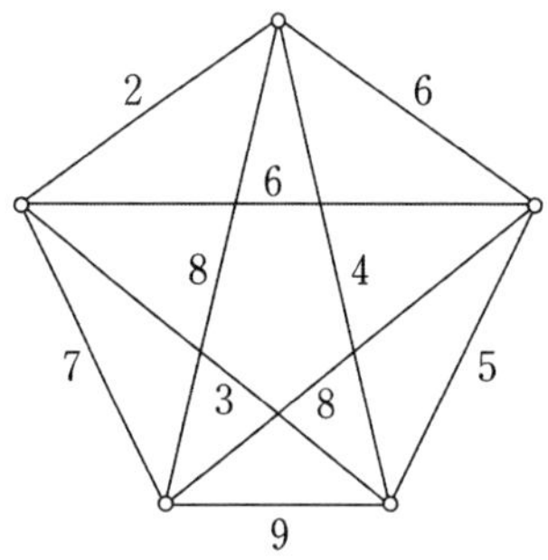

17 아래 그림에 주어진 그래프에 대한 세일즈맨의 여행문제를 풀어보아라. 즉 최소 가중치 해밀턴 사이클을 구하여라.

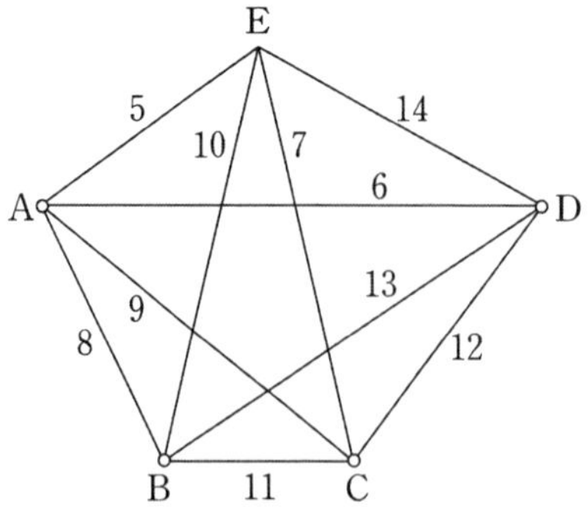

18 다음은 세일즈맨의 여행 문제(TSP)의 근사해를 구하는 edge-greedy 알고리즘이다.

Edge-greedy 알고리즘

입력 : 가중 완전 그래프 $K_n = (V,\ E),\ w : E \rightarrow N$

출력 : TSP의 근사해인 해밀턴 사이클

1. $C = \varnothing$.
2. $(v_i,\ v_j) \in E$ 인 모든 변을 가중치의 오름차순으로 나열한다.
3. 최소의 가중치를 가진 변부터 그래프 C에 추가한다. 이때 추가되는 변이 그래프 C에서 사이클을 만들거나 점의 차수를 3이 되게 하면 그 변은 제외한다.
4. 오름차순으로 정리된 변의 마지막 한 변이 해밀턴 사이클을 만들 때까지 3단계를 반복한다.

(1) 위의 알고리즘을 이용하여 예제 4.5.4에 주어진 가중 그래프에 대한 근사해를 구하여라.

(2) 문제 17에 주어진 그래프에 대한 근사해를 구하여라.

(3) 비교연산의 회수를 조사하여 알고리즘의 복잡도를 구하여라.

19 도미노패 한 세트에는 다음 그림과 같이 0에서 6개의 점을 찍거나 빈칸으로 된 작은 정사각형 2개를 붙여 2×1 형태의 직사각형으로 만든 도미노패들이 들어 있다. 물음에 답하여라.

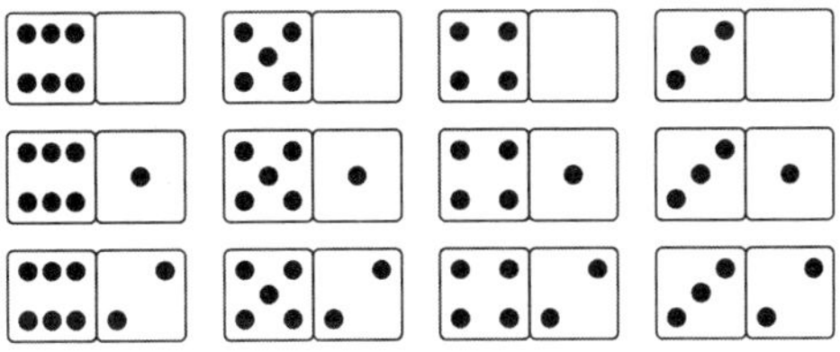

(1) 서로 다른 도미노패로 구성된 한 세트에는 모두 몇 개의 도미노패가 들어 있는가?

(2) 한 세트의 도미노패를 서로 이웃한 두 개의 도미노패의 서로 접한 부분의 표시가 같도록 일렬로 나열할 때, 이 열의 처음이 5개의 점이라면 끝은 어떤 모양이 되

는가?

(3) 한 세트의 도미노패를 서로 이웃한 두 개의 도미노패의 서로 접한 부분의 표시가 같도록 원의 모양으로 나열할 수 있는가?

20 다음 (a)와 (b)에 주어진 10개의 단어를 10개의 연결된 상자에 각 1개씩 넣으며 이웃하는 두 상자에 포함되는 두 단어에는 공통되는 영문자가 하나 있도록 나열하고자 한다.

(1) 주어진 10개의 단어를 점이라 하며, 공통 영문자가 하나 있는 두 점을 변으로 이어 그래프를 각각 그려라.

(2) 10개의 단어를 10개의 상자에 나열할 수 있는 가능성을 각각 조사하여라.

(a)

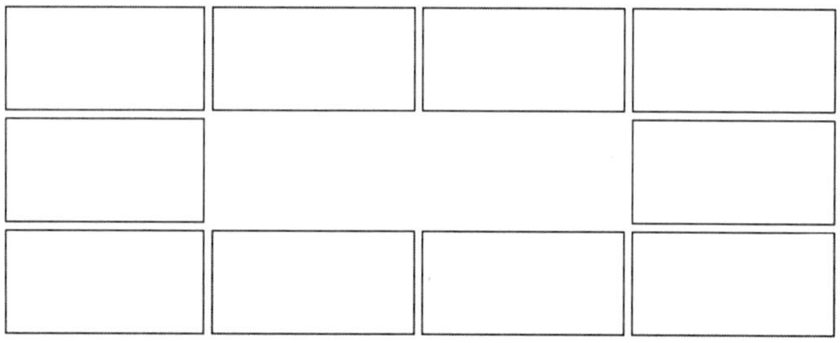

CAR *SAW* *SON* *HEN* *RED*
DIM *WIT* *HUT* *MOB* *CUB*

(b)

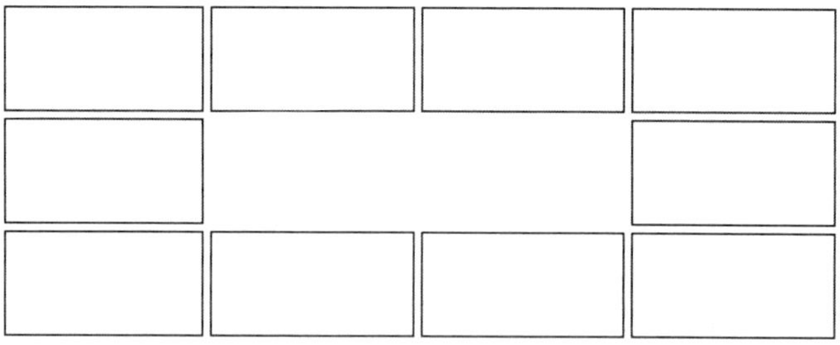

CAR *SAW* *SUN* *HEN* *RED*
DIM *WIT* *HOT* *MOB* *CUB*

부록
선형대수 기본

선형대수는 행렬에 대한 다양한 수학적 이론을 담고 있으며, 수학을 정확히 이해하고 응용할 때 많이 사용되는 이론이다. 스털링의 수, 그래프 등을 이해할 때 행렬의 개념을 필요로 하며 부록에서는 본 교재의 내용을 효과적으로 이해하기 위한 선형대수의 기본이 되는 내용들에 대해서 다루고자 한다.

부록 1 | 행렬의 개념과 연산

0이 아닌 자연수 m, n에 대해서 mn개의 실수 a_{ij}, $(1 \le i \le m, 1 \le j \le n)$가 주어졌다고 하자. 이 실수들을 m개의 행과 n개의 열로 나열하여 사각형 모양으로 표현한 배열을 $m \times n$ **행렬**(matrix)이라고 한다. 주어진 실수 $a_{ij}\,(1 \le i \le m, 1 \le j \le n)$를 표현한 행렬 A는 다음과 같이 표현한다.

$$A = \begin{bmatrix} a_{11} & a_{12} & \cdots & a_{1n} \\ a_{21} & a_{22} & \cdots & a_{2n} \\ \vdots & \vdots & \ddots & \vdots \\ a_{m1} & a_{m2} & \cdots & a_{mn} \end{bmatrix}$$

행렬 A를 간단히 표현할 때 $A = [a_{ij}]$로 표현하기도 한다. 이때 a_{ij}를 주어진 행렬 A의 ij **성분**(entry) 또는 (i, j)**성분**이라 말한다.

$m \times 1$행렬을 **열벡터**(column vector)라 부르며, 열벡터 x는 다음과 같이 표현된다.

$$x = \begin{bmatrix} x_1 \\ x_2 \\ \vdots \\ x_m \end{bmatrix}$$

주어진 $m \times n$행렬 A는 다음과 같은 n개의 열벡터들로 나눌 수 있다.

$$A_1 = \begin{bmatrix} a_{11} \\ a_{21} \\ \vdots \\ a_{m1} \end{bmatrix},\ A_2 = \begin{bmatrix} a_{12} \\ a_{22} \\ \vdots \\ a_{m2} \end{bmatrix},\ \cdots,\ A_n = \begin{bmatrix} a_{1n} \\ a_{2n} \\ \vdots \\ a_{mn} \end{bmatrix}$$

$1\times n$행렬을 **행벡터**(row vector)라고 부르며, 행벡터 y는 다음과 같이 표현된다.

$$y = [y_1, y_2, \cdots, y_n]$$

일반적으로 열벡터를 **벡터**(vector)라고 부르며, 성분의 개수가 n개인 열벡터를 **n−벡터**(n-vector)라고 한다.

주어진 행렬의 크기가 같고, 대응되는 모든 성분들이 같은 경우 두 행렬이 같다라고 한다.

정의 5.1.1

두 $m\times n$행렬 $A=[a_{ij}]$, $B=[b_{ij}]$에 대해 각 대응하는 ij성분이 모두 같으면, 즉

$$a_{ij}=b_{ij}, 1\le i\le m, 1\le j\le n$$

이면 A와 B는 같다라고 하며 $A=B$라고 표현한다.

행렬의 연산 중 기본이 되는 덧셈과 상수곱은 다음과 같이 정의된다.

정의 5.1.2

$m\times n$행렬 $A=[a_{ij}]$, $B=[b_{ij}]$와 실수 α에 대하여

(1) $A+B=[c_{ij}]$, $c_{ij}=a_{ij}+b_{ij}(1\le i\le m, 1\le j\le n)$, 즉

$$A+B=[c_{ij}]=\begin{bmatrix} a_{11}+b_{11} & a_{12}+b_{12} & \cdots & a_{1n}+b_{1n} \\ a_{21}+b_{21} & a_{22}+b_{22} & \cdots & a_{2n}+b_{2n} \\ \vdots & \vdots & \ddots & \vdots \\ a_{m1}+b_{m1} & a_{m2}+b_{m2} & \cdots & a_{mn}+b_{mn} \end{bmatrix}$$

(2) $\alpha A = [d_{ij}]$, $d_{ij} = \alpha a_{ij}$ $(1 \le i \le m, 1 \le j \le n)$, 즉

$$\alpha A = [d_{ij}] = \begin{bmatrix} \alpha a_{11} & \alpha a_{12} & \cdots & \alpha a_{1n} \\ \alpha a_{21} & \alpha a_{22} & \cdots & \alpha a_{2n} \\ \vdots & \vdots & \ddots & \vdots \\ \alpha a_{m1} & \alpha a_{m2} & \cdots & \alpha a_{mn} \end{bmatrix}$$

위의 정의에서 $-A = [-a_{ij}]$이고, $A - B = A + (-1)B = [a_{ij} - b_{ij}]$이다.

예제 5.1.1

다음 주어진 행렬의 연산의 결과는 다음과 같다.

(1) $\begin{bmatrix} 1 & 2 & 4 \\ -1 & -2 & 2 \\ 0 & 1 & -5 \end{bmatrix} + \begin{bmatrix} 9 & 1 & -8 \\ 1 & 2 & 4 \\ -1 & 1 & 3 \end{bmatrix} = \begin{bmatrix} 10 & 3 & -4 \\ 0 & 0 & 6 \\ -1 & 2 & -2 \end{bmatrix}$

(2) $3\begin{bmatrix} 1 & 2 & 4 \\ -1 & -2 & 2 \\ 0 & 1 & -5 \end{bmatrix} = \begin{bmatrix} 3 & 6 & 12 \\ -3 & -6 & 6 \\ 0 & 3 & -15 \end{bmatrix}$

(3) $\begin{bmatrix} 1 & 2 & 4 \\ -1 & -2 & 2 \\ 0 & 1 & -5 \end{bmatrix} - \begin{bmatrix} 1 & 3 & 5 \\ 1 & -3 & -4 \\ 2 & -2 & -7 \end{bmatrix} = \begin{bmatrix} 0 & -1 & -1 \\ -2 & 1 & 6 \\ -2 & 3 & 2 \end{bmatrix}$

(4) $\begin{bmatrix} 1 & 2 & 4 \\ -1 & -2 & 2 \\ 0 & 1 & -5 \end{bmatrix} + \begin{bmatrix} 1 & 2 \\ 4 & -3 \end{bmatrix}$는 정의되지 않는다. ■

행렬의 덧셈 및 뺄셈이 같은 크기의 두 행렬에 대해서 정의되지만 행렬의 곱셈은 같은 조건에서 정의되지 않는다. 행렬의 곱셈의 정의는 다음과 같이 정의된다.

정의 5.1.3

(1) 행벡터 $A = [a_1, a_2, \cdots, a_r]$와 열벡터 $B = \begin{bmatrix} b_1 \\ b_2 \\ \vdots \\ b_r \end{bmatrix}$의 곱 AB는 $AB = \sum_{k=1}^{r} a_k b_k$로 정의된다. 즉,

$$AB = [a_1, a_2, \cdots, a_r] \begin{bmatrix} b_1 \\ b_2 \\ \vdots \\ b_r \end{bmatrix} = a_1 b_1 + a_2 b_2 + \cdots + a_r b_r$$

(2) $m \times r$행렬 A와 $r \times n$행렬 B의 곱 AB는 $m \times n$행렬이며

$AB = [c_{ij}],\ c_{ij} = \sum_{k=1}^{r} a_{ik} b_{kj}\ (1 \le i \le m, 1 \le j \le n)$로 정의된다. 즉,

$$AB = [c_{ij}] = \begin{bmatrix} \sum_{k=1}^{r} a_{1k} b_{k1} & \sum_{k=1}^{r} a_{1k} b_{k2} & \cdots & \sum_{k=1}^{r} a_{1k} b_{kn} \\ \sum_{k=1}^{r} a_{2k} b_{k1} & \sum_{k=1}^{r} a_{2k} b_{k2} & \cdots & \sum_{k=1}^{r} a_{2k} b_{kn} \\ \vdots & \vdots & \ddots & \vdots \\ \sum_{k=1}^{r} a_{mk} b_{k1} & \sum_{k=1}^{r} a_{mk} b_{k2} & \cdots & \sum_{k=1}^{r} a_{mk} b_{kn} \end{bmatrix}$$

정의 5.1.3 (1)은 정의 5.1.3 (2)에서 $m = n = 1$인 경우로 볼 수 있고 행벡터와 열벡터의 곱으로써 **벡터의 내적**(dot product, inner product 또는 scalar product)라고 부른다. 위 정의로부터 행렬의 곱 AB의 ij 성분 c_{ij}는 A의 i번째 행벡터와 B의 j번째 열벡터의 내적 즉,

$$c_{ij} = [a_{i1}, a_{i2}, \cdots a_{ir}] \begin{bmatrix} b_{1j} \\ b_{2j} \\ \vdots \\ b_{rj} \end{bmatrix}$$

임을 알 수 있다. 또한 A와 B의 곱셈이 정의되기 위해서는 A의 열의 수와 B의 행의 수가 같아야 한다.

예제 5.1.2

다음 주어진 행렬 A와 B의 곱을 구하여라.

$$A = [1, 3], \quad B = \begin{bmatrix} -1 & 1 \\ 3 & 2 \end{bmatrix}$$

풀이 A는 1×2행렬, B는 2×2행렬이기 때문에 곱 AB는 잘 정의되고 1×2행렬이 된다. 각 성분은 다음과 같이 주어진다.

$$(1,1)\text{성분} : [1,3]\begin{bmatrix}-1\\3\end{bmatrix} = 1\times(-1)+3\times3 = 8$$

$$(1,2)\text{성분} : [1,3]\begin{bmatrix}1\\2\end{bmatrix} = 1\times1+3\times2 = 7.$$

따라서 $AB = [8,7]$이다. ■

다음은 위에서 정의한 행렬의 연산에 의해서 유도할 수 있는 성질들을 나열한 것이다. 단, 각 행렬은 연산이 정의될 수 있도록 행와 열의 수를 갖는다고 가정하자.

정리 5.1.1

연산이 가능한 적절한 크기를 갖는 세 행렬 A, B, C와 상수 α, β에 대해 다음의 등식이 성립한다.

(1) $A+B = B+A$ (덧셈에 대한 교환법칙)

(2) $(A+B)+C = A+(B+C)$ (덧셈에 대한 결합법칙)

(3) $A(BC) = (AB)C$ (곱셈에 대한 결합법칙)

(4) $A(B+C) = AB+AC$, $(A+B)C = AC+BC$ (분배법칙)

(5) $\alpha(\beta A) = (\alpha\beta)A$, $A(\alpha B) = \alpha AB$

(6) $(\alpha+\beta)A = \alpha A+\beta A$, $\alpha(A+B) = \alpha A+\alpha B$

일반적으로 행렬의 곱셈에 대한 교환법칙은 성립하지 않으므로 주의하도록 하자.

예제 5.1.3

다음 주어진 행렬 A와 B의 곱을 구하고 교환법칙이 성립하는지 살펴보자.

$$A = \begin{bmatrix}1 & 2\\-1 & 0\end{bmatrix},\ B = \begin{bmatrix}-1 & 3\\1 & 1\end{bmatrix}$$

풀이 $AB = \begin{bmatrix}1 & 2\\-1 & 0\end{bmatrix}\begin{bmatrix}-1 & 3\\1 & 1\end{bmatrix} = \begin{bmatrix}1 & 5\\1 & -3\end{bmatrix}$이고 $BA = \begin{bmatrix}-1 & 3\\1 & 1\end{bmatrix}\begin{bmatrix}1 & 2\\-1 & 0\end{bmatrix} = \begin{bmatrix}-4 & -2\\0 & 2\end{bmatrix}$

이기 때문에 곱셈에 대한 교환법칙이 성립하지 않는다. ■

자주 사용하게 되는 여러 가지 행렬들이 있으므로 이에 대한 용어를 정의한다. 모든 성분 $a_{ij}(1 \le i \le m, 1 \le j \le n)$이 0인 행렬을 **$O$행렬**(영행렬 또는 zero matrix)이라고 한다. 행의 개수 m과 열의 개수 n이 같은 행렬 즉, $m=n$인 행렬을 **정방행렬**(square matrix)이라고 한다. 크기가 $n \times n$인 정방행렬 A에서 ii성분들 $(1 \le i \le n)$ a_{11}, a_{22}, $\cdots$, a_{nn}을 A의 **대각성분**(diagonal entry)이라고 부르고 대각 성분들 제외한 나머지 모든 성분들이 0인 정방행렬

$$\begin{bmatrix} a_{11} & 0 & \cdots & 0 \\ 0 & a_{22} & \cdots & 0 \\ 0 & \vdots & \ddots & 0 \\ 0 & 0 & \cdots & a_{nn} \end{bmatrix}$$

을 **대각행렬**(diagonal matrix)이라고 부른다. 주어진 $m \times n$행렬

$$A = \begin{bmatrix} a_{11} & a_{12} & \cdots & a_{1n} \\ a_{21} & a_{22} & \cdots & a_{2n} \\ \vdots & \vdots & \ddots & \vdots \\ a_{m1} & a_{m2} & \cdots & a_{mn} \end{bmatrix}$$

의 i행을 i열과 바꾼 $n \times m$행렬을 A의 **전치행렬**(transpose)이라 하고, A^T로 표기한다. 즉 A의 전치행렬은

$$A^T = \begin{bmatrix} a_{11} & a_{21} & \cdots & a_{m1} \\ a_{12} & a_{22} & \cdots & a_{m2} \\ \vdots & \vdots & \ddots & \vdots \\ a_{1n} & a_{2n} & \cdots & a_{mn} \end{bmatrix}$$

이다.

$A=A^T$인 정방행렬 A를 **대칭행렬**(symmetic matrix)이라 한다. 즉, 대칭행렬 A는 $a_{ij}=a_{ji}$, $(1 \le i \le n, 1 \le j \le n)$을 만족한다. $A^T=-A$인 정방행렬 A를 **교대행렬**(skew-symmetric matrix)이라고 한다.

예제 5.1.4

(1) 행렬 $\begin{bmatrix} 1 & 2 & 4 \\ -1 & -2 & 2 \\ 0 & 1 & -5 \end{bmatrix}$은 1, -2, -5를 대각성분으로 갖는다. 그리고 이 행렬의 전치행렬은 $\begin{bmatrix} 1 & 2 & 4 \\ -1 & -2 & 2 \\ 0 & 1 & -5 \end{bmatrix}^T = \begin{bmatrix} 1 & -1 & 0 \\ 2 & -2 & 1 \\ 4 & 2 & -5 \end{bmatrix}$이다.

(2) 2×3행렬 $A=\begin{bmatrix} 1 & 3 & 2 \\ -1 & 5 & -4 \end{bmatrix}$의 전치행렬은 다음 3×2행렬이다.

$$A^T=\begin{bmatrix} 1 & -1 \\ 3 & 5 \\ 2 & -4 \end{bmatrix}$$

A의 첫 번째 열벡터의 전치행렬과 A의 전치행렬의 첫 번째 열벡터는 각각 다음와 같이 표현될 수 있다.

$$(A_1)^T=\begin{bmatrix} 1 \\ -1 \end{bmatrix}^T=[1,\ -1],\quad (A^T)_1=\begin{bmatrix} 1 \\ 3 \\ 2 \end{bmatrix}=[1,\ 3,\ 2]^T$$ ■

자주 사용되는 행렬들과 관련하여 많은 중요한 성질들이 있다. 이들은 증명없이 나열한다.

정리 5.1.2

연산이 가능한 적절한 크기를 갖는 두 행렬 A, B와 상수 α에 대해 다음의 등식이 성립한다.

(1) $(A^T)^T=A$

(2) $(A+B)^T=A^T+B^T$

(3) $(\alpha A)^T=\alpha A^T$

(4) $(AB)^T=B^TA^T$

(5) $A+O=O+A=A$, 즉 O행렬은 덧셈에 대한 항등원이다.

(6) $A+(-1)A=(-1)A+A=O$, 즉 $(-1)A$는 A의 덧셈에 대한 역원이다. 편의상 $(-1)A=-A$로 표시한다.

부록 2 | 역행렬

역행렬은 행렬의 곱셈과 밀접한 관련이 있으며 행렬에서 가장 기본이 되면서 중요한 개념이다. 먼저 행렬의 곱셈에 대한 항등원인 단위행렬을 정의한다. 대각성분 $a_{ii}=1$, $1 \le i \le n$인 대각행렬을 **단위행렬**(identity matrix)이라 한다. 즉, $a_{ii}=1, 1 \le i \le n$이고, $a_{ij}=0$, $i \ne j$인 행렬 A가 $n \times n$ 단위 행렬이며 I_n으로 표기한다. 예를 들어 4×4단위행렬 I_4는 다음과 같이 주어진다.

$$I_4 = \begin{bmatrix} 1 & 0 & 0 & 0 \\ 0 & 1 & 0 & 0 \\ 0 & 0 & 1 & 0 \\ 0 & 0 & 0 & 1 \end{bmatrix}$$

$m \times n$행렬 A가 주어졌을 때 다음 성질을 얻을 수 있다.

$$I_m A = A = A I_n$$

즉, 단위행렬은 곱셈에 대한 항등원이다.

행렬 곱셈연산은 실수에서의 곱셈 연산과 다르게 일반적으로 성립하지 않는 성질들이 있다. 곱셈이 가능한 크기의 행렬 A, B, C와 영행렬 O에 대하여

$$AB = O \nRightarrow A = O \text{ 또는 } B = O$$
$$AC = BC \nRightarrow A = B$$

위 성질들이 언제 만족할 수 있는지 보기 위해서는 곱셈에 대한 역원에 대한 정의를 필요로 한다.

정의 5.2.1

$n \times n$행렬 A에 대하여

$$AB = BA = I_n$$

을 만족하는 행렬 B가 존재한다면 행렬 A를 **정칙행렬**(nonsingular matrix) 또는 **가역행렬**(invertible matrix)이라 부르며, 이때 B를 A의 **역행렬**(inverse matrix)이라 부르고 A^{-1}로 표기한다.

위 정의에 따라 $AA^{-1} = A^{-1}A = I_n$이기 때문에 A가 정칙이면, A^{-1}도 정칙이다. 또한 역행렬이 존재하지 않는 행렬을 **비정칙**(singular matrix)이라고 부른다.

예제 5.2.1

(1) 행렬 $\begin{bmatrix} 2 & 3 \\ -1 & 2 \end{bmatrix}$와 $\begin{bmatrix} \frac{2}{7} & -\frac{3}{7} \\ \frac{1}{7} & \frac{2}{7} \end{bmatrix}$을 고려해보자. 두 행렬의 곱을 계산하면 다음과 같이 주어진다.

$$\begin{bmatrix} 2 & 3 \\ -1 & 2 \end{bmatrix}\begin{bmatrix} \frac{2}{7} & -\frac{3}{7} \\ \frac{1}{7} & \frac{2}{7} \end{bmatrix} = \begin{bmatrix} 1 & 0 \\ 0 & 1 \end{bmatrix}, \quad \begin{bmatrix} \frac{2}{7} & -\frac{3}{7} \\ \frac{1}{7} & \frac{2}{7} \end{bmatrix}\begin{bmatrix} 2 & 3 \\ -1 & 2 \end{bmatrix} = \begin{bmatrix} 1 & 0 \\ 0 & 1 \end{bmatrix}$$

그러므로 두 행렬은 정칙행렬이고

$$\begin{bmatrix} 2 & 3 \\ -1 & 2 \end{bmatrix}^{-1} = \begin{bmatrix} \frac{2}{7} & -\frac{3}{7} \\ \frac{1}{7} & \frac{2}{7} \end{bmatrix}, \quad \begin{bmatrix} \frac{2}{7} & -\frac{3}{7} \\ \frac{1}{7} & \frac{2}{7} \end{bmatrix}^{-1} = \begin{bmatrix} 2 & 3 \\ -1 & 2 \end{bmatrix}$$

이다.

(2) $\begin{bmatrix} 1 & 0 \\ 3 & 0 \end{bmatrix}$의 역행렬이 존재한다고 하자. 이를 $\begin{bmatrix} a & b \\ c & d \end{bmatrix}$라고 놓으면 다음을 만족해야만 한다.

$$\begin{bmatrix} 1 & 0 \\ 0 & 1 \end{bmatrix} = \begin{bmatrix} 1 & 0 \\ 3 & 0 \end{bmatrix}\begin{bmatrix} a & b \\ c & d \end{bmatrix} = \begin{bmatrix} a & b \\ 3a & 3b \end{bmatrix}$$

즉, $a = 1, b = 0, 3a = 0, 3b = 1$을 만족해야만 하는데 이를 만족하는 a, b는 존재하지 않는다. 그러므로 모순이며, $\begin{bmatrix} 1 & 0 \\ 3 & 0 \end{bmatrix}$의 역행렬은 존재하지 않고 비정칙이다. ■

위의 예제에서 알 수 있듯이 모든 정방행렬이 역행렬을 갖는 것은 아니다. 역행렬과 관련하여 다음과 같은 성질을 만족한다. 여기서는 증명없이 나열한다.

정리 5.2.1

$n \times n$행렬 A에 대해서 다음 성질을 만족한다.

(1) A가 정칙이면 역행렬 A^{-1}은 유일하다.

(2) $AB = I_n$인 $n \times n$행렬 B가 존재한다면 A는 정칙이고, $A^{-1} = B$이다.

(3) $BA = I_n$인 $n \times n$행렬 B가 존재한다면 A는 정칙이고, $A^{-1} = B$이다.

(4) A와 B가 정칙이면, $(AB)^{-1} = B^{-1}A^{-1}$

(5) A가 정칙이면, $(A^{-1})^{-1} = A$

(6) A가 정칙이면, $(A^T)^{-1} = (A^{-1})^T$

역행렬에 대한 공식을 기억하고 있으면 좋지만 일반적인 $n \times n$행렬의 역행렬의 공식은 복잡하여 계산을 위해서는 잘 사용하지 않는다. 여기서는 2×2행렬이 언제 역행렬을 갖는지 알아보고 2×2행렬의 역행렬에 대한 공식을 유도해보고자 한다.

임의의 2×2행렬 $\begin{bmatrix} a & b \\ c & d \end{bmatrix}$가 주어졌다고 하자. 행렬 $\begin{bmatrix} a & b \\ c & d \end{bmatrix}$의 역행렬이 존재한다면 정의에 의해

$$\begin{bmatrix} a & b \\ c & d \end{bmatrix} \begin{bmatrix} e & f \\ g & h \end{bmatrix} = \begin{bmatrix} ae + bg & af + bh \\ ce + dg & cf + dh \end{bmatrix} = \begin{bmatrix} 1 & 0 \\ 0 & 1 \end{bmatrix}$$

을 만족하는 실수 e, f, g, h가 존재해야만 한다. 즉 이는 다음 4개의 식으로 이루어진 연립방정식의 해가 존재하는 것과 동치가 된다.

$$\begin{aligned} ae + bg &= 1, \\ ce + dg &= 0, \\ af + bh &= 0, \\ cf + dh &= 1. \end{aligned}$$

위 두 식은 e, g에 관한 연립방정식이고, 아래 두 식은 f, h에 관한 연립방정식이므로 각각 계산하면

$$e=\frac{d}{ad-bc},\ g=\frac{-c}{ad-bc},\ f=\frac{-b}{ad-bc},\ h=\frac{a}{ad-bc}$$

로 주어진다. 즉, $ad-bc\neq 0$이면 $\begin{bmatrix} a & b \\ c & d \end{bmatrix}\begin{bmatrix} e & f \\ g & h \end{bmatrix}=\begin{bmatrix} 1 & 0 \\ 0 & 1 \end{bmatrix}$을 만족하는 실수 e,g,f,h가 존재하며 정리 5.2.1의 (2)에 의해

$$\begin{bmatrix} a & b \\ c & d \end{bmatrix}^{-1}=\frac{1}{ad-bc}\begin{bmatrix} d & -b \\ -c & a \end{bmatrix}$$

가 성립한다. 반면에 $ad-bc=0$이면 연립방정식을 만족하는 e,g,f,h가 존재하지 않기 때문에 주어진 행렬 $\begin{bmatrix} a & b \\ c & d \end{bmatrix}$의 역행렬은 존재하지 않으며 비정칙이다. 위 내용을 정리하면 다음과 같은 정리를 얻을 수 있다.

정리 5.2.2

2×2행렬 $A=\begin{bmatrix} a & b \\ c & d \end{bmatrix}$에 대해서 다음 성질을 만족한다.

(1) $ad-bc\neq 0$이면 A는 정칙이며 A의 역행렬은 다음과 같이 주어진다.

$$A^{-1}=\frac{1}{ad-bc}\begin{bmatrix} d & -b \\ -c & a \end{bmatrix}$$

(2) $ad-bc=0$이면 A는 비정칙이며 역행렬이 존재하지 않는다.

$ad-bc$를 행렬 $\begin{bmatrix} a & b \\ c & d \end{bmatrix}$의 **행렬식**(determinant)이라고 부른다. 위 정리에 의해서 행렬식을 계산하여 값이 0이면 주어진 행렬은 역행렬을 갖지않으며 행렬식이 0이 아니면 역행렬을 갖는다는 것을 알 수 있다.

예제 5.2.2

각 행렬 $\begin{bmatrix} -1 & 2 \\ -1 & 1 \end{bmatrix}$과 $\begin{bmatrix} 2 & 1 \\ 4 & 2 \end{bmatrix}$의 역행렬이 존재하는지 판단하고 존재한다면 역행렬을 구하여라.

풀이 먼저 행렬 $\begin{bmatrix} -1 & 2 \\ -1 & 1 \end{bmatrix}$를 고려해보자. 역행렬이 존재하는지 판단하기 위해서 행렬식을 구해보면, $ad-bc = (-1)\cdot 1 - 2\cdot(-1) = 1$이므로 정리 5.2.2에 의해 역행렬이 존재한다. 정리 5.2.2 (1)의 공식을 적용하면 $\begin{bmatrix} -1 & 2 \\ -1 & 1 \end{bmatrix}$의 역행렬은 다음과 같다.

$$\begin{bmatrix} -1 & 2 \\ -1 & 1 \end{bmatrix}^{-1} = \begin{bmatrix} 1 & -2 \\ 1 & -1 \end{bmatrix}$$

또한 $\begin{bmatrix} 2 & 1 \\ 4 & 2 \end{bmatrix}$의 역행렬이 존재하는지 판단하기 위해서 행렬식을 계산해보자. $ad-bc = 2\cdot 2 - 1\cdot 4 = 0$이므로 $\begin{bmatrix} 2 & 1 \\ 4 & 2 \end{bmatrix}$의 역행렬이 존재하지 않는다. ■

부록 | 연습문제

01 다음 행렬의 두 번째 행벡터, 네 번째 열벡터, (3, 4)성분을 구하여라.

$$\begin{bmatrix} 1 & -1 & 0 & 3 \\ 2 & 4 & -1 & 5 \\ 9 & 6 & 1 & 2 \end{bmatrix}$$

02 다음 행렬

$$A = \begin{bmatrix} 1 & 0 & 3 \\ 2 & 4 & 5 \\ 9 & 6 & 1 \end{bmatrix}, B = \begin{bmatrix} -1 & 1 & -2 \\ 1 & 0 & -7 \\ -5 & 2 & 1 \end{bmatrix}$$

에 대하여 $2A - 4B$, AB, BA를 구하여라.

03 정리 5.1.1을 증명하여라.

04 다음 행렬

$$A = \begin{bmatrix} 1 & 0 & -1 \\ -3 & 1 & 2 \end{bmatrix}$$

에 대해 전치행렬 A^T를 찾고, AA^T와 A^TA를 계산하여라.

05 임의의 행렬 A에 대하여 AA^T와 A^TA는 대칭행렬임을 보여라.

06 다음 행렬에 대해서 역행렬이 존재하는지 판단하고 존재한다면 구하여라.

(1) $\begin{bmatrix} -1 & -2 \\ 3 & 8 \end{bmatrix}$ (2) $\begin{bmatrix} 1 & 0 \\ 0 & 1 \end{bmatrix}$ (3) $\begin{bmatrix} 1 & -3 \\ -1 & 3 \end{bmatrix}$

(3) $\begin{bmatrix} 1 & 100 \\ -50 & 1 \end{bmatrix}$ (4) $\begin{bmatrix} -2 & 4 \\ 5 & -10 \end{bmatrix}$ (6) $\begin{bmatrix} -1 & 0 \\ 1 & 1 \end{bmatrix}$

07 $n \times n$행렬 A가 정칙일 때 다음을 증명하고 A가 정칙이 아닌 경우 만족하지 않는 예를 찾아라.

(1) $AB = O$ 인 $n \times n$행렬 B가 존재한다면 $B = O$이다.

(2) $n \times n$행렬 B, C에 대해 $BA = CA$를 만족한다면 $B = C$이다.

(3) $n \times n$행렬 B, C에 대해 $AB = AC$를 만족한다면 $B = C$이다.

08 $n \times n$행렬 P의 각 열과 행의 성분 중 하나만 1이고 나머지는 모두 0일 때의 행렬 P를 **치환행렬**(permutation matrix)이라고 한다. 예를 들어

$$\begin{bmatrix} 0 & 1 & 0 \\ 1 & 0 & 0 \\ 0 & 0 & 1 \end{bmatrix}$$

는 치환행렬이다. 치환행렬 P의 역행렬은 P의 전치행렬임을 보여라.

연습문제 해답

1.1 연습문제

01. (1) $|A\times B| = mn$이고, $A\times B$의 부분집합의 개수는 2^{mn}개이므로 집합 A와 B에 대해 정의될 수 있는 관계 R의 개수는 2^{mn}이다.

(2) 함수의 정의로부터 $x\in A$에 대해 단 하나의 $y\in B$와의 관계가 정의되어야 한다. 따라서 예제 1.1.1로부터 함수의 개수는 $|B|^{|A|} = n^m$ 이다. 이때 $|B|^{|A|} = n^m < (2^n)^m = 2^{mn}$임을 알 수 있다.

02. (1) 아니오 (공집합 $\varnothing \subset A$에 대해서는 $\varnothing \cap \varnothing = \varnothing$이므로 관계 $\varnothing R \varnothing$이 되지 않는다.)

(2) 예

(3) 아니오

03. $S = \{(3, 6), (4, 4), (5, 5)\}$, $S^{-1} = \{(6, 3), (4, 4), (5, 5)\}$.

04. (1) $2^{|A|}$, $A-S \neq \varnothing, S\neq \varnothing$일 때 함수 f는 전사함수, $|A-S| = 1$, $|S| = 1$일 때 함수 f는 전단사함수가 된다.

(2) $|A|^k$

05. (1) 복호화 역함수를 쉽게 확인할 수 있으므로 암호화함수로 적절하지 못하다.

(2) 2^{64}

12. (1) k개의 백터 $(\alpha_1^i, \alpha_2^i, \cdots, \alpha_k^i)$, $i = 0, 1, \cdots, k-1$들이 일차종속이라면

$$b_1(\alpha_1^0, \alpha_2^0, \cdots, \alpha_k^0) + b_2(\alpha_1^1, \alpha_2^1, \cdots, \alpha_k^1) + \cdots + b_k(\alpha_1^{k-1}, \alpha_2^{k-1}, \cdots, \alpha_k^{k-1}) = (0, 0, \cdots, 0)$$

을 만족하는 모두는 0이 아닌 k개의 수 $b_1, b_2, \cdots, b_k$가 존재한다. 따라서

$$\begin{aligned} &b_1(\alpha_1^0, \alpha_2^0, \cdots, \alpha_k^0) + b_2(\alpha_1^1, \alpha_2^1, \cdots, \alpha_k^1) + \cdots + b_k(\alpha_1^{k-1}, \alpha_2^{k-1}, \cdots, \alpha_k^{k-1}) \\ &= (b_1\alpha_1^0 + b_2\alpha_1^1 + \cdots + b_k\alpha_1^{k-1}, b_1\alpha_2^0 + b_2\alpha_2^1 + \cdots + b_k\alpha_2^{k-1}, \\ &\quad b_1\alpha_k^0 + b_2\alpha_k^1 + \cdots + b_k\alpha_k^{k-1}) \\ &= (0, 0, \cdots, 0) \end{aligned}$$

에서 $b_1\alpha_i^0 + b_2\alpha_i^1 + \cdots + b_k\alpha_i^{k-1} = 0$, $i = 1, 2, \cdots, k$이 된다. 이 의미는 $k-1$차 방정식 $b_1x^0 + b_2x^1 + \cdots + b_kx^{k-1} = 0$이 k개의 서로 다른 근을 가짐을 뜻하므로 모든 $b_1, b_2, \cdots, b_k$가 모두 0이 되어 $b_1, b_2, \cdots, b_k$가 모두 0은 아니라는 것에 위배된다. 따라서 일차독립이다. 또 연립방정식 $Ax = b$에서 행렬 A가 일차 독립인 행들을 가지고 두 개의 해 x_1, x_2를 가진다면 $Ax_1 = b$와 $Ax_2 = b$를 만족하므로 두 식을 변끼리 빼면 $A(x_1 - x_2) = 0$이 된다. 한편 행렬 A가 일차독립이므로 일차독립의 정의에 의해 $x_1 - x_2 = 0$, $x_1 = x_2$가 된다.

13. 특성방정식 $t^2 - 2t - 3 = 0$의 해가 $t = 3, -1$이므로 정리 1.1.1로부터 일반항은 $b_n = C3^n + D(-1)^n$의 형태이다. 또, 초기조건 $b_0 = 1$, $b_1 = 2$로부터 구한 연립방정식 $1 = C + D$, $2 = 3C - D$에서 $C = 3/4$, $D = 1/4$를 얻는다. 따라서 일반항은 $b_n = \frac{3}{4} \cdot 3^n + \frac{1}{4}(-1)^n, n \geq 0$이다.

14. 문제 8과 같이 한다.

(2) $f(n) = (-4)^n$

(3) $f(n) = 3 \cdot 2^n - (-1)^n$

16. (1) $a_n = -2^n + 3^{n+1}$, $n \geq 0$

(2) 특성방정식의 해와 특수해 $q_n = c_2 3^n + c_3 n + c_4$를 이용하여라. 또는 생성함수를 이용하라.

17. $a_k = -3^n + 2n + 3$, $n \geq 0$

20. n개의 원판을 모두 옮기는 데 필요한 최소의 이동의 회수를 a_n이라고 하면, $a_1 = 1$이다. $n \geq 2$인 경우에는

n개의 원판을 A에서 C로 옮기는 데 필요한 최소의 이동 수
=($n-1$개의 원판을 A에서 B로 옮기는 데 필요한 최소의 이동 수
+A에 있던 가장 큰 원판을 C로 옮기는 데 필요한 최소의 이동 수
+B에 있는 $n-1$개의 원판을 C로 옮기는 데 필요한 최소의 이동 수

으로부터 $a_n = a_{n-1} + a_{n-1} + 1 = 2a_{n-1} + 1$, $a_1 = 1$, $n \geq 2$를 만족한다. 또 일반항은 $a_k = 2^n - 1$, $n \geq 1$이다.

21. (1) $H(z) = \sum_{n=0}^{\infty} H_n z^n$이라 하고 재귀식 $H_n = 2H_{n-1} + 1$의 양변의 z^n을 곱한 후, 모든 $n \geq 1$에 관해 양변을 합하면

$$\sum_{n=1}^{\infty} H_n z^n = 2\sum_{n=1}^{\infty} H_{n-1} z^n + \sum_{n=1}^{\infty} z^n$$

즉,

$$(H(z) - H_0) = 2zH(z) + \left(\frac{1}{1-z} - 1\right)$$

$$H(z)(1-2z) = \frac{1}{1-z} - 1$$

$$H(z) = \frac{1}{(1-z)(1-2z)} - \frac{1}{(1-2z)}$$

(2) $$\frac{1}{(1-z)(1-2z)} = \left(\sum_{k=0}^{\infty} z^k\right)\left(\sum_{k=0}^{\infty} 2^k z^k\right) = \sum_{k=0}^{\infty}\left(\sum_{j=0}^{k} 1 \cdot 2^{k-j}\right) z^k$$

$$= \sum_{k=0}^{\infty}\left(\sum_{j=0}^{k} 2^j\right) z^k = \sum_{k=0}^{\infty}\left(\frac{2^{k+1}-1}{2-1}\right) z^k = \sum_{k=0}^{\infty} (2^{k+1}-1) z^k$$

(3) $$H(z) = \frac{1}{(1-z)(1-2z)} - \frac{1}{(1-2z)}$$

$$= \left(\sum_{k=0}^{\infty} (2^{k+1}-1) z^k\right) - \left(\sum_{k=0}^{\infty} 2^k z^k\right)$$

$$= \sum_{k=0}^{\infty} (2^{k+1} - 1 - 2^k) z^k$$

$$= \sum_{k=0}^{\infty} (2^k - 1) z^k$$

따라서 일반항 H_n은 생성함수 $H(z)$의 계수이므로

$$H_n = 2^n - 1, \quad n \geq 0$$

이다.

(4) 특성방정식의 해는 2이므로

$$p_n = \lambda 2^n$$

이며 $q_n = a$라 하면 ($H_n = 2H_{n-1} + 1$에서 상수항 1)

$$a = q_n = 2q_{n-1} + 1 = 2a + 1$$

에서 $a = -1$이다. 따라서

$$H_n = p_n + q_n = \lambda 2^n - 1.$$

이때 $H_0 = 0$이므로 $n = 0$를 대입하면 $0 = H_0 = \lambda - 1$로부터 $\lambda = 1$이다. 그러므로 $H_n = 2^n - 1,\ n \geq 0$이다.

22. (1) 예제 1.1.11로부터

$$\frac{1}{(1-z)^2} = \sum_{k=0}^{\infty} (k+1) z^k$$

이므로

$$\frac{z}{(1-z)^2} = z \sum_{k=0}^{\infty} (k+1) z^k = \sum_{k=0}^{\infty} (k+1) z^{k+1} = \sum_{j=1}^{\infty} j z^j = \sum_{k=0}^{\infty} k z^k$$

(2) $\displaystyle \frac{1}{1+2z} = (1+2z)^{-1} = \sum_{k=0}^{\infty} \binom{-1}{k} (2z)^k = \sum_{k=0}^{\infty} (-1)^k \binom{k}{k} 2^k z^k$

$$= \sum_{k=0}^{\infty} (-2)^k z^k$$

(3) $\displaystyle \sum_{j=0}^{k} (-2)^j (3^{k-j}) = 3^k \sum_{j=0}^{k} \left(-\frac{2}{3}\right)^j = \frac{1}{5}\left(3^{k+1} - (-2)^{k+1}\right)$임을 이용하여라.

23. (1) 재귀식의 양변에 z^n을 곱한 후, $n \geq 2$에 대하여 각 양변을 합하면

$$\sum_{n=2}^{\infty} a_n z^n = \sum_{n=2}^{\infty} a_{n-1} z^n + 6 \sum_{n=2}^{\infty} a_{n-2} z^n$$

이다. 수열 $\{a_n\}$에 관한 생성함수를 $A(z) = \sum_{n=0}^{\infty} a_n z^n$이라 하면 위의 관계식은

$$A(z) - a_0 - a_1 z = (z A(z) - a_0 z) + 6z^2 A(z)$$

임을 보여라. 또한 위의 식은 $A(z)$에 관해 풀면 $(a_0 = 1,\ a_1 = 2)$

$$A(z) = (1+z)\frac{1}{1-z-6z^2}$$
$$= (1+z)\frac{1}{(1+2z)(1-3z)}$$

이고, 위의 연습문제 22의 결과를 이용하면

$$a_n = \frac{1}{5}(3^{n+1} - (-2)^{n+1}) + \frac{1}{5}(3^n - (-2)^n)$$
$$= \frac{4}{3}3^n + \frac{1}{5}(-2)^n$$

이다.

24. (1) $\displaystyle\sum_{n=1}^{\infty} a_n z^n = \sum_{n=1}^{\infty} 3a_{n-1} z^n + \sum_{n=1}^{\infty} 7z^n$

$$= 3z\sum_{n=1}^{\infty} a_{n-1} z^{n-1} + 7\sum_{n=1}^{\infty} z^n$$
$$= 3z\sum_{n=0}^{\infty} a_n z^n + 7\left(\frac{1}{1-z} - 1\right)$$

따라서

$$A(z) - a_0 = 3zA(z) + \frac{7}{1-z} - 7$$
$$A(z) = -\frac{6}{1-3z} + \frac{7}{(1-z)(1-3z)}$$
$$= -6\sum_{k=0}^{\infty} 3^k z^k + 7\left(\sum_{k=0}^{\infty} z^k\right)\left(\sum_{k=0}^{\infty} 3^k z^k\right)$$
$$= -6\sum_{k=0}^{\infty} 3^k z^k + 7\sum_{k=0}^{\infty}\left(\sum_{j=0}^{k} 3^j\right)z^k$$
$$= -6\sum_{k=0}^{\infty} 3^k z^k + \sum_{k=0}^{\infty}\frac{7}{2}(3^{k+1} - 1)z^k$$
$$= \sum_{k=0}^{\infty}\left(\frac{9}{2}\cdot 3^k - \frac{7}{2}\right)z^k$$

그러므로 $a_n = \frac{9}{2}3^n - \frac{7}{2}$, $n \geq 0$

(2) $\sum_{k=2}^{\infty} a_k z^k = -2\sum_{k=2}^{\infty} a_{k-1} z^k + 15\sum_{k=2}^{\infty} a_{k-2} z^k$이며,

$\sum_{k=0}^{\infty} a_k z^k = -2z\sum_{k=0}^{\infty} a_k z^k + 15z^2\sum_{k=0}^{\infty} a_k z^k + 2(z+1)$이다.

따라서

$$A(z) = \left(\frac{1}{1-3z} + \frac{1}{1+5z}\right)$$
$$= \left(\sum_{k=0}^{\infty} 3^k z^k + \sum_{k=0}^{\infty} (-5)^k z^k\right)$$
$$= \sum_{k=0}^{\infty} (3^k + (-5)^k) z^k$$

그러므로 $a_n = 3^n + (-5)^n$, $n \geq 0$

(3) $\sum_{n=2}^{\infty} a_n z^n = -5\sum_{n=2}^{\infty} a_{n-1} z^n + 36\sum_{n=2}^{\infty} a_{n-2} z^n$

$= -5z\sum_{j=1}^{\infty} a_j z^j + 36z^2\sum_{j=0}^{\infty} a_j z^j$

$A(z) - a_0 - a_1 z = -5z(A(z) - a_0) + 36z^2 A(z)$

$A(z) = (3+3z)\left(\frac{1}{(1+9z)(1-4z)}\right)$

$= \frac{3}{13}\left(\sum_{k=0}^{\infty} (8 \cdot (-9)^k + 5 \cdot 4^k) z^k\right)$

그러므로 $a_n = \frac{24}{13}(-9)^n + \frac{15}{13}4^n$, $n \geq 0$

25. (1) e^x의 taylor 전개식을 이용한다.

(2) $f(x) = x - \ln x$일 때 $f'(x) = 1 - \frac{1}{x} > 0$, $x > 1$이므로 $f(x)$는 증가함수이다. 또 $f(1) = 1$이므로 $f(x) = x - \ln x > 0$, $x > 1$, 즉 $\ln x < x$, $x > 1$. 따라서 $\ln x \in O(x)$, $x \in O(x^\alpha)$로부터 $\ln x \in O(x^\alpha)$.

(3) 위의 (2)의 증명과 유사하게 $\log_2 n \in O(n)$을 증명할 수 있다. 따라서

$n\log_2 n \in O(n^2)(n \to \infty)$.

26. (2) 정의에 의해 정수 n_1, n_2가 존재하여, 다음을 만족하는

$$|\beta_n| \le M_1|\alpha_n|, \quad n \ge n_1$$
$$|\gamma_m| \le M_2|\alpha_m|, \quad n \ge n_2$$

양의 실수 M_1, M_2가 존재한다. $k = \max\{n, m\}$이라 하고 $n \ge k$에 대해

$$\begin{aligned}|\beta_n + \gamma_n| &\le |\beta_n| + |\gamma_n| \\ &\le M_1|\alpha_n| + M_2|\alpha_n| = |\alpha_n|(M_1 + M_2)\end{aligned}$$

이므로 $\beta_n + \gamma_n \in O(\alpha_n)$이다.

29. 부등식

$$\ln n \le \ln(n+1) = \int_1^{n+1} \frac{1}{x}dx \le \sum_{k=1}^{n} \frac{1}{k}, \ (n > 1)$$

$$\sum_{k=1}^{n} \frac{1}{k} \le 1 + \int_1^{n} \frac{1}{x}dx = 1 + \ln n \le 2\ln n, \ (n \ge e)$$

으로부터 증명된다.

30. $1 \le i \le n$, $\log_2 i \le \log_2 n$이고, $\left\lceil \frac{\pi}{2} \right\rceil \le i \le n$, $\log_2 i \ge \log_2 n - 1$을 이용한다.

32. $f_1 \cdot f_2 \in O(g_1 \cdot g_2)$와 $f_1 \cdot f_2 \in \Omega(g_1 \cdot g_2)$를 보인다.

$f_1 \in \Theta(g_1)$이므로 $f_1 \in O(g_1)$이며, 정의에 의해 정수 n_1이 존재하여 $n \ge n_1$에 대해

$$|f_1(n)| \le c_1|g_1(n)|$$

인 양의 상수 c_1이 존재한다. f_2에 관해서도 같이 하면 $n \ge n_2$에 대해

$$|f_2(n)| \le c_2|g_2(n)|$$

이다. $n_0 = \max\{n_1, n_2\}$, $c = c_1 \cdot c_2$라 하면 $n > n_0$에 대해

$$|f_1 \cdot f_2(n)| = |f_1(n) \cdot f_2(n)|$$

$$\leq c_1 \mid g_1(n) \mid \cdot c_2 \mid g_2(n) \mid$$
$$\leq (c_1 \cdot c_2) \mid g_1(n) \cdot g_2(n) \mid$$
$$= c \mid g_1 \cdot g_2(n) \mid$$

따라서 $f_1 \cdot f_2 \in O(g_1 \cdot g_2)$이다. 위와 유사하게 $f_1 \cdot f_2 \in \Omega(g_1 \cdot g_2)$를 보여라.

33. 32번과 유사하게 증명한다. 즉,

$$n_3 = \max\{n_1, n_2\},\ c_3 = c_1 + c_2,\ g(n) = \max\{g_1(n), g_2(n)\}$$

이라면, $n > n_3$에 대해

$$\mid (f_1 + f_2)(n) \mid \leq c_3 \cdot \left|\max\{g_1, g_2\}(n)\right|$$

이다. 즉, $f_1 + f_2 \in O\,(\max\{g_1, g_2\}(n))$

$f_1 + f_2 \in \Omega\,(\max\{g_1, g_2\})$를 보이기 위해 $f_1(n) > 0$, $f_2(n) > 0$, $n > n_0$와 $f_1 \in \Omega\,(g_1)$, $f_2 \in \Omega\,(g_2)$를 이용하여

$$\begin{aligned} \mid (f_1 + f_2)(n) \mid &\geq (c_4 \mid g_1(n) \mid) + (c_5 \mid g_2(n) \mid) \\ &\geq c_6 \mid g_1(n) \mid) + c_6 \mid g_2(n) \mid, \quad c_6 = \min\{c_4, c_5\} \\ &\geq c_6 \mid g(n) \mid, \quad g(n) = \max\{g_1(n), g_2(n)\} \\ &= c_6 \mid \max\{g_1, g_2\}(n) \mid \end{aligned}$$

성립한다.

1.2 연습문제

01. $x\log_2 x \leq x + x\log_2 x$, $x > 1$이므로 $\mid x\log_2 x \mid \leq \mid x + x\log_2 x \mid$, $x > 1$이고 $x + x\log_2 x \in \Omega(x\log_2 x)$가 된다. $x < x\log_2 x$, $x > 2$의 관계에서 $\mid x + x\log_2 x \mid < 2 \mid x\log_2 x \mid$, $x > 2$이므로 $x + x\log_2 x \in O(x\log_2 x)$가 된다. 따라서 $x + x\log_2 x \in \Theta(x\log_2 x)$이다.

02. $\lim_{n\to\infty}\frac{c^n}{n^k}$, $c>1$의 극한값을 계산한다. 함수 e^x의 taylor 전개식으로부터 $c^n=e^{n\log c}\geq \frac{(n\log c)^{2k}}{(2k)!}\in\Theta(n^{2k})$, $c>1$을 얻을 수 있다. $\lim_{n\to\infty}\frac{n^{2k}}{n^k}=\infty$이므로 $\lim_{n\to\infty}\frac{c^n}{n^k}=\infty$, $c>1$가 된다.

03. (1) 각 i에 대하여 덧셈, 곱셈이 각각 1번 수행되고, i가 $n-1$번 반복되므로 전체 연산의 수는 $2(n-1)$이다.

(2) 곱셈과 덧셈의 연산의 총 수는 $2(n-1)$이고 $2(n-1)\in\Theta(n)$이므로 알고리즘의 복잡도는 $\Theta(n)$이다.

04. (1) 3단계에서 각 j에 대하여 덧셈 2번과 뺄셈 1번, 곱셈 1번의 연산이 수행된다. 그러나 각 j가 2단계의 i에 따라 1, 2, 3, …, n까지 수행하게 되므로 전체 연산의 총 수는

$$4\cdot 1+4\cdot 2+4\cdot 3+\ \cdots\ +4\cdot n=4\cdot\frac{n(n+1)}{2}=2n(n+1)$$

이므로 복잡도는 $\Theta(n^2)$이 된다.

(2) 위의 (1)에서 각 3단계의 곱셈 연산은 1번이므로 전체의 곱셈연산의 수는 $\frac{n(n+1)}{2}$가 된다. 따라서 복잡도는 $\Theta(n^2)$과 같다.

05. (1) 알고리즘 1.2.5의 각 단계별로 실행되는 값은 다음과 같다.

$$p=3,\ x=2$$
$$t=1,\ t=2,\ p=p+t=3+2=5,$$
$$t=-5,\ t=-10,\ t=-20,\ p=p+t=5-20=-15,$$
$$t=2,\ t=t\cdot x=4,\ t=8,\ t=16,\ p=-15+16=1$$

알고리즘 1.2.6의 각 단계별로 실행되는 값은 다음과 같다.

$$p=3,\ x=1$$
$$x=x\cdot b=1\cdot 2=2,\ p=p+a_1x=3+2=5,$$
$$x=x\cdot b=2\cdot 2=4,\ p=p+a_2x=5-5\cdot 4=-15,$$
$$x=x\cdot b=4\cdot 2=8,\ p=p+a_3x=-15+2\cdot 8=1$$

알고리즘 1.2.7의 각 단계별로 실행되는 값은 다음과 같다.

$$p=2,\ x=2$$

$$p=p\cdot x+a_2=2\cdot 2-5=-1$$

$$p=p\cdot x+a_1=-1\cdot 2+1=-1$$

$$p=p\cdot x+a_0=-1\cdot 2+3=1$$

(2) 알고리즘 1.2.5는 3단계에서 각 j에 대하여 곱셈 1번을 사용하고 각 j를 2단계 $i-1$번 반복하므로 전체의 연산 수는 $\frac{n(n+1)}{2}+n$이고 복잡도는 $\Theta(n^2)$가 된다. 알고리즘 1.2.6은 2단계에서 각 i에 대하여 곱셈 2번, 덧셈 1번을 사용하고 i를 n번 반복하므로 전체의 연산 수는 $3n$이고 복잡도는 $\Theta(n)$가 된다. 한편 알고리즘 1.2.7은 2단계에서 각 i에 대하여 곱셈 1번, 덧셈 1번을 사용하고 i를 n번 반복하므로 전체의 연산 수는 $2n$이고 복잡도는 $\Theta(n)$가 된다. 알고리즘 1.2.6, 1.2.7은 같은 복잡도를 갖는다 하더라도 충분히 큰 n이 아니면 수행시간에 다소 차이가 있다.

06. (1) 제2단계에서 비교연산이 1번 필요하고, 각 i에 대하여 k가 $i-1$번 반복해야 하므로 전체의 비교연산의 횟수는 $1+2+\cdots+(n-1)=\frac{n(n-1)}{2}$이고 복잡도는 $\Theta(n^2)$이다.

(2) 배열 $\{x_1, x_2, \cdots, x_n\}$에 대하여 INSERTSORT 알고리즘을 실행하였을 때, 수행하는 비교 연산의 횟수에 대한 기대값을 E_n이라고 하자. 각각의 정수 $i=2, 3, \cdots, n$에 대하여

$E_i = E_{i-1}+$ (x_i를 $\{x_1, x_2, \cdots, x_{i-1}\}$의 적절한 위치에 삽입시 필요한 비교연산의 수의 기댓값)

한편, $E_1=0$이다. $\{x_1, x_2, \cdots, x_{i-1}\}$의 각 i개의 위치에 x_i가 삽입될 확률은 모두 $1/i$로 동일하다. 만약 k의 위치에 삽입되었다면 $i-k+1$번의 비교연산이 실행되었다. 따라서 $\{x_1, x_2, \cdots, x_{i-1}\}$의 적절한 위치에 삽입시 필요한 비교연산의 수의 기댓값은

$$\sum_{k=1}^{i}\frac{1}{i}(i-k+1)=\frac{1}{i}[i+(i-1)+\cdots+1]=\frac{1}{i}\frac{i(i+1)}{2}=\frac{i+1}{2}$$

가 되므로

$$E_i=E_{i-1}+\frac{i+1}{2},\ E_1=0$$

와 재귀식을 갖는다. 이 재귀식을 풀면 $E_n = \dfrac{n^2+3n-4}{4}$, $n \geq 1$이 된다. 즉 INSERTSORT 알고리즘의 평균 경우의 복잡도는 $\Theta(n^2)$가 된다.

09. 알고리즘의 시간 복잡도를 $f(n)$이라고 하면

$$f(n) = \begin{cases} c_1 & \text{if } n=1 \\ 2f\left(\left\lfloor \dfrac{n}{2} \right\rfloor\right) + c_2(n-1), & \text{if } n>1 \end{cases}$$

이다. 위에서 $2f\left(\dfrac{n}{2}\right)$는 제3단계에서 두 번의 재귀호출에 해당하는 복잡도이며, $c_2 n$는 통합 정렬(merge)하기 위한 수행시간이다. 위의 재귀함수를 이용하여 $f(n)$에 관하여 풀면, $n \approx 2^k$,

$k = \left\lfloor \dfrac{n}{2} \right\rfloor$ 일 때

$$f(n) = 2^k f(1) + c_2 k 2^k \in O(n\log_2 n)$$

이 된다. 또

$$c_2 n\log_2 n \leq f(n) = 2^k f(1) + c_2 k 2^k = f(1)n + c_2 n \lfloor \log_2 n \rfloor \leq 2c_2 n\log_2 n$$

이므로 $f(n) \in \Theta(n\log_2 n)$이다.

1.3 연습문제

01. (1) 예제 1.1.1로부터 함수 $f : A \rightarrow B$의 개수는 $|B|^{|A|}$이므로 2^{2^n}개다.

(2) 1변수 부울함수 $P : \{0,1\} \rightarrow \{0,1\}$의 개수는 $2^2 = 4$이다. 이 중에 함숫값이 0, 1인 상수함수가 2개(명제논리함수로는 항진명제와 모순명제), $P(0)=0, P(1)=1$이 되는 항등함수 1개, $P(0)=1, P(1)=0$이 되는 함수 즉, ¬(not)함수 1개가 있다.

(3) 2변수 부울함수 $P : \{0,1\} \times \{0,1\} \rightarrow \{0,1\}$의 개수는 $2^{2^2} = 16$이다. 이 중에 $P(p,q)=0, P(p,q)=1$이 되는 상수함수 2개, $P(p,q)=p, P(p,q)=-p$와 같이 함숫값이 p(또는 q)에만 좌우되는 함수가 p, q에 대하여 각각 2가지가 있다. 이들을

합하여 모두 6개를 제외하고, $16-6=10$개의 이변수 부울함수는 모두 p, q에 따라 여러 함숫값을 갖는 함수가 된다. 아래 3개의 2변수 부울함수는 가장 많이 사용되는 함수이다.

p	q	$p \wedge q$
1	1	1
1	0	0
0	1	0
0	0	0

p	q	$p \vee q$
1	1	1
1	0	1
0	1	1
0	0	0

p	q	$p \oplus q$
1	1	0
1	0	1
0	1	1
0	0	0

(4) 아래의 3변수 부울함수 f에 대한 예를 들면서 그 방법을 설명한다.

p	q	r	f
1	1	1	1
1	1	0	0
1	0	1	0
1	0	0	0
0	1	1	0
0	1	0	1
0	0	1	1
0	0	0	0

위의 부울함수 $f=1$인 열을 보면 $f(1,1,1)=1$이고 부울함수 $\wedge$의 성질로부터 $(p,q,r)=(1,1,1)$일 때만 3변수 부울함수 $p \wedge q \wedge r=1$이다. 또 열 $f(0,1,0)=1$로부터 $(p,q,r)=(0,1,0)$일 때만 3변수 부울함수 $(\neg p) \wedge q \wedge (\neg r)=1$이고, 열 $f(0,0,1)=1$로부터 $(p,q,r)=(0,0,1)$일 때만 3변수 부울함수 $(\neg p) \wedge (\neg q) \wedge r=1$이다. 이 세 가지의 부울함수의 합이 f를 나타내는 함수이므로 함수 f와 3변수 부울함수는

$$g(p,q,r)=(p \wedge q \wedge r) \vee ((\neg p) \wedge q \wedge (\neg r)) \vee ((\neg p) \wedge (\neg q) \wedge r)$$

이다. 일반적으로 주어진 n변수의 부울함수에 대해서는 함수가 1이 되는 열을 모두 찾아 위의 예와 같이 각 열과 동치인 $\wedge, \neg$로 된 부울함수를 모두 찾아 부울함수 $\vee$로 결합한다.

02. (1) 전체의 진리표를 확인하면 항진명제이다. 다른 방법은

$$\neg p \vee (p \wedge \neg q) \equiv (\neg p \vee p) \wedge (\neg p \vee \neg q) \equiv (\neg p \vee \neg q) \equiv \neg(p \wedge q)$$

이므로 $S = p \wedge q$라 하면 주어진 명제는 $S \vee \neg S \vee r$이므로 항진명제이다.

(2) 위의 (1)과 같은 방법으로 한다. 모순 명제이다.

$(p \wedge \neg q) \wedge (\neg p \vee q) \equiv \neg q \wedge (p \wedge \neg p) \equiv F$임을 보여라.

(3) $((\neg p \wedge q) \wedge (q \vee r)) \wedge \neg q \wedge r \equiv \neg p \wedge q \wedge (q \vee r) \wedge \neg q \wedge r \equiv F$로부터 모순명제이다.

03. (5)

p	q	$\neg p$	$\neg p \vee q$
T	T	F	T
T	F	F	F
F	T	T	T
F	F	T	T

$p \to q$
T
F
T
T

와 같이 두 명제의 진위 값이 같으므로 동치이다.

(6) $\neg(p \wedge q) \vee (\neg p \wedge q) \equiv (\neg p \vee \neg q) \vee (\neg p \wedge q)$

$$\equiv (\neg p \vee \neg q \vee \neg p) \wedge (\neg p \vee \neg q \wedge q)$$

$$\equiv (\neg p \wedge \neg q) \wedge \neg p$$

$$\equiv \neg p$$

04. (1) 명제의 부정은 $\exists x \in \mathbb{R},\ x^2 < x$ 이고, $x = 0.5$일 때 이 명제는 참이므로 $x = 0.5$는 조건 명제 함수 $\forall x \in \mathbb{R},\ x^2 \geq x$의 반례가 된다. 따라서 주어진 명제는 참이 아니다.

(2) $x = 0$은 명제 $\forall x \in \mathbb{R},\ |x| \neq 0$의 반례가 되므로 주어진 명제는 참이 아니다.

05. (1) $\neg(p \to q) \equiv \neg(\neg p \vee q)$

$$\equiv p \wedge \neg q$$

(2) $\neg(p \leftrightarrow q) \equiv \neg((\neg p \vee q) \wedge (\neg q \vee p))$

$$\equiv (p \wedge \neg q) \vee (q \wedge \neg p)$$

$$\equiv (p \vee q) \wedge (\neg q \vee \neg p)$$

$$\equiv \neg p \leftrightarrow q$$

$$\equiv p \leftrightarrow \neg q$$

(3) "비가 오다."를 명제 p, "소풍을 간다."를 명제 q라 하면, $\neg(p \to \neg q) \equiv \neg(\neg p \vee \neg q)$ $\equiv p \wedge q$이므로 주어진 명제의 부정은 "비가 오고 그 아이들은 소풍을 간다."가 된다.

(4) $\lim_{n\to\infty} a_n \neq L$은 아래와 동치인 명제이다.

$$\exists\epsilon > 0,\ \forall n_0 \in \mathbb{N},\ \exists n > n_0,\ |a_n - L| \geq \epsilon$$

06. (1)

p	q	$p\to q$	$\neg q$	$(p\to q)\wedge(\neg q)$	$\neg p$	$(p\to q)\wedge\neg q\to\neg p$
T	T	T	F	F	F	T
T	F	F	T	F	F	T
F	T	T	F	F	T	T
F	F	T	T	T	T	T

로부터 명제 $(p\to q)\wedge(\neg q)$가 참이면 명제 $\neg p$가 참이므로(표에서 진하게 표시한 부분) $(p\to q)\wedge\neg q \Rightarrow \neg p$가 된다. 다르게 증명하면 명제 $(p\to q)\wedge(q\to r)\to(p\to r)$이 항상 참인 항진 명제이므로 논리적 함축함(logically imply)이 성립한다.

(2)

p	q	$p\to q$	$\neg p$	$(p\to q)\wedge(\neg p)$	$\neg q$	$(p\to q)\wedge\neg p\to\neg q$
T	T	T	F	F	F	T
T	F	F	F	F	T	T
F	T	T	T	T	F	F
F	F	T	T	T	T	T

로부터 명제 $(p\to q)\wedge(\neg p)$가 참일 때, 명제 $\neg q$가 참이 아닐 때도 있으므로(표에서 진하게 표시한 부분) $(p\to q)\wedge\neg p \Rightarrow \neg q$가 안된다. 다르게 증명하면 명제 $(p\to q)\wedge\neg p\to\neg q$이 항상 참이 되지 않으므로 논리적 함축함(logically imply)이 성립되지 않는다.

(3) 이 문제에 대한 진리표는 p, q, r, s이 참, 거짓이 되는 16가지의 경우에 대해 만들어야 하므로 너무 크다. 따라서 간단한 방법을 생각한다. 즉 $[(p\to q)\wedge(r\to s)]$이 참이고, $[(p\vee r)\to(q\vee s)]$이 거짓인 경우가 없음을 보인다. 먼저 $[(p\vee r)\to(q\vee s)]$이 거짓이면 $(p\vee r)$이 참이고 $(q\vee s)$이 거짓이 된다. 또 $(p\vee r)$이 참이면 p, r은 모두 거짓이 될 수 없고, $(q\vee s)$이 거짓이면 q, s는 모두 거짓이 되어야 한다. 따라서 이 경우에 $[(p\to q)\wedge(r\to s)]$의 진리값을 구해보면

p	q	r	s	$p\to q$	$r\to s$	$(p\to q)\wedge(r\to s)$
T	F	T	F	F	F	F
T	F	F	F	F	T	F
F	F	T	F	T	F	F

이므로 $[(p\to q)\wedge(r\to s)]$가 참이 되는 경우가 없다.

07. (1)

p	q	$p\wedge q$	$p\leftrightarrow q$
T	T	T	T
T	F	F	F
F	T	F	F
F	F	F	T

(2)

p	q	$-q$	$p\leftrightarrow\neg q$	$p\to q$
T	T	F	F	T
T	F	T	T	F
F	T	F	T	T
F	F	T	F	T

08. (1), (2)에서 “겨울에 운동을 한다”를 p, “나는 감기를 앓는다.”를 명제 q라고 하면 (1)은 $(p\to q)\wedge\neg p \Rightarrow \neg q$임을 조사하면 된다. (2)는 $(p\to q)\wedge\neg q \Rightarrow \neg p$를 조사하면 된다. 문제 4에서 (1)은 성립하고 (2)는 성립하지 않는다.

09. 진리표를 구하여 진리값이 같음을 보인다.

10. (1) 진리표를 보면 p가 참이면 q가 참이고, q가 참이면 r이 참이므로 p가 참이면 r이 참이 되어 $p\Rightarrow r$가 된다.

(2) 진리표가 작성하여 같음을 보이면 쉽다.

11. (2) $[(p\wedge\neg q)\to\neg p]\wedge[(p\wedge\neg q)\to p]$이 참이고 $[(p\wedge\neg q)\to F]$이 거짓인 경우가 없음을 보인다. 만약 $[(p\wedge\neg q)\to F]$이 거짓이라면 $(p\wedge\neg q)$는 참이 되어야 하고, p가 참이 되고 $\neg q$가 참이어야 한다. p, $\neg q$가 모두 참이면 $[(p\wedge\neg q)\to\neg p]\wedge[(p\wedge\neg q)\to p]$에서 $[(p\wedge\neg q)\to\neg p]$는 거짓이 되고, $[(p\wedge\neg q)\to p]$는 참이 되므로 $[(p\wedge\neg q)\to\neg p]\wedge[(p\wedge\neg q)\to p]$는 거짓이 된다. 따라서 위의 논리적 함축함이 성립된다.

(3) 진리표와 수학적 귀납법을 이용하여 증명한다.

12. (2) $\neg(\forall x\,(p(x)\rightarrow \exists y\,(q(y)\wedge r(x,y))))$

$$\equiv \exists x\ \neg(p(x)\rightarrow \exists y\,(q(y)\wedge r(x,y)))$$
$$\equiv \exists x\ p(x)\wedge \neg(\exists y\,(q(y)\wedge r(x,y)))$$
$$\equiv \exists x\ p(x)\wedge \forall y\,\neg(q(y)\wedge r(x,y))$$
$$\equiv \exists x\ p(x)\wedge \forall y\,(\neg q(y)\vee \neg r(x,y))$$

1.4 연습문제

01. (1) (a) 아래 밴 다이어그램에서 $A-C$는 영역 $\{2,3\}$이고, $B-C$는 영역 $\{3,4\}$이며, $A-B$는 영역 $\{2,5\}$이므로 세 집합의 공통 원소는 없다. 따라서 $(A-C)\cap(B-C)\cap(A-B)=\varnothing$이다.

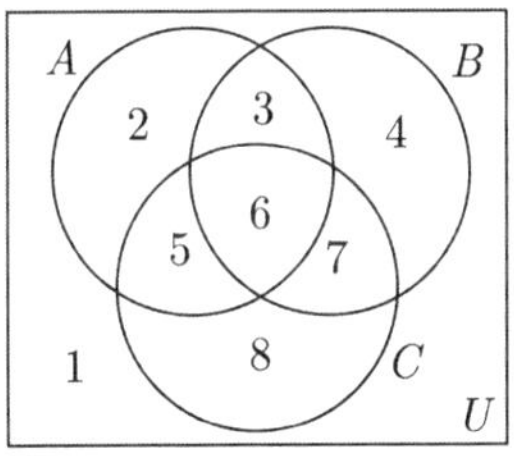

(b) 동치가 아니다. 위의 밴 다이어그램에서 $A\cap(U-(B\cap C))$의 영역은 $\{4,5\}\cap\{1,2,5,6\}=\{5\}$이다. 또 $A=B=\{a\}$, $C=\varnothing$이면 $A\cap(U-(B\cap C))=\{a\}\neq\varnothing$이다.

(c) 동치가 아니다.

(2) (a) $x\in(A-B)\cap(C-B)$이면, $x\in A-B$이므로 $x\in A$이고 $x\in C-B$이므로 $x\in C$이다. 그러므로 $x\in A\cap C$이다. 한편 $x\in A-B$이므로 $x\notin B$이다. $x\in A\cap C$이고 $x\notin B$이므로 $x\in(A\cap C)-B$이다. 따라서 $(A-B)\cap(C-B)\subseteq(A\cap C)-B$이다. 반대로 $x\in(A\cap C)-B$이면 $x\in A$, $x\in C$이고 $x\notin B$이다. 그러므로 $x\in A-B$이고 $x\in C-B$이다. 즉 $x\in(A-B)\cap(C-B)$이다. 따라서 $(A\cap C)-B\subseteq(A-B)\cap(C-B)$이다. 두 집합의 서로의 포함관계로부터 $(A-B)\cap(C-B)=(A\cap C)-B$가 된다.

(b) 집합의 포함관계 $\subseteq$, $\supseteq$를 "동치(if and only if)"라는 용어로 한꺼번에 증명할 수 있다. $(x,y)\in A\times(B\cup C)$는 $\{x\in A$이고 $y\in(B\cup C)\}$와 동치이다.

$\{x\in A$이고 $(y\in B$ 또는 $y\in C)\}$와 동치이다.

$\{x\in A$이고 $y\in B\}$ 또는 $\{x\in A$이고 $y\in C\}$와 동치이다.

$\{(x,y)\in A\times B$ 또는 $(x,y)\in A\times C\}$와 동치이다.

$(x,y)\in (A\times B)\cup (A\times C)$와 동치이다.

따라서 $A\times (B\cup C)=(A\times B)\cup (A\times C)$이다.

(e) 모든 $x\in A\cap C$에 대해, $A\subseteq B$이므로 $x\in B$이다. 곧 $x\in (B\cap C)$이다. 따라서 $A\cap C\subseteq B\cap C$이다.

(3) (a) 위 (2)의 (d)에서 $A\subseteq B$이면 $B^c\subseteq A^c$이고, (2)의 (e)로부터 $B^c\cap C^c\subseteq A^c\cap C^c$이다. 다시 위의 (2)의 (d)로부터 $(A^c\cap C^c)^c\subseteq (B^c\cap C^c)^c$이다. 이는 드모르간의 법칙으로부터 $A\cup C\subseteq B\cup C$이다.

(b) $P-Q=P\cap Q^c$이므로

$$\begin{aligned}(A-B)-C&=(A\cap B^c)\cap C^c=A\cap (B^c\cap C^c)=A\cap (B\cup C)^c\\&=A-(B\cup C)\end{aligned}$$

02. 풀이 1. $3n+2$가 홀수일 때 n이 홀수가 아니라면, 즉 짝수이라면 짝수의 정의에 의해 $n=2k$가 되는 정수 k가 존재한다. 따라서

$$3n+2=3(2k)+2=6k+2=2(3k+1)$$

가 되므로 $3n+2$는 짝수가 된다. 이는 $3n+2$가 홀수라는 전제에 모순된다.

풀이 2. p를 "$3n+2$가 홀수이다."라 하고, q를 "n이 홀수이다."라고 하자. $3n+2$가 홀수이면 n이 홀수가 아니라고 하는 가정은 명제 $(p\wedge\neg q)$이 참임을 말한다. $(p\wedge\neg q)$이 참이면, n이 짝수이면 $3n+2$가 짝수가 되어 $(p\wedge\neg q)\to\neg p$이 참이라는 결론이 된다. 한편, $(p\wedge\neg q)\to p$은 항상 참이라는 사실을 알고 있고,

$$[(p\wedge\neg q)\to\neg p]\wedge[(p\wedge\neg q)\to p]\Rightarrow[(p\wedge\neg q)\to F]$$

도 증명될 수 있으므로(연습문제 1.3 참조) $(p\wedge\neg q)\to F$는 참이 된다. 따라서 $p\to q$는 참이 된다.

03. mn이 짝수라는 가정을 사용한 곳이 없다. 이 문제는 직접방법이 더 효과적이다. 즉

m, n이 홀수라면, $m=2k+1$, $n=2h+1$인 정수 k, h가 존재한다.
두 수를 곱하면

$$\begin{aligned} mn &= (2k+1)(2h+1) \\ &= (4kh+2k+2h+1) \\ &= 2(2kh+k+h)+1 \end{aligned}$$

이므로 mn은 홀수가 된다.

04. $r=\dfrac{b}{a}$, $a \neq 0$, b:서로소인 정수, $s=\dfrac{d}{c}$, $c \neq 0$, d: 서로소인 정수라 하고 $r+s$를 0이 아닌 분모를 가진 두 정수의 분수로 나타내어짐을 보여라.

05. (1) n이 짝수이라면 n^2이 짝수가 됨을 보여라.

(5) c가 짝수라면 $c=2k$인 k가 존재한다.
$c^5+7=(2k)^5+7=32k^5+7=2(16k^5+3)+1$이므로 c^5+7은 홀수이다. 따라서 대우명제가 참이다.

06. 위의 문제와 n이 홀수이면 n^2이 홀수가 되는 증명을 통하여 필요충분조건을 증명할 수 있다.

07. (1) 수학적 귀납법으로 증명한다. $n=1$, 2이면 $1^5-1=0$, $2^5-2=30$으로 5의 배수가 된다. $n=k$일 때 k^5-k가 5의 배수라고 가정하면 $(k+1)^5-(k+1)=(k^5-k)+5(k^4+2k^3+2k^2+k)$가 되는 데 등식의 우변의 두 항 모두 5의 배수이므로 $n=k+1$일 때도 성립한다. 따라서 수학적 귀납법의 원리에 의해 n^5-n는 5의 배수이다.

(2) $37^{500}-37^{100}=(37^{100})^5-37^{100}$이므로 (1)에 의해 5의 배수가 되고, 37이 홀수이므로 37^{500}와 37^{100}는 모두 홀수이고, $37^{500}-37^{100}$는 짝수가 된다. 따라서 $37^{500}-37^{100}$은 10의 배수이다.

(3) 연습문제 17번과 유사하게 증명

08. 수학적 귀납법으로 증명한다. $n=4$이면 $24=4!>2^4=16$이므로 부등식이 성립한다.

$n=k$일 때 $k! > 2^k$이라면

$$\begin{aligned}(k+1)! &= k!\,(k+1)\\ &> 2^k\,(k+1)\\ &> 2^k \cdot 2 = 2^{(k+1)}\end{aligned}$$

이므로 $n=k+1$일 때도 성립한다. 따라서 수학적 귀납법의 원리에 의해 $n! > 2^n$, $n \geq 4$이다.

09. 수학적 귀납법으로 증명한다. $n=1$이면 S의 부분 집합의 개수는 공집합과 1개 원소의 집합으로 두 개 있다. $n=k$개의 원소의 집합의 부분집합 개수를 2^k라면 $n=k+1$개의 의 원소를 갖는 집합의 부분집합은 마지막 $k+1$번째 원소를 포함하지 않는 경우 2^k개와 포함하는 경우 2^k개가 있다. 따라서 모두 $2^k \cdot 2 = 2^{k+1}$개의 부분집합이 있다. 따라서 수학적 귀납법의 원리에 의해 부분집합의 개수는 2^n이다.

10. 제 5단계를 제외한 모든 단계는 참이다. 5단계에서 $a-b$가 0인 경우에는 오류가 발생한다. $a-b$가 0이 아닌 경우에만 양변을 나눌 수 있다.

11. q을 "x^2는 음수가 아니다."로 수정, 사례 증명에서 "x는 0이다."의 경우가 빠졌다.

12. $n=4q$, $4q+1$, $4q+2$, $4q+3$의 사례로 n^2을 계산하여 $8m+1$의 형태로 표현할 수 있음을 보인다.

13. 반례증명법에 의해 증명한다.

b가 a로 나누어지면 $b=ka$, k 정수이며, $a \neq 0$이고
a가 b로 나누어지면 $a=hb$, h 정수이다.

따라서 $a=h(ka)=hka$, $a \neq 0$이므로 $hk=1$이다. 즉, $h=k=\pm 1$이다.
그러므로 $b=-a$는 명제의 반례가 될 수 있다.

14. 직접증명법을 이용한다.

15. (1) p를 "연속되는 22일 중에 적어도 4일은 같은 요일이다."라고 하자. 명제 $p \equiv T \rightarrow p$

이므로 $T \to p$가 참임을 귀류법으로 증명하기 위해 $T \wedge \neg p = \neg p =$"연속되는 22일 중에 최대 3일이 같은 요일이다."이 된다. 일주일은 7일이므로 3일이 같은 요일이 되려면 21일이 최대로 선택되어야 한다. 이는 모순이다.

(2) 원의 내부에 서로 수직인 두 개의 지름을 그어 4개의 구역으로 나눌 때, 4개의 점 A, B, C, D 중 어떤 두 개가 한 구역에 있으면 그 두 개의 점 사이의 거리는 $\sqrt{2}$ 보다 작다. 또 만약 4개의 점이 각 구역에 1개씩 있고 모든 두 점 사이의 거리가 $\sqrt{2}$ 이상이면 각 두 점과 원의 중심 O와 이루는 각 4개의 합이 360도 보다 큼을 보여서 귀류법으로 증명하여라. 즉, 삼각형 AOB에서

$$AB > \sqrt{2},\ AO^2 + OB^2 < 2,\ AB^2 = AO^2 + OB^2 - 2AO \cdot OB \cos AOB$$

로부터 $\cos AOB < 0$이어야 하므로 $\angle AOB > 90°$가 된다. 이와 같이 하면 4개의 점 중에 각 2개의 점이 원의 중심과 이루는 각의 합이 360도 보다 크므로 모순이다.

16. (1) 2보다 큰 짝수인 소수는 없다. 따라서 $p \to q$에서 p는 항상 거짓이므로 조건명제 $p \to q$는 참이다.

17. $a \mid b$이므로 어떤 정수 k에 대해 $b = ak$이다. 또 $b \mid c$이므로 어떤 정수 d에 대해 $c = bd$이다. $c = bd = (ak)d = a(kd)$, kd는 정수. 따라서 $a \mid c$이다.

18. (2) n이 짝수이면 $n = 2k$이고 $n^2 + n = 4k^2 + 2k = 2(2k^2 + k)$은 짝수이다.
n이 홀수이면 $n = 2k + 1$이고 $n^2 + n = (4k^2 + 4k + 1) + (2k + 1) = 2(2k^2 + 3k + 1)$은 짝수이다.

19. (1) $x < y$, $2x < x + y$이고 $x < \frac{x+y}{2}$이다. 또한 $\frac{x+y}{2} < y$이므로 $x < z = \frac{x+y}{2} < y$인 실수 z가 존재한다.

(2) $A = \{$홀수인 정수$\}$, $B = \{$짝수인 정수$\}$

(5) 만약 소수 $p > n$가 존재하지 않으면 모든 소수는 $\{2, 3, 4, 5, \cdots, n\}$에 포함된다. 이는 소수는 무한히 많다(정리 2.3.3)에 모순이다.

20. $k = 1$: $1 = 2^0$이다. 모든 $1 \le k \le n$인 정수 k에 대해 명제가 참이면, $n + 1$에 대해 명제가 참임을 증명한다.

$n+1 \ge 2^j$인 제일 큰 지수를 $j > 0$라 하자. $n+1 = 2^j$이면 명제가 참이다. $n+1 \ne 2^j$이면 $m = (n+1-2^j) < n+1$이라 하자. 이때 $m \ge 2^j$이면

$$n+1 = m+2^j \ge 2^j + 2^j = 2^{j+1}$$

이므로 j가 $n+1 \ge 2^j$인 제일 큰 지수에 모순이다. 따라서 $m < 2^j$이다. 귀납법의 가정에 의해

$$m = 2_1^i + 2_2^i + 2_3^i + \ \cdots \ + 2_s^i$$

i_1, $\cdots$, i_s는 모두 상이하며 모두 2^j보다 작다. 한편 $m = n+1-2^j$이므로

$$n+1 = 2^j + 2_1^i + 2_2^i + \ \cdots \ + 2_s^i$$

이고 j, i_1, i_2, $\cdots$, i_s는 서로 상이하다. 따라서 수학적 귀납법의 원리에 의해 명제는 참이 된다.

24. (1) $\mathbb{N} \subseteq S$ 증명 : 수학적 귀납법에 의해 모든 자연수 n에 대해 $n \in S$을 보인다. 즉, a) 정의에 의해 $0, 1 \in S$이다. b) $n \ge 1$일 때 $n \in S$이라고 하면 $1 \in S$이므로 $n+1 \in S$이다. 따라서 수학적 귀납법에 의해 모든 $n \in S$이다.

(2) $S \subseteq \mathbb{N}$ 증명 : 재귀식을 임의의 n번(초기조건+ $n-1$번의 재귀식) 적용하여 구한 $s \in S$가 $s \in \mathbb{N}$ 임을 수학적귀납법으로 보인다. 즉, a) 정의에 의해 초기조건으로부터 $0, 1 \in \mathbb{N}$ 이다. b) 수학적귀납법 원리 (1.4.7) 이용: $n \ge 1$일 때 n번 이하로 재귀식을 적용하여 구한 S의 원소 값이 자연수 $\mathbb{N}$ 의 원소라고 가정하자. 이제 $n+1$번 적용하여 구한 S의 원소를 s라 하면, $n+1 \ge 2$이므로 $s = x+y$가 되는 두 원소 $x, y \in S$가 반드시 있으며 그 두 원소들은 n번 이하의 재귀식을 적용하여 얻은 수들이다. 수학적귀납법의 가정으로부터 $x, y \in \mathbb{N}$ 이다. 한편 두 자연수의 합은 자연수가 되므로 $s = x+y \in \mathbb{N}$ 이다.

25. 초기조건 $(0, 0) \in S$ 에서 $0+0$은 5의 배수이다. 수학적귀납법으로 증명하기 위해 $(m, n) \in S$이면 $m+n$가 5의 배수라고 가정하면, $(m+2)+(n+3)$가 5의 배수임을 보인다. 즉 $(m+2)+(n+3) = (m+n) + 5$로부터 $m+n$과 5가 모두 5의 배수이므로 $(m+2)+(n+3)$은 5의 배수이다.

27. 초기조건 $f(0) = \dfrac{0(0+1)}{2} = 0$은 만족, 수학적귀납법으로 증명하기 위해 $f(n) =$

$\dfrac{n(n+1)}{2}$, $n \geq 0$이라면 $f(n+1) = \dfrac{(n+1)((n+1)+1)}{2}$가 됨을 증명한다. 즉

$$\begin{aligned} f(n+1) &= f(n) + (n+1) \\ &= \frac{n(n+1)}{2} + (n+1) \\ &= (n+1)(\frac{n}{2}+1) = (n+1)(\frac{n+2}{2}) \\ &= \frac{(n+1)((n+1)+1)}{2} \end{aligned}$$

위와 같이 수학적귀납법으로 결과를 증명할 수 있고, 또 예제 1.1.9 또는 1.1.12와 유사한 방법으로 함수를 직접 구할 수도 있다.

29. 초기조건 $f^1 = f$ 은 가정에 의해 단사함수이다. 수학적귀납법으로 증명하기 위해 함수 f^n, $n \geq 1$ 가 단사함수라고 가정하면 f^{n+1}가 단사함수가 됨을 증명한다. 즉, 모든 $a, b \in A$에 대하여 $f^{n+1}(a) = f^{n+1}(b)$이면 $a = b$임을 보인다.

$$\begin{aligned} f^{n+1}(a) &= f^{n+1}(b) & & \\ (f \circ f^n)(a) &= (f \circ f^n)(b) & & (\text{재귀함수 정의}) \\ f(f^n)(a) &= f(f^n)(b) & & (\text{합성함수 정의}) \\ f^n(a) &= f^n(b) & & (f: \text{단사함수}) \\ a &= b & & (\text{수학적귀납법 가정}, f^n: \text{단사함수}) \end{aligned}$$

따라서 수학적귀납법의 원리에 의해 모든 $n \geq 1$에 대하여 f^n은 단사함수이다.

30. 만약 $p = 1$, $q = 2$이라면 $p - 1 = 0$은 양의 정수가 아니므로 (ii)의 가정을 적용할 수 없다.

31. 수학적 귀납법에 의해 모든 $n \geq 0$에 대해 $f_n \leq 2.2^n$을 보인다.

즉, a) 정의에 의해 $f_0 = 1 \leq 2.2^0 = 1$이고, $f_1 = 2 = 2^1 \leq 2.2^1$, $f_2 = 4 = 2^2 \leq 2.2^2$이다. b) $n \geq 3$일 때 수학적귀납법의 가정에 의해 $r = 2.2$일 때 $f_{n-1} \leq r^{n-1}$, $f_{n-2} \leq r^{n-2}$, $f_{n-3} \leq r^{n-3}$이라고 하면

$$\begin{aligned} f_n = f_{n-1} + 2f_{n-2} + f_{n-3} &\leq r^{n-1} + 2 \cdot r^{n-2} + r^{n-3} \\ &= r^{n-3}(1 + 2r + r^2) \leq r^{n-3} r^3 = r^n \end{aligned}$$

이다. 마지막 부등식은 $r = 2.2$, $1 + 2r + r^2 \leq r^3$을 만족한다. 따라서 수학적 귀납법에

의해 모든 $n \geq 0$에 대해 $f_n \leq 2.2^n$이다.

32. (1) 두 점 $P(x_1,\ y_1)$와 $Q(x_2,\ y_2)$의 중점은 $M\left(\dfrac{x_1+x_2}{2},\ \dfrac{y_1+y_2}{2}\right)$이다.

또한 중점 M이 모눈종이의 격자점이 되기 위한 필요충분조건은 두 점 P, Q의 x 좌표 x_1, x_2가 모두 홀수 또는 짝수가 되고, y좌표 y_1, y_2가 모두 홀수 또는 짝수가 되는 것이다. 모눈 종이의 격자점은 (홀수, 홀수), (홀수, 짝수), (짝수, 홀수), (짝수, 짝수)인 경우 뿐이므로 임의의 5개의 격자점 중에는 중점이 격자점이 되는 2개의 격자점이 반드시 존재한다.

(2) 다음 그림 1.4.2의 4개의 격자점에 대해서는 어떤 2개의 중점도 격자점이 되지 않는다. 따라서 반례법의 증명법에 의해 4개의 격자점에는 중점이 격자점이 되는 2개의 격자점이 존재함은 참이 아니다.

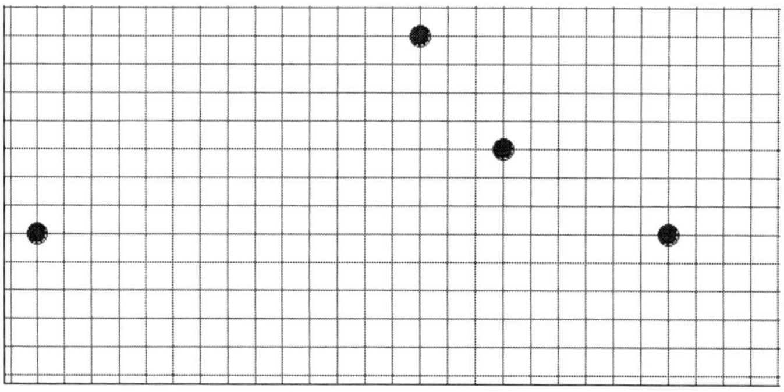

그림 1.4.2

2.1 연습문제

01. (1) 참. m가 짝수, n이 홀수라고 하면 $m=2k$, $n=2j+1$이고, $m+n=2(k+j)+1$이므로 $m+n$은 홀수이다.

(2) 거짓, 반례 $3\times 2=6$

(3) 짝수 $=0\,(\text{mod } 2)$, 홀수 $=1\,(\text{mod } 2)$, $m^3=m\,(\text{mod } 2)$, $n^3=n\,(\text{mod } 2)$이므로 $m^3-n^3=m-n\,(\text{mod } 2)$이다.

(4) 위의 (3)에서 ($A \leftrightarrow B$가 참) $\leftrightarrow$ ($\neg A \leftrightarrow \neg B$가 참)이므로 성립한다.

(5) 참. n, $n+1$ 중에 하나는 짝수이므로 $n(n+1)$는 짝수이고 n^2+n+5는 홀수다.

04. (1) $(a+b)^n = \sum_{k=0}^{n} \binom{n}{k} a^k b^{n-k}$에 $a=1,\ b=1$을 대입

(2) $\binom{n}{0} = \binom{n-1}{0}$이고, $\binom{n+1}{r} = \binom{n}{r-1} + \binom{n}{r}$이므로

$$\binom{n}{0} - \binom{n}{1} + \binom{n}{2} - \binom{n}{3} + \cdots + (-1)^n \binom{n}{n}$$
$$= \binom{n-1}{0} - \left[\binom{n-1}{0} + \binom{n-1}{1}\right] + \left[\binom{n-1}{1} + \binom{n-1}{2}\right] - \left[\binom{n-1}{2} + \binom{n-1}{3}\right] + \cdots$$
$$= 0$$

(3) 위의 (2)과 같이 $\binom{n}{0} = \binom{n-1}{0}$이고, $\binom{n+1}{r} = \binom{n}{r-1} + \binom{n}{r}$이므로

$$\binom{n}{0} - \binom{n}{1} + \binom{n}{2} - \binom{n}{3} + \cdots + (-1)^n \binom{n}{k}$$
$$= \binom{n-1}{0} - \left[\binom{n-1}{0} + \binom{n-1}{1}\right] - \cdots (-1)^k \left[\binom{n-1}{k-1} + \binom{n-1}{k}\right]$$
$$= (-1)^k \binom{n-1}{k}$$

(4) $n+m$개에서 k개를 뽑는 방법의 수는 등식의 오른쪽과 같다.
$n+m$개에서 k개를 뽑을 때, 처음 n개에서 0, 1, 2, $\cdots$, k개를 뽑는 경우의 수를 모두 합한 것은 왼쪽과 같으며 이 두 방법의 수는 같아야 한다.

05. (2) 수학적 귀납법에 의해 증명하면, $k=0$의 경우에는 $1=1$이므로 분명하다. 귀납법의 가정에 의해 k일 때 등식이 성립한다고 가정하면

$$\binom{n}{0} + \binom{n+1}{1} + \binom{n+2}{2} + \cdots + \binom{n+k}{k} + \binom{n+k+1}{k+1}$$
$$= \binom{n+k+1}{k} + \binom{n+k+1}{k+1} = \binom{n+k+2}{k+1}$$

06. $$\binom{2m}{m} \bigg/ \binom{2m}{m-t} = \frac{\dfrac{2m!}{m!m!}}{\dfrac{2m!}{(m-t)!(m+t)!}} = \frac{(m-t)!(m+t)!}{m!m!}$$
$$= \frac{(m-t)!}{m!}\frac{(m+t)!}{m!} = \frac{(m+1)(m+2)\cdots(m+t)}{m(m-1)\cdots(m-t+1)}$$

09. 약 0.618034

10. (2) n계단을 올라가는 방법의 수를 G_n이라 하고, $k \le n$계단을 올라가는 방법의 수 G_k를 모두 알고 있다면, G_{n+1}를 계산해보자. 처음에 1개의 계단을 올라갔다면 나머지 n개의 계단을 올라가는 방법의 수는 G_n이고, 처음에 2개의 계단을 올라갔다면 나머지 $n-1$개의 계단을 올라가는 방법의 수는 G_{n-1}이므로 총 올라가는 방법의 수는 $G_{n+1} = G_n + G_{n-1}$, $G_1 = 1$, $G_2 = 2$와 같은 관계가 있다.

(3) $G_n = F_{n+1}$의 관계가 있다.

12. 꿀벌이 n번방으로 이동하는 가짓수를 G_n이라 하자. 꿀벌이 n번방으로 이동하려면 $n-1$또는 $n-2$번 방에서 이동해야만 하다. 따라서 $G_n = G_{n-1} + G_{n-2}\,(n \ge 3)$을 만족하고, $G_1 = 1, G_2 = 2$이다. 피보나치 수열 F_n과 $G_n = F_{n+1}$관계에 있으므로 답은 $F_{16} = 987$이다.

13. (1) 피보나치의 수열을 보면 두 개의 연속된 홀수 다음에는 짝수이고 또 다음 두 개는 홀수, 그 다음은 짝수로 반복된다.

(2) $n = 5k,\ n = 5k+1,\ n = 5k+2,\ n = 5k+3,\ n = 5k+4$

$\Rightarrow F_n = 5k'\,,\ F_n = 5k'+1,\ F_n = 5k'+1\,,\ F_n = 5k'+2,\ F_n = 5k'+3$

임을 수학적 귀납법에 의하여 보여라.

(3) 수학적 귀납법을 이용한다.

$$(F_0^2 + F_1^2 + F_2^2 + \cdots + F_{n-1}^2) + F_n^2 = F_{n-1} \cdot F_n + F_n^2 = F_n(F_{n-1} + F_n)$$

(4) 수학적 귀납법을 이용한다.

$$(F_1 + F_3 + F_5 + \cdots + F_{2n-3}) + F_{2n-1} = F_{2n-2} + F_{2n-1} = F_{2n}$$

14. $n = 0,\ 1$을 대입하면 $F_0 = 0\,,\ F_1 = 1$이 분명하다. 귀납법의 가정에 의해 n 이하의 정수에 대해서 위의 식이 모두 만족한다면 피보나치의 재귀적 성질에 의해

$$\begin{aligned} F_{n+1} &= F_n + F_{n-1} \\ &= \frac{1}{\sqrt{5}}\left(\left(\frac{1+\sqrt{5}}{2}\right)^{n-1}\left(\frac{1+\sqrt{5}}{2}+1\right) - \left(\frac{1-\sqrt{5}}{2}\right)^{n-1}\left(\frac{1-\sqrt{5}}{2}+1\right)\right) \end{aligned}$$

$$= \frac{1}{\sqrt{5}}\left(\left(\frac{1+\sqrt{5}}{2}\right)^{n+1} - \left(\frac{1-\sqrt{5}}{2}\right)^{n+1}\right),\ n \geq 2$$

이므로 항상 성립한다.

16. (1) $\binom{n}{0}+\binom{n-1}{1}+\binom{n-2}{2}+\cdots+\binom{n-k}{k}=F_{n+1},\ k=\left\lfloor \frac{n}{2} \right\rfloor$

(2) 수학적 귀납법에 의해 증명하면, $n=0,\ 1$의 경우에는 분명하다. n을 홀수와 짝수일 경우로 나누어 유사하게 증명한다. 홀수일 경우는

$$\binom{n}{0}+\binom{n-1}{1}+\binom{n-2}{2}+\cdots+\binom{n-k}{k}$$

$$=1+\left(\binom{n-2}{0}+\binom{n-2}{1}\right)+\left(\binom{n-3}{1}+\binom{n-3}{2}\right)+\cdots+\left(\binom{n-k-1}{k-1}+\binom{n-k-1}{k}\right)$$

$$=\left(\binom{n-1}{0}+\binom{n-2}{1}+\binom{n-3}{2}+\cdots+\binom{n-k-1}{k}\right)+\left(\binom{n-2}{0}+\binom{n-3}{1}\right.$$

$$\left.+\cdots+\binom{n-k-1}{k-1}\right)$$

$$=F_n+F_{n-1}=F_{n+1}$$

17. n년 뒤 암소의 수를 G_n이라 두면 $n+2$년후의 암소의 수는 $n+1$년후의 암소가 그대로 있고, n년 뒤 암소가 낳은 암송아지들이 추가된다. 즉 $G_{n+2}=G_{n+1}+G_n$이다. 처음에 암소가 한 마리 있었고 2년이 지난 후 암송아지를 낳을 수 있기 때문에 $G_0=1,\ G_1=1$이다. $G_n=F_{n+1}$이므로 $G_{12}=F_{13}=233$이다.

18. 1 2 3 5,

2 3 5 8

19. $H_n=\left(\frac{1+\sqrt{5}}{2}\right)^{n+1}+\left(\frac{1-\sqrt{5}}{2}\right)^{n+1}$

20. $G_n=\frac{1}{2\sqrt{5}}\left((2+\sqrt{5})^n-(2-\sqrt{5})^n\right)$

21. 황금비

22. (1) n이 짝수이면 n^2도 짝수이므로 $n^2-3 \neq 0 \pmod 4$이다. n이 홀수이면 $n=2k+1$, $n^2=4k^2+4k+1=4k(k+1)+1$이므로 $n=1 \pmod 4$이다.

(2) $n=2k+1$이면 위의 (1)로부터 $n^2=4k(k+1)+1$이다. k 또는 $k+1$은 짝수이므로 $4k(k+1)$은 8의 배수이고 $n^2=8j+1$, j정수이다. 따라서 $n^4=64j^2+16j+1$ $=1 \pmod{16}$이다.

23. (1) $j=k \pmod d$이므로 $j-k=id$, i 정수이다. $x \in d\mathbb{Z}+j$이면 $x=md+j$, $m \in \mathbb{Z}$이므로 $x=md+k+(j-k)=(m+i)d+k$이다. 따라서 $x \in d\mathbb{Z}+k$이다. 역도 유사하게 $y \in d\mathbb{Z}+k$이면 $y \in d\mathbb{Z}+j$임을 증명할 수 있다.

(2) 귀류법으로 증명. $x \in (d\mathbb{Z}+j) \cap (d\mathbb{Z}+k)$이면 $x \in d\mathbb{Z}+j$이고 $x \in d\mathbb{Z}+k$이므로 $x=j \pmod d$, $x=k \pmod d$이다. 따라서 $j=k \pmod d$이 되므로 가정에 모순이다.

24. (1) 거짓. $x=1.1$, $y=0.9$, $\lfloor 1.1-0.9 \rfloor = \lfloor 0.2 \rfloor = 0$, $\lfloor 1.1 \rfloor = 1$, $\lfloor 0.9 \rfloor = 0$

(2) 참. $n \le x < n+1$이면 $\lfloor x \rfloor = n$이다. $n-k \le x-k < (n-k)+1$이므로 $\lfloor x-k \rfloor = n-k$. 천장함수인 경우에도 성립하며, $\forall x \in \mathbb{R}$, $\forall k \in \mathbb{Z}$, $\lfloor x+k \rfloor = \lfloor x \rfloor + k$도 성립한다.

(3) 거짓. $k=2, x=1.5$

(4) 참. $n=kq+r$, $0 \le r < k$이라 하면, $\frac{n}{k}=q+\frac{r}{k}$이므로 $q \le \frac{n}{k} < q+1$이다. 따라서 $\lfloor \frac{n}{k} \rfloor = q = \frac{n-r}{k}$

(5) 거짓. $a=b=2, x=1/2$

2.2 연습문제

01. $p|a\left(\frac{b}{a}\right)=b$이므로 $p|a$ 또는 $p|\left(\frac{b}{a}\right)$이다. 하지만 p가 a의 약수가 아니므로 $p|\left(\frac{b}{a}\right)$이다.

02. $n=p_1p_2 \cdots p_k$, $p_i \ge 2$이면 $n=p_1p_2 \cdots p_k \ge 2^k$이므로 $k \le \log_2 n$

03. $S = \{n - dk \mid k: \text{정수}, n - dk \ge 0\}$라 하면, n이 양이면 $n - 0 \cdot d = n \ge 0$이므로 $n \in S$, n이 음이면 $n - n \cdot d = n(1-d) \ge 0$이므로 $n - n \cdot d \in S$가 되어 $S \ne \varnothing$이다. 공집합이 아닌 정수의 부분 집합은 최소 원소의 원리에 의해 S는 최소의 원소 r을 갖는다. 즉, $r = n - dq \in S$인 정수 q가 존재한다. 따라서 $n = dq + r$인 정수 q, r이 존재한다. 이때 만약 $r \ge d$이라면 $n - d(q+1) = n - dq - d = r - d \ge 0$이므로 최소 원소인 r보다 작은 원소 $n - d(q+1) \in S$이 존재하므로 모순이다. 따라서 $0 \le r < d$이 된다.

05. (1) 두 정수 a, b에 대하여 $d = \gcd(a, b)$이면 $d \mid a$, $d \mid b$이다. 따라서 $d \mid b-a$이고 $d = \gcd(a, b) \le \gcd(a, b-a)$가 된다. 한편, $e = \gcd(a, b-a)$라면 $e \mid a$, $e \mid b-a$이므로 $e \mid b$가 되어 $e = \gcd(a, b-a) \le \gcd(a, b)$이다. 그러므로 $\gcd(a, b) = \gcd(a, b-a)$임을 알 수 있다.

(2) 유사한 방법으로 증명한다.

(3) GCD 알고리즘의 두 번의 연속 실행에서 구한 새로운 나머지가 $a' = am + bn$, $b' = ak + bl$로 표현된다면 다음 단계의 실행에서는 b'를 a'로 나눈 나머지가 최대공약수를 결정하므로 $b' = a'q + r$, $0 \le r < a'$이라면 $b' - a'q = (ak + bl) - q(am + bn) = a(k - qm) + b(l - qn)$로 표현된다. 귀납법에 의해 모두 성립된다.

(5) $\gcd(8316, 10920) = 84$

$84 = -21(8316) + 16(10920)$

06. 만약 $r_i = r_j$이면 $p \mid ia - ja = (i-j)a$이다. 하지만 p가 소수이고 $1 \le a \le p-1$이므로 $(i-j)$와 a는 p로 나누어떨어지지 않는다. 모순이다. 따라서 모든 r_i는 서로 다르다. 또 모든 ia가 p로 나누어떨어지지 않으므로 어떤 r_i도 0이 아니다. 또 r_i의 개수도 $p-1$이므로 한 번씩 나타난다.

07. (1) n이 다른 수의 제곱이 아니므로 n의 소인수분해에서 홀수번 나타나는 소수 p가 있다. 소수 p에 대하여 $\sqrt{p}$는 무리수임을 이용하여라.

(2) 정수가 아니므로 n의 소인수분해에서 t번 $(k \nmid t)$ 나타나는 소수 p가 있다. $\sqrt[k]{n} = a/b$라면 $nb^k = a^k$이다. 등식의 왼편의 소인수분해에서 소수 p가 나타나는 횟수는 k에 의해 나누어떨어지지 않는다(n의 소인수분해에서 소수 p가 t번 $(k \nmid t)$ 나타나므로 b^k에 상관없다.). 반면에 오른편은 a^k가 p를 인수로 갖고 있으므로 a도 p를 인수로 갖고 있다. 만약 a가 p를 인수로 j번 갖고 있다면 a^k는 p를 인수로 kj

번 갖고 있다. 따라서 오른편의 인수분해에서 소수 p가 나타나는 횟수 kj는 k로 나누어떨어진다. 따라서 모순이다.

08. (1) 정리 2.2.3의 증명을 이용하여라.

(2) $n \geq 5$인 합성수라 하자. 그러면 $n = pq$, $(1 < p \leq q < n)$으로 표현된다. $p = q$경우와 $p \neq q$인 경우를 나눠서 증명하여라.

09. 예제 2.3.4의 풀이를 이용하여라

10. $\binom{p}{k}$의 정의에 따라 p가 소수이면 쉽게 나누어떨어짐을 보일 수 있다. $\binom{4}{2}$는 4로 나누어지지 않는다.

11. $2^4 - 2$는 4로 나누어떨어지지 않는다. 이때 4는 소수가 아니다.

12. k에 대한 수학적 귀납법을 이용하면, $k = 1$이면 분명하다. $n = 2m + a$, $a = 0$, 1이라 하면 m은 $k - 1$자리의 2진법 수이다. 귀납법의 가정에 의해 2^m는 최대 $2(k-1)$번 미만의 곱셈으로 계산할 수 있다. 따라서 $2^n = (2^m)^2$, $a = 0$ 또는 $2^n = (2^m)^2 \cdot 2$, $a = 1$이므로 2^n의 계산은 최대 $2k$번 미만의 곱셈으로 계산할 수 있다.

13. (1) $a^n - 1 = (a-1)(a^{n-1} + a^{n-2} + \cdots + 1)$

(2) $341 = 11 \cdot 31$에서 $11 \mid 2^5 + 1 = 33$이고 $31 \mid 2^5 - 1 = 31$이므로 $31 \cdot 11 \mid (2^5 - 1)(2^5 + 1) = 2^{10} - 1$이다. 또 $(2^{10} - 1) \mid (2^{10})^{34} - 1 = 2^{340} - 1$이므로 $341 \mid 2^{340} - 1$이다.

(3) $561 = 3 \cdot 11 \cdot 17$이므로 $3 \mid a^{561} - a$, $11 \mid a^{561} - a$, $17 \mid a^{561} - a$임을 위의 (2)번의 증명방법을 이용하여 보여라.

14. (1) 거짓. $n = 3$

(2) 거짓. 모든 $M > 0$에 대하여 $n = 11M > M$이라 하면 $n^2 - n + 11 = 11(11M^2 - M + 1)$이므로 n은 합성수이다. 이때 $11M^2 - M + 1 \geq M(11M - 1) > 1$이다.

(3) 참. $n^2 + 2n - 3 = (n+3)(n-1)$이 소수가 되기 위해서는 하나의 인수는 ± 1, 다른 인수는 $\pm p$, p소수가 되도록 n을 택해야 한다. 따라서 $n + 3 = p, n - 1 = 1$ 또는

$n+3=-1$, $n-1=-p$이다. 처음의 경우는 $n=2, p=5$가 되어 n^2+2n-3는 소수가 된다. 두 번째의 경우는 $n=-4, p=5$가 되어 같은 소수가 된다. 만약 $n+3=-p, n-1=-1$ 또는 $n+3=1$, $n-1=p$이면 p가 음이 되므로 이런 경우는 없다.

15. 필요조건은 당연하다. 충분조건을 증명하기 위해 n이 합성수라면 n을 나누는 가장 작은 소수 p가 있다. 즉, $n=pm$, $m>1$이다. q를 m을 나누는 소수라 하자. 그러면 $q \le m$이고 p가 n을 나누는 가장 작은 소수이므로 $p \le q$이다. 따라서 $n=pm \ge pq \ge p^2$이고 $p \le n^{1/2}$이다.

16. (1) $n = p_1^{me_1} p_2^{me_2} \cdots p_k^{me_k}$

(2) 예. 귀류법으로 증명하면 $s^{1/m}$이 정수가 아닌 유리수(b가 1이 아닌 기약분수) $s^{1/m}=a/b$, a, b 정수라면 $a^m=sb^m$이다. 만약 $p|b$라면 $p|a^m$이 되므로 $p|a$이다. 기약분수인 유리수에 모순이다.

2.3 연습문제

01. (1) 영문자 A~ Z까지를 수 1 ~ 26까지로 치환하여 이 수들을 각 5자리의 이진법으로 변환한다. 00000은 빈칸을 뜻한다. 예로 G는 7로 치환되므로 00111이다. 따라서 위의 메시지는 001110111100000 ⋯

(2) 111111001100010 ⋯

(3) 정인이가 받은 메시지에 비밀키와 비트계산을 하여 원래의 메시지 "GO ON MONDAY"가 되는지를 확인한다.

02. 먼저 비밀번호를 포함하는 100자리의 소수 p를 만들고 101자리의 소수 q를 찾아 $N=pq$를 계산하여 은행에 값 N만 알려준다. 은행은 인출기에 N을 저장하고 사용자가 비밀번호(p 또는 4자리 수)를 입력하면 비밀번호로 소수 p를 만들어 p가 정수 N을 나누어떨어지는지를 확인하여 실소유자임을 확인한다. 관리자나 제3자는 $N=pq$의 소인수분해의 복잡성에 의해 차단된다.

03. A는 $\mathrm{mod}(11^{13}, 163) = 19$를 B에게 보낸다. B는 $\mathrm{mod}(11^{15}, 163) = 17$을 A에게 보낸다. A는 $\mathrm{mod}(17^{13}, 163) = 142$, B는 $\mathrm{mod}(19^{15}, 163) = 142$를 계산한다.

04. A가 $s = 1$를 선택하고 $b^1 = b = L_A$를 B에게 보낼 때 산업스파이가 b를 가로챘다면 $s = 1$임을 금방 알 수 있다. 회사 B가 메시지 L_B를 보내고 공유키가 $K = L_B^s = L_B$가 되므로 L_B를 가로챈 산업스파이는 공유키 K를 알 수 있게 된다.

05. $\phi(77) = (11-1)(7-1) = 60$, $\gcd(13,60) = 1$이므로 $e = 13$으로 선택하고 유클리드 알고리즘에 의해 $13d + 60n = 1$이 되는 $d = 37$을 찾는다. $ed = 13 \times 37 = 481 = 1 (\mathrm{mod}\, 60)$이다. 은수는 $e = 13, m = 77$을 공개하고 $d = 37, p = 11, q = 7$은 비밀로 한다. 이제 상대방 정인이는 $r = \mathrm{mod}(x^e,\ m)$ 즉 $\mathrm{mod}(5^{13},\ 77) = 26 = r$을 계산하고 은수한테 보낸다. 한편 암호메시지 $r = 26$을 받은 은수는 본인만 가지고 있는 $d = 37$, $m = 77$을 이용하여 $\mathrm{mod}(r^d,\ m)$ 즉 $\mathrm{mod}(26^{37},\ 77) = 5$를 계산하여 원문 메시지 $x = 5$를 받게 된다.

06. $\mathrm{mod}(2^d,\ m)$ 즉 $\mathrm{mod}(2^{37},\ 77)$를 아래와 같이 mod 77의 계산을 손으로 할 수 있다.

$$2^7 = 128 = 51\ (\mathrm{mod}\ 77), \qquad 2^8 = 2 \times 51 = 25\ (\mathrm{mod}\ 77),$$
$$2^{10} = 4 \times 25 = 23\ (\mathrm{mod}\ 77), \qquad 2^{12} = 4 \times 23 = 15\ (\mathrm{mod}\ 77),$$
$$2^{24} = 15 \times 15 = 225 = -6\ (\mathrm{mod}\ 77), \qquad 2^{36} = (-6) \times 15 = -13\ (\mathrm{mod}\ 77),$$
$$2^{37} = 2 \times (-13) = 51\ (\mathrm{mod}\ 77)$$

07. 소수 m에 대해 $\phi(m) = m - 1$이므로 산업스파이는 공개된 e를 가지고 $ed = 1 (\mathrm{mod}\ \phi(m))$를 유클리드 알고리즘으로 d를 찾을 수 있다. d를 찾으면 가로챈 암호메시지 r과 공개된 m을 가지고 $\mathrm{mod}(r^d, m) = x$를 구할 수 있다.

08. $m = 5 \times 13$이므로 $\phi(m) = 4 \times 12 = 48$이다. $e = 7$이므로 $7d = 1 (\mathrm{mod}\ 48)$를 만족하는 d, 즉 유클리드 알고리즘을 이용하여 $7d + 48n = 1$을 만족하는 $d = 7, n = -1$을 찾는다.

09. e, d는 $ed = 1\ (\mathrm{mod}\ \phi(m))$을 만족하고, $m = pq$에서 $\phi(m) = (p-1)(q-1)$이므로 $(p-1)(q-1) | (ed-1)$이다. 또 $(p-1)(q-1)$은 짝수이므로 $(ed-1)$도 짝수이어야 한다. 따라서 ed는 홀수이므로 e, d 모두 홀수이어야 한다.

3.1.1 연습문제

01. 26^4

02. $26 \cdot 5 \cdot 5 \cdot 21$

03. $5 \cdot 5 \cdot 5$

04. $5 \cdot 10 \cdot 1 \cdot 10 \cdot 5 = 2500$

05. $(e_1+1)(e_2+1)\cdots(e_k+1)$

06. $3 \cdot 2 = 6$

07. $7 \cdot 7 = 49$

08. $52 \cdot 49,\ 52+49$

09. $5 \cdot 7 = 35,\ 5+7 = 12$

11. $56 \cdot 2 = 112$

12. $21 \cdot 5 \cdot 4 \cdot 20$

13. (1) $26 \cdot 25 \cdot 24 \cdot 23 = 358800$ (2) $\dfrac{26^4 - 358800}{26^4} \times 100$

14. $4 \cdot 7 \cdot 6 \cdot 3 + 3 \cdot 7 \cdot 6 = 630$

15. $10 \cdot 10 \cdot 3 \cdot 9 \cdot 2 = 5400$

17. 가장 간단한 방법은 지정된 4개국을 제외한 50개국에서 3개국을 뽑는 방법을 제외하는 것이다. 즉, $50 \times 49 \times 48$가지의 방법이 있다. 한편 4개국의 조건 없이 3개 이사국을 뽑는 방법은 $54 \times 53 \times 52$이므로 적어도 4개국 중 1개국이 뽑히는 방법의 수는 $54 \times 53 \times 52 - 50 \times 49 \times 48 = 31224$가지이다.

18. 서로 다른 색 빨-갈, 빨-검, 갈-빨, 갈-검, 검-갈, 검-빨, 등 6가지로 나누어 줄 수 있다. 또한 각 경우에 대하여, 즉 빨-갈(또는 갈-빨)로 나누어 줄 수 있는 방법은 $3 \times 4 = 12$, 빨-검(검-빨)은 $3 \times 5 = 15$, 갈-검(검-갈)은 $4 \times 5 = 20$가지로 구분된다. 따라서 모든 경우의 수는 $2 \times (12 + 15 + 20) = 94$가지의 방법이 있다.

3.1.2 연습문제

01. 9, 10, 14

02. (1) $\max\{m, n\}$, $m + n$ 사이의 수

(2) 0, $\min\{m, n\}$ 사이의 수

03. (1) 음의 짝수와 양의 홀수 정수의 집합 (2) B

04. $70 = 2 \times 5 \times 7$이므로, 2, 5, 또는 7을 인수로 가지지 않는 자연수이다.

$70 - |$(2의 배수 또는 5의 배수 또는 7의 배수)$|$이고

$|$(2의 배수 또는 5의 배수 또는 7의 배수)$|$

$= |$2의 배수$| + |$5의 배수$| + |$7의 배수$| - |$10의 배수$| - |$14의 배수$| - |$35의 배수$|$

$+ |$70의 배수$|$

$= 24$

05. 193

06. (1) $100 - |$2의 배수 또는 3의 배수 또는 5의 배수 또는 7의 배수$| = 22$

(2) $22 + 4 - 1 = 25$

07. 97

10. $i=1,2,3,4$가 A,B,C,D에 대응된다고 하자. i가 자신의 시험지를 돌려받았을 경우의 집합을 A_i라고 한 뒤 포함배제의 원리를 이용하여 적어도 한 사람이 자신의 답안지를 받을 경우의 수를 구하면 15가지이다. 그러므로 모든 학생이 자기의 시험지가 아닌 다른 사람의 시험지를 받는 경우의 수는 $4!-15=9$이다.

12. $n=1$일 때는 소수인 약수가 없으므로 $\phi(1)=1$로 성립한다. n과 서로소가 아닌 $[1,\ n]$의 정수의 개수를 c라 하고 $n-c$의 값을 구한다. 이때 c는 포함배제원리에 의해 구한다.

$$A_i=\{k\in[1,\ n]\mid p_i\mid k\},\quad i=1,\ \cdots,\ r$$

이라 하면 $c=|A_1\cup A_2\cup\ \cdots\ \cup A_r|$이 된다. 또한 포함배제의 원리에 의해

$$\begin{aligned}
c &= \sum_{i=1}^{r}|A_i|-\sum_{1\le i\le j\le r}|A_i\cap A_j|+\sum_{i<j<k}|A_i\cap A_j\cap A_k| \\
&\quad -\ \cdots\ +(-1)^{r-1}|A_1\cap\ \cdots\ \cap A_r| \\
&= \sum_{i=1}^{r}\left\lfloor\frac{n}{p_i}\right\rfloor-\sum_{1\le i<j\le r}\left\lfloor\frac{n}{p_i\cdot p_j}\right\rfloor+\sum_{i\le i<j<k\le r}\left\lfloor\frac{n}{p_i\cdot p_j\cdot p_k}\right\rfloor \\
&\quad -+\ \cdots\ +(-1)^{r-1}\left\lfloor\frac{n}{p_1p_2\ \cdots\ p_r}\right\rfloor \\
&= \sum_{i=1}^{r}\frac{n}{p_i}-\sum_{1\le i<j\le r}^{r}\frac{n}{p_i\cdot p_j}+\sum_{i<j<k}\frac{n}{p_ip_jp_k}-\ \cdots\ +(-1)^r\frac{n}{p_1\ \cdots\ p_r}
\end{aligned}$$

따라서 요약하면

$$n-c=n\left(1-\frac{1}{p_1}\right)\left(1-\frac{1}{p_2}\right)\ \cdots\ \left(1-\frac{1}{p_r}\right)$$

이다.

3.1.3 연습문제

01. (1) 3가지의 전공분야(비둘기집)에 5과목(비둘기)을 수강하므로 1분야에는 두 과목을 수

강해야 한다.

(2) 3분야에 듣는 과목의 집합을 각각 A, B, C라 하면, 공통부분이 없으므로 $|A \cup B \cup C| = 5 = |A| + |B| + |C|$이고, 각 분야에 두 과목보다 많이는 들을 수 없으므로 $|B| + |C| \le 4$로부터 $|A| = 5 - (|B| + |C|) \ge 1$이다.

02. (1) 짝수와 짝수, 또는 홀수와 홀수를 합할 때 짝수가 되므로 $\{1, 3, 5, 7, 9\}$와 $\{2, 4, 6, 8\}$의 두 그룹에서 3개를 뽑으면 합이 짝수가 된다.

(2) 비둘기집의 원리에 의해 5개의 그룹 $\{1, 6\}$, $\{2, 7\}$, $\{3, 8\}$, $\{4, 9\}$, $\{5\}$에서 6개를 뽑으면 2개의 차이가 5가 되는 수가 있다.

04. (1) 정리 3.1.2로부터 6개의 학년(비둘기집) 중에 반드시 $\frac{|S|}{6} + 1 = 20$명의 학생(비둘기)이 있는 학년이 있도록 하기 위해서는 적어도 $|S| + 1 = 115$명 이상의 학생(비둘기)이 있어야 한다. 따라서 최소의 필요 학생의 전체 수는 115명이다.

05. S를 A의 4개 원소로 구성된 부분집합의 모임이라고 하고, $f(B)$를 4개의 원소집합 B의 원소의 합이라고 하면 $f: S \to \{10, 11, 12, \cdots, 194\}$, $|S| = 10!/(4!6!) = C(10, 4)$을 보이고, 비둘기집의 원리를 이용하여라.

06. S를 A의 2개 원소로 구성된 공통원소가 없는 부분집합의 모임이라고 하고, $f(B)$를 2개의 원소집합 B의 원소의 합이라고 하면 $f: S \to \{3, 4, 5, \cdots, 299\}$, $|S| = 300$을 보이고, 비둘기집의 원리를 이용하여라.

07. (1) 집합 S가 순서쌍 $(2k-1, 2k)$의 두 수를 반드시 포함해야 함을 보여라.

(2) 모든 $m \in S$에 대하여 $m = 2^r \cdot n$ (n: 홀수)로 나타낼 수 있고, $f(m) = n$로 정의하는 함수 $f: S \to \{1, 3, 5, \cdots, 2n-1\}$에 대하여 비둘기집의 원리를 적용하여라.

(3) $S = \{2, 4, 6, \cdots, 2n\}$

08. (1) 정리 3.1.3에 의하여 $2 \cdot 21/7 = 6$.

10. (1) $n! - \binom{n}{1}(n-1)! + \binom{n}{2}(n-2)! - \binom{n}{3}(n-3)! + \cdots \pm \binom{n}{n}(n-n)!$

$= n!(1 - \frac{1}{1!} + \frac{1}{2!} - \frac{1}{3!} + \cdots \pm \frac{1}{n!})$

$$= n!\sum_{k=0}^{n}\frac{(-1)^k}{k!}$$

(2) $\dfrac{n!}{m!}\displaystyle\sum_{k=0}^{n-m}\frac{(-1)^k}{k!}$

14. 어떤 수 a를 $2n$으로 나눌 때 나머지가 $0,\ \pm 1,\ \pm 2,\ \pm 3,\ \cdots,\ \pm(n-1),\ n$ 등 $(n+1)$가지의 경우(비둘기집)에 대하여 $n+2$개의 정수(비둘기)를 고려하여 비둘기집의 원리를 적용한다.

15. (2) $S=\{1,\ 2,\ \cdots,\ 100\}$ 중에서 51개(비둘기)를 선택할 때 선택된 $n\in S$은

$$n=2^k m,\ (2,\ m)=1,\ k\geq 0$$

로 표현된다. 이때 m의 집합 $T=\{1,\ 3,\ 5,\ 7,\ \cdots,\ 99\}$에서 $|T|=50$(비둘기집)임을 고려하여 비둘기집의 원리를 적용하여라.

16. S의 $n+1$개의 원소를 $2^{k_j}\cdot q_j,\ j=1,\ \cdots,\ n+1$로 나타내고 $(0<q_j<2n)$, 집합 $\{q_1,\ q_2,\ \cdots,\ q_{n+1}\}$에 비둘기집의 원리를 적용하여라.

17. 집합 S를 $\{1, 2, ..., t\}$의 2개의 원소쌍들의 집합이라고 하고, S를 정의역으로 하는 함수 $f: S\to\{0, 1, ..., N-1\}$를 $f(i,j)=a_i+a_j \pmod N$로 정의하면 비둘기집이 N개가 있다. 이때 $|S|=\binom{t}{2}=\dfrac{(t^2-t)}{2}$이므로 비둘기집의 원리에 의해 $a_i+a_j=a_k+a_m$ $(\mathrm{mod}\, N)$, $i\neq j,\ k\neq m$이 되는 원소들이 존재하려면 $\dfrac{(t^2-t)}{2}>N$인 t값을 찾아야 한다. 이차함수 $y=t^2-t-2N>0$이 되는 t는 그래프로 확인하며 2근 중 큰 근인 $t>\dfrac{1+\sqrt{1+8N}}{2}$가 되는 값이다.

18. $|S|=k$인 집합 S는 2^k개의 부분집합을 갖는다. P, Q는 공집합이 아니고, S와 같지도 않으므로 공집합과 집합 S를 제외한 집합 S의 부분집합의 모임을 정의역 K로 하는 함수 $f: K\to R$를 $f(P)=$"P의 원소의 합"으로 정의하자. $|K|=2^k-2$이다. $|R|$을 구해보면 제일 작은 값(원소가 1인 집합 P)은 1이고, 제일 큰 값은 원소 $k-1$개를 갖는 제일 큰 값 $r=(16-(k-2))+(16-(k-3))+\ \cdots\ +16$이 된다. 즉, $|R|=r$이다. 비둘기집의 원리로부터 $|K|>|R|$일 때 $f(P)=f(Q)$인 P, Q가 존재하므로 $2^k-2>r$

인 최소의 k는 7이다(k를 차례로 증가시키며 확인한다.).

3.2.1 연습문제

02. **방법 1.** 0에서 9까지의 서로 다른 숫자 중에서 4개를 뽑아 순서있게 나열하면 된다. 그러나 제일 처음의 자리 수는 0이 될 수 없으므로 그러한 경우의 수를 제외하여야 한다.

방법 2. 제일 처음의 자리에 들어 갈 수 있는 숫자의 가짓수는 몇 가지이며 그 다음 자리에 들어 갈 수 있는 숫자의 가짓수는 몇 가지이고 3번째, 4번째 자리에 들어갈 수 있는 숫자의 가짓수는 몇 가지인가를 생각하여 보아라.

04. 2^{r-1}은 r번째의 자리의 수만 서로 다르고 나머지 자리가 같은 두 수 중 하나는 짝수개의 1을 포함하고, 다른 하나는 홀수개의 1을 포함하게 된다. 따라서 2^r개의 r자리의 이진수 중의 반은 짝수개의 1을 포함하고 있다.

05. (1) 1000

(2) $10^3 - [5^3 - 3 \times 5]/2$

06. 총 10^5개의 5자리의 수 가운데 0, 1, 6, 8, 9로 구성된 5^5개의 5자리의 수는 모두 아래위를 뒤집어 서로 다른 5자리의 수를 표현할 수 있다. 하지만 16091과 같은 수는 뒤집어도 같은 수를 나타내게 된다. 즉, 가운데 들어갈 수 있는 경우의 수 0, 1, 8가지와 그리고 양옆의 두 자리에 들어가는 경우의 수 5^2가지의 곱셈의 개수인 $3(5^2)$개는 뒤집어도 같은 수를 표현한다. 따라서 $5^5 - 3(5^2)$개의 수는 뒤집어 다른 수를 표현할 수 있으므로 필요한 총 종이의 개수는 $10^5 - [5^5 - 3(5^2)]/2$가 된다.

07. (1) $4^k \geq 20$로부터 최소의 자연수 k는 3이다.

(2) $4^k = 4^{2.1 \times 10}$

(3) $\dfrac{6!}{2! \times 3!}$

09. (1) 2^9

10. 166320

12. $\dfrac{(n+k-1)!}{k! \times (n-1)!}$: k개의 1과 $n-1$개의 + 부호를 나열하는 중복순열의 수.

13. $\dfrac{5!}{2}$

3.2.2 연습문제

01. $C(7,\ 3) \cdot C(5,\ 2) = 350$

02. $C(12,\ 1) \cdot C(11,\ 4) = 3960$

03. (1) $C(10,\ 2) - 10$

(2) $C(10,\ 4)$: 그림에서와 같이 4개의 점이 하나의 대각선교차점을 만든다.

(3) $35 + 2 \times 210 = 455$

04. $\dfrac{(6+9-1)!}{9! \times (6-1)!}$: 우선 모든 x_i에 1씩 부여하고 나머지 9를 6개의 서로 다른 상자, 즉 x_i에 담는 방법의 수와 같다. 즉, 9개의 1과 $6-1$개의 + 부호를 나열하는 중복순열의 수 또는 6개의 서로 다른 상자를 중복을 허용하여 9개로 선택하는 중복조합 $H(6,\ 9)$와 같다.

05. $H(6,\ 3) = C(8,\ 3) = 56$

06. (1) $14!/7!7! = 3432$

(2) $H(4, 3) = 20$: 7개의 같은 공을 4개의 다른 상자에 1개 이상 담는 방법의 수(7개의 동쪽방향을 4개의 다른 상자(동방향)에 담는 방법의 수)와 $H(3,\ 4) = 15$: 7개의 같은 공을 3개의 다른 상자에 1개 이상 담는 방법의 수(7개의 북쪽방향을 4개의 다른

상자(북방향)에 담는 방법의 수의 곱 $20 \times 15 = 300$가지이다.

07. (1) $12!/7!$: 12개 중 5개는 구별되고 7개는 나열할 필요가 없는 경우의 수.
다른 방법으로는 먼저 5명의 학생을 일렬로 나열하고 7개의 의자를 남학생 사이 4곳과 양끝 2곳의 합 6곳(서로 다름)에 중복을 허락하며 넣는 방법의 수, 즉 $5! \cdot H(6,\ 7) = 12!/7!$이다.
(2) 5명의 남학생을 먼저 나열하고 남은 7개의 의자 중 4개를 각 남학생 사이에 놓은 다음 나머지 3개를 6곳에 넣는 방법의 수를 구한다. 즉 $5! \cdot H(6,\ 3) = 8!/3!$

08. (1) 두 수의 합이 짝수인 경우는 홀수+홀수이거나 짝수+짝수이므로 두 경우의 수를 계산하여 더하고, 두 수의 합이 홀수인 경우는 홀수+짝수이므로 경우의 수를 계산한다.

09. $i = 0,1,2,3$에 대해 집합 R_i를 1부터 100까지의 정수 중에서 4로 나눈 나머지가 i인 정수들의 집합이라 하자. $0,1,2,3$중에서 세 개의 합으로 4의 배수를 만드는 경우를 전부 고려하고 각 경우를 만들기 위해 R_i에서 뽑는 방법의 수를 계산하여 더하면 된다.

13. 맨 앞자리가 $1 \sim 8$인 경우 나머지 6자리에 9가 세 번 들어가는 7자리수의 개수를 계산하고, 앞자리가 9인 경우 나머지 6자리에 9가 두 번 들어가는 7자리수의 개수를 계산하여 더하면 된다.

17. 집합 S를 5개의 원소를 갖는 A의 부분집합 B의 모임이라 하자. 또 함수값 $f(B)$를 B의 원소의 합이라면

$$1+2+3+4+5 \leq f\ (B)\ \leq 46+47+48+49+50$$

이다. 즉 함수값은 15에서 240까지 226개가 나올 수 있다. 하지만 집합 B의 개수는 $C(10,5) = 252$이므로 비둘기집의 원리에 의해 합이 같은 두 개의 부분집합은 반드시 존재한다.

3.2.3 연습문제

04. 위의 3번과 예제 3.2.8을 역으로 이용하면 $73 = 3 \cdot 4! + 1$에서 $K_{1=3}$이 되므로 더 작

은 수가 3개 있는 수는 4가 되므로 처음 자리의 수는 4이다. 나머지 1로 다시 하며 $1 = 0 \cdot 3! + 1$이 되어 $K_{2=0}$이고 보다 작은 수가 한 개도 없는 수는 1이므로 두 번째 자리의 수는 1이다. 또 나머지 1로 $1 = 0 \cdot 2! + 1$를 만들면 $K_{3=0}$이고 4와 1 이외에 더 작은 수가 한 개도 없는 수는 2이므로 세 번째 자리의 수는 2이다. 이렇게 반복하면 74 번째 나타나는 순열은 (41253)가 된다.

09. (1) (4321)→(3421)→(4231)→(2431)→(3241)→(2341)→(4312)→(3412)→(4132)→(1432)→(3142)→(1342)→(4213)→(2413)→(4123)→(1423)→(2143)→(1243)→(3214)→(2314)→(3124)→(1324)→(2134)→(1234)

(2) 조합의 왼쪽에서 시작하여 1을 증가시킬 수 있는 처음 자리의 수를 1을 증가시키고, 그 오른쪽은 그대로 유지하며, 그 앞자리들은, 즉 왼쪽자리들은 나머지 수들의 가장 낮은 수들로 처음부터 증가순서로 나열한다. 예를 들어, 11개의 원소의 집합에서 6-조합들의 colexicographic 순서 리스트에서 6-조합 (4, 5, 6, 8, 9, 10) 다음에 오는 6-조합을 구하려면, 1을 증가시킬 수 있는 처음 자리는 세 번째 자리이고 이 자리를 7로 증가시킨다. 그 오른쪽은 그대로 8, 9, 10을 유지하며, 왼쪽은 나머지 수 1, 2, 3, 4, 5, 6, 11 중 가장 작은 2개의 수 1과 2로 채우면, 구하는 6-조합은 (1, 2, 7, 8, 9, 10)이 된다. 같은 방법으로 하여 그 다음의 6-조합은 (1, 3, 7, 8, 9, 10)이 된다.

(3)

입력 : 집합 $\{1, 2, 3, \cdots, n\}$과 초기의 $k-$조합 $(1, 2, 3, \cdots, k)$

출력 : colexicographic 순서로 나열된 $C(n, k)$개의 $k-$조합

1. $j = 1$; $T_j = (v_1, v_2, v_3, \cdots, v_k) = (1, 2, 3, \cdots, k)$ 출력
2. $v_m + 1 \neq v_{m+1}$, $m = 1, 2, \cdots, k$,가 되는 가장 작은 m을 찾는다. 이때, $v_{k+1} = n + 1$이라 한다.
3. $i = 1, 2, 3, \cdots, n$에 대하여 다음을 실행한다.
   (1) $i = m$이면 $v_i = v_i + 1$
   (2) $i < m$이면 $v_i = i$
4. $j = j + 1$; $T_j = (v_1, v_2, v_3, \cdots, v_k)$를 출력하고 j가 $C(n, k)$이면 종료하고, 아니면 2단계로 간다.

(4) $(1\,2\,3) \to (1\,2\,4) \to (1\,3\,4) \to (2\,3\,4) \to (1\,2\,5) \to$
$(1\,3\,5) \to (2\,3\,5) \to (1\,4\,5) \to (2\,4\,5) \to (3\,4\,5)$

(5) colexicographic 순서 리스트에서 σ 보다 앞에 나타나는 6-조합을 모두 구하면 된다.

(i) 제일 큰 수가 9 이하인 6-조합들은 σ 보다 앞에 나타난다. 따라서 이러한 조합의 수는 $C(9,\ 6)$개다.

(ii) 제일 큰 수가 10이고 두 번째 큰 수가 8 이하인 6-조합들은 σ보다 앞에 나타난다. 따라서 이러한 조합의 수는 $C(8,\ 5)$개다.

(iii) 제일 큰 수가 10, 두 번째 큰 수가 9이고, 세 번째 큰 수가 7 이하인 6-조합들은 σ보다 앞에 나타난다. 따라서 이러한 조합의 수는 $C(7,\ 4)$개다.

(iv) 제일 큰 수가 10, 두 번째 큰 수가 9, 세 번째 큰 수가 8이고, 네 번째 큰 수가 6 이하인 6-조합들은 σ 보다 앞에 나타난다. 따라서 이러한 조합의 수는 $C(6,\ 3)$ 개다.

(v) 제일 큰 수가 10, 두 번째 큰 수가 9, 세 번째 큰 수가 8, 네 번째 큰 수가 7이고, 다섯 번째 큰 수가 1 이하인 6-조합들은 σ 보다 앞에 나타난다. 따라서 이러한 조합의 수는 $C(1,\ 2)=0$개다.

(vi) 제일 큰 수가 10, 두 번째 큰 수가 9, 세 번째 큰 수가 8, 네 번째 큰 수가 7, 다섯 번째 큰 수가 2이고, 여섯 번째 큰 수가 0 이하인 6-조합들은 σ보다 앞에 나타난다. 따라서 이러한 조합의 수는 $C(0,\ 1)=0$개다.

위의 모든 경우의 6-조합들은 모두 서로 다르고, 주어진 6-조합보다 앞에 나오게 되므로

$$\begin{aligned} rank(\sigma) &= C(9,\ 6)+C(8,\ 5)+C(7,\ 4)+C(6,\ 3)+C(1,\ 2)+C(0,\ 1)+1 \\ &= 196 \end{aligned}$$

이 된다.

(6) 위의 문제 (5)를 일반화시켜라.

(7)
$$\begin{aligned} 97 &= C(8,\ 4)+27 \\ 27 &= C(6,\ 3)+7 \\ 7 &= C(4,\ 2)+1 \\ 1 &= C(1,\ 1)+0 \end{aligned}$$

으로부터 (2579)가 98번째 오는 4-조합 또는 4개의 원소의 집합 $\{2,\ 5,\ 7,\ 9\}$이다.

(8) (1249)

3.3 연습문제

01. $f^{-1}(\{b_4\})=\{a_6\}$와 $f^{-1}(\{b_4\})\supset\{a_6\}$ 두 가지 경우가 있다. 첫 번째의 경우는 $f(A-\{a_6\})=B-\{b_4\}$인 전사함수의 개수이므로 $S(5,\ 3)3!$개이며, 두 번째의 경우는 $f(A-\{a_6\})=B$인 전사함수의 개수이므로 $S(5,\ 4)4!$가 된다. 따라서 합의 법칙에 의해 구하는 전사함수의 개수는 $S(5,\ 3)3!+S(5,\ 4)4!$가 된다.

04. 각 다른 크기의 자연수의 합으로 된 분배들의 페러즈 다이어그램은 각 행의 크기가 다르다. 또 1에서부터 어떤 j까지 빠짐없는 자연수의 합으로 된 분배의 페러즈 다이어그램은 각 열의 크기가 다르다. 이 두 가지의 다이어그램의 집합 간에 함수를 결레관계로 하면 전단사함수가 됨을 보여라.

05. n명의 사람을 여러 개의 그룹으로 나누는 방법의 수가 B_n이다. 마지막의 n번째 사람이 k명과 그룹을 이루기 위해서는 먼저 $n-1$명 중 k명을 뽑고 나머지 $n-k-1$명을 여러 개의 그룹으로 분배하면 된다. 따라서 n번째 사람이 k명과 그룹을 이루는 방법의 수는 $C(n-1,\ k)B_{n-k-1}$가 된다. 그러므로 전체 Bell 수는

$$\begin{aligned} B_n &= \sum_{k=0}^{n-1} C(n-1,\ k)B_{n-k-1} \\ &= \sum_{k=0}^{n-1} C(n-1,\ n-k-1)B_{n-k-1} \\ &= \sum_{j=0}^{n-1} C(n-1,\ j)B_j \end{aligned}$$

이다.

06. (1) $(132)(4),\ (123)(4),\ (142)(3),\ (124)(3),\ (12)(34),$
$(143)(2),\ (134)(2),\ (13)(24),\ (14)(23),\ (1)(243),$
$(1)(234)$

따라서 $c(4,\ 2)=11$

(3) $r=1,\ c(1,\ 1)=c(0,\ 0)=1$이므로 당연히 성립한다. $k\geq 2$일 때 마지막 원소 r을 제외한 집합 $\{1,\ 2,\ \cdots,\ r-1\}$의 임의의 순열 π로부터 원소 r을 삽입하여

$\{1, 2, \cdots, r\}$의 순열을 만들어 보자. 이를 위해서는 r을 독립 사이클로 만드는 경우와 다른 원소와 같은 사이클을 만드는 경우가 있다. 처음 경우는 $r-1$개의 원소로 $n-1$개의 사이클로 만들고 r을 독립 사이클로 만들면 되므로 그 방법의 수는 $c(r-1, n-1)$만큼 있다. 두 번째의 경우는 $r-1$개의 원소로 n개의 사이클로 만들고 그 중 하나에 삽입하면 된다. 각 사이클의 처음 앞과 마지막의 뒤는 같은 사이클을 만들므로 r이 들어 갈 수 있는 자리는 모든 원소의 앞에 들어 가면 되므로 모두 $r-1$개가 있다. 따라서 이 방법의 수는 $(r-1)\,c(r-1, n)$만큼 있다. 이제 합의 법칙에 의해 모든 방법의 수는 두 수를 합한 값 $(r-1)\,c(r-1, n)+c(r-1, n-1)$만큼 있으므로 등식이 성립한다.

(4) $b(r, n)$을 $[x]^r = \sum_{n=0}^{r} b(r, n)\, x^n$에서 나타나는 계수라고 하면 $[x]^0 = 1$이고 $[x]^r$의 상수항은 없으므로 $b(0, 0) = 1$, $b(r, 0) = 0$, $r \geq 1$이고, $[x]^r = (x+r-1)[x]^{r-1}$로부터 양변의 x^n의 계수를 비교하면

$$b(r, n) = (r-1)\, b(r-1, n) + b(r-1, n-1)$$

가 됨을 알 수 있다. 따라서 $b(r, n)$과 $c(r, n)$는 같은 초기값을 갖고 같은 재귀 함수의 관계식을 갖고 있으므로 두 수는 항상 같다.

(5) 위의 문제 (3)에서 $x(x+1)\cdots(x+r-1) = [x]^r = \sum_{n=0}^{r} c(r, n)\, x^n$이므로 양변의 식의 x에 $-x$를 대입하면

$$\begin{aligned}\sum_{n=0}^{r} c(r, n)(-x)^n &= -x(-x+1)\cdots(-x+r-1)\\ &= (-1)^r x(x-1)\cdots(x-r+1) = (-1)\,[x]_r\\ &= (-1)^r \sum_{n=0}^{r} s(r, n)\, x^n\end{aligned}$$

이므로 $s(r, n) = (-1)^{n+r}\, c(r, n)$가 된다.

07. $\dfrac{2}{n+1} C(2n, n)$

08. 좌표평면의 원점 (0, 0)에서 출발하여 (x, y), $x > y$인 점을 거치지 않고 오른쪽은 -1 또는 위로는 1씩 가면서 (n, n)에 이르는 경로 전체의 집합의 개수와 같다. 따라서 $\dfrac{1}{n+1} C(2n, n)$이다. 이러한 수를 Catalan의 수라고 한다.

3.4 연습문제

02. (1) $\frac{C(13,\ 2)}{C(52,\ 2)} = 3/51$ (2) $57/100$ (3) $7/8$ (4) $6/15$

(5) $C(4,\ 1)(0.2)(0.8)^3$ (6) $p^2 - pq + q$ (7) $5/6$

03. $p = 0.3,\ q = 1 - p = 0.7,$

$1 - (0.7)^n > 0.8$

$(0.7)^n > 0.8,\ n = 5$

04. n이 짝수이면 짝수인 원소의 수는 $n/2$이므로 확률은 $\frac{n/2}{n} = 1/2$이고, n이 홀수이면 짝수인 원소의 수는 $(n-1)/2$이므로 확률은 $\frac{(n-1)/2}{n} = \frac{n-1}{2n}$이다. 즉 확률은 floor 함수 $\frac{\left\lfloor \frac{n}{2} \right\rfloor}{n}$라고 표현할 수 있다.

05. 꺼낸 공이 빨간색인 사건을 A, 공이 1번 주머니에서 나온 사건을 B_1, 2번 주머니에서 나온 사건을 B_2라 하면, $P(A|B_1) = \frac{3}{7}$, $P(A|B_2) = \frac{5}{8}$가 되고, $P(B_1) = P(B_2)$이다. 따라서

$$P(A \cap B_1) = P(A|B_1)P(B_1) = \frac{3}{7}\frac{1}{2} = \frac{3}{14}$$

$$P(A \cap B_2) = P(A|B_2)P(B_2) = \frac{5}{8}\frac{1}{2} = \frac{5}{16}$$

또한,

$$P(A) = P((A \cap B_1) \cup (A \cap B_2)) = P(A \cap B_1) + (A \cap B_2) = \frac{3}{14} + \frac{5}{16} = \frac{59}{112}$$

이므로

$$P(B_1|A) = \frac{P(A \cap B_1)}{P(A)} = \frac{3}{14} \Big/ \frac{59}{112} = \frac{336}{826} \approx 0.407$$

이다.

06. (1) 검사결과 질병이 있다고 나타난 사건을 A, 그 사람이 실제 질병을 가지고 있는 사건을 B_1, 실제로 질병을 가지고 있지 않을 사건을 B_2라 하면 $P(A|B_1)=0.99$, $P(A^c|B_1)=0.01$, $P(A^c|B_2)=0.97$, $P(A|B_2)=0.03$이다. 검사 대상 질병은 1,000명 중 5명이 가지고 있으므로 $P(B_1)=0.005$, $P(B_2)=0.995$이다.

$$P(B_1|A)=\frac{P(A\cap B_1)}{P(A)}=\frac{P(A|B_1)P(B_1)}{P(A\cap B_1)+P(A\cap B_2)}\approx 0.1422$$

(2) $P(B_2|A^c)\approx 0.999948$

07. 표본공간은 $S=\{HH, HT, TH, TT\}$이며, $A=\{HH, HT\}$, $B=\{HH, TH\}$, $C=\{HH, TT\}$, $A\cap B=B\cap C=A\cap C=A\cap B\cap C=\{HH\}$이다.
따라서 $P(A)=P(B)=P(C)=1/2$, $P(A\cap B)=P(B\cap C)=P(A\cap C)=1/4$, $P(A\cap B\cap C)=1/4$이다. $P(A\cap B)=P(A)P(B)$ 등 서로 독립이다. 하지만 $P(A\cap B\cap C)=1/4\neq 1/8=P(A)P(B)P(C)$가 된다. 3개의 사건이 서로 독립이 되려면 다른 추가 조건이 필요하다.

08. $P(A)=\dfrac{|S|^{n-1}}{|S|^n}=\dfrac{1}{|S|}$, $P(B)=\dfrac{|S|^{n-1}}{|S|^n}=\dfrac{1}{|S|}$,

$P(A\cap B)=\dfrac{|S|^{n-2}}{|S|^n}=\dfrac{1}{|S|^2}=P(A)P(B)$

09. (1) $P(A\cap\varnothing)=P(\varnothing)=0=P(A)P(\varnothing)$
(2) 표본 공간 S, $P(A\cap S)=P(A)=P(A)P(S)$

12. n이 짝수이면 $\dfrac{n(n-2)}{4C(n, 2)}$, n이 홀수이면 $\dfrac{(n-2)^2}{4C(n, 2)}$

13. F, $2/9$

14. $7/36$

15. $n/15$

16. 1/33

17. 5/8

18. 5

4.1 연습문제

11.

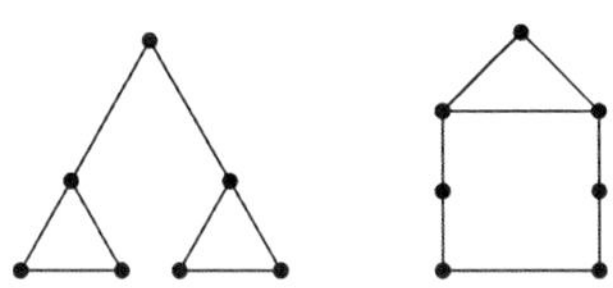

4.2 연습문제

02. (1) 그래프에서 한 점을 삭제하면 4개의 변이 없어진다. 따라서 K_5에서 한 개의 변을 지웠을 때의 부분그래프가 평면형 그래프가 됨을 보이면, 1개 이상의 점을 삭제한 모든 부분그래프는 평면형 그래프가 된다. 또한 K_5의 대칭성으로부터 외부의 변 또는 내부의 변 하나를 삭제할 때의 부분그래프가 평면형 그래프가 됨을 보이면, 하나의 변이 삭제된 모든 부분그래프가 평면형 그래프임을 보이게 된다. 따라서 아래의 두 경우의 평면형 그래프를 보이면 된다.

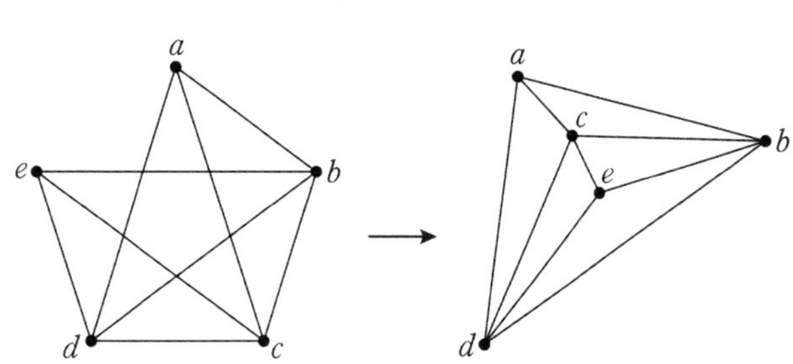

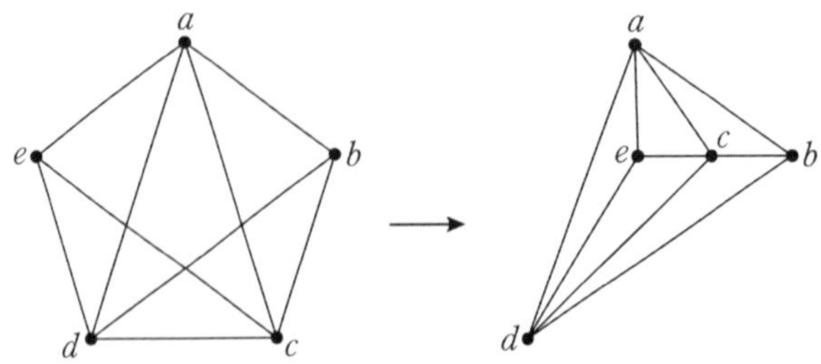

(2) 그래프 G_1(이분 그래프 $K_{3,3}$)가 평면형 그래프이라면 각 면은 4개 이상의 변을 갖고 있으므로 오일러의 공식으로부터, 즉 $e \le 2v-4$의 관계를 만족해야 하지만 위의 그래프에서 $e=9$, $v=6$는 $v-e+\frac{1}{2}e \ge 2$이 부등식을 만족하지 못한다. 따라서 평면형 그래프가 아니다.

03. 정다면체는 한 면에 구멍을 내어 평면 위에 펼칠 수 있으므로 평면형 그래프이다. 정다면체의 한 면이 $p-$각형($p \ge 3$)이면 $fp=2e$가 되고, 모든 꼭지점의 차수가 k $(k \ge 3)$라 하면 $kv=2e$가 된다. 이 두 등식을 오일러의 변형된 공식 $\frac{v}{e}-1+\frac{f}{e}=\frac{2}{e}$에 대입하면 $\frac{1}{k}+\frac{1}{p}=\frac{1}{e}+\frac{1}{2} \ge \frac{1}{2}$가 된다. 이 부등식으로부터 가능한 k, p값을 구하면 $(k,\ p) = (3,\ 3), (3,\ 4), (3,\ 5), (4,\ 3), (5,\ 3)$가 되며, 위의 여러 가지 등식을 이용하여 e, v, f를 구한다. 이때, $f=4,\ 6,\ 8,\ 12,\ 20$ 등 5가지의 정다면체의 종류를 아래 그림과 같이 얻을 수 있다.

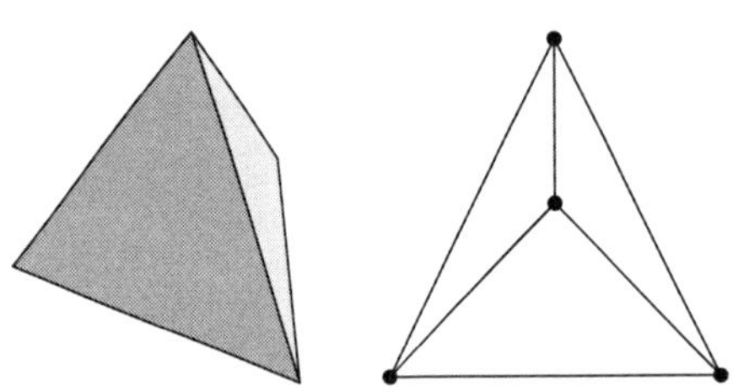

정4면체
$f=4,\ v=4,\ e=6$

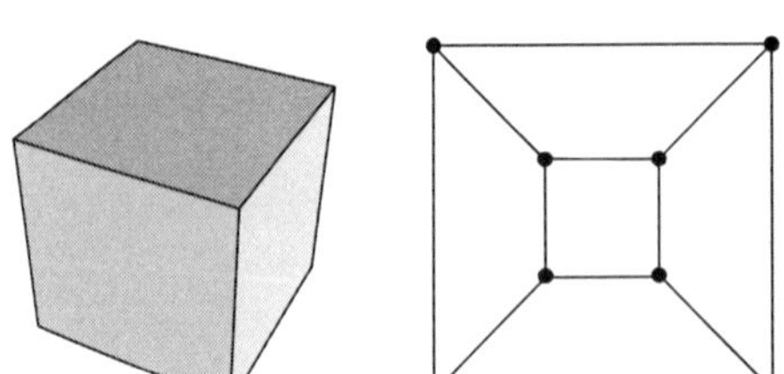

정6면체
$f=6,\ v=8,\ e=12$

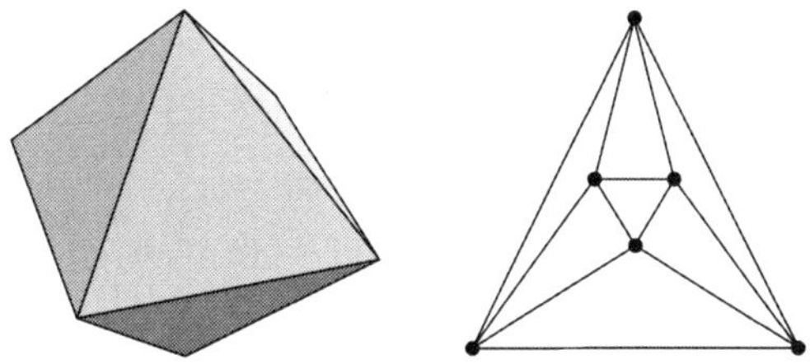

정8면체
$f=8,\ v=6,\ e=12$

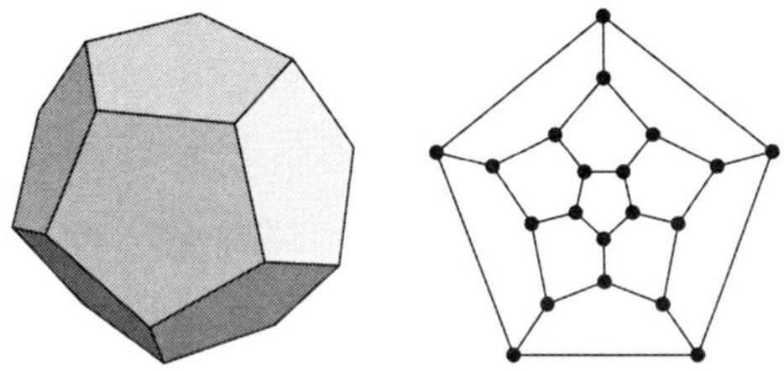

정12면체
$f=12,\ v=20,\ e=30$

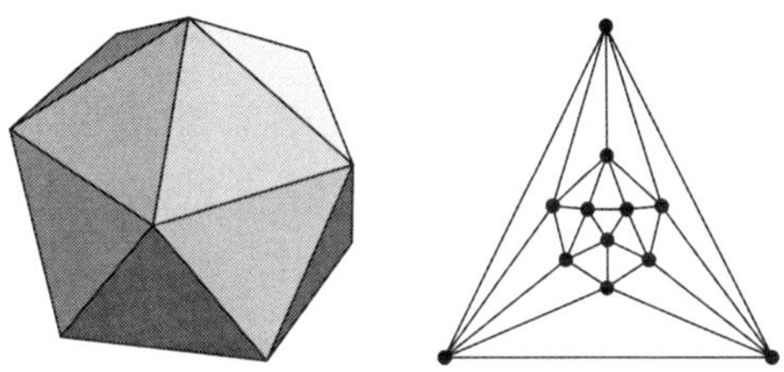

정20면체
$f=20,\ v=12,\ e=30$

04. 평면형 그래프가 아니다. 가운데 5개의 점과 그 점들과 연결된 변을 지우면 K_5인 부분그래프가 된다. K_5는 평면형 그래프가 아니다.

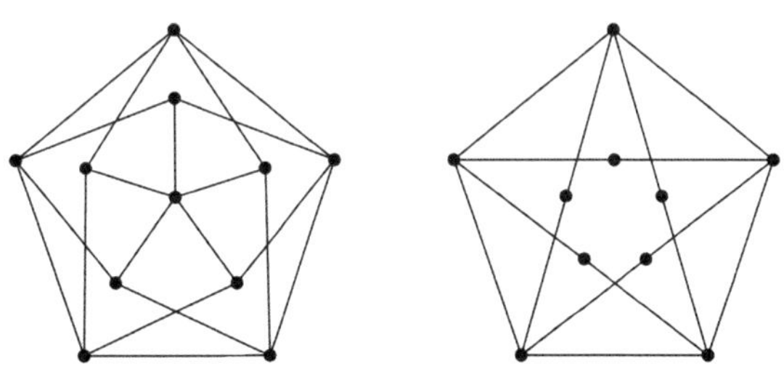

06.

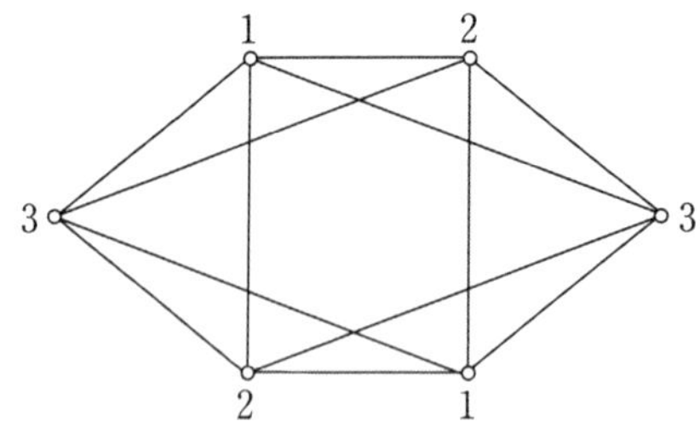

07. (1) ⇒ (2) 그래프 G가 2-채색 가능하면 두 가지 색이 할당된 점의 집합을 각각 M, N이라고 할 때, 각 집합의 점은 서로 연결이 안 되어 있고, $M \cup N$은 G의 모든 점이며, $M \cap N = \phi$이므로 이분 그래프의 정의에 의해 G는 이분 그래프이다.

(2) ⇒ (3) G가 $M \cup N$이 점의 집합인 이분 그래프이면 그래프 G의 사이클은 M, N의 집합 중 한 점에서 출발하여 두 집합의 점으로 왔다갔다하다가 출발한 점으로 돌아와야 한다. 따라서 모든 사이클의 길이는 짝수가 된다.

(3) ⇒ (1) 모든 사이클의 길이가 짝수라 하자. 각 연결성분에서 한 점을 뽑아 빨간색을 칠하고 그 인접한 점은 파란색을 칠한다. 또 파란색에 인접한 점에는 빨간색을 칠한다. 모든 사이클의 길이가 짝수이므로 두 인접한 점에는 같은 색이 할당될 수 없다. 따라서 그래프 G는 2-채색 가능하다.

4.3 연습문제

03. 15

04. (1)

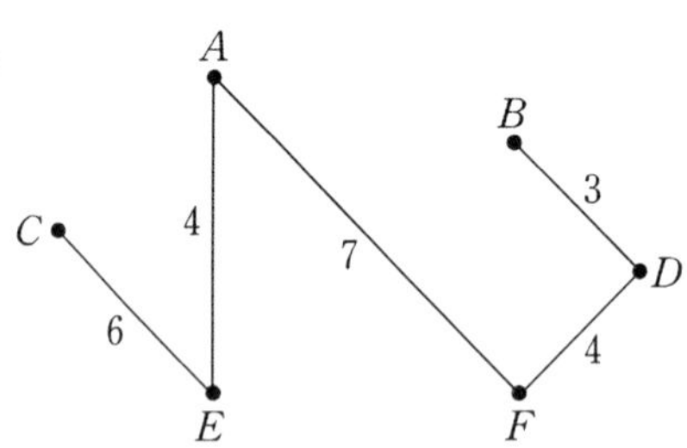

(2)

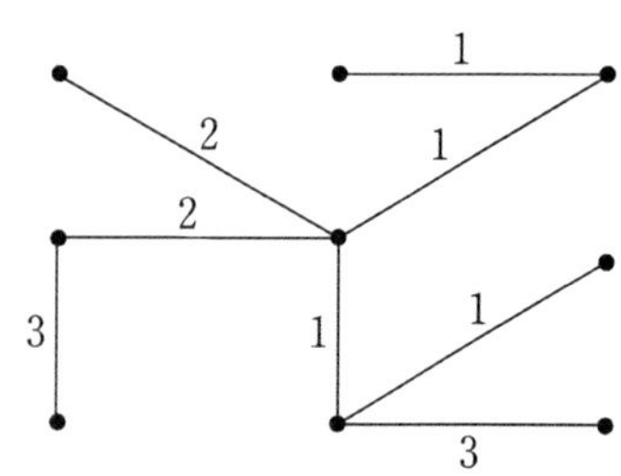

(3) $1+1+1+1+1+2+2+3=12$

07.

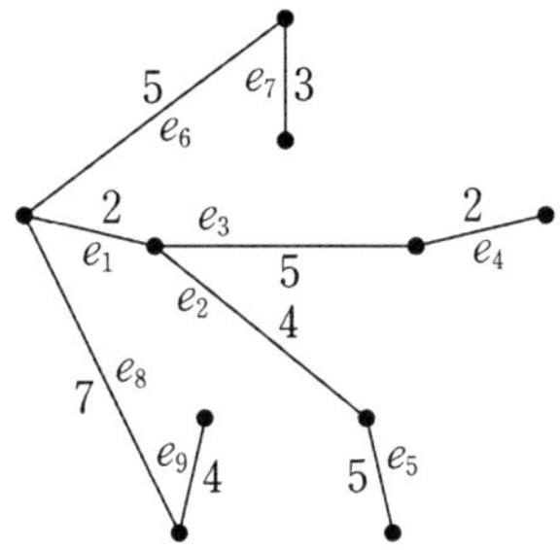

프림 알고리즘의 결과

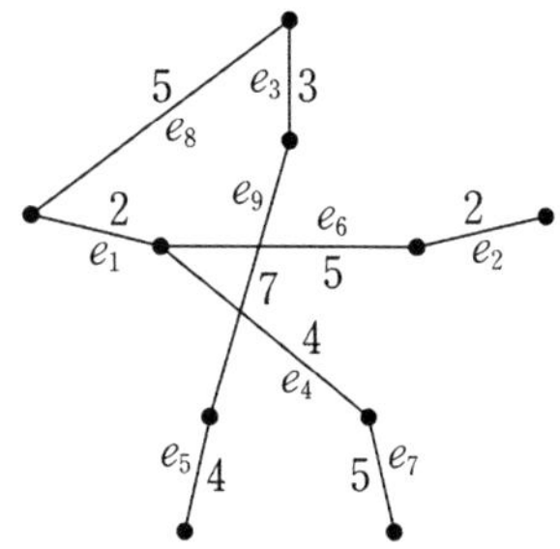

크루스칼 알고리즘의 결과

08. 답은 다양하게 나오지만 신장 트리의 변의 개수는 모두 원래 그래프의 점의 개수보다 하나 적다.

그래프	(1)	(2)	(3)	(4)
신장 트리 변의 수	10	8	4	9

09. 답은 여러 가지다. 하지만 최소 신장 트리의 가중치는 같다. 프림 알고리즘은 항상 새로 추가되는 변들은 현재의 그래프와 연결되게 추가됨이 중요하다.

그래프	(1)	(2)	(3)	(4)
최소 가중치	50	37	27	55

4.4 연습문제

06.

$l(a)$	$l(b)$	$l(c)$	$l(d)$	$l(e)$	$l(f)$	$l(g)$	
2	3	(1)	∞	∞	∞	∞	$\{v, c\}$
(2)	3		∞	3	2	∞	$\{v, a\}$
	3		6	3	(2)	∞	$\{c, f\}$
	(3)		6	3		4	$\{v, b\}$
			4	(3)		4	$\{c, e\}$
			(4)			4	$\{b, d\}$
						(4)	$\{f, g\}$

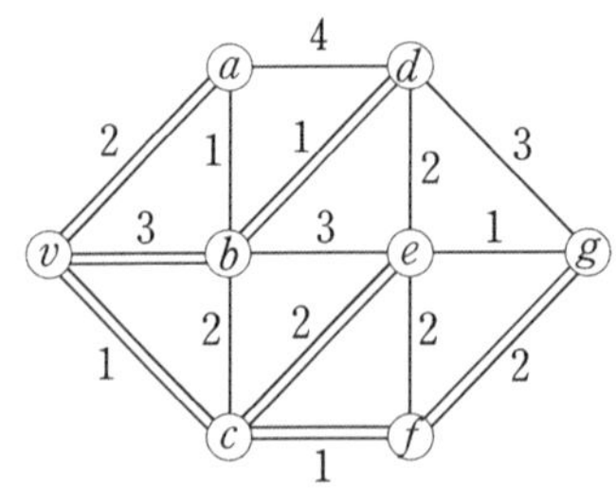

13.

$$A=\begin{pmatrix}0&1&0&1&0&0\\0&0&1&0&1&0\\0&0&0&0&0&1\\0&0&0&0&1&0\\0&1&0&0&0&1\\0&0&0&0&1&0\end{pmatrix} \quad \text{그리고} \quad Q=\begin{pmatrix}0&1&1&1&1&1\\0&1&1&0&1&1\\0&1&1&0&1&1\\0&1&1&0&1&1\\0&1&1&0&1&1\\0&1&1&0&1&1\end{pmatrix}$$

4.5 연습문제

01. 오일러 경로 T의 양 끝점을 잇는 변을 연결 그래프에 추가하여 만든 새로운 그래프는 연결 그래프이며 모든 점의 차수는 짝수가 된다. 따라서 오일러 정리에 의해 오일러 회로가 존재하며 그 오일러 회로에서 새로 추가된 변을 삭제한 오일러 경로는 두 개의 홀수 점을 포함한다.

03. (1) $K_{1,1}$, $K_{1,2}$, $K_{m,n}$, (m, n : 짝수)

(2) 모두 동형이 아니다.

04. (1) ${}_nC_2$

(2) $n-1$

(3) K_2, K_n, (n : 홀수)

05. (a) 오일러 회로 또는 오일러 경로가 모두 존재하지 않는다. 점 c, d, e, f, g, h, j, k의 차수를 주시하라.

(b) 오일러 회로 $b\,i\,c\,f\,b\,g\,i\,e\,c\,h\,f\,d\,e\,a\,h\,g\,a\,d\,b$.

10. 위의 문제 9로부터 G_1은 해밀턴 사이클을 갖는다. G_2는 차수가 $\frac{1}{2}n$보다 적은 점이 두 개 이상이므로 문제 7을 적용할 수 없다. 정리 4.5.4로부터 G_2가 해밀턴 사이클을 가짐을 알 수 있다. 하지만 G_1에서는 $d(a)+d(b)<6$이므로 정리 4.5.5의 결과를 적용할 수 없다.

11. 7과목을 점으로 나타내는 그래프 G에서 만약 서로 다른 강사가 보는 두 과목(점)은 변으로 연결한다. 이때 모든 강사는 네 과목까지 시험을 볼 수 있으므로, 즉 모든 점의 차수는 최소한 3이 되므로 어떤 두 점의 차수의 합은 최소한 6이다. 따라서 정리 4.5.3에 의하여 그래프 G는 해밀턴 경로를 포함하며 이 해밀턴 경로는 7과목의 전형방법을 의미한다.

12. 다음의 그래프는 어떤 한 변을 제외하더라도 연결 그래프가 되지만 해밀턴 사이클을 포함하지는 않는다.

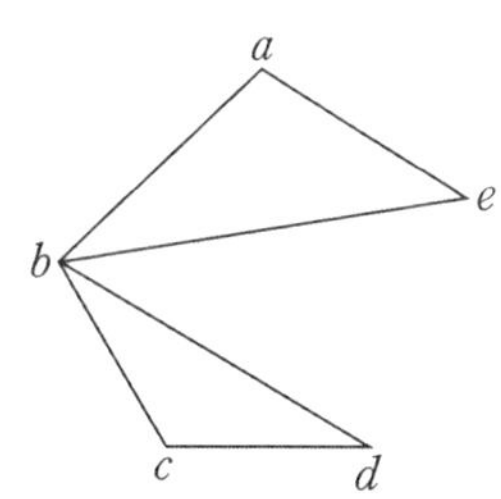

13. 먼저 G가 연결 그래프임을 증명하기 위해, G가 2개 이상의 연결성분을 갖는다고 하자. 하나의 연결성분(n_1개의 점을 포함)에서 점 v_1을 선택하고, 또 다른 연결성분(n_2개의 점을 포함)에서 점 v_2을 선택하면, $d(v_1) \le n_1 - 1$, $d(v_2) \le n_2 - 1$가 되며, 두 부등식의 양변을 합하면 $d(v_1) + d(v_2) \le n_1 + n_2 - 2 < n-1$이 되어 주어진 조건에 위배되므로 그래프 G는 연결 그래프이다.

그래프의 한 변만을 갖는 경로 H를 시작으로, 그래프 G의 한 변씩을 경로 H에 추가하면서 경로를 확장하여 그래프 G의 해밀턴 경로 H를 만들어 보자. 지금 $p-1$개의 변을 갖는 경로를 $H=(v_1, v_2, \cdots, v_p)$, $p<n$라 하자. 이제 경로 H의 양 끝점이 경로 밖 또는 안의 점과 연결되는 경우에 따라서 G의 한 변을 다음과 같이 변 p개를 포함하는 새로운 경로 H를 만든다.

(i) H의 양 끝점 중 하나가 경로 H밖의 G의 새로운 한 점과 연결되어 있으면, 그 두

점을 연결하는 G의 변을 추가하여 $p+1$개의 점과 p개의 변을 포함하는 경로 H를 만든다.

(ii) H의 양 끝점이 경로 H의 내부점과 연결되어 있으면,

(a) H의 양 끝점이 서로 연결되어 있으면 그 연결된 변을 H에 추가하면 새로운 경로$(v_1, v_2, \cdots, v_p, v_1)$은 변 p개를 포함하는 사이클이 된다.

(b) H의 양 끝점 중 하나가 H의 내부 점과 연결되어 있는 경우, 즉 점 v_1이 점 $v_{11}, v_{12}, \cdots, v_{1k}, 2 \leq v_{1j} \leq p-1$에 연결되어 있고,

(b1) v_p가 점 $v_{11-1}, v_{12-1}, \cdots, v_{1k-1}$ 중의 하나, 즉 v_j와 연결되어 있으면, 아래의 그림과 같이 경로 $(v_1, v_2, \cdots, v_{j-1}, v_p, v_{p-1}, \cdots, v_j, v_1)$은 점 p개와 변 p개를 포함하는 사이클이 된다.

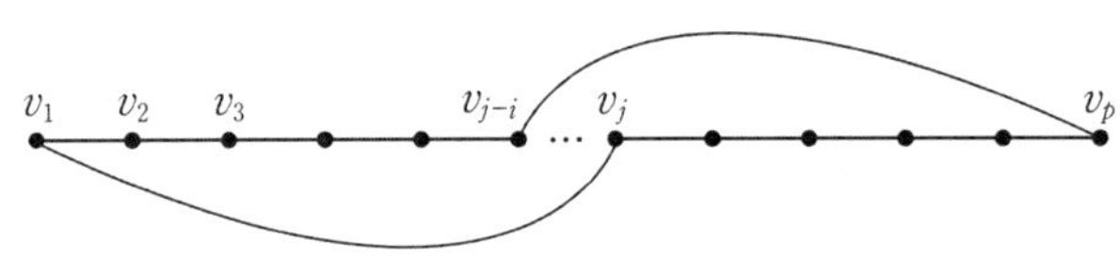

(b2) v_p가 $v_{11-1}, v_{12-1}, \cdots, v_{1k-1}$중의 어떤 점과도 연결되어 있지 않다면, $d(v_p) \leq p-k-1$, $d(v_1)=k$이고 $d(v_p)+d(v_1) \leq p-1 \leq n-2$이므로 주어진 조건에 위배된다.

위의 (a)와 (b1)의 경우에서 만든 새로운 경로는 모두 p개의 점과 p개의 변을 포함하는 사이클이다. 한편 그래프 G는 연결 그래프이므로 새로운 경로의 한 점 v_k과 경로 밖의 한 점 v_x는 연결되어 있다. 이 연결된 변을 추가하고 변 (v_{k-1}, v_k)을 제거하여 $p+1$개의 서로 다른 점과 p개의 변을 포함하는 새로운 경로

$$H=(v_x, v_k, v_{k+1}, \cdots, v_{j-1}, v_p, v_{p-1}, \cdots, v_j, v_1, v_2, \cdots, v_{k-1})$$

를 다음 그림과 같이 만든다.

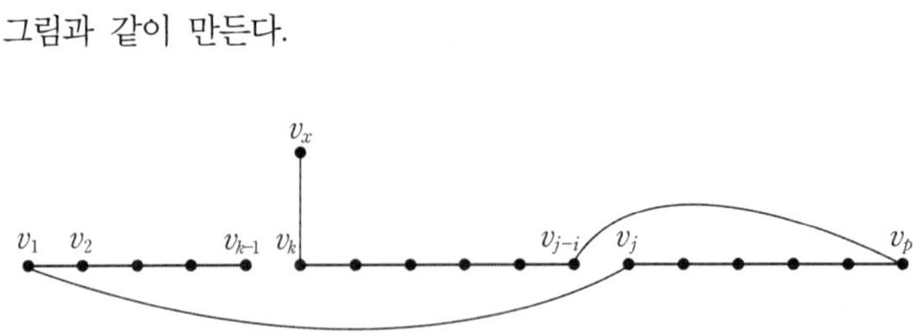

이와 같이, 위의 (i), (ii) 경우에 따라 새로운 경로 H를 만드는 방법을 계속 반복하면 그

래프 G의 모든 점을 한 번씩 지나며 $n-1$개의 변을 포함하는 경로, 즉 해밀턴 경로 H를 만들 수 있다.

14. 아래 n각형($n>5$) 모양의 그래프는 해밀턴 경로 $(a,\ b,\ c,\ d,\ e,\ \cdots)$를 갖는다. 하지만 어떤 두 점의 차수의 합을 구하더라도 $d(a)+d(c)=4<n-1$가 된다.

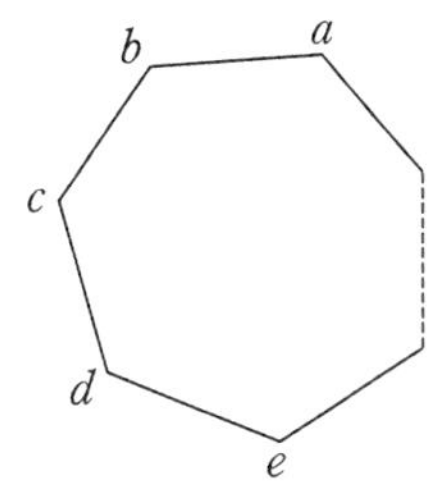

17.

해밀턴 사이클	비용	해밀턴 사이클	비용
A, B, C, D, E, A	50	A, C, B, D, E, A	46
A, B, C, E, D, A	52	A, C, B, E, D, A	50
A, B, D, C, E, A	45	A, C, D, B, E, A	43
A, B, D, E, C, A	42	A, C, E, B, D, A	45
A, B, E, C, D, A	49	A, D, B, C, E, A	51
A, B, E, D, C, A	44	A, D, C, B, E, A	53

으로부터 사이클 A, B, D, E, C, A가 42의 최소 가중치를 갖는다.

18. (1) 주어진 그래프의 변을 가중치에 대한 오름차순으로 정리하면 다음과 같다.

$(A,\ E), (B,\ C), (C,\ D), (B,\ D), (A,\ C), (A,\ D), (A,\ B), (D,\ E), (C,\ E), (B,\ E)$

가 오름차순의 정렬로부터 알고리즘에 따라 다음과 같이 실행된다.

반복 회	추가되는 변	제외되는 변, 사유	누적가중치
1	(A, E)		5
2	(B, C)		10
3	(C, D)		16
4		(B, D) 사이클	
5		(A, C) 차수 3	
6	(A, D)		23
7		(A, B) 사이클	
8		(D, E) 사이클	
9		(C, E) 사이클	
10	(B, E)		33

따라서 알고리즘에 의해 얻은 결과의 해밀턴 사이클은 (A, E, B, C, D, A)이며 가중치는 33이다. 이 결과 값은 정확한 해와 거리가 있다.

(2) (1)과 같이 실행한 표를 이용하면 (A, B, D, E, C, A), 가중치 42

(3) $\Theta(n^2 \log_2 n)$

19. (1) 28

(2) 도미노패를 일렬로 배열하면 숫자를 나타내는 표시가 짝이 되어서 정렬됩니다. 한 세트의 도미노에는 5의 표시가 8개 있으므로 끝의 표시도 5개의 점으로 된다.

(3) 1에서 6, 그리고 빈칸을 점으로 생각하고 도미노패의 반에 그려 넣을 수 있는 두 점 사이는 변으로 연결한 그래프를 그려본다. 각 점에서 나타나는 변의 개수는 모두 8개이므로 이 그래프의 모든 점은 짝수점이 된다. 따라서 이 그래프는 오일러 회로를 갖는다.

20.

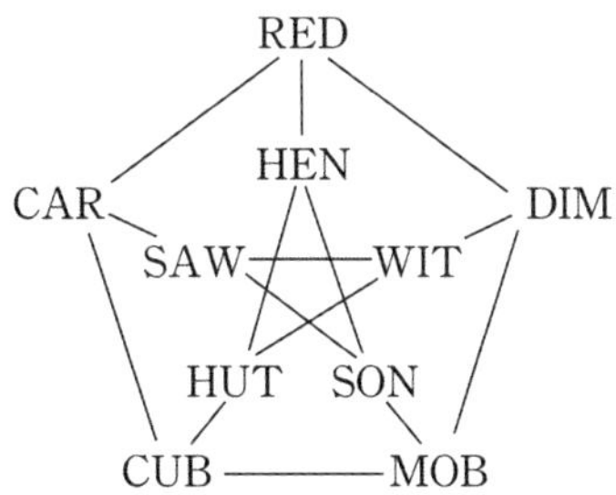

피터슨 그래프

해밀턴 사이클을 갖지 않음

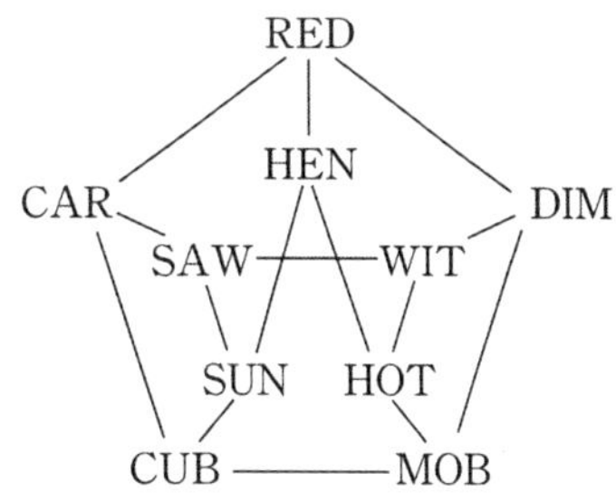

해밀턴 사이클을 갖지 않음

참고문헌

[1] Bogart, K. P., *Introductory Combinatorics*, Harcourt Brace Co., 1990.

[2] Bollobas, B., *Graph Theory, An Introductory Course*, Springer, 1979.

[3] Ensley, D. E. and Crawley, J. W., Discrete Mathemaitcs, John Wiley & Sons, Inc., 2006.

[4] Epp S. S., *Discrete Mathematics with Applications*, Thomson, 2004.

[5] Golub, G. H. and C. F. Van Loan, *Matrix Computations*, Johns Hopkins University. Press, Baltimore, Maryland, 1989.

[6] Gossett E., *Discrete Mathematics with Proof*, Prentice Hall, 2003.

[7] Grimaldi R. P., *Discrete and Combinatoial Mathematics*, Addison Wesley.

[8] Lipschutz, S. and Lipson, M. *Discrete Mathematics, Schum's Outline Series*, McGraw- Hill, 1997.

[9] Liu, C. L., *uElements of Discrete Mathematics*, McGraw-Hill computer science series, 1985.

[10] Lovasz, L. and Vesztergombi, K., *Class Notes for Discrete Mathematics*, Yale University, 1999.

[11] Rosen, K. H., *Discrete Mathematics and Its Applications*, McGraw-Hill, New York, 1999.

[12] Ross, Kenneth A. and Wright, Charles R. B., *Discrete Mathematics*, Prentice-Hall International Inc., 1992.

[13] Wilson R. J., *RIntroduction to Graph Theory*, MAddison Wesley Longman, 1996.

찾아보기

ㅁ

ㅂ

ㅅ

ㅊ

ㅋ

ㅌ

ㅍ

ㅎ

기타

실용 이산수학

지은이 오세영 · 강명민
펴낸이 조경희
펴낸곳 경문사
펴낸날 2022년 3월 2일 1판 1쇄
2024년 3월 1일 1판 2쇄
등 록 1979년 11월 9일 제1979-000023호
주 소 04057, 서울특별시 마포구 와우산로 174
전 화 (02)332-2004 팩스 (02)336-5193
이메일 kyungmoon@kyungmoon.com

값 28,000원

ISBN 979-11-6073-530-7